中国国家标准汇编

2007年修订-23

中国标准出版社　编

中国标准出版社
北　京

图书在版编目（CIP）数据

中国国家标准汇编：2007年修订．23/中国标准出版社编．—北京：中国标准出版社，2008

ISBN 978-7-5066-5004-5

Ⅰ.中… Ⅱ.中… Ⅲ.国家标准-汇编-中国-2007 Ⅳ.T-652.1

中国版本图书馆CIP数据核字（2008）第101144号

中国标准出版社出版发行
北京复兴门外三里河北街16号
邮政编码：100045
网址 www.spc.net.cn
电话：68523946 68517548
中国标准出版社秦皇岛印刷厂印刷
各地新华书店经销

*

开本 880×1230 1/16 印张 30.75 插页 3 字数 941 千字
2008年8月第一版 2008年8月第一次印刷

*

定价 255.00 元

ISBN 978-7-5066-5004-5

出 版 说 明

1.《中国国家标准汇编》是一部大型综合性国家标准全集，自1983年起，按国家标准顺序号以精装本、平装本两种装帧形式陆续分册汇编出版。《汇编》在一定程度上反映了我国建国以来标准化事业发展的基本情况和主要成就，是各级标准化管理机构，工矿企事业单位，农林牧副渔系统，科研、设计、教学等部门必不可少的工具书。

2. 由于标准的动态性，每年有相当数量的国家标准被修订，这些国家标准的修订信息无法在已出版的《汇编》中得到反映。为此，自1995年起，新增出版在上一年度被修订的国家标准的汇编本。

3. 修订的国家标准汇编本的正书名、版本形式、装帧形式与《中国国家标准汇编》相同，视篇幅分设若干册，但不占总的分册号，仅在封面和书脊上注明“2007年修订-1，-2，-3，……”等字样，作为对《中国国家标准汇编》的补充。读者配套购买则可收齐前一年新制定和修订的全部国家标准。

4. 修订的国家标准汇编本的各分册中的标准，仍按顺序号由小到大排列(不连续)；如有遗漏的，均在当年最后一分册中补齐。

5. 2007年制修订国家标准1 410项，全部收入在《中国国家标准汇编》第352～367分册和2007年修订-1～修订-23分册中。本分册为“2007年修订-23”，收入新制修订的国家标准17项。

中国标准出版社

2008年6月

目　　录

GB/T 20258.4—2007　基础地理信息要素数据字典　第 4 部分:1∶250 000　1∶500 000　1∶1 000 000 基础地理信息要素数据字典 …………………………………… 1
GB/T 20432.2—2007　摄影　照相级化学品　试验方法　第 2 部分:水不溶物的测定…………… 199
GB/T 20432.5—2007　摄影　照相级化学品　试验方法　第 5 部分:重金属和铁含量的测定…… 203
GB/T 20432.7—2007　摄影　照相级化学品　试验方法　第 7 部分:碱度或酸度的测定………… 209
GB/T 20432.8—2007　摄影　照相级化学品　试验方法　第 8 部分:挥发性物质的测定………… 213
GB/T 20432.9—2007　摄影　照相级化学品　试验方法　第 9 部分:和硝酸银氨溶液的反应…… 217
GB/T 20432.10—2007　摄影　照相级化学品　试验方法　第 10 部分:硫化物的测定…………… 221
GB/T 20432.11—2007　摄影　照相级化学品　试验方法　第 11 部分:相对密度的测定………… 225
GB/T 20432.13—2007　摄影　照相级化学品　试验方法　第 13 部分:pH 值的测定 …………… 229
GB/T 20485.13—2007　振动与冲击传感器校准方法　第 13 部分:激光干涉法冲击绝对校准…… 235
GB/T 20485.21—2007　振动与冲击传感器校准方法　第 21 部分:振动比较法校准……………… 255
GB/T 20564.1—2007　汽车用高强度冷连轧钢板及钢带　第 1 部分:烘烤硬化钢………………… 281
GB/T 20564.3—2007　汽车用高强度冷连轧钢板及钢带　第 3 部分:高强度无间隙原子钢……… 293
GB/T 20688.1—2007　橡胶支座　第 1 部分:隔震橡胶支座试验方法…………………………… 301
GB 20688.4—2007　橡胶支座　第 4 部分:普通橡胶支座 ……………………………………… 341
GB/T 20779.2—2007　电力防护用橡胶材料　第 2 部分:电缆附件用橡胶材料………………… 367
GB/T 20257.1—2007　国家基本比例尺地图图式　第 1 部分:1∶500　1∶1 000　1∶2 000 地形图图式 ……………………………………………………………………………… 371
后记…………………………………………………………………………………………… 484

ICS 07.040
A 75

中华人民共和国国家标准

GB/T 20258.4—2007

基础地理信息要素数据字典 第4部分:1∶250 000 1∶500 000 1∶1 000 000基础地理信息要素数据字典

Data dictionary for fundamental geographic information features—Part 4: Data dictionary for fundamental geographic information features of 1∶250 000 1∶500 000 1∶1 000 000 scale

2007-08-30 发布 2007-12-01 实施

中华人民共和国国家质量监督检验检疫总局
中国国家标准化管理委员会 发布

前　　言

GB/T 20258《基础地理信息要素数据字典》分为4部分：

——第1部分：1∶500　1∶1 000　1∶2 000基础地理信息要素数据字典；

——第2部分：1∶5 000　1∶10 000基础地理信息要素数据字典；

——第3部分：1∶25 000　1∶50 000　1∶100 000基础地理信息要素数据字典；

——第4部分：1∶250 000　1∶500 000　1∶1 000 000基础地理信息要素数据字典。

本部分为GB/T 20258的第4部分。

本部分是根据我国目前1∶250 000　1∶500 000　1∶1 000 000基础地理信息数据采集、建库、制图以及应用等需求制定的。

本部分的附录A为规范性附录。

本部分由国家测绘局提出并归口。

本部分起草单位：国家测绘局测绘标准化研究所。

本部分主要起草人：段怡红、吕玉霞、李建利、兀伟、肖学年、张坤、马晓萍。

本部分为首次发布。

基础地理信息要素数据字典 第4部分：1∶250 000 1∶500 000 1∶1 000 000基础地理信息要素数据字典

1 范围

GB/T 20258的本部分规定了1∶250 000、1∶500 000、1∶1 000 000基础地理信息要素数据字典的内容结构与要素的描述。

本部分适用于1∶250 000、1∶500 000、1∶1 000 000比例尺基础地理信息数据的生产、建库、更新和维护。1∶250 000、1∶500 000、1∶1 000 000比例尺基础地理信息数据的分析应用与制图输出可参照执行。

2 规范性引用文件

下列文件中的条款通过GB/T 20258的本部分的引用而成为本部分的条款。凡是注日期的引用文件，其随后所有的修改单(不包括勘误的内容)或修订版均不适用于本部分，然而，鼓励根据本部分达成协议的各方研究是否可使用这些文件的最新版本。凡是不注日期的引用文件，其最新版本适用于本部分。

GB/T 13923—2006 基础地理信息要素分类与代码

GB/T 20257.4—2007 国家基本比例尺地图图式 第4部分：1∶250 000 1∶500 000 1∶1 000 000地形图图式

3 术语和定义

下列术语和定义适用于GB/T 20258的本部分。

3.1

实体 entity

现实世界的一种现象。它不能再细分为同种类型的现象。

3.2

要素 feature

现实世界现象的抽象。

注：一个要素可以作为一种类型(如湖泊)或一个实例(如洞庭湖)出现。

3.3

要素属性 feature attribute

要素的质量和数量特征。[ISO 19101]

注1：一个要素属性可能以一种类型或一个实例出现。当只有一个含义时，要么使用要素属性类型，要么使用要素属性实例。

注2：一个要素属性应当有名称、数据类型和与之相关的值域。要素实例的要素属性应当有一个从值域获得的属性值。

3.4

属性值 attribute value

赋予一个属性特定的值。

3.5

点　point

零维几何基元。

3.6

线　line

一维几何基元。

3.7

面　polygon

二维几何基元。

4　数据字典结构及内容

4.1　结构

数据字典结构采用表格形式，描述的内容包括要素名称、要素描述、要素分类代码、要素的属性表、几何表示、几何表示示例与制图表示示例、相关要素和关系。

4.2　要素名称

要素的正式名称。本部分的要素名称与GB/T 13923—2006一致。

4.3　要素描述

对要素形态、功能或特征等方面的描述，用于区分或界定要素。

4.4　要素分类代码

要素分类代码采用GB/T 13923—2006。

4.5　属性表

列出了要素的有关属性项，分别从属性名称、属性描述、数据类型和字段要求、属性值域或示例、约束/条件、备注几个方面进行了描述。

注：属性表中所列属性项并非全部，用户可根据需要扩充。

4.5.1　属性名称

要素属性项的名称。

4.5.2　属性描述

属性含义的解释。凡有计量的必须标明单位。

4.5.3　数据类型和字段要求

规定属性项的数据类型和字段宽度。数据类型分为字符型、整型、长整型、浮点型、日期型等。

注：字符型和整型数据的字段字节宽度，用一个自然数来描述；浮点型数据的字段宽度，用一个小数来表示，其中整数部分表示该浮点数整数部分的位数，小数部分表示该浮点数小数部分的位数。如15.2，表示该浮点数的整数部分为15位数，小数部分为2位数。

4.5.4　属性值域或示例

属性值域为该属性项可能取值的范围。属性项的取值可以通过简单枚举全部列出的，列出其全部取值，并用“/”分隔；不能通过简单枚举全部列出的，列举出典型示例，示例值放在“”中。

4.5.5　约束/条件

规定该属性项为要素的必选属性或条件可选属性。当该属性项为要素的必选属性时，用字母“M”表示；为条件可选属性时，用字母“C”表示。

4.5.6　备注

需特别加以说明的内容。

4.6 几何表示

说明要素的几何特征、图形代码、表示方法和关联的属性。

4.6.1 几何特征

要素根据其几何特征分为点要素、线要素、面要素和复合要素四种类型。

点要素用来表示没有长度或面积的地理要素，或在一定的地图比例尺上用点表示的要素。

线要素用来表示具有一定长度但没有面积的地理要素，或在一定的地图比例尺上用线表示的要素。

面要素用来表示具有一定长度和面积的地理要素，或在一定的地图比例尺上用面表示的要素。

复合要素由点要素、线要素、面要素及辅助制图要素组合而成。

辅助制图要素指为了保证地图符号化表示时的正确性而增加的辅助点、线、面。

要素根据其地理尺度可以有一种或多种几何表示形式。如：河流，根据具体情况可以用线要素或者面要素来表示。

4.6.2 图形代码

分别采用数字 1、2、3、4 作为点要素、线要素、面要素和辅助制图要素的图形代码。用户也可根据实际需要自行确定。

4.6.3 表示方法

4.6.3.1 点要素的表示方法

点要素的表示有三种形式：标注点、定位点、有向点。

标注点指无实体对应的点要素的表现形式，如高程点、水深点。

定位点指有实体对应的点要素的表现形式，如灯塔、烟囱等。

有向点指具有方向性的点要素的表现形式，如泉，山洞、溶洞等。应在属性表中定义"方向"属性项。

4.6.3.2 线要素的表示方法

线要素的表示有三种形式：线、中心线、有向线。

线指无实体对应的线要素的表现形式，如等高线、地类界、境界线等。

中心线指有实体对应的线要素的表现形式，如地铁、机耕路、溜索桥、隧道等。

有向线指具有方向性的线要素的表现形式，是要求依照一定方向采集的线，如单线河、田坎/路堑/沟堑/路堤、自然文化保护区界等。

4.6.3.3 面要素的表示方法

面要素的表示有一种形式，即范围线构面，如湖泊、自然文化保护区域等。

4.6.3.4 复合要素的表示方法

复合要素由点、线、面或辅助制图的点、线、面组合而成，如珊瑚滩的表示由面和辅助制图的线组合而成。

4.6.4 属性

要素需要关联的属性项。

4.7 几何表示示例

给出本要素或本要素与其他相关要素几何相互关系表示的示例，其中"+"表示标注点、定位点，"+→"表示有向点；"→—"表示有向线；本要素以红色表示，相关要素以黑色表示。

4.8 制图表示示例

给出本要素或本要素与其他相关要素制图表示时的示例。制图表示依据 GB/T 20257.4—2007。

4.9 相关要素

描述与本要素有拓扑空间关系的要素。

注：给出本要素可能的拓扑相关要素。由于现实世界的复杂性及数据模型对现实世界表达的局限性，所列出的相

关要素未必是其全部的相关要素。用户可根据具体情况自行补充相关要素及其关系。

4.10 关系

描述需进行数据处理的连接、重叠、包含关系。

4.10.1 连接

当本要素与相关要素只在边界处相交时规定为连接关系。

连接关系包括：

a) 点在线的端点；

b) 点在面的边线上；

c) 线与线有一个共用节点；

d) 线的一个或两个端点在面的边线上；

e) 线在面的边线上；

f) 面与面有一个共用节点或一条共用边。

连接关系各种示例见表1。

表 1

		相关要素		
		点 	线 	面 
本要素	点 	无连接关系		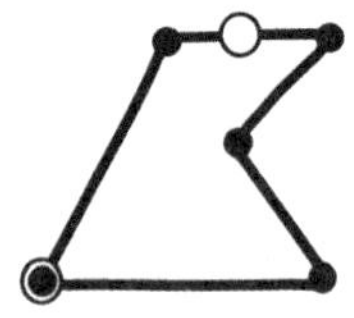
	线 			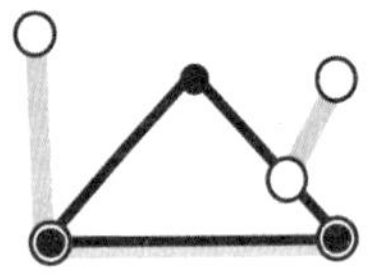
	面 	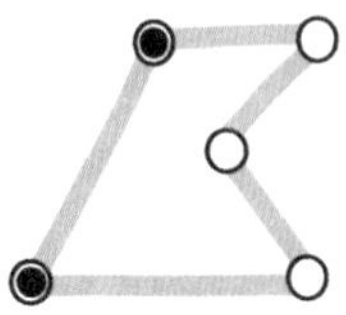	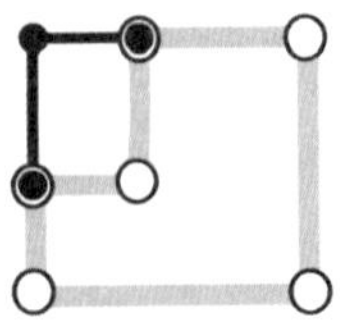	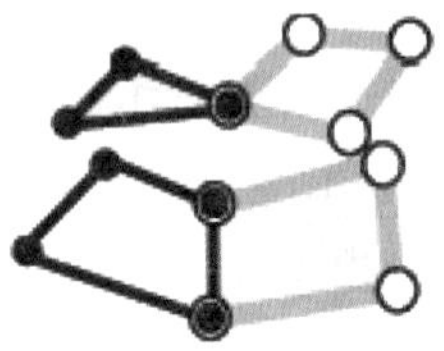

4.10.2 **重叠**

当本要素与相关要素部分重合时规定为重叠关系。

重叠关系包括：

a） 线与线部分重合；

b） 面与面部分重合。

重叠关系各种示例见表2。

表 2

		相关要素		
		点 	线 	面 
本要素	点 	无重叠关系	无重叠关系	无重叠关系
	线 	无重叠关系		无重叠关系
	面 	无重叠关系	无重叠关系	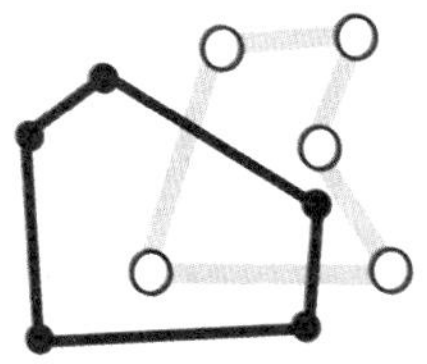

4.10.3 **包含**

当本要素全部包含或被包含于相关要素时规定为包含关系。

包含关系包括：

a） 点在线上但不是线的端点；

b） 点在面的内部；

c） 一条线是另一条线的部分；

d） 线在面的内部；

e） 一个面完全在另一个面里；

f） 一个面是另一个面的部分。

包含关系各种示例见表 3。

表 3

		相关要素		
		点 	线 	面 
本要素	点 	无包含关系		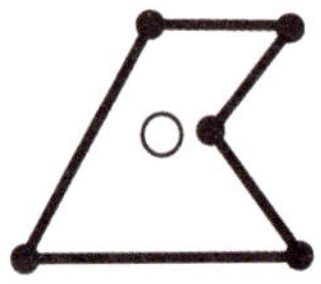
	线 	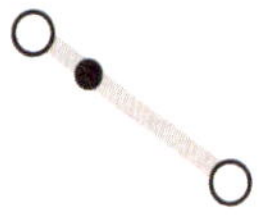	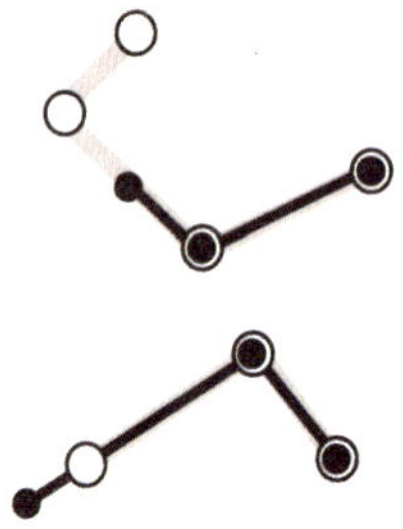	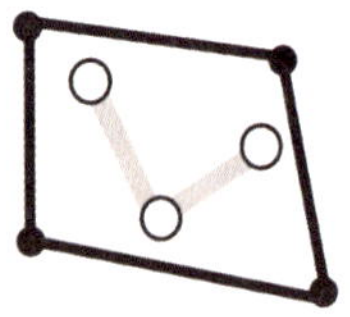
	面 	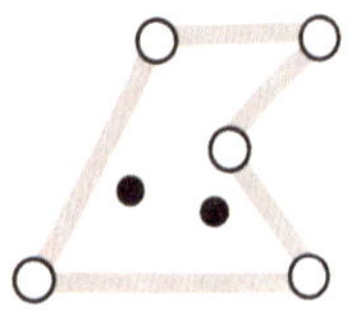	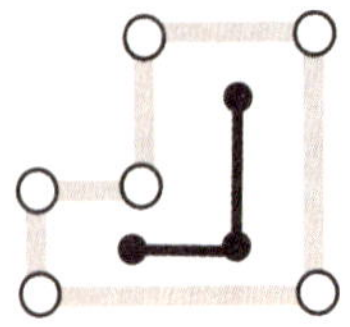	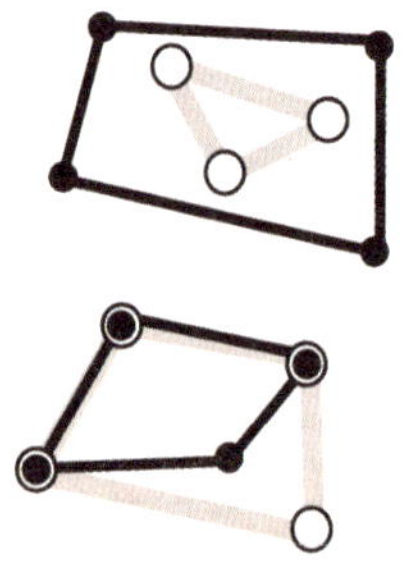

4.10.4 实例

表 4 给出各种关系的实例。

表 4

	点		线		面	
	关系	实例	关系	实例	关系	实例
点			—	—	—	—
线	连接	地下河段出入口与以线表示的常年河	重叠	河流、道路与境界	—	—
	包含	山隘与乡村路或小路	连接	干渠与支渠		
			包含	路和桥		
面	连接	水文站与以面表示的常年河	连接	河流与湖泊	连接	同级行政区域
					重叠	古迹、遗址和植被
	包含	水深点和湖泊	包含	等深线和水域	包含	国家行政区域与各级行政区域；干出滩与海域

5 要素数据字典描述

各要素数据字典具体描述见附录 A。

6 要素数据字典扩充原则

当依据 GB/T 13923—2006 第 6 章分类与代码扩充原则扩充了要素分类代码时，应按照本部分第 4 章数据字典结构及内容的要求，扩充形成该要素的数据字典。

附 录 A
（规范性附录）
1∶250 000　1∶500 000　1∶1 000 000 基础地理信息要素数据字典

要素名称　三角点

要素描述　利用三角测量方法测定的平面控制点。

要素分类代码　110102

属性表

属性名称	属性描述	数据类型 字段要求	属性值域或示例	约束/ 条件	备注
代码	要素分类代码及第七位的图形代码	长整型 10	1101021	M	
点名	三角点的名称	字符型 60		M	
等级	三角点的等级	字符型 10	一等/二等/三等/四等/5″/10″	M	
坐标系	三角点的坐标系统	字符型 30		C	
大地纬度	三角点的大地纬度(°)	浮点型 4.8		M	
大地经度	三角点的大地经度(°)	浮点型 4.8		M	
高程	三角点的高程(m)	浮点型 4.2		M	
高程基准	三角点的高程基准	字符型 30		C	

几何表示

几何特征	图形代码	表示方法	属　性
点	1	定位点	代码、点名、等级、坐标系、大地纬度、大地经度、高程、高程基准

几何表示示例		制图表示示例	
+ 1∶250 000	1∶500 000　1∶1 000 000 不表示	△ 156 1∶250 000	1∶500 000　1∶1 000 000 不表示

相关要素	
关系	
备注	

要素名称 水准原点

要素描述 国家高程控制网即1985国家高程基准的起算点。

要素分类代码 110201

属性表

属性名称	属性描述	数据类型 字段要求	属性值域或示例	约束/ 条件	备注
代码	要素分类代码及第七位的图形代码	长整型 10	1102011	M	
高程	水准原点的高程(m)	浮点型 4.4		C	
验潮站	验潮站的名称	字符型 60		C	

几何表示

几何特征	图形代码	表示方法	属　　性
点	1	定位点	代码、高程、验潮站

几何表示示例	制图表示示例
	制图不表示

相关要素	
关系	
备注	

要素名称　卫星定位连续运行站点

要素描述　利用卫星技术测定的国家AA级控制点。

要素分类代码　110301

属性表

属性名称	属性描述	数据类型 字段要求	属性值域或示例	约束/ 条件	备注
代码	要素分类代码及第七位的图形代码	长整型 10	1103011	M	
点名	卫星定位连续运行站点的名称	字符型 60		M	
坐标系统	卫星定位连续运行站点的坐标系统	字符型 30		C	
大地纬度	卫星定位连续运行站点的大地纬度(°)	浮点型 4.8		M	
大地经度	卫星定位连续运行站点的大地经度(°)	浮点型 4.8		M	
高程	卫星定位连续运行站点的高程(m)	浮点型 4.2		M	

几何表示

几何特征	图形代码	表示方法	属　　性
点	1	定位点	代码、点名、坐标系统、大地纬度、大地经度、高程

几何表示示例		制图表示示例	
 1∶250 000	1∶500 000　1∶1 000 000 不表示	 1∶250 000	1∶500 000　1∶1 000 000 不表示

相关要素	
关系	
备注	

要素名称 重力点
要素描述 测定了重力加速度值的国家重力点。
要素分类代码 110401

属性表

属性名称	属性描述	数据类型 字段要求	属性值域或示例	约束/ 条件	备注
代码	要素分类代码及第七位的图形代码	长整型 10	1104011	M	
点名	重力点的名称	字符型 60		M	
等级	重力点的等级	字符型 10	基准点/基本点/一等/二等/加密	M	
重力基准	重力点的基准	字符型 30		C	
高程基准	重力点的高程基准	字符型 30		C	
坐标系统	重力点的坐标系统	字符型 30		C	
测量方式	重力点的测量方式	字符型 10	绝对/相对	M	
重力值	重力点的重力值(N)	浮点型 9.4		M	
大地纬度	重力点的大地纬度(°)	浮点型 4.8		M	
大地经度	重力点的大地经度(°)	浮点型 4.8		M	
高程	重力点的高程(m)	浮点型 4.2		M	

几何表示

几何特征	图形代码	表示方法	属　　性
点	1	定位点	代码、点名、等级、重力基准、高程基准、坐标系统、测量方式、重力值、大地纬度、大地经度、高程

几何表示示例	制图表示示例
+	制图不表示

相关要素	
关系	
备注	

要素名称 独立天文点
要素描述 利用天文观测的方法直接测定地理坐标和方位角的控制点。
要素分类代码 110402

属性表

属性名称	属性描述	数据类型 字段要求	属性值域或示例	约束/ 条件	备注
代码	要素分类代码及第七位的图形代码	长整型 10	1104021	M	
点名	独立天文点的名称	字符型 60		M	
等级	独立天文点的等级	字符型 10	一等/二等/ 三等/四等	M	
高程	独立天文点的高程(m)	浮点型 4.2		M	
测量方法	独立天文点的测量方法	字符型 10	已知方向/北极星/ 太阳/南北星	C	
天文纬度	独立天文点的天文纬度(hms)	字符型 8		C	格式为 hhmmssss
天文经度	独立天文点的天文经度(hms)	字符型 8		C	格式为 hhmmssss
天文 方位角	独立天文点的天文方位角(°)	浮点型 4.8		C	

几何表示

几何特征	图形代码	表示方法	属　　性
点	1	定位点	代码、点名、等级、高程、测量方法、天文纬度、天文经度、天文方位角

几何表示示例		制图表示示例	
+ 1∶250 000	1∶500 000　1∶1 000 000 不表示	☆ 24 1∶250 000	1∶500 000　1∶1 000 000 不表示

相关要素	
关系	
备注	

要素名称　内图廓线

要素描述　是图幅范围的边线，由经线和纬线组成。

要素分类代码　120100

属性表

属性名称	属性描述	数据类型 字段要求	属性值域或示例	约束/ 条件	备注
代码	要素分类代码及第七位的图形代码	长整型 10	1201002	M	
经度	内图廓线的经度(°)	浮点型 4.8		C	东、西图廓线选此属性项
纬度	内图廓线的纬度(°)	浮点型 4.8		C	南、北图廓线选此属性项
投影类型	图幅投影的类型	字符型 16	正轴等角圆锥/高斯—克吕格	C	

几何表示

几何特征	图形代码	表示方法	属　　性
线	2	线	代码、经度/纬度、投影类型

几何表示示例	制图表示示例

相关要素	
关系	
备注	

要素名称 坐标网线

要素描述 由相同间距纵横交错的直线构成的平面直角网，又称方里网。

要素分类代码 120200

属性表

属性名称	属性描述	数据类型 字段要求	属性值域或示例	约束/ 条件	备注
代码	要素分类代码及第七位的图形代码	长整型 10	1202002	M	

几何表示

几何特征	图形代码	表示方法	属　　性
线	2	线	代码

几何表示示例		制图表示示例	
1∶250 000	1∶500 000　1∶1 000 000 不表示	1∶250 000	1∶500 000　1∶1 000 000 不表示

相关要素	
关系	
备注	

要素名称　经线
要素描述　通过地球地轴的平面与地球椭球体面的交线，用来指示南北方向。
要素分类代码　120300

属性表

属性名称	属性描述	数据类型 字段要求	属性值域或示例	约束/ 条件	备注
代码	要素分类代码及第七位的图形代码	长整型 10	1203002	M	
经度	东西方向距离本初子午线的度数(°)	浮点型 4.8		M	

几何表示

几何特征	图形代码	表示方法	属　　性
线	2	线	代码、经度

几何表示示例	制图表示示例

相关要素	
关系	
备注	

要素名称　纬线

要素描述　垂直于地轴的平面与地球椭球体面的交线，用来指示东西方向。

要素分类代码　120400

属性表

属性名称	属性描述	数据类型 字段要求	属性值域或示例	约束/ 条件	备注
代码	要素分类代码及第七位的图形代码	长整型 10	1204002	M	
纬度	南北方向距离赤道的度数(°)	浮点型 4.8		M	

几何表示

几何特征	图形代码	表示方法	属　　性
线	2	线	代码、纬度

几何表示示例	制图表示示例

相关要素	
关系	
备注	

要素名称 北回归线

要素描述 太阳能够垂直照射的最北纬线，即北纬 23°27′。

要素分类代码 120401

属性表

属性名称	属性描述	数据类型 字段要求	属性值域或示例	约束/ 条件	备注
代码	要素分类代码及第七位的图形代码	长整型 10	1204012	M	

几何表示

几何特征	图形代码	表示方法	属　　性
线	2	线	代码

几何表示示例		制图表示示例	
1∶250 000　1∶500 000	1∶1 000 000	1∶250 000　1∶500 000 不表示	1∶1 000 000

相关要素	
关系	
备注	

要素名称 常年河—地面河流

要素描述 地面上常年有水的自然河流。

要素分类代码 210101

属性表

属性名称	属性描述	数据类型 字段要求	属性值域或示例	约束/ 条件	备注
代码	要素分类代码及第七位的图形代码	长整型 10	2101012/2101013	M	
名称	河流名称	字符型 60	“清江”	M	
实体编码	行业名称代码	字符型 20		C	
级别	河流级别	整型 1	1/2/3/4/5/6/7	C	
水质	水质类型	字符型 2	淡/盐/咸/苦	C	
河流类型	内流或外流	字符型 2	内/外	C	
通航性质	可否通航	字符型 8	通航/不通航	C	

几何表示

几何特征	图形代码	表示方法	属　　性
线	2	有向线	代码、名称、实体编码、级别、水质、河流类型、通航性质
面	3	范围线构成的面	代码、名称、实体编码、级别、水质、河流类型、通航性质

几何表示示例	制图表示示例
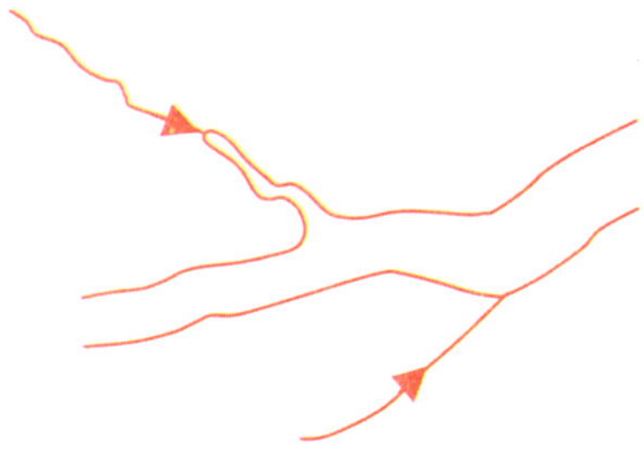	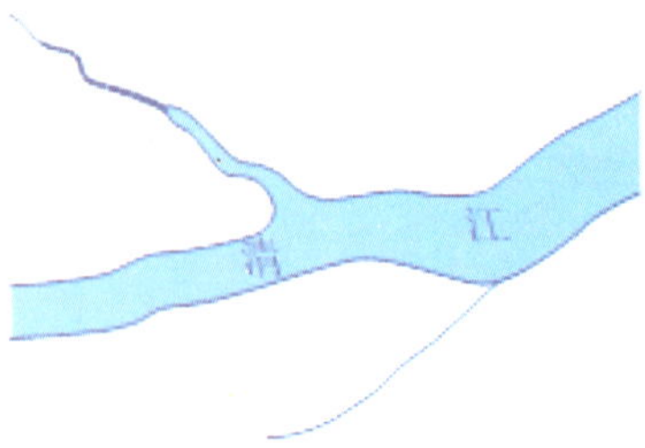

相关要素	水系、水运设施、地貌
关系	连接、包含
备注	

要素名称 常年河—地下河段出入口

要素描述 常年有水的河流流经地下的河段在地面上的出入口。

要素分类代码 210103

属性表

属性名称	属性描述	数据类型 字段要求	属性值域或示例	约束/ 条件	备注
代码	要素分类代码及第七位的图形代码	长整型 10	2101031	M	
方向	与正东方向逆时针形成的夹角(°)	浮点型 4.8	0～360	M	

几何表示

几何特征	图形代码	表示方法	属　　性
点	1	有向点	代码、方向

几何表示示例	制图表示示例
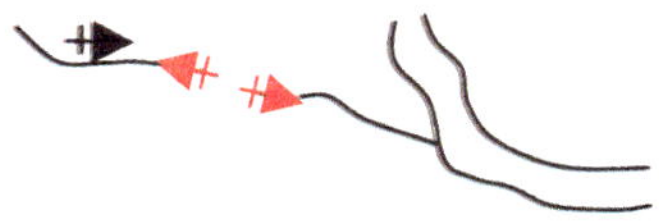	

相关要素	地面河流
关系	连接
备注	

要素名称 常年河—消失河段

要素描述 河流流经沼泽、沙地等地区，没有明显河床，或表面水流消失的地段。

要素分类代码 210104

属性表

属性名称	属性描述	数据类型 字段要求	属性值域或示例	约束/ 条件	备注
代码	要素分类代码及第七位的图形代码	长整型 10	2101042/2101043	M	
名称	河流名称	字符型 60		M	
实体编码	行业名称代码	字符型 20		C	

几何表示

几何特征	图形代码	表示方法	属　　性
线	2	有向线	代码、名称、实体编码

几何表示示例	制图表示示例
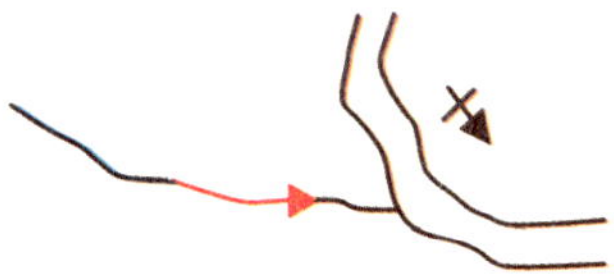	

相关要素	地面河流
关系	连接
备注	

要素名称 时令河

要素描述 季节性有水的自然河流。

要素分类代码 210200

属性表

属性名称	属性描述	数据类型 字段要求	属性值域或示例	约束/ 条件	备注
代码	要素分类代码及第七位的图形代码	长整型 10	2102002/2102003	M	
名称	河流名称	字符型 60		M	
实体编码	行业名称代码	字符型 20		C	
有水月份	河流有水月份	字符型 6	“7—9”	M	

几何表示

几何特征	图形代码	表示方法	属　　性
线	2	有向线	代码、名称、实体编码、有水月份
面	3	范围线构成的面	代码、名称、实体编码、有水月份

几何表示示例	制图表示示例
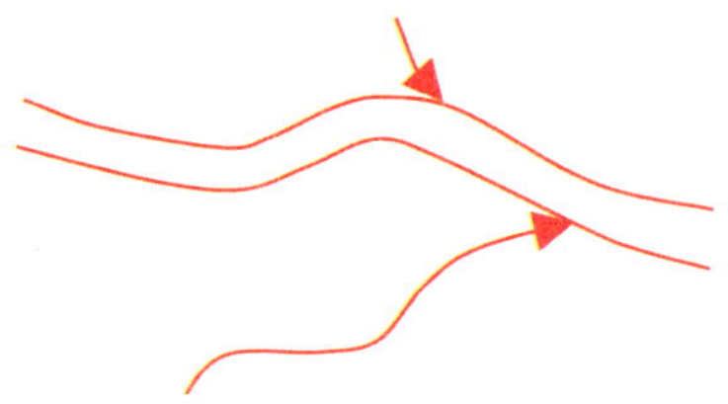	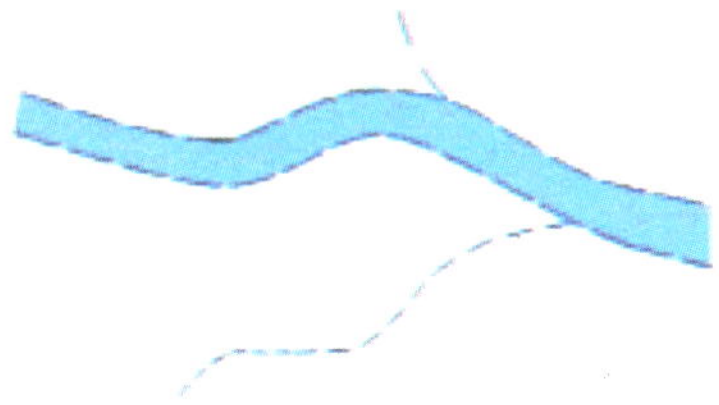

相关要素	
关系	
备注	

要素名称 干涸河(干河床)
要素描述 降水或融雪后短暂时间内有水的河床或河流改道后遗留的河道。
要素分类代码 210300

属性表

属性名称	属性描述	数据类型 字段要求	属性值域或示例	约束/ 条件	备注
代码	要素分类代码及第七位的图形代码	长整型 10	2103002/2103003	M	
名称	河流名称	字符型 60		M	
实体编码	行业名称代码	字符型 20		C	
土质	河道中的土质类型	字符型 10		M	

几何表示

几何特征	图形代码	表示方法	属　　性
线	2	有向线	代码、名称、实体编码、土质
面	3	范围线构成的面	代码、名称、实体编码、土质

几何表示示例	制图表示示例
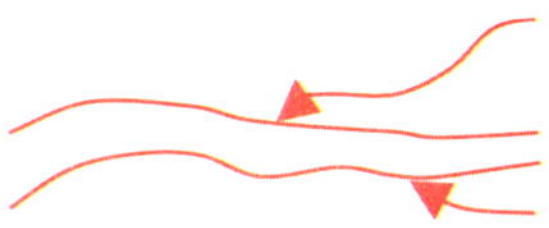	

相关要素	
关系	
备注	

要素名称 运河

要素描述 跨流域人工开凿的可供调水、航运的水道。

要素分类代码 220100

属性表

属性名称	属性描述	数据类型 字段要求	属性值域或示例	约束/ 条件	备注
代码	要素分类代码及第七位的图形代码	长整型 10	2201002	M	
名称	运河名称	字符型 60	“京杭运河”	M	
实体编码	行业名称代码	字符型 20		C	
通航性质	可否通航	字符型 6	通航/不通航	C	

几何表示

几何特征	图形代码	表示方法	属　　性
线	2	有向线	代码、名称、实体编码、通航性质

几何表示示例	制图表示示例

相关要素	河流
关系	连接
备注	

要素名称 干渠

要素描述 人工开挖的供引水、排水的主干渠道。

要素分类代码 220200

属性表

属性名称	属性描述	数据类型 字段要求	属性值域或示例	约束/ 条件	备注
代码	要素分类代码及第七位的图形代码	长整型 10	2202002	M	
名称	干渠名称	字符型 60	“红旗渠”	M	
实体编码	行业名称代码	字符型 20		C	

几何表示

几何特征	图形代码	表示方法	属　　性
线	2	有向线	代码、名称、实体编码

几何表示示例	制图表示示例
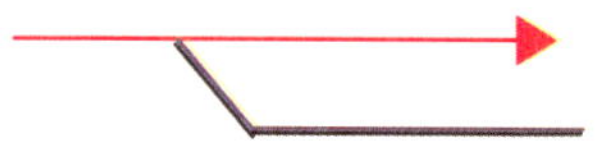	

相关要素	河流、支渠
关系	连接
备注	

要素名称 支渠
要素描述 人工开挖的供引水、排水的仅次于干渠的渠道。
要素分类代码 220300

属性表

属性名称	属性描述	数据类型 字段要求	属性值域或示例	约束/ 条件	备注
代码	要素分类代码及第七位的图形代码	长整型 10	2203002	M	
名称	支渠名称	字符型 60		C	
实体编码	行业名称代码	字符型 20		C	

几何表示

几何特征	图形代码	表示方法	属　　性
线	2	有向线	代码、名称、实体编码

几何表示示例	制图表示示例

相关要素	干渠
关系	连接
备注	

要素名称　坎儿井
要素描述　干旱地区引用地下水及雪水，并有竖井与之相通的暗渠。
要素分类代码　220400

属性表

属性名称	属性描述	数据类型 字段要求	属性值域或示例	约束/ 条件	备注
代码	要素分类代码及第七位的图形代码	长整型 10	2204002/2204004	M	

几何表示

几何特征		图形代码	表示方法	属　　性
复合	点	4	两端竖井的定位点	代码
	线	2	中心线	代码

几何表示示例	制图表示示例

相关要素	
关系	
备注	

要素名称 输水渡槽

要素描述 跨越山谷、道路或沟渠的桥梁式输水设施，如水槽或水管。

要素分类代码 220600

属性表

属性名称	属性描述	数据类型 字段要求	属性值域或示例	约束/ 条件	备注
代码	要素分类代码及第七位的图形代码	长整型 10	2206001/2206002	M	
名称	输水渡槽名称	字符型 60		C	
实体编码	行业名称代码	字符型 20		C	
方向	与正东方向逆时针形成的夹角(°)	浮点型 4.8	0～360	M	

几何表示

几何特征	图形代码	表示方法	属　　性
点	1	有向点	代码、名称、实体编码、方向
线	2	中心线	代码、名称、实体编码

几何表示示例	制图表示示例
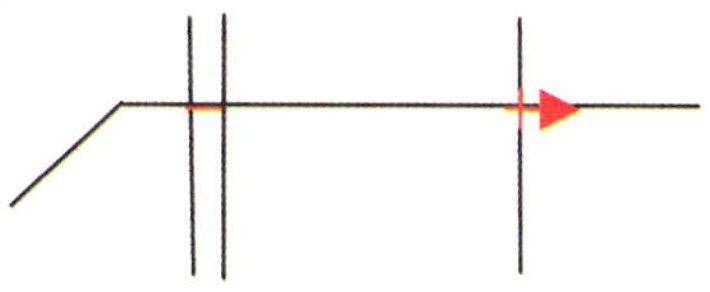	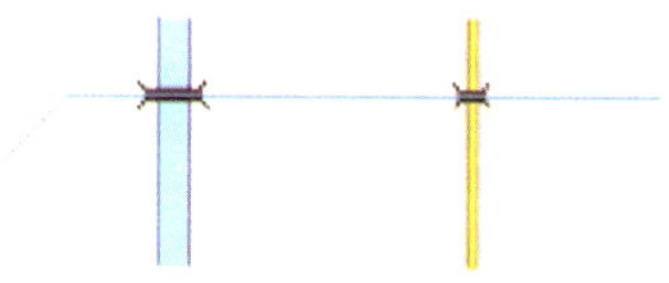

相关要素	渠道
关系	包含
备注	

要素名称　输水隧道

要素描述　修建在山中或地下的过水渠道设施。

要素分类代码　220700

属性表

属性名称	属性描述	数据类型 字段要求	属性值域或示例	约束/ 条件	备注
代码	要素分类代码及第七位的图形代码	长整型 10	2207002	M	

几何表示

几何特征	图形代码	表示方法	属　　性
线	2	中心线	代码

几何表示示例	制图表示示例

相关要素	沟渠
关系	连接
备注	

要素名称　湖泊

要素描述　陆地上洼地积水形成的水域宽阔、水量变化缓慢的水体。

要素分类代码　230101

属性表

属性名称	属性描述	数据类型 字段要求	属性值域或示例	约束/ 条件	备注
代码	要素分类代码及第七位的图形代码	长整型 10	2301013	M	
名称	湖泊名称	字符型 60	"洞庭湖"	M	
实体编码	行业名称代码	字符型 20		C	
水质类型	水质类型	字符型 2	淡/盐/咸/苦	C	

几何表示

几何特征	图形代码	表示方法	属　　性
面	3	范围线构成的面	代码、名称、实体编码、水质类型

几何表示示例	制图表示示例

相关要素	河流
关系	连接
备注	

要素名称 池塘
要素描述 人工挖掘的积水水体或自然形成的面积较小的洼地积水水体。
要素分类代码 230102

属性表

属性名称	属性描述	数据类型 字段要求	属性值域或示例	约束/ 条件	备注
代码	要素分类代码及第七位的图形代码	长整型 10	2301021/2301023	M	
名称	池塘名称	字符型 60	“清水塘”	C	
实体编码	行业名称代码	字符型 20		C	
用途	池塘用途	字符型 4	“鱼”	C	

几何表示

几何特征	图形代码	表示方法	属　　性
点	1	定位点	代码、用途
面	3	范围线构成的面	代码、名称、实体编码、用途

注：几何点用来表示基塘区鱼塘。

几何表示示例	制图表示示例

相关要素	
关系	
备注	

要素名称 时令湖

要素描述 季节性有水的湖泊。

要素分类代码 230200

属性表

属性名称	属性描述	数据类型 字段要求	属性值域或示例	约束/ 条件	备注
代码	要素分类代码及第七位的图形代码	长整型 10	2302003	M	
名称	时令湖名称	字符型 60		M	
实体编码	行业名称代码	字符型 20		C	
水质类型	水质类型	字符型 2	淡/盐/咸/苦	M	
有水月份	时令湖有水月份	字符型 6	“6—10”	M	

几何表示

几何特征	图形代码	表示方法	属　　性
面	3	范围线构成的面	代码、名称、实体编码、水质类型、有水月份

几何表示示例	制图表示示例
	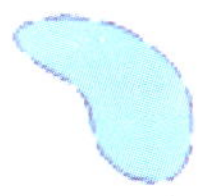

相关要素	
关系	
备注	

要素名称 干涸湖

要素描述 降雨或融雪后短暂时间内有水的湖盆。

要素分类代码 230300

属性表

属性名称	属性描述	数据类型 字段要求	属性值域或示例	约束/ 条件	备注
代码	要素分类代码及第七位的图形代码	长整型 10	2303003	M	
名称	干涸湖名称	字符型 60		M	
实体编码	行业名称代码	字符型 20		C	
土质	干涸湖中土质类型	字符型 10		M	

几何表示

几何特征	图形代码	表示方法	属　　性
面	3	范围线构成的面	代码、名称、实体编码、土质

几何表示示例	制图表示示例
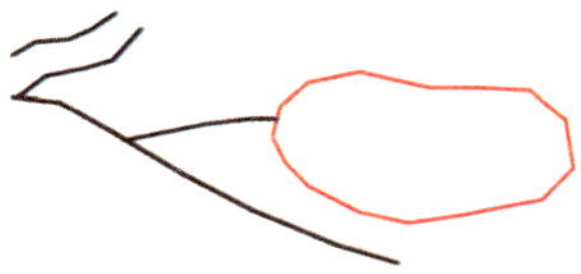	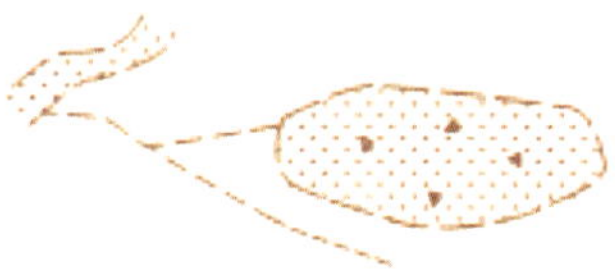

相关要素	河道干河、土质
关系	连接、包含
备注	

要素名称　水库

要素描述　因建造坝、闸、堤、堰等水利工程拦蓄河川径流而形成的水体及建筑物。

要素分类代码　240101

属性表

属性名称	属性描述	数据类型 字段要求	属性值域或示例	约束/ 条件	备注
代码	要素分类代码及第七位的图形代码	长整型 10	2401011/2401013	M	
名称	水库名称	字符型 60	“三门峡水库”	M	
实体编码	行业名称代码	字符型 20		C	
类型	水库用途类型	字符型 10	蓄水/发电/蓄水和发电	C	
库容量	水库容量(万 m^3)	长整型 10	“25000”	C	
方向	与正东方向逆时针形成的夹角(°)	浮点型 4.8	0～360	M	

几何表示

几何特征	图形代码	表示方法	属　　性
点	1	有向点	代码、名称、实体编码、类型、库容量、方向
面	3	范围线构成的面	代码、名称、实体编码、类型、库容量

几何表示示例		制图表示示例	
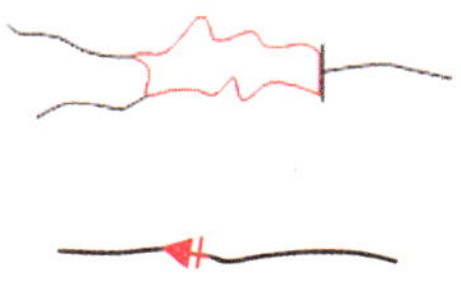 1∶250 000	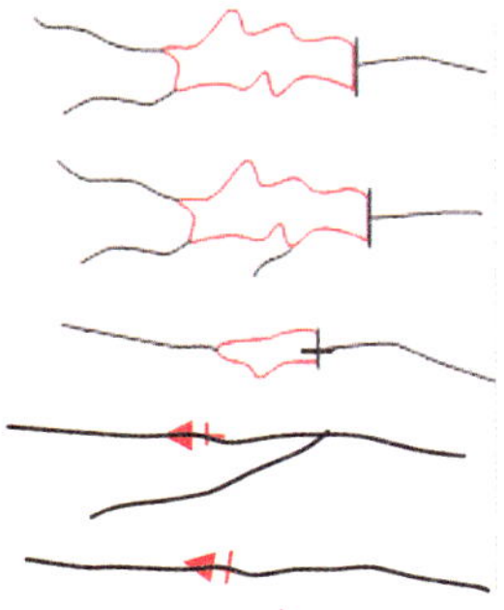 1∶500 000 1∶1 000 000	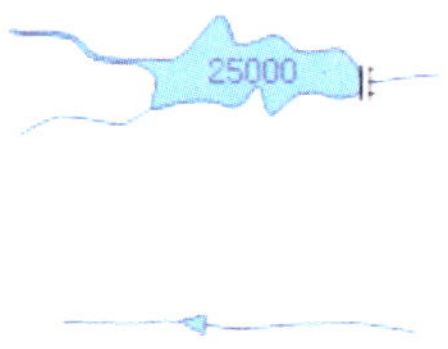 1∶250 000	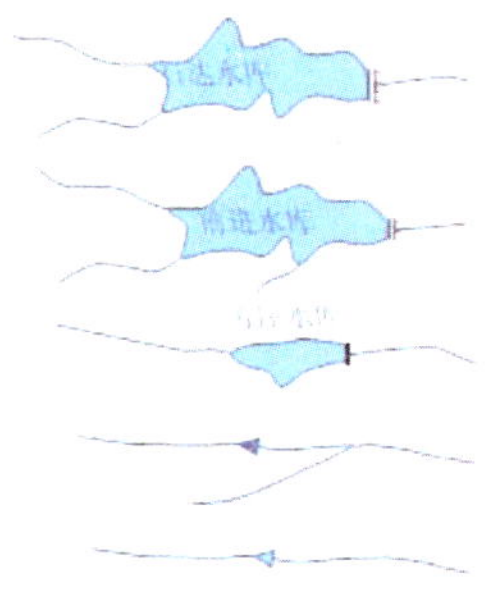 1∶500 000 1∶1 000 000

相关要素	河流、拦水坝
关系	连接
备注	

要素名称　建筑中水库

要素描述　建筑中的水库。

要素分类代码　240102

属性表

属性名称	属性描述	数据类型 字段要求	属性值域或示例	约束/ 条件	备注
代码	要素分类代码及第七位的图形代码	长整型 10	2401023	M	
名称	水库名称	字符型 60		M	
实体编码	行业名称代码	字符型 20		C	
库容量	水库容量(万 m^3)	长整型 10		C	

几何表示

几何特征	图形代码	表示方法	属　　性
面	3	范围线构成的面	代码、名称、实体编码、库容量

几何表示示例	制图表示示例
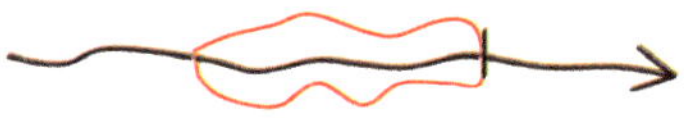	

相关要素	河流、拦水坝、堤、机耕路
关系	连接、重叠
备注	

要素名称 海域

要素描述 海面上的一定区域。

要素分类代码 250100

属性表

属性名称	属性描述	数据类型 字段要求	属性值域或示例	约束/ 条件	备注
代码	要素分类代码及第七位的图形代码	长整型 10	2501003	M	
名称	海域名称	字符型 60		M	
实体编码	行业名称代码	字符型 20		C	

几何表示

几何特征	图形代码	表示方法	属　　性
面	3	范围线构成的面	代码、名称、实体编码

几何表示示例	制图表示示例
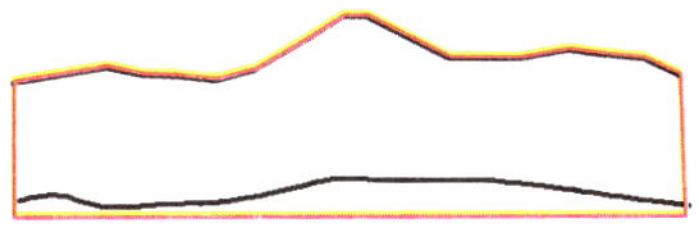	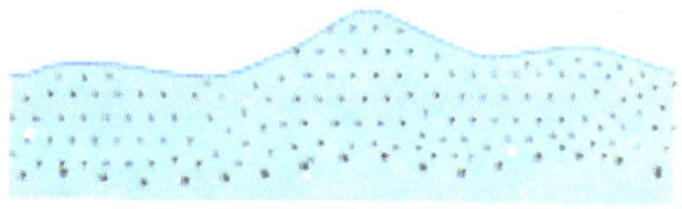

相关要素	海岸线、干出线、干出滩
关系	连接、包含
备注	

要素名称 海岸线

要素描述 海面平均大潮高潮面的水陆分界线。

要素分类代码 250200

属性表

属性名称	属性描述	数据类型 字段要求	属性值域或示例	约束/ 条件	备注
代码	要素分类代码及第七位的图形代码	长整型 10	2502002	M	

几何表示

几何特征	图形代码	表示方法	属　　性
线	2	线	代码

几何表示示例	制图表示示例
	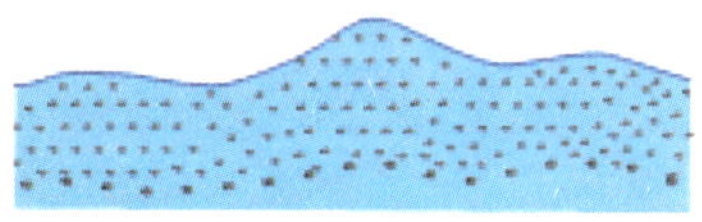

相关要素	海域、干出滩
关系	连接
备注	

要素名称 干出线

要素描述 海面最低低潮面的水陆分界线(最低低潮线)。

要素分类代码 250300

属性表

属性名称	属性描述	数据类型 字段要求	属性值域或示例	约束/ 条件	备注
代码	要素分类代码及第七位的图形代码	长整型 10	2503002	M	

几何表示

几何特征	图形代码	表示方法	属　　性
线	2	线	代码

几何表示示例	制图表示示例
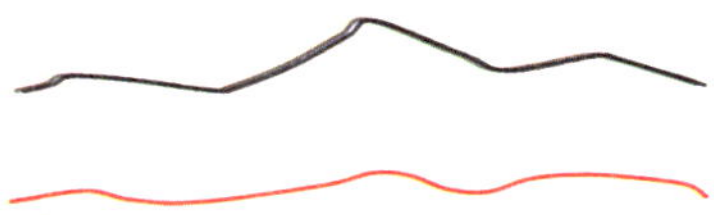	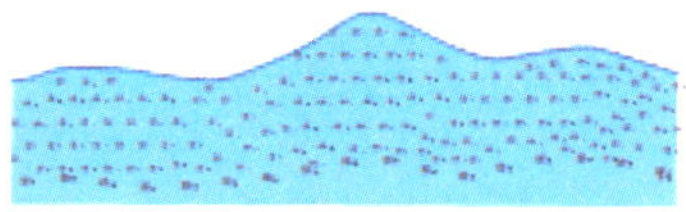

相关要素	海域、干出滩
关系	包含、连接
备注	

要素名称 沙滩
要素描述 海岸线与干出线之间的沙质潮浸地带。
要素分类代码 250401

属性表

属性名称	属性描述	数据类型 字段要求	属性值域或示例	约束/ 条件	备注
代码	要素分类代码及第七位的图形代码	长整型 10	2504013	M	
名称	沙滩名称	字符型 60		M	

几何表示

几何特征	图形代码	表示方法	属　　性
面	3	范围线构成的面	代码、名称

几何表示示例	制图表示示例
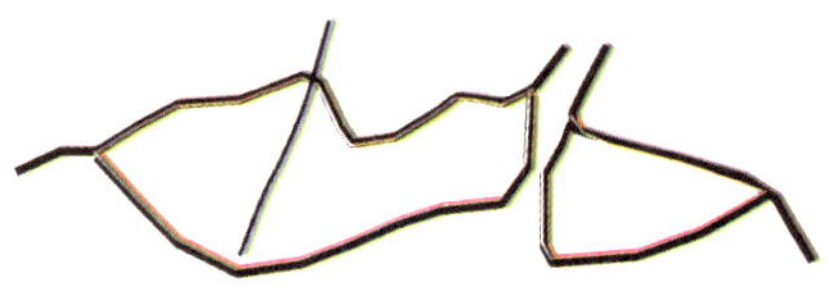	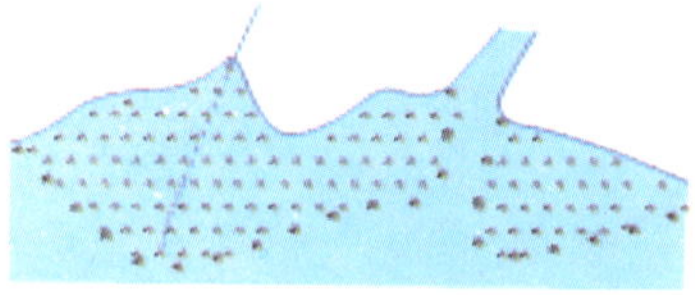

相关要素	海岸线、干出线、海域
关系	连接、包含
备注	

要素名称　沙砾滩、砾石滩

要素描述　海岸线与干出线之间的沙与砾石混合的或以砾石为主的潮浸地带。

要素分类代码　250402

属性表

属性名称	属性描述	数据类型 字段要求	属性值域或示例	约束/ 条件	备注
代码	要素分类代码及第七位的图形代码	长整型 10	2504023	M	
名称	沙砾滩、砾石滩名称	字符型 60		M	
类型	属于沙砾滩和砾石滩中的哪种	字符型 10	沙砾滩/砾石滩	M	

几何表示

几何特征	图形代码	表示方法	属　　性
面	3	范围线构成的面	代码、名称、类型

几何表示示例	制图表示示例
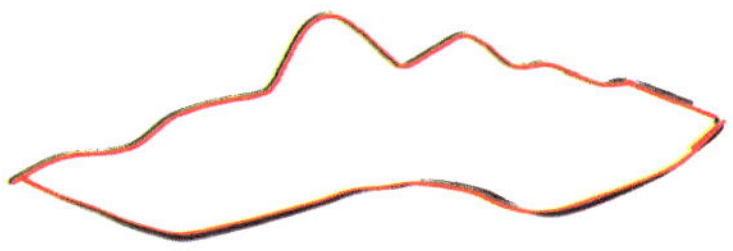	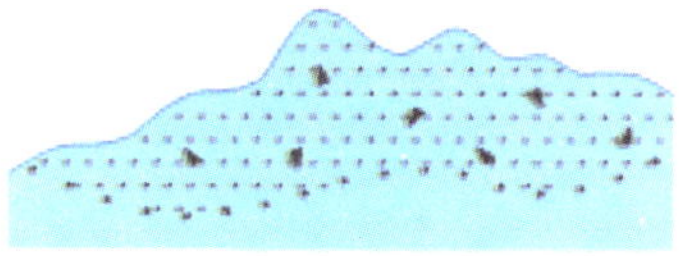

相关要素	海岸线、干出线、海域
关系	连接、包含
备注	

要素名称 岩石滩

要素描述 海岸线与干出线之间的由坚硬岩石层组成的潮浸地带。

要素分类代码 250403

属性表

属性名称	属性描述	数据类型 字段要求	属性值域或示例	约束/ 条件	备注
代码	要素分类代码及第七位的图形代码	长整型 10	2504033/2504034	M	
名称	岩石滩名称	字符型 60		M	

几何表示

几何特征		图形代码	表示方法	属　　性
复合	线	4	岩石滩的干出线	代码
	面	3	范围线构成的面	代码、名称

几何表示示例	制图表示示例
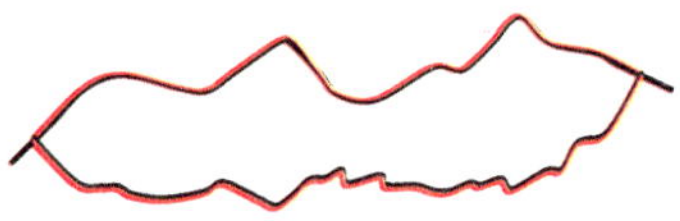	

相关要素	海岸线、干出线、海域
关系	连接、包含
备注	

要素名称 珊瑚滩

要素描述 海岸线与干出线之间的由珊瑚虫遗体及其分泌出的石灰质堆积而成的潮浸地带。

要素分类代码 250404

属性表

属性名称	属性描述	数据类型 字段要求	属性值域或示例	约束/ 条件	备注
代码	要素分类代码及第七位的图形代码	长整型 10	2504043/2504044	M	
名称	珊瑚滩名称	字符型 60		M	

几何表示

几何特征		图形代码	表示方法	属　　性
复合	线	4	珊瑚滩的干出线	代码
	面	3	范围线构成的面	代码、名称

几何表示示例	制图表示示例
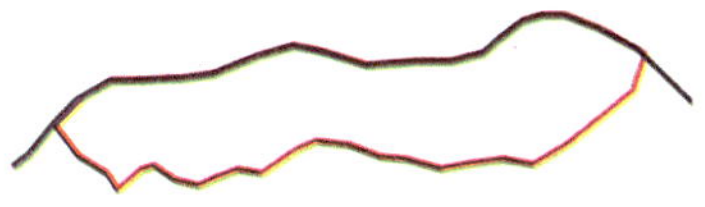	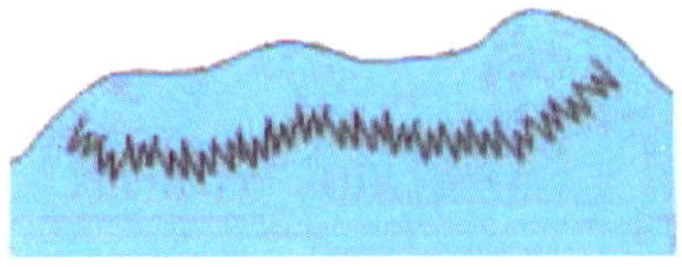

相关要素	海岸线、干出线、海域
关系	连接、包含
备注	

要素名称 淤泥滩

要素描述 海岸线与干出线之间的泥泞下陷、通行困难的潮浸地带。

要素分类代码 250405

属性表

属性名称	属性描述	数据类型 字段要求	属性值域或示例	约束/ 条件	备注
代码	要素分类代码及第七位的图形代码	长整型 10	2504053	M	
名称	淤泥滩名称	字符型 60		M	

几何表示

几何特征	图形代码	表示方法	属　　性
面	3	范围线构成的面	代码、名称

几何表示示例	制图表示示例
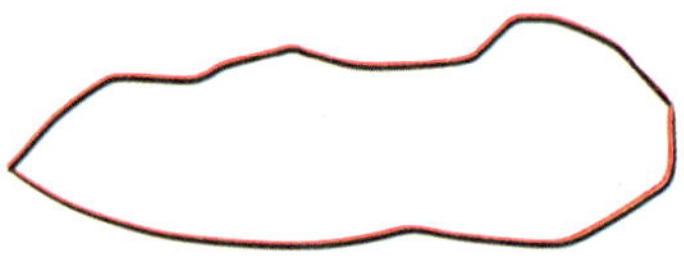	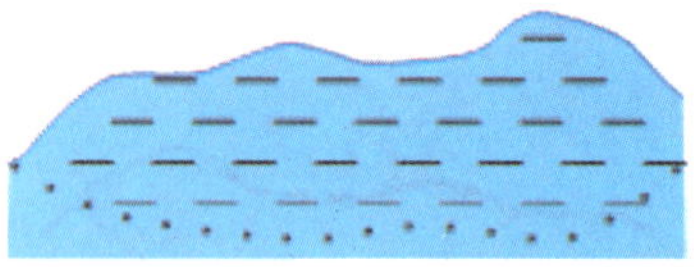

相关要素	海岸线、干出线、海域
关系	连接、包含
备注	

要素名称 沙泥滩

要素描述 海岸线与干出线之间的沙泥混合的潮浸地带。

要素分类代码 250406

属性表

属性名称	属性描述	数据类型 字段要求	属性值域或示例	约束/ 条件	备注
代码	要素分类代码及第七位的图形代码	长整型 10	2504063	M	
名称	沙泥滩名称	字符型 60		M	

几何表示

几何特征	图形代码	表示方法	属　　性
面	3	范围线构成的面	代码、名称

几何表示示例	制图表示示例
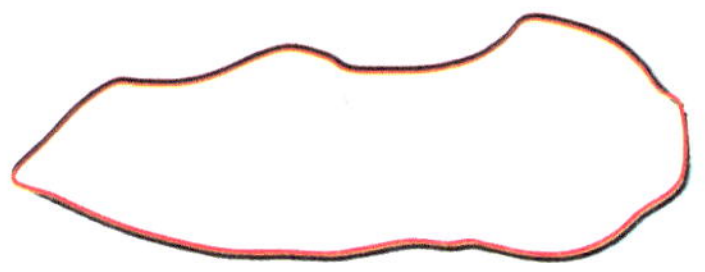	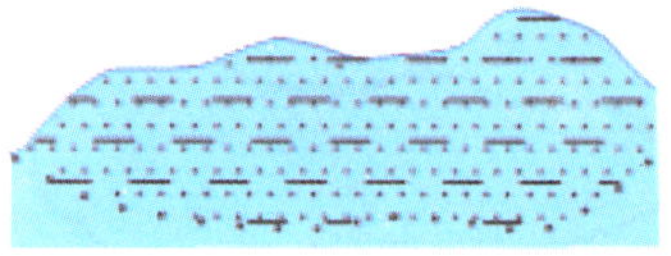

相关要素	海岸线、干出线、海域
关系	连接、包含
备注	

要素名称 红树林滩
要素描述 海岸线与干出线之间生长有红树林群落的潮浸地带。
要素分类代码 250407

属性表

属性名称	属性描述	数据类型 字段要求	属性值域或示例	约束/ 条件	备注
代码	要素分类代码及第七位的图形代码	长整型 10	2504073	M	
名称	红树林滩名称	字符型 60		M	

几何表示

几何特征	图形代码	表示方法	属　　性
面	3	范围线构成的面	代码、名称

几何表示示例	制图表示示例
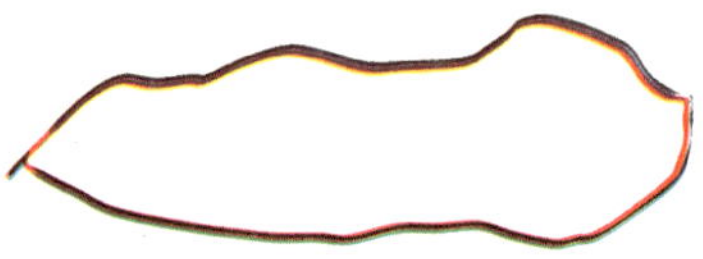	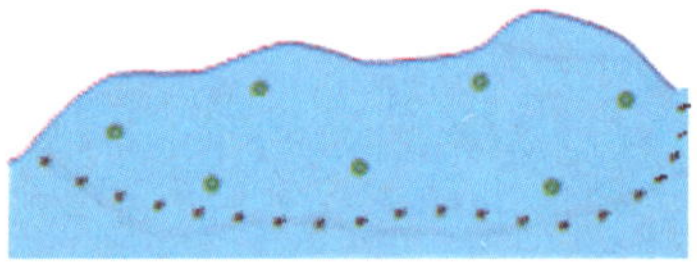

相关要素	海岸线、干出线、海域
关系	连接、包含
备注	

要素名称　狭窄干出滩
要素描述　图上宽度小于 1 mm 的干出滩。
要素分类代码　250409

属性表

属性名称	属性描述	数据类型 字段要求	属性值域或示例	约束/ 条件	备注
代码	要素分类代码及第七位的图形代码	长整型 10	2504092	M	
名称	狭窄干出滩名称	字符型 60		M	

几何表示

几何特征	图形代码	表示方法	属　　性
线	2	中心线	代码、名称

几何表示示例		制图表示示例	
 1∶250 000　1∶500 000	1∶1 000 000 不表示	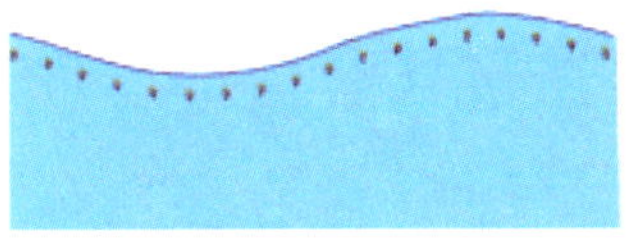 1∶250 000　1∶500 000	1∶1 000 000 不表示

相关要素	干出线、海域
关系	连接、包含
备注	

要素名称 危险岸区
要素描述 船只不能靠近的海岸多礁石地段。
要素分类代码 250501

属性表

属性名称	属性描述	数据类型 字段要求	属性值域或示例	约束/ 条件	备注
代码	要素分类代码及第七位的图形代码	长整型 10	2505013	M	

几何表示

几何特征	图形代码	表示方法	属　　性
面	3	范围线构成的面	代码

几何表示示例	制图表示示例
	制图不表示

相关要素	海岸线、干出线、海域、干出滩
关系	连接、包含、重叠
备注	

要素名称　危险海区
要素描述　通航海域中对航行安全有危害的海面区域。
要素分类代码　250502

属性表

属性名称	属性描述	数据类型 字段要求	属性值域或示例	约束/ 条件	备注
代码	要素分类代码及第七位的图形代码	长整型 10	2505023	M	
名称	危险海区名称	字符型 60		C	

几何表示

几何特征	图形代码	表示方法	属　　性
面	3	范围线构成的面	代码、名称

几何表示示例		制图表示示例	
 1∶250 000　1∶500 000	1∶1 000 000 不表示	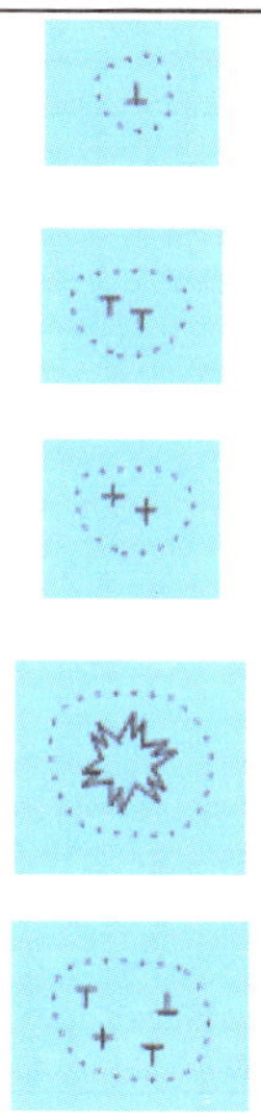 1∶250 000　1∶500 000	1∶1 000 000 不表示

相关要素	海域
关系	包含
备注	

要素名称 明礁
要素描述 平均大潮高潮面时露出的礁石。
要素分类代码 250601

属性表

属性名称	属性描述	数据类型 字段要求	属性值域或示例	约束/ 条件	备注
代码	要素分类代码及第七位的图形代码	长整型 10	2506011	M	
名称	明礁名称	字符型 60		C	
形态	单个或成丛分布	字符型 10	单个/丛礁	M	
类型	礁石类型	字符型 6	珊瑚/岩	M	

几何表示

几何特征	图形代码	表示方法	属　　性
点	1	定位点	代码、名称、形态、类型

几何表示示例		制图表示示例	
 1∶250 000　1∶500 000	 1∶1 000 000	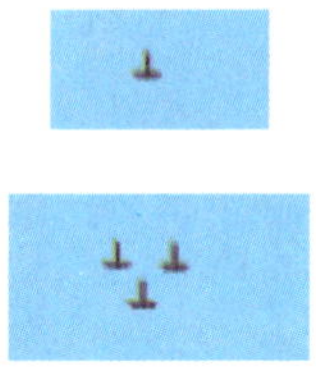 1∶250 000　1∶500 000	 1∶1 000 000

相关要素	海域
关系	包含
备注	

要素名称　暗礁

要素描述　在最低低潮面下的礁石。

要素分类代码　250602

属性表

属性名称	属性描述	数据类型 字段要求	属性值域或示例	约束/ 条件	备注
代码	要素分类代码及第七位的图形代码	长整型 10	2506021/2506023	M	
名称	暗礁名称	字符型 60		C	
形态	单个或成丛分布	字符型 10	单个/丛礁	M	
类型	礁石类型	字符型 6	珊瑚/岩	M	

几何表示

几何特征	图形代码	表示方法	属　　性
点	1	定位点	代码、名称、形态、类型
面	3	范围线构成的面	代码、名称、形态、类型

几何表示示例		制图表示示例	
 1∶250 000　1∶500 000	 1∶1 000 000	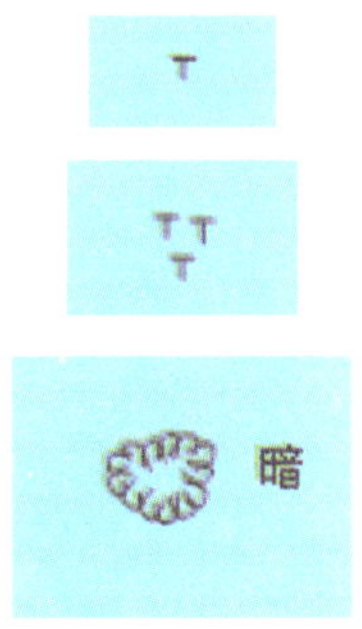 1∶250 000　1∶500 000	 1∶1 000 000

相关要素	海域
关系	包含
备注	

要素名称 干出礁
要素描述 平均大潮高潮时淹没，低潮时露出的礁石。
要素分类代码 250603

属性表

属性名称	属性描述	数据类型 字段要求	属性值域或示例	约束/ 条件	备注
代码	要素分类代码及第七位的图形代码	长整型 10	2506031/2506033	M	
名称	干出礁名称	字符型 60		C	
形态	单个或成丛分布	字符型 10	单个/丛礁	M	
类型	礁石类型	字符型 6	珊瑚/岩	M	

几何表示

几何特征	图形代码	表示方法	属　　性
点	1	定位点	代码、名称、形态、类型
面	3	范围线构成的面	代码、名称、形态、类型

几何表示示例		制图表示示例	
 1∶250 000　1∶500 000	 1∶1 000 000	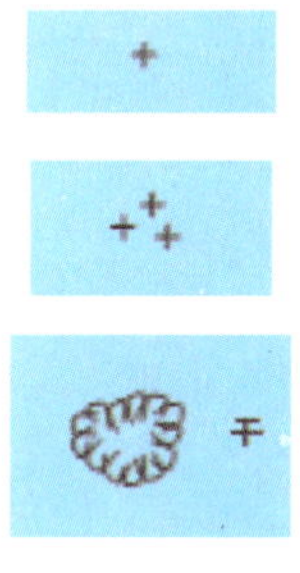 1∶250 000　1∶500 000	 1∶1 000 000

相关要素	海域
关系	包含
备注	

要素名称　海岛

要素描述　海水中四周环水且常年高出水面的陆地。

要素分类代码　250700

属性表

属性名称	属性描述	数据类型 字段要求	属性值域或示例	约束/ 条件	备注
代码	要素分类代码及第七位的图形代码	长整型 10	2507001/2507003	M	
名称	海岛的名称	字符型 60	“大嶝岛”	M	
实体编码	行业名称代码	字符型 20		C	
方向	与正东方向逆时针形成的夹角(°)	浮点型 4.8	0～360	M	

几何表示

几何特征	图形代码	表示方法	属　　性
点	1	有向点	代码、名称、实体编码、方向
面	3	范围线构成的面	代码、名称、实体编码

几何表示示例	制图表示示例
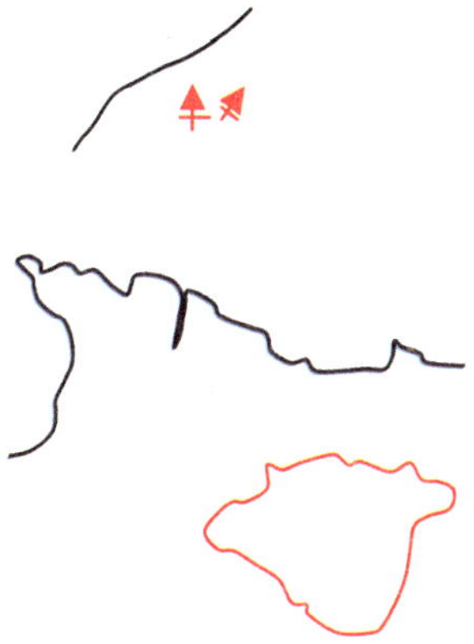	

相关要素	海域、岸线
关系	连接
备注	

要素名称 水系交汇处
要素描述 两个或更多的相邻网状水系的交叉口或汇合处。
要素分类代码 260100

属性表

属性名称	属性描述	数据类型 字段要求	属性值域或示例	约束/ 条件	备注
代码	要素分类代码及第七位的图形代码	长整型 10	2601001/2601002	M	

几何表示

几何特征	图形代码	表示方法	属　　性
点	1	定位点	代码
线	2	线	代码

几何表示示例	制图表示示例
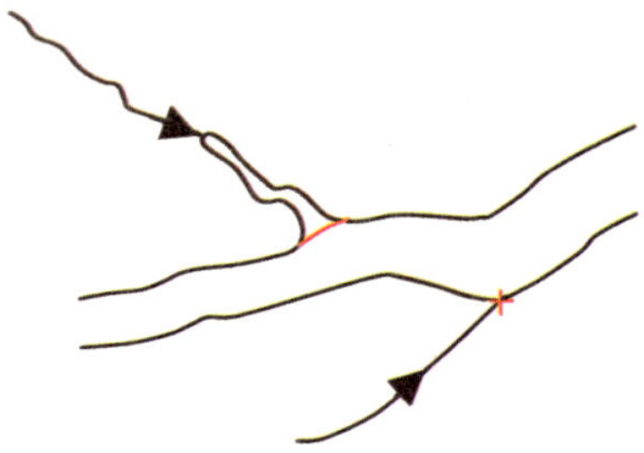	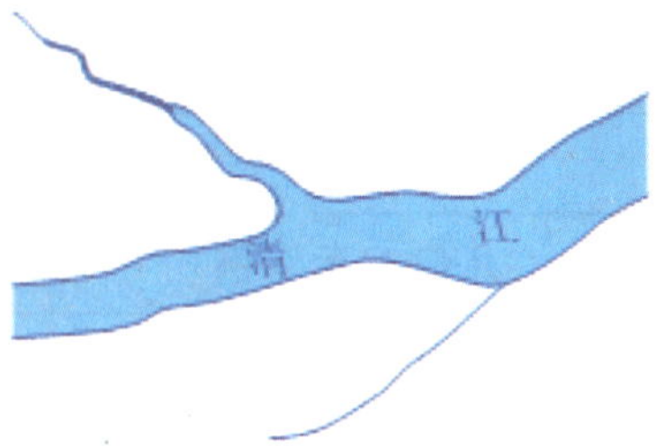

相关要素	河流、湖泊、沟渠、水库、海洋要素
关系	连接
备注	

要素名称 河、湖岛

要素描述 河流、湖泊、水库中四周环水且常年高出水面的陆地。

要素分类代码 260200

属性表

属性名称	属性描述	数据类型 字段要求	属性值域或示例	约束/ 条件	备注
代码	要素分类代码及第七位的图形代码	长整型 10	2602001/2602003	M	
名称	河、湖岛名称	字符型 60	“鸟岛”	M	
实体编码	行业名称代码	字符型 20		C	
类型	河、湖岛表面的植被或土质类型	字符型 60		M	
方向	与正东方向逆时针形成的夹角(°)	浮点型 4.8	0～360	M	

几何表示

几何特征	图形代码	表示方法	属　　性
点	1	有向点	代码、名称、实体编码、类型、方向
面	3	范围线构成的面	代码、名称、实体编码、类型

几何表示示例	制图表示示例
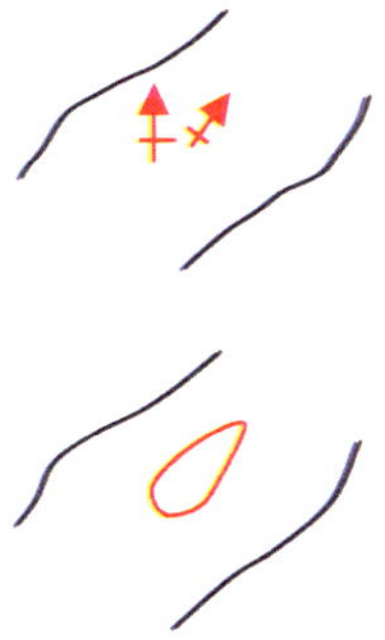	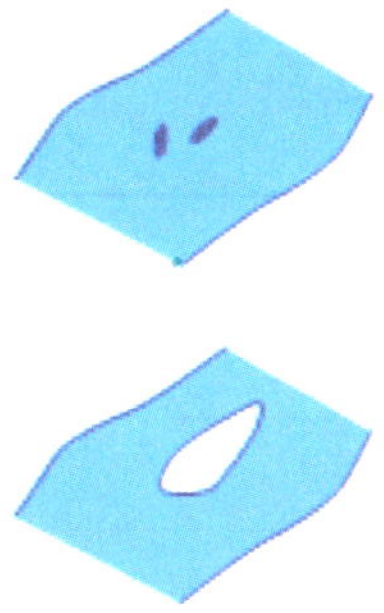

相关要素	河、湖、植被和土质
关系	连接、重叠、包含
备注	

要素名称　沙洲
要素描述　河、湖、水库中堆积而成的高水位时淹没，常水位时露出的泥沙质小岛。
要素分类代码　260300

属性表

属性名称	属性描述	数据类型 字段要求	属性值域或示例	约束/ 条件	备注
代码	要素分类代码及第七位的图形代码	长整型 10	2603003	M	
名称	沙洲名称	字符型 60		M	
类型	沙洲表面的植被或土质类型	字符型 60		M	

几何表示

几何特征	图形代码	表示方法	属　　性
面	3	范围线构成的面	代码、名称、类型

几何表示示例	制图表示示例
	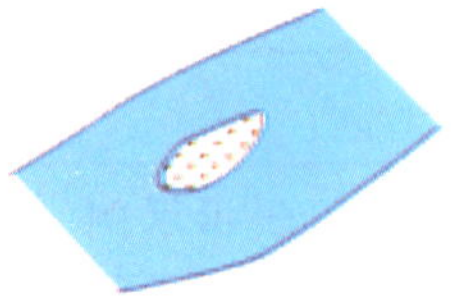

相关要素	水中滩，常年河—地面河流、湖泊、植被、土质
关系	连接、重叠、包含
备注	

要素名称 岸滩

要素描述 河流、湖泊岸边高水位时淹没，低水位时露出的沉积沙质、泥质地或砾石块形成的滩地。

要素分类代码 260500

属性表

属性名称	属性描述	数据类型 字段要求	属性值域或示例	约束/ 条件	备注
代码	要素分类代码及第七位的图形代码	长整型 10	2605003	M	
名称	岸滩的名称	字符型 60		C	

几何表示

几何特征	图形代码	表示方法	属　　性
面	3	范围线构成的面	代码、名称

几何表示示例	制图表示示例
	制图不表示

相关要素	河流
关系	包含、连接
备注	

要素名称 水中滩

要素描述 河流、湖泊、水库中常水位时被淹没，低水位时露出的沉积沙滩地或岩石形成的滩地。

要素分类代码 260600

属性表

属性名称	属性描述	数据类型 字段要求	属性值域或示例	约束/ 条件	备注
代码	要素分类代码及第七位的图形代码	长整型 10	2606003	M	
名称	水中滩的名称	字符型 60		C	

几何表示

几何特征	图形代码	表示方法	属　　性
面	3	范围线构成的面	代码、名称

几何表示示例	制图表示示例
	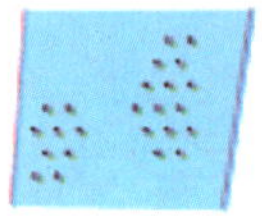

相关要素	河流、湖泊、水库
关系	包含
备注	

要素名称 泉
要素描述 地下水集中涌出的出水口。
要素分类代码 260700

属性表

属性名称	属性描述	数据类型 字段要求	属性值域或示例	约束/ 条件	备注
代码	要素分类代码及第七位的图形代码	长整型 10	2607001	M	
名称	泉名称	字符型 60	“趵突泉”	C	
类型	泉的类型	字符型 4	矿/温/喷/间/毒/地热	M	
高程	泉口高程(m)	浮点型 4.2		C	
方向	与正东方向逆时针形成的夹角(°)	浮点型 4.8	0～360	M	

几何表示

几何特征	图形代码	表示方法	属　　性
点	1	有向点	代码、名称、类型、高程、方向

几何表示示例	制图表示示例

相关要素	
关系	
备注	

要素名称 水井

要素描述 由人工开凿用于取水的竖井。

要素分类代码 260800

属性表

属性名称	属性描述	数据类型 字段要求	属性值域或示例	约束/ 条件	备注
代码	要素分类代码及第七位的图形代码	长整型 10	2608001	M	
类型	水井类型	字符型 4	咸/苦/毒/流/温/机	M	
高程	水井地面高程(m)	浮点型 4.2		C	
井深	井口至水面深度(m)	浮点型 4.2		C	

几何表示

几何特征	图形代码	表示方法	属　　性
点	1	定位点	代码、类型、高程、井深

几何表示示例	制图表示示例

相关要素	
关系	
备注	

要素名称 瀑布、跌水

要素描述 瀑布是从河床断面陡坡或山壁上倾泻而下的水流；跌水是指在河渠坡度变化急剧处，用砖、石、水泥构筑的台阶，使水流集中跌落的地段。

要素分类代码 261100

属性表

属性名称	属性描述	数据类型 字段要求	属性值域或示例	约束/ 条件	备注
代码	要素分类代码及第七位的图形代码	长整型 10	2611001/2611002	M	
名称	瀑布、跌水名称	字符型 60	“黄果树”	C	
落差	瀑布、跌水落差(m)	浮点型 3.2		M	
方向	与正东方向逆时针形成的夹角(°)	浮点型 4.8	0～360	M	

几何表示

几何特征	图形代码	表示方法	属　　性
点	1	有向点	代码、名称、落差、方向
线	2	有向线	代码、名称、落差

几何表示示例	制图表示示例
	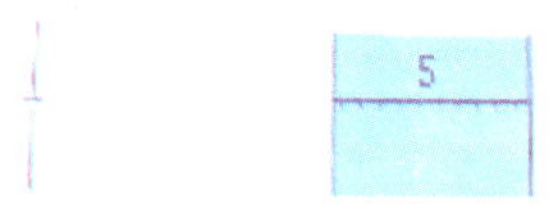

相关要素	河流
关系	包含
备注	

要素名称　能通行沼泽、湿地

要素描述　地面长期湿润、泥泞或有水潮浸的，可通行区域(包括季节性的湿草地)。

要素分类代码　261201

属性表

属性名称	属性描述	数据类型 字段要求	属性值域或示例	约束/ 条件	备注
代码	要素分类代码及第七位的图形代码	长整型 10	2612013	M	
名称	能通行沼泽、湿地名称	字符型 60		C	
类型	能通行沼泽、湿地类型	字符型 6	普通/盐碱/泥炭	M	

几何表示

几何特征	图形代码	表示方法	属　　性
面	3	范围线构成的面	代码、名称、类型

几何表示示例	制图表示示例
	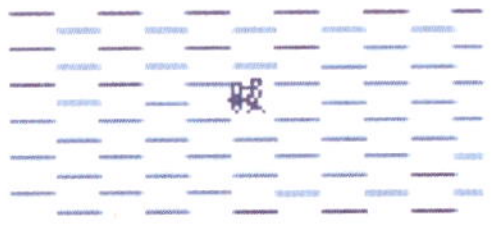

相关要素	
关系	
备注	

要素名称 不能通行沼泽、湿地

要素描述 地面长期湿润、泥泞或有水潮浸的，不能通过的区域(包括季节性的湿草地)。

要素分类代码 261202

属性表

属性名称	属性描述	数据类型 字段要求	属性值域或示例	约束/ 条件	备注
代码	要素分类代码及第七位的图形代码	长整型 10	2612023	M	
名称	不能通行沼泽、湿地名称	字符型 60		C	
类型	不能通行沼泽、湿地类型	字符型 6	普通/盐碱/泥炭	M	

几何表示

几何特征	图形代码	表示方法	属　　性
面	3	范围线构成的面	代码、名称、类型

几何表示示例	制图表示示例
	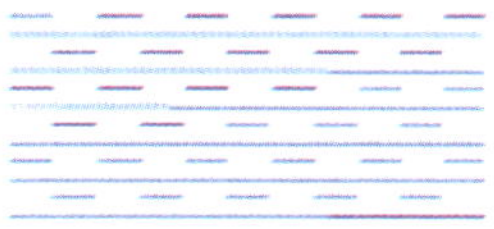

相关要素	
关系	
备注	

要素名称 河流流向

要素描述 河流水流方向。

要素分类代码 261301

属性表

属性名称	属性描述	数据类型 字段要求	属性值域或示例	约束/ 条件	备注
代码	要素分类代码及第七位的图形代码	长整型 10	2613011	M	
流速	河流水流速度(m/s)	浮点型 2.2	“0.3”	C	
方向	与正东方向逆时针形成的夹角(°)	浮点型 4.8	0～360	M	

几何表示

几何特征	图形代码	表示方法	属　　性
点	1	有向点	代码、流速、方向

几何表示示例	制图表示示例
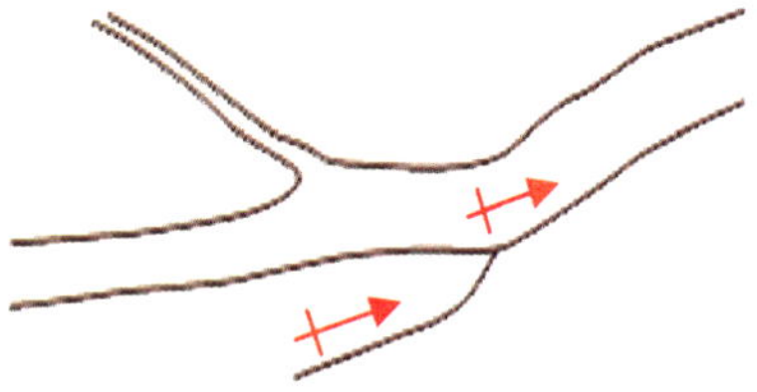	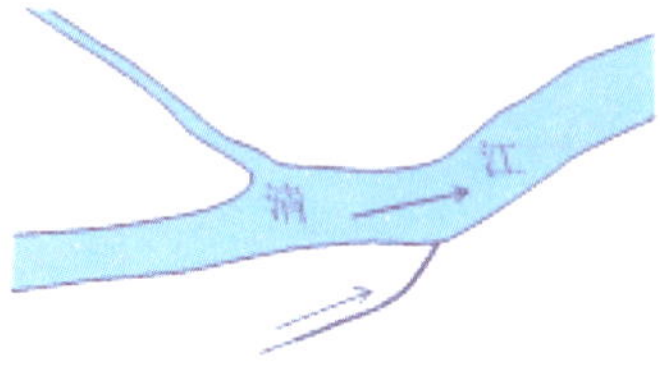

相关要素	
关系	
备注	

要素名称　沟渠流向

要素描述　沟渠的水流方向。

要素分类代码　261302

属性表

属性名称	属性描述	数据类型 字段要求	属性值域或示例	约束/ 条件	备注
代码	要素分类代码及第七位的图形代码	长整型 10	2613021	M	
类型	沟渠流向类型	字符型 6	固定/往复	M	
方向	与正东方向逆时针形成的夹角(°)	浮点型 4.8	0～360	M	

几何表示

几何特征	图形代码	表示方法	属　　性
点	1	有向点	代码、类型、方向

几何表示示例	制图表示示例
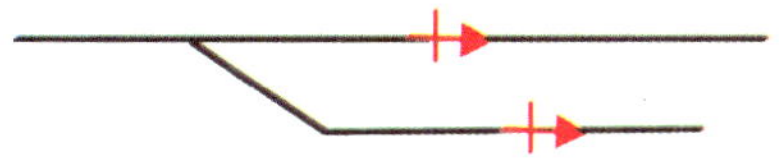	

相关要素	干渠、支渠
关系	包含
备注	

要素名称 潮汐流向

要素描述 水面受潮汐影响而形成涨潮、落潮的水流方向。

要素分类代码 261303

属性表

属性名称	属性描述	数据类型 字段要求	属性值域或示例	约束/ 条件	备注
代码	要素分类代码及第七位的图形代码	长整型 10	2613031	M	
类型	潮汐流向的类型	字符型 10	涨潮/落潮	M	
流速	潮汐的流速(节)	字符型 10	"1.5 节"	M	1 节=1852 m/h
方向	与正东方向逆时针形成的夹角(°)	浮点型 4.8	0～360	M	

几何表示

几何特征	图形代码	表示方法	属　　性
点	1	有向点	代码、类型、流速、方向

几何表示示例	制图表示示例

相关要素	海域
关系	包含
备注	

要素名称 海流流向

要素描述 海水受温度、密度、海风等的影响而形成的沿一定方向大规模流动的涨潮、落潮的水流方向。

要素分类代码 261304

属性表

属性名称	属性描述	数据类型 字段要求	属性值域或示例	约束/ 条件	备注
代码	要素分类代码及第七位的图形代码	长整型 10	2613041	M	
月份	海流流向的月份	字符型 10	一月/七月	M	
流速	海流的流速(节)	字符型 10	"0.3 节"	M	1 节=1852 m/h
方向	与正东方向逆时针形成的夹角(°)	浮点型 4.8	0～360	M	

几何表示

几何特征	图形代码	表示方法	属　　性
点	1	有向点	代码、月份、流速、方向

几何表示示例	制图表示示例
	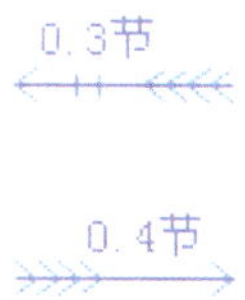

相关要素	海域
关系	包含
备注	

要素名称 干堤

要素描述 有重要防洪、防潮作用，实地堤顶宽度大于 5 m 或基底宽大于 10 m 或堤高大于 3 m 的人工修建的挡水建筑物。

要素分类代码 270101

属性表

属性名称	属性描述	数据类型 字段要求	属性值域或示例	约束/ 条件	备注
代码	要素分类代码及第七位的图形代码	长整型 10	2701012	M	
名称	干堤名称	字符型 60	“荆江大堤”	M	
实体编码	行业名称代码	字符型 20		C	
高程	堤顶高程(m)	浮点型 4.2		C	

几何表示

几何特征	图形代码	表示方法	属　　性
线	2	有向线	代码、名称、实体编码、高程

几何表示示例		制图表示示例	
 1∶250 000　1∶500 000	 1∶1 000 000	 1∶250 000　1∶500 000	 1∶1 000 000

相关要素	道路
关系	重叠
备注	

要素名称 一般堤

要素描述 有防洪、防潮作用，实地堤顶宽度不大于 5 m、基底宽不大于 10 m 且堤高不大于 3 m 的人工修建的挡水建筑物。

要素分类代码 270102

属性表

属性名称	属性描述	数据类型 字段要求	属性值域或示例	约束/ 条件	备注
代码	要素分类代码及第七位的图形代码	长整型 10	2701022	M	
名称	一般堤名称	字符型 60		M	
实体编码	行业名称代码	字符型 20		C	
比高	堤的比高(m)	浮点型 3.2		M	

几何表示

几何特征	图形代码	表示方法	属　　性
线	2	有向线	代码、名称、实体编码、比高

几何表示示例		制图表示示例	
 1∶250 000　1∶500 000	1∶1 000 000 不表示	 1∶250 000　1∶500 000	1∶1 000 000 不表示

相关要素	
关系	
备注	

要素名称 水闸

要素描述 建在河流、水库和沟渠中，有闸门启闭，用以调节水位和控制流量的构筑物。

要素分类代码 270201

属性表

属性名称	属性描述	数据类型 字段要求	属性值域或示例	约束/ 条件	备注
代码	要素分类代码及第七位的图形代码	长整型 10	2702011/2702012	M	
名称	水闸的名称	字符型 60		M	
实体编码	行业名称代码	字符型 20		C	
通行性	可否通车	字符型 6	通车/不通车	M	
类型	水闸的类型	字符型 6	进水闸/分水闸/节制闸/排洪闸/拦潮闸	C	
方向	与正东方向逆时针形成的夹角(°)	浮点型 4.8	0～360	M	

几何表示

几何特征	图形代码	表示方法	属　　性
点	1	有向点	代码、名称、实体编码、通行性、类型、方向
线	2	有向线	代码、名称、实体编码、通行性、类型

几何表示示例	制图表示示例
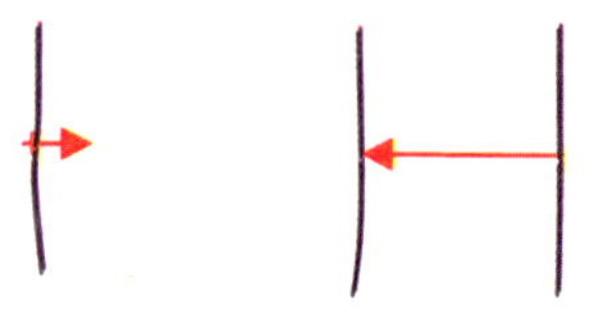	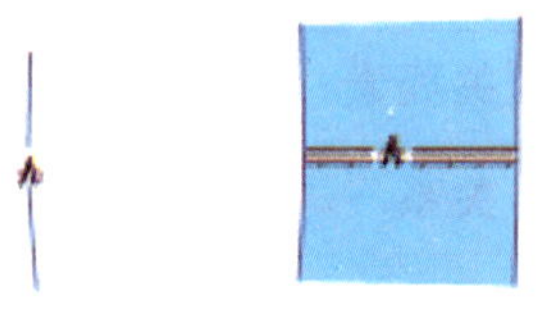

相关要素	河流、道路
关系	包含、连接
备注	

要素名称 行、蓄、滞洪区

要素描述 洪水泛滥危急时或洪水过后，用于分流、蓄洪或洪水滞留的区域。

要素分类代码 270400

属性表

属性名称	属性描述	数据类型 字段要求	属性值域或示例	约束/ 条件	备注
代码	要素分类代码及第七位的图形代码	长整型 10	2704003	M	
名称	行、蓄、滞洪区的名称	字符型 40		C	

几何表示

几何特征	图形代码	表示方法	属　　性
面	3	范围线构成的面	代码、名称

数据库表示	制图表示
	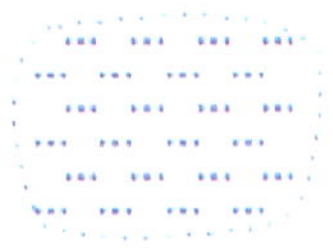

相关要素	
关系	
备注	

要素名称 拦水坝

要素描述 拦截山谷、横截河流以抬高水位的坝式构筑物。

要素分类代码 270600

属性表

属性名称	属性描述	数据类型 字段要求	属性值域或示例	约束/ 条件	备注
代码	要素分类代码及第七位的图形代码	长整型 10	2706001/2706002	M	
名称	拦水坝的名称	字符型 60		C	
类型	拦水坝的类型	字符型 6	大型/中型/小型		
实体编码	行业名称代码	字符型 20		C	
通行性	可否通车	字符型 6	通车/不通车	M	
高程	坝顶高程(m)	浮点型 4.2		C	
坝长	拦水坝长度(m)	浮点型 4.2		C	
坝宽	拦水坝的宽度(m)	浮点型 4.2		C	
材料	建筑材料	字符型 4	水泥/石	C	
方向	与正东方向逆时针形成的夹角(°)	浮点型 4.8	0～360	M	

几何表示

几何特征	图形代码	表示方法	属　　性
点	1	有向点	代码、名称、类型、实体编码、通行性、高程、坝长、坝宽、材料、方向
线	2	有向线	代码、名称、类型、实体编码、通行性、高程、坝长、坝宽、材料

几何表示示例	制图表示示例
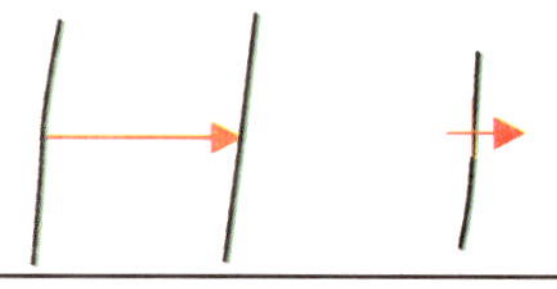	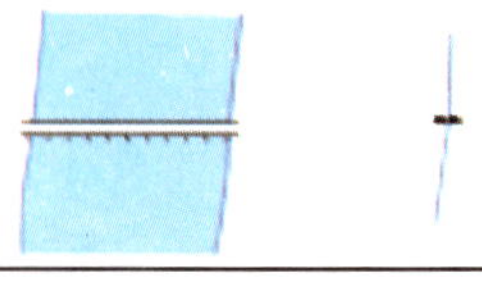

相关要素	河流、水库
关系	包含
备注	

要素名称 制水坝

要素描述 调节水流方向或减缓水流流速，防护河岸的护岸式堤坝。

要素分类代码 270700

属性表

属性名称	属性描述	数据类型 字段要求	属性值域或示例	约束/ 条件	备注
代码	要素分类代码及第七位的图形代码	长整型 10	2707002	M	
所属水域	制水坝所属水域的名称	字符型 60		C	

几何表示

几何特征	图形代码	表示方法	属　　性
线	2	中心线	代码、所属水域

几何表示示例		制图表示示例	
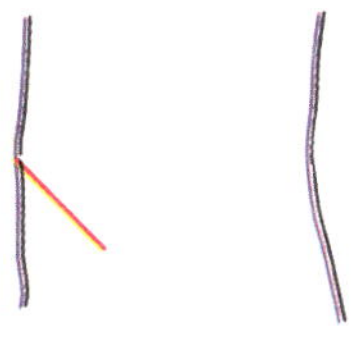 1∶250 000　1∶500 000	1∶1 000 000 不表示	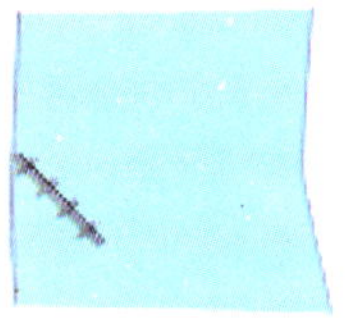 1∶250 000　1∶500 000	1∶1 000 000 不表示

相关要素	河流
关系	包含
备注	

要素名称 首都
要素描述 国家最高政权机关所在地。
要素分类代码 310101

属性表

属性名称	属性描述	数据类型 字段要求	属性值域或示例	约束/ 条件	备注
代码	要素分类代码及第七位的图形代码	长整型 10	3101013	M	
名称	首都名称	字符型 40	“北京”	M	

几何表示

几何特征	图形代码	表示方法	属　　性
面	3	范围线构成的面	代码、名称

几何表示示例	制图表示示例
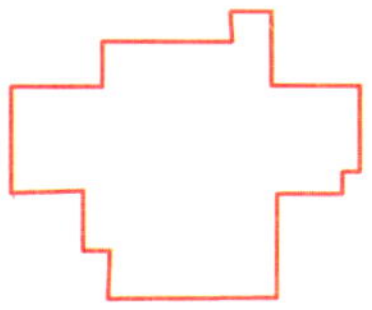	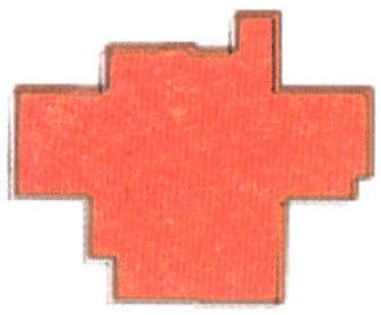

相关要素	
关系	
备注	

要素名称　特别行政区

要素描述　特别行政区政府所在位置。

要素分类代码　310102

属性表

属性名称	属性描述	数据类型 字段要求	属性值域或示例	约束/ 条件	备注
代码	要素分类代码及第七位的图形代码	长整型 10	3101021	M	
名称	特别行政区名称	字符型 40	“澳门”	M	

几何表示

几何特征	图形代码	表示方法	属　　性
点	1	定位点	代码、名称

几何表示示例	制图表示示例

相关要素	
关系	
备注	

要素名称　省级城市

要素描述　省级城市所在位置。

要素分类代码　310103

属性表

属性名称	属性描述	数据类型 字段要求	属性值域或示例	约束/ 条件	备注
代码	要素分类代码及第七位的图形代码	长整型 10	3101033	M	
名称	省级城市名称	字符型 40	“西安市”	M	

几何表示

几何特征	图形代码	表示方法	属　　性
面	3	范围线构成的面	代码、名称

几何表示示例	制图表示示例
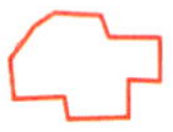	

相关要素	
关系	
备注	

要素名称 地级城市
要素描述 地级居民地所在位置。
要素分类代码 310104

属性表

属性名称	属性描述	数据类型 字段要求	属性值域或示例	约束/ 条件	备注
代码	要素分类代码及第七位的图形代码	长整型 10	3101041/3101043	M	
名称	地级城市名称	字符型 40	“咸阳市”	M	

几何表示

几何特征	图形代码	表示方法	属　　性
点	1	定位点	代码、名称
面	3	范围线构成的面	代码、名称

几何表示示例	制图表示示例
	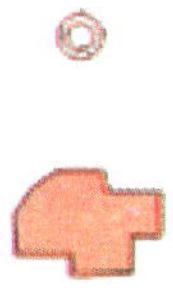

相关要素	
关系	
备注	

要素名称 县级城镇
要素描述 县(旗)、县级居民地所在位置。
要素分类代码 310105

属性表

属性名称	属性描述	数据类型 字段要求	属性值域或示例	约束/ 条件	备注
代码	要素分类代码及第七位的图形代码	长整型 10	3101051	M	
名称	县级城镇名称	字符型 40	"普集镇"	M	

几何表示

几何特征	图形代码	表示方法	属　　性
点	1	定位点	代码、名称

几何表示示例	制图表示示例

相关要素	
关系	
备注	

要素名称 乡、镇

要素描述 乡、镇居民地所在位置。

要素分类代码 310106

属性表

属性名称	属性描述	数据类型 字段要求	属性值域或示例	约束/ 条件	备注
代码	要素分类代码及第七位的图形代码	长整型 10	3101061	M	
名称	乡、镇名称	字符型 40	“苏坊镇”	M	

几何表示

几何特征	图形代码	表示方法	属　　性
点	1	定位点	代码、名称

几何表示示例	制图表示示例
+	○

相关要素	
关系	
备注	

要素名称 行政村

要素描述 行政村所在位置。

要素分类代码 310107

属性表

属性名称	属性描述	数据类型 字段要求	属性值域或示例	约束/ 条件	备注
代码	要素分类代码及第七位的图形代码	长整型 10	3101071	M	
名称	行政村名称	字符型 40	“凤南村”	M	

几何表示

几何特征	图形代码	表示方法	属　　性
点	1	定位点	代码、名称

几何表示示例	制图表示示例

相关要素	
关系	
备注	

要素名称 自然村

要素描述 自然村所在位置。

要素分类代码 310108

属性表

属性名称	属性描述	数据类型 字段要求	属性值域或示例	约束/ 条件	备注
代码	要素分类代码及第七位的图形代码	长整型 10	3101081	M	
名称	自然村名称	字符型 40	“王沟”	M	

几何表示

几何特征	图形代码	表示方法	属　　性
点	1	定位点	代码、名称

几何表示示例	制图表示示例

相关要素	
关系	
备注	

要素名称　农林牧渔单位
要素描述　农林牧渔单位所在位置。
要素分类代码　310109

属性表

属性名称	属性描述	数据类型 字段要求	属性值域或示例	约束/ 条件	备注
代码	要素分类代码及第七位的图形代码	长整型 10	3101091	M	
名称	农林牧渔单位名称	字符型 40	“菜子坪林场”	M	

几何表示

几何特征	图形代码	表示方法	属　　性
点	1	定位点	代码、名称

几何表示示例	制图表示示例
+	○

相关要素	
关系	
备注	

要素名称　单幢房屋、普通房屋

要素描述　在外形结构上自成一体的各种类型的独立房屋，或几幢联结在一起的房屋。

要素分类代码　310300

属性表

属性名称	属性描述	数据类型 字段要求	属性值域或示例	约束/ 条件	备注
代码	要素分类代码及第七位的图形代码	长整型 10	3103001	M	
名称	单幢房屋名称	字符型 60		C	
方向	与正东方向逆时针形成的夹角(°)	浮点型 4.8	0～360	M	

几何表示

几何特征	图形代码	表示方法	属　　性
点	1	有向点	代码、名称、方向

几何表示示例	制图表示示例

相关要素	
关系	
备注	

要素名称 蒙古包、放牧点

要素描述 牧民游牧时居住的常年或季节性的活动毡房或帐篷。

要素分类代码 311003

属性表

属性名称	属性描述	数据类型 字段要求	属性值域或示例	约束/ 条件	备注
代码	要素分类代码及第七位的图形代码	长整型 10	3110031	M	
名称	蒙古包、放牧点名称	字符型 60		C	
月份	驻扎月份	字符型 6	“3—6”	C	

几何表示

几何特征	图形代码	表示方法	属　　性
点	1	定位点	代码、名称、月份

几何表示示例	制图表示示例

相关要素	
关系	
备注	

要素名称　发电厂(站)

要素描述　以煤、油、水、风、核、潮汐等能源发电的设施和场所。

要素分类代码　320101

属性表

属性名称	属性描述	数据类型 字段要求	属性值域或示例	约束/ 条件	备注
代码	要素分类代码及第七位的图形代码	长整型 10	3201011	M	
名称	发电厂(站)名称	字符型 60		M	
类型	发电厂(站)的发电能源	字符型 6	煤/油/核/水/风/太阳能/潮汐	C	

几何表示

几何特征	图形代码	表示方法	属　性
点	1	定位点	代码、名称、类型

几何表示示例	制图表示示例

相关要素	房屋、垣栅
关系	连接、包含
备注	

要素名称 矿井
要素描述 地下开采矿物的场所。
要素分类代码 320200

属性表

属性名称	属性描述	数据类型 字段要求	属性值域或示例	约束/ 条件	备注
代码	要素分类代码及第七位的图形代码	长整型 10	3202001	M	
名称	矿井名称	字符型 60		M	
类型	地下开采矿物类型	字符型 4	“煤”	M	

几何表示

几何特征	图形代码	表示方法	属　　性
点	1	定位点	代码、名称、类型

几何表示示例	制图表示示例
	 煤

相关要素	
关系	
备注	

要素名称 乱掘地

要素描述 挖掘沙、石、粘土等的场地。

要素分类代码 320400

属性表

属性名称	属性描述	数据类型 字段要求	属性值域或示例	约束/ 条件	备注
代码	要素分类代码及第七位的图形代码	长整型 10	3204003	M	
类型	挖掘物类型	字符型 6	“石”	M	

几何表示

几何特征	图形代码	表示方法	属　　性
面	3	范围线构成的面	代码、类型

几何表示示例		制图表示示例	
 1∶250 000	1∶500 000 1∶1 000 000 不表示	 1∶250 000	1∶500 000 1∶1 000 000 不表示

相关要素	
关系	
备注	

要素名称　管道井(油、气)

要素描述　用管道开采石油、天然气的井。

要素分类代码　320500

属性表

属性名称	属性描述	数据类型 字段要求	属性值域或示例	约束/ 条件	备注
代码	要素分类代码及第七位的图形代码	长整型 10	3205001	M	
类型	采掘类型	字符型 10	油/气	M	

几何表示

几何特征	图形代码	表示方法	属　　性
点	1	定位点	代码、类型

几何表示示例		制图表示示例	
 1∶250 000　1∶500 000	1∶1 000 000 不表示	 油 1∶250 000　1∶500 000	1∶1 000 000 不表示

相关要素	油管道、天然气主管道
关系	连接
备注	

要素名称 海上平台

要素描述 海上固定的长期作为开采石油、天然气等的钻井架及作业平台。

要素分类代码 320800

属性表

属性名称	属性描述	数据类型 字段要求	属性值域或示例	约束/ 条件	备注
代码	要素分类代码及第七位的图形代码	长整型 10	3208001	M	
名称	海上平台名称	字符型 60		M	

几何表示

几何特征	图形代码	表示方法	属　　性
点	1	定位点	代码、名称

几何表示示例	制图表示示例
+	

相关要素	海域
关系	包含
备注	

要素名称 盐田、盐场

要素描述 在内陆挖掘盐池、盐坑取卤水制盐或在海边利用海水晒盐的场所。

要素分类代码 321200

属性表

属性名称	属性描述	数据类型 字段要求	属性值域或示例	约束/ 条件	备注
代码	要素分类代码及第七位的图形代码	长整型 10	3212001/3212003	M	
名称	盐田、盐场的名称	字符型 60		M	
方向	与正东方向逆时针形成的夹角(°)	浮点型 4.8	0～360	M	

几何表示

几何特征	图形代码	表示方法	属　　性
点	1	有向点	代码、名称、方向
面	3	范围线构成的面	代码、名称

几何表示示例	制图表示示例
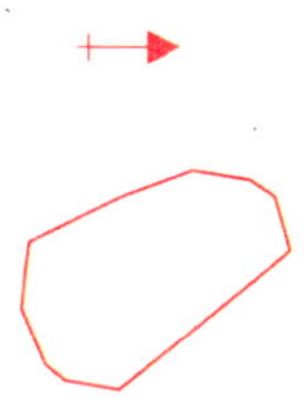	

相关要素	沟渠、堤
关系	连接
备注	

要素名称 电视发射塔

要素描述 架设广播电视天线的塔形建筑物。

要素分类代码 340504

属性表

属性名称	属性描述	数据类型 字段要求	属性值域或示例	约束/ 条件	备注
代码	要素分类代码及第七位的图形代码	长整型 10	3405041	M	
名称	电视发射塔的名称	字符型 20		M	
塔高	电视发射塔的高度(m)	整型 3		M	

几何表示

几何特征	图形代码	表示方法	属　　性
点	1	定位点	代码、名称、塔高

几何表示示例	制图表示示例

相关要素	
关系	
备注	

要素名称 古迹、遗址

要素描述 古代各种建筑物和残留地。

要素分类代码 350100

属性表

属性名称	属性描述	数据类型 字段要求	属性值域或示例	约束/ 条件	备注
代码	要素分类代码及第七位的图形代码	长整型 10	3501001	M	
名称	古迹、遗址的名称	字符型 60		M	

几何表示

几何特征	图形代码	表示方法	属　　性
点	1	定位点	代码、名称

几何表示示例	制图表示示例

相关要素	
关系	
备注	

要素名称 庙宇

要素描述 佛教、道教活动的寺、庙、庵、洞、宫、观、孔庙、神庙等宗教建筑物。

要素分类代码 360100

属性表

属性名称	属性描述	数据类型 字段要求	属性值域或示例	约束/ 条件	备注
代码	要素分类代码及第七位的图形代码	长整型 10	3601001	M	
名称	庙宇的名称	字符型 60		M	

几何表示

几何特征	图形代码	表示方法	属　　性
点	1	定位点	代码、名称

几何表示示例	制图表示示例

相关要素	道路、垣栅
关系	连接、包含
备注	

要素名称 宝塔、经塔

要素描述 宗教或纪念性塔形建筑物。

要素分类代码 360400

属性表

属性名称	属性描述	数据类型 字段要求	属性值域或示例	约束/ 条件	备注
代码	要素分类代码及第七位的图形代码	长整型 10	3604001	M	
名称	宝塔、经塔的名称	字符型 60		M	

几何表示

几何特征	图形代码	表示方法	属　　性
点	1	定位点	代码、名称

几何表示示例	制图表示示例
+	

相关要素	
关系	
备注	

要素名称　气象站

要素描述　进行气象观察的场所。

要素分类代码　370101

属性表

属性名称	属性描述	数据类型 字段要求	属性值域或示例	约束/ 条件	备注
代码	要素分类代码及第七位的图形代码	长整型 10	3701011	M	
名称	气象站的名称	字符型 60		M	

几何表示

几何特征	图形代码	表示方法	属　　性
点	1	定位点	代码、名称

几何表示示例	制图表示示例
+	

相关要素	
关系	
备注	

要素名称　水文站

要素描述　测验河、湖、水库及沿海海域水位、流速、流量及含沙量等水文数据的场所或机构。

要素分类代码　370102

属性表

属性名称	属性描述	数据类型 字段要求	属性值域或示例	约束/ 条件	备注
代码	要素分类代码及第七位的图形代码	长整型 10	3701021	M	
名称	水文站比较正式的名称	字符型 60		M	

几何表示

几何特征	图形代码	表示方法	属　　性
点	1	定位点	代码、名称

几何表示示例	制图表示示例

相关要素	
关系	
备注	

要素名称 地震台

要素描述 进行地震监测和处理地震信息的场所。

要素分类代码 370103

属性表

属性名称	属性描述	数据类型 字段要求	属性值域或示例	约束/ 条件	备注
代码	要素分类代码及第七位的图形代码	长整型 10	3701031	M	
名称	地震台的名称	字符型 60		M	

几何表示

几何特征	图形代码	表示方法	属　　性
点	1	定位点	代码、名称

几何表示示例	制图表示示例

相关要素	垣栅、房屋
关系	连接、包含
备注	

要素名称 天文台

要素描述 进行天文观测的场所。

要素分类代码 370104

属性表

属性名称	属性描述	数据类型/字段要求	属性值域或示例	约束/条件	备注
代码	要素分类代码及第七位的图形代码	长整型 10	3701041	M	
名称	天文台的名称	字符型 60		M	

几何表示

几何特征	图形代码	表示方法	属　　性
点	1	定位点	代码、名称

几何表示示例	制图表示示例
+	

相关要素	垣栅、房屋
关系	连接、包含
备注	

要素名称 卫星地面站

要素描述 地面上跟踪卫星轨道或接收卫星发回数据的科学测站。

要素分类代码 370200

属性表

属性名称	属性描述	数据类型 字段要求	属性值域或示例	约束/ 条件	备注
代码	要素分类代码及第七位的图形代码	长整型 10	3702001	M	
名称	卫星地面站的名称	字符型 60		M	

几何表示

几何特征	图形代码	表示方法	属　　性
点	1	定位点	代码、名称

几何表示示例	制图表示示例

相关要素	垣栅、房屋
关系	连接、包含
备注	

要素名称 城墙、长城

要素描述 古代遗留下来的，用于防卫的高大砖石城垣。

要素分类代码 380100

属性表

属性名称	属性描述	数据类型 字段要求	属性值域或示例	约束/ 条件	备注
代码	要素分类代码及第七位的图形代码	长整型 10	3801002	M	
名称	城墙、长城的名称	字符型 60		M	
状态	城墙、长城存在状态	字符型 6	长城完好/长城损坏/砖石城墙	M	

几何表示

几何特征	图形代码	表示方法	属　　性
线	2	有向线	代码、名称、状态

几何表示示例			制图表示示例		
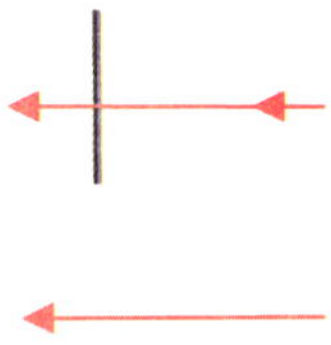	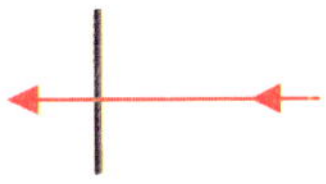		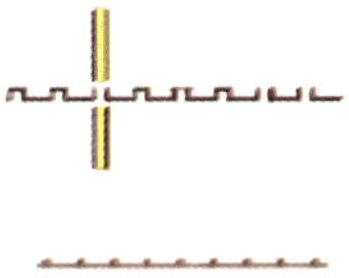		
1∶250 000	1∶500 000	1∶1 000 000	1∶250 000	1∶500 000	1∶1 000 000

相关要素	
关系	
备注	

要素名称 单线标准轨

要素描述 轨距为 1.435m 的铁路线路。

要素分类代码 410101

属性表

属性名称	属性描述	数据类型 字段要求	属性值域或示例	约束/ 条件	备注
代码	要素分类代码及第七位的图形代码	长整型 10	4101012	M	
名称	线路名称	字符型 60		M	
线路代码	线路的代码	整型 10		M	
数据源	数据来源类型	字符型 10		C	
更新日期	数据更新日期	日期型		C	

几何表示

几何特征	图形代码	表示方法	属 性
线	2	中心线	代码、名称、线路代码、数据源、更新日期

几何表示示例	制图表示示例

相关要素	桥梁
关系	包含
备注	

要素名称 复线标准轨

要素描述 在同一路基上铺设有两条轨距为 1.435m 铁轨的线路。

要素分类代码 410102

属性表

属性名称	属性描述	数据类型 字段要求	属性值域或示例	约束/ 条件	备注
代码	要素分类代码及第七位的图形代码	长整型 10	4101022	M	
名称	线路名称	字符型 60		M	
线路代码	线路的代码	整型 10		M	
数据源	数据来源类型	字符型 10		C	
更新日期	数据更新日期	日期型		C	

几何表示

几何特征	图形代码	表示方法	属　　性
线	2	中心线	代码、名称、线路代码、数据源、更新日期

几何表示示例	制图表示示例

相关要素	桥梁
关系	包含
备注	

要素名称 建筑中铁路

要素描述 正在修建中的、其路基已基本形成的铁路线路。

要素分类代码 410103

属性表

属性名称	属性描述	数据类型 字段要求	属性值域或示例	约束/ 条件	备注
代码	要素分类代码及第七位的图形代码	长整型 10	4101032	M	
名称	线路名称	字符型 60		M	
线路代码	线路的代码	整型 10		M	

几何表示

几何特征	图形代码	表示方法	属　　性
线	2	中心线	代码、名称、线路代码

几何表示示例	制图表示示例

相关要素	桥梁
关系	包含
备注	

要素名称 窄轨铁路
要素描述 轨距小于1.435m的铁路线路。
要素分类代码 410200

属性表

属性名称	属性描述	数据类型 字段要求	属性值域或示例	约束/ 条件	备注
代码	要素分类代码及第七位的图形代码	长整型 10	4102002	M	
名称	线路名称	字符型 60		M	
线路代码	线路的代码	整型 10		M	
数据源	数据来源类型	字符型 10		C	
更新日期	数据更新日期	日期型		C	

几何表示

几何特征	图形代码	表示方法	属　　性
线	2	中心线	代码、名称、线路代码、数据源、更新日期

几何表示示例	制图表示示例

相关要素	桥梁
关系	包含
备注	

要素名称 火车站

要素描述 铁路上指挥调度车辆和人员、货物集散的场所。

要素分类代码 410301

属性表

属性名称	属性描述	数据类型 字段要求	属性值域或示例	约束/ 条件	备注
代码	要素分类代码及第七位的图形代码	长整型 10	4103011	M	
名称	火车站的名称	字符型 60		M	
车站代码	火车站的国标代码	整型 10		M	
方向	与正东方向逆时针形成的夹角(°)	浮点型 4.8	0～360	M	

几何表示

几何特征	图形代码	表示方法	属　　性
点	1	有向点	代码、名称、车站代码、方向

相关要素	房屋、道路、垣栅
关系	连接、包含
备注	

要素名称 国道—建成

要素描述 已建成的贯通国土、具有全国性的政治、经济、国防意义，并经确定为国家级干线的公路。

要素分类代码 420101

属性表

属性名称	属性描述	数据类型 字段要求	属性值域或示例	约束/ 条件	备注
代码	要素分类代码及第七位的图形代码	长整型 10	4201012	M	
名称	国道路线名称	字符型 60		M	
编号	国道路线编号	字符型 10		M	
等级	技术等级	字符型 8	高速公路/一级公路/二级公路/三级公路/四级公路/等外公路	M	
路面类型	路面铺设材料类型	字符型 10		C	
路宽	路面宽度(m)	浮点型 3.2		C	
铺宽	路面铺面宽度(m)	浮点型 3.2		C	
数据源	数据来源类型	字符型 10		C	
更新日期	数据更新日期	日期型		C	

几何表示

几何特征	图形代码	表示方法	属　　性
线	2	中心线	代码、名称、编号、等级、路面类型、路宽、铺宽、数据源、更新日期

几何表示示例	制图表示示例

相关要素	桥、道路
关系	包含、连接
备注	

要素名称 国道—建筑中
要素描述 正在修建，路基已基本形成的国家干线公路。
要素分类代码 420102

属性表

属性名称	属性描述	数据类型 字段要求	属性值域或示例	约束/ 条件	备注
代码	要素分类代码及第七位的图形代码	长整型 10	4201022	M	
名称	国道路线名称	字符型 60		M	
编号	国道路线编号	字符型 10		M	
等级	技术等级	字符型 8	高速公路/一级公路/二级公路/三级公路/四级公路/等外公路	M	
路面类型	路面铺设材料类型	字符型 10		C	
路宽	路面宽度(m)	浮点型 3.2		C	
铺宽	路面铺面宽度(m)	浮点型 3.2		C	
数据源	数据来源类型	字符型 10		C	
更新日期	数据更新日期	日期型		C	

几何表示

几何特征	图形代码	表示方法	属　　性
线	2	中心线	代码、名称、编号、等级、路面类型、路宽、铺宽、数据源、更新日期

几何表示示例	制图表示示例

相关要素	桥、道路
关系	包含、连接
备注	

要素名称 省道—建成

要素描述 具有全省政治、经济意义，连接省内中心城市和主要经济区的公路，以及不属于国道的省际间的重要公路。

要素分类代码 420201

属性表

属性名称	属性描述	数据类型 字段要求	属性值域或示例	约束/ 条件	备注
代码	要素分类代码及第七位的图形代码	长整型 10	4202012	M	
名称	省道路线名称	字符型 60		M	
编号	省道路线编号	字符型 10		M	
等级	技术等级	字符型 8	高速公路/一级公路/二级公路/三级公路/四级公路/等外公路	M	
路面类型	路面铺设材料类型	字符型 10		C	
路宽	路面宽度(m)	浮点型 3.2		C	
铺宽	路面铺面宽度(m)	浮点型 3.2		C	
数据源	数据来源类型	字符型 10		C	
更新日期	数据更新日期	日期型		C	

几何表示

几何特征	图形代码	表示方法	属　　性
线	2	中心线	代码、名称、编号、等级、路面类型、路宽、铺宽、数据源、更新日期

几何表示示例	制图表示示例

相关要素	桥、道路
关系	包含、连接
备注	

要素名称　省道—建筑中

要素描述　正在修建，路基已基本形成的省干线公路。

要素分类代码　420202

属性表

属性名称	属性描述	数据类型 字段要求	属性值域或示例	约束/ 条件	备注
代码	要素分类代码及第七位的图形代码	长整型 10	4202022	M	
名称	省道路线名称	字符型 60		M	
编号	省道路线编号	字符型 10		M	
等级	技术等级	字符型 8	高速公路/一级公路/二级公路/三级公路/四级公路/等外公路	M	
路面类型	路面铺设材料类型	字符型 10		C	
路宽	路面宽度(m)	浮点型 3.2		C	
铺宽	路面铺面宽度(m)	浮点型 3.2		C	
数据源	数据来源类型	字符型 10		C	
更新日期	数据更新日期	日期型		C	

几何表示

几何特征	图形代码	表示方法	属　　性
线	2	中心线	代码、名称、编号、等级、路面类型、路宽、铺宽、数据源、更新日期

几何表示示例	制图表示示例

相关要素	桥、道路
关系	包含、连接
备注	

要素名称 县道—建成

要素描述 具有全县政治、经济意义，连接县城和县内主要乡(镇)，主要商品生产和集散的公路，以及不属于国道、省道的县际间的公路。

要素分类代码 420301

属性表

属性名称	属性描述	数据类型 字段要求	属性值域或示例	约束/ 条件	备注
代码	要素分类代码及第七位的图形代码	长整型 10	4203012	M	
名称	县道路线名称	字符型 60		M	
编号	县道路线编号	字符型 10		M	
等级	技术等级	字符型 8	高速公路/一级公路/二级公路/三级公路/四级公路/等外公路	M	
路面类型	路面铺设材料类型	字符型 10		C	
路宽	路面宽度(m)	浮点型 3.2		C	
铺宽	路面铺面宽度(m)	浮点型 3.2		C	
数据源	数据来源类型	字符型 10		C	
更新日期	数据更新日期	日期型		C	

几何表示

几何特征	图形代码	表示方法	属　　性
线	2	中心线	代码、名称、编号、等级、路面类型、路宽、铺宽、数据源、更新日期

几何表示示例	制图表示示例

相关要素	桥、道路
关系	包含、连接
备注	

要素名称 县道—建筑中

要素描述 正在修建路基已基本形成的县级公路及其他公路。

要素分类代码 420302

属性表

属性名称	属性描述	数据类型 字段要求	属性值域或示例	约束/ 条件	备注
代码	要素分类代码及第七位的图形代码	长整型 10	4203022	M	
名称	县道路线名称	字符型 60		M	
编号	县道路线编号	字符型 10		M	
等级	技术等级	字符型 8	高速公路/一级公路/二级公路/三级公路/四级公路/等外公路	M	
路面类型	路面铺设材料类型	字符型 10		C	
路宽	路面宽度(m)	浮点型 3.2		C	
铺宽	路面铺面宽度(m)	浮点型 3.2		C	
数据源	数据来源类型	字符型 10		C	
更新日期	数据更新日期	日期型		C	

几何表示

几何特征	图形代码	表示方法	属　　性
线	2	中心线	代码、名称、编号、等级、路面类型、路宽、铺宽、数据源、更新日期

几何表示示例	制图表示示例

相关要素	桥、道路
关系	包含、连接
备注	

要素名称　乡道

要素描述　主要为乡(镇)村经济、文化、行政服务的公路,以及不属于县道以上公路的乡镇之间以及乡镇与外部联络的公路。

要素分类代码　420400

属性表

属性名称	属性描述	数据类型 字段要求	属性值域或示例	约束/ 条件	备注
代码	要素分类代码及第七位的图形代码	长整型 10	4204002	M	
名称	乡道路线名称	字符型 60		M	
编号	乡道路线编号	字符型 10		M	
等级	技术等级	字符型 8	高速公路/一级公路/二级公路/三级公路/四级公路/等外公路	M	
路面类型	路面铺设材料类型	字符型 10		C	
路宽	路面宽度(m)	浮点型 3.2		C	
铺宽	路面铺面宽度(m)	浮点型 3.2		C	
数据源	数据来源类型	字符型 10		C	
更新日期	数据更新日期	日期型		C	

几何表示

几何特征	图形代码	表示方法	属　　性
线	2	中心线	代码、名称、编号、等级、路面类型、路宽、铺宽、数据源、更新日期

几何表示示例	制图表示示例

相关要素	桥、道路
关系	包含、连接
备注	

要素名称 专用公路

要素描述 专供特定用途服务的公路。

要素分类代码 420500

属性表

属性名称	属性描述	数据类型 字段要求	属性值域或示例	约束/ 条件	备注
代码	要素分类代码及第七位的图形代码	长整型 10	4205002	M	
名称	专用公路路线名称	字符型 60		M	
编号	专用公路路线编号	字符型 10		M	
等级	技术等级	字符型 8	高速公路/一级公路/二级公路/三级公路/四级公路/等外公路	M	
路面类型	路面铺设材料类型	字符型 10		C	
路宽	路面宽度(m)	浮点型 3.2		C	
铺宽	路面铺面宽度(m)	浮点型 3.2		C	
数据源	数据来源类型	字符型 10		C	
更新日期	数据更新日期	日期型		C	

几何表示

几何特征	图形代码	表示方法	属　　性
线	2	中心线	代码、名称、编号、等级、路面类型、路宽、铺宽、数据源、更新日期

几何表示示例	制图表示示例

相关要素	桥、道路
关系	包含、连接
备注	

要素名称 地铁

要素描述 城市中铺设在地下隧道中高速、大运量的用电力机车牵引的轨道交通客运系统，个别地段由地下连接到地面的线路也视为地铁。

要素分类代码 430101

属性表

属性名称	属性描述	数据类型 字段要求	属性值域或示例	约束/ 条件	备注
代码	要素分类代码及第七位的图形代码	长整型 10	4301012	M	
名称	地铁的名称	字符型 60		M	
轨道数	地铁轨道的数目	整型 2	1/2/3/4	C	
数据源	数据来源类型	字符型 10		C	
更新日期	数据更新日期	日期型		C	

几何表示

几何特征	图形代码	表示方法	属　　性
线	2	中心线	代码、名称、轨道数、数据源、更新日期

几何表示示例	制图表示示例
	制图不表示

相关要素	
关系	
备注	

要素名称　主干道
要素描述　城市道路网中路面较宽、交通流量大，起骨架作用的通道。
要素分类代码　430501

属性表

属性名称	属性描述	数据类型 字段要求	属性值域或示例	约束/ 条件	备注
代码	要素分类代码及第七位的图形代码	长整型 10	4305012	M	
名称	主干道的名称	字符型 60		M	
实体编码	行业名称代码	字符型 20		C	
车道数	主干道的车道数目	整型 2		C	
数据源	数据来源类型	字符型 10		C	
更新日期	数据更新日期	日期型		C	

几何表示

几何特征	图形代码	表示方法	属　　性
线	2	中心线	代码、名称、实体编码、车道数、数据源、更新日期

几何表示示例	制图表示示例
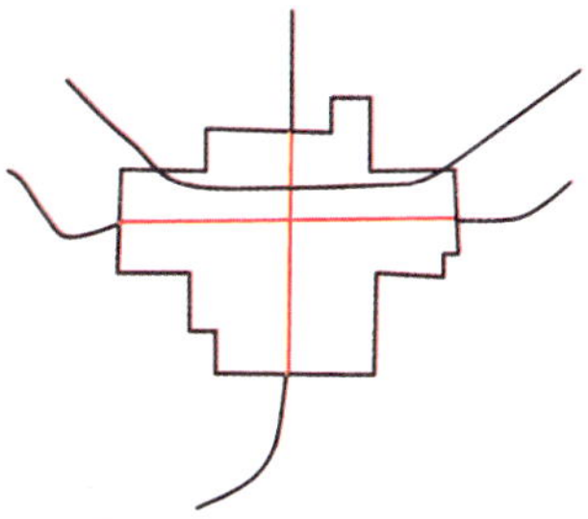	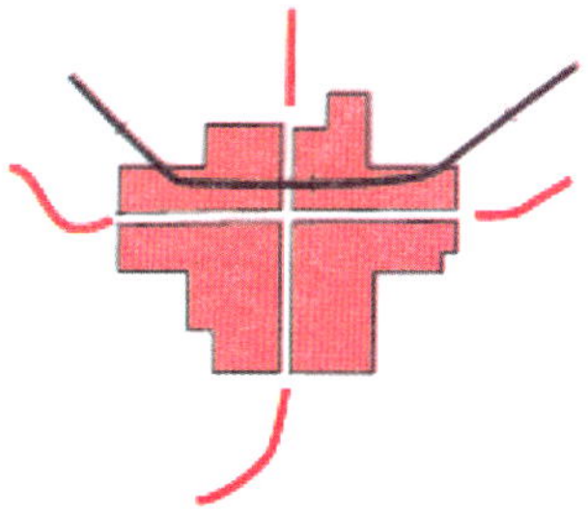

相关要素	道路、桥梁、居民地
关系	连接、重叠、包含
备注	

要素名称 机耕路(大路)

要素描述 路面经简易铺修,但没有路基,一般能通行拖拉机和大车道路,某些地区也可通行汽车。

要素分类代码 440100

属性表

属性名称	属性描述	数据类型 字段要求	属性值域或示例	约束/ 条件	备注
代码	要素分类代码及第七位的图形代码	长整型 10	4401002	M	
名称	大车路的名称	字符型 60		C	
数据源	数据来源类型	字符型 10		C	
更新日期	数据更新日期	日期型		C	

几何表示

几何特征	图形代码	表示方法	属　　性
线	2	中心线	代码、名称、数据源、更新日期

几何表示示例	制图表示示例

相关要素	乡村道路、城际道路、桥梁
关系	包含、连接、重叠
备注	

要素名称 乡村路

要素描述 乡村中不能通行大车、拖拉机的道路，路面不宽，有的地区用石块或石板铺成。

要素分类代码 440200

属性表

属性名称	属性描述	数据类型 字段要求	属性值域或示例	约束/ 条件	备注
代码	要素分类代码及第七位的图形代码	长整型 10	4402002	M	
名称	乡村路的名称	字符型 60		C	
数据源	数据来源类型	字符型 10		C	
更新日期	数据更新日期	日期型		C	

几何表示

几何特征	图形代码	表示方法	属　　性
线	2	中心线	代码、名称、数据源、更新日期

几何表示示例		制图表示示例	
1∶250 000	1∶500 000 1∶1 000 000	1∶250 000	1∶500 000 1∶1 000 000

相关要素	乡村道路、城际道路、桥梁
关系	包含、连接、重叠
备注	

要素名称 小路

要素描述 供单人、单骑行走的道路。

要素分类代码 440300

属性表

属性名称	属性描述	数据类型 字段要求	属性值域或示例	约束/条件	备注
代码	要素分类代码及第七位的图形代码	长整型 10	4403002	M	
名称	小路的名称	字符型 60		C	
数据源	数据来源类型	字符型 10		C	
更新日期	数据更新日期	日期型		C	

几何表示

几何特征	图形代码	表示方法	属　　性
线	2	中心线	代码、名称、数据源、更新日期

几何表示示例	制图表示示例

相关要素	乡村道路、城际道路、桥梁
关系	包含、连接、重叠
备注	

要素名称 山隘

要素描述 道路通过鞍部、山口、隘口的重要交通口。

要素分类代码 440500

属性表

属性名称	属性描述	数据类型 字段要求	属性值域或示例	约束/ 条件	备注
代码	要素分类代码及第七位的图形代码	长整型 10	4405001	M	
名称	山隘的名称	字符型 60		C	
高程	山隘的高程(m)	浮点数 4.2		M	
通行时间	山隘可以通行的月份	字符型 10	“4—10”	C	
方向	与正东方向逆时针形成的夹角(°)	浮点型 4.8	0～360	M	

几何表示

几何特征	图形代码	表示方法	属　　性
点	1	有向点	代码、名称、高程、通行时间、方向

几何表示示例	制图表示示例

相关要素	城际道路、乡村道路
关系	包含
备注	

要素名称　单层桥

要素描述　跨越水面、沟壑或道路等，供车辆通行的单层架空通道。

要素分类代码　450301

属性表

属性名称	属性描述	数据类型 字段要求	属性值域或示例	约束/ 条件	备注
代码	要素分类代码及第七位的图形代码	长整型 10	4503012	M	
名称	单层桥的名称	字符型 60		C	
通车类型	单层桥通行车辆的类型	字符型 8	汽车/火车	C	
载重量	桥的承载吨数(t)	浮点数 3.2		C	
跨越地物	跨越地物的名称	字符型 60		C	
连接道路	连接道路的名称	字符型 60		C	如同时连接数条公路，只列举最高等级公路名称
数据源	数据来源类型	字符型 10		C	
更新日期	数据更新日期	日期型		C	

几何表示

几何特征	图形代码	表示方法	属　　性
线	2	中心线	代码、名称、通车类型、载重量、跨越地物、连接道路、数据源、更新日期

几何表示示例	制图表示示例

相关要素	道路
关系	包含
备注	

要素名称　双层桥

要素描述　铁路、公路两用的，跨越水面、沟壑或道路等，供车辆通行的双层架空通道。

要素分类代码　450302

属性表

属性名称	属性描述	数据类型 字段要求	属性值域或示例	约束/ 条件	备注
代码	要素分类代码及第七位的图形代码	长整型 10	4503022	M	
名称	双层桥的名称	字符型 60		C	
跨越地物	跨越地物的名称	字符型 60		C	
数据源	数据来源类型	字符型 10		C	
更新日期	数据更新日期	日期型		C	

几何表示

几何特征	图形代码	表示方法	属　　性
线	2	中心线	代码、名称、跨越地物、数据源、更新日期

几何表示示例	制图表示示例
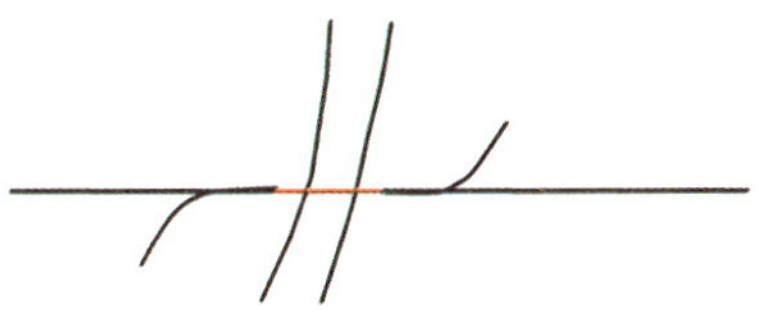	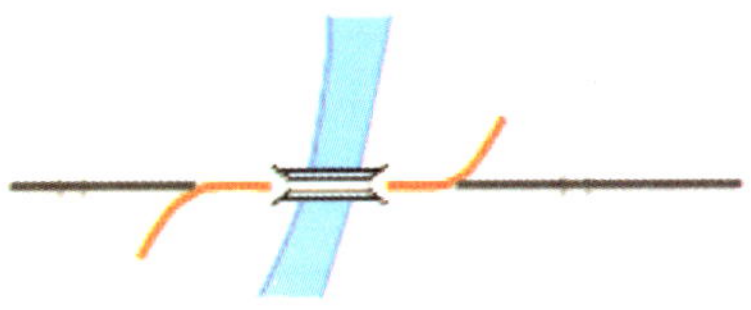

相关要素	道路
关系	包含
备注	

要素名称 隧道
要素描述 建造在山岭、河流、海峡及城市等地面下的车辆通道。
要素分类代码 450600

属性表

属性名称	属性描述	数据类型 字段要求	属性值域或示例	约束/ 条件	备注
代码	要素分类代码及第七位的图形代码	长整型 10	4506001/4506002	M	
名称	隧道的名称	字符型 60		C	
通车类型	隧道通行车辆的类型	字符型 8	汽车/火车	M	
长度	隧道的长度(m)	浮点数 4.0		C	
连接道路	连接公路或铁路的名称	字符型 60		C	
方向	与正东方向逆时针形成的夹角(°)	浮点型 4.8	0～360	M	

几何表示

几何特征	图形代码	表示方法	属　　性
点	1	有向点	代码、名称、通车类型、长度、连接道路、方向
线	2	中心线	代码、名称、通车类型、长度、连接道路

几何表示示例	制图表示示例
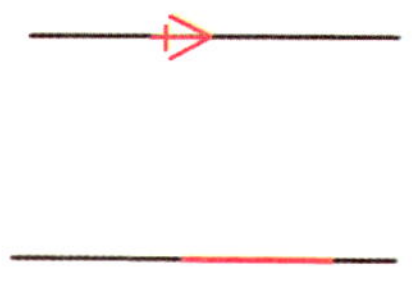	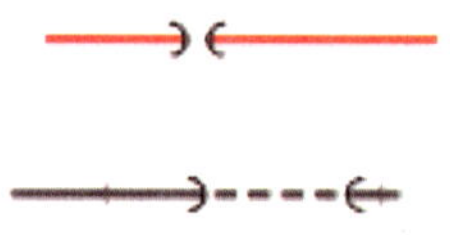

相关要素	道路
关系	包含
备注	

要素名称 中国公路零公里标志

要素描述 设在北京、作为中国公路起算点，是北京至通达地距离的起始点(零公里)标志。

要素分类代码 451001

属性表

属性名称	属性描述	数据类型 字段要求	属性值域或示例	约束/ 条件	备注
代码	要素分类代码及第七位的图形代码	长整型 10	4510011	M	

几何表示

几何特征	图形代码	表示方法	属　　性
点	1	定位点	代码

几何表示示例	制图表示示例
+	制图不表示

相关要素	道路
关系	连接
备注	

要素名称 防波堤

要素描述 调节水流方向或减缓水流流速，防护港口、海湾的护岸式堤坝。

要素分类代码 460200

属性表

属性名称	属性描述	数据类型 字段要求	属性值域或示例	约束/ 条件	备注
代码	要素分类代码及第七位的图形代码	长整型 10	4602002	M	
所属水域	防波堤所属水域的名称	字符型 60		C	

几何表示

几何特征	图形代码	表示方法	属　　性
线	2	中心线	代码、所属水域

几何表示示例	制图表示示例
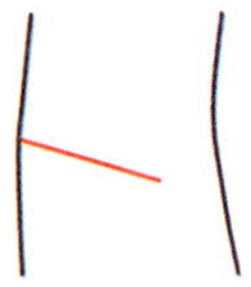	

相关要素	河流
关系	包含
备注	

要素名称 灯塔

要素描述 建筑在水运航线附近的岛屿、礁石或港口海岸上等显要位置，安装有发光设备，引导船只航行的塔形导航设施。

要素分类代码 460401

属性表

属性名称	属性描述	数据类型 字段要求	属性值域或示例	约束/ 条件	备注
代码	要素分类代码及第七位的图形代码	长整型 10	4604011	M	
名称	灯塔的名称	字符型 60		C	
编号	为了管理、使用方便而统一编制的代号	整型 8		C	
比高	灯塔的比高(m)	整型 2		C	

几何表示

几何特征	图形代码	表示方法	属　　性
点	1	定位点	代码、名称、编号、比高

几何表示示例	制图表示示例

相关要素	
关系	
备注	

要素名称 灯桩

要素描述 设置在铁架、水泥桩、木桩上设有发光装置的导航设施。

要素分类代码 460402

属性表

属性名称	属性描述	数据类型 字段要求	属性值域或示例	约束/ 条件	备注
代码	要素分类代码及第七位的图形代码	长整型 10	4604021	M	
编号	为了管理、使用方便而统一编制的代号	整型 8		C	

几何表示

几何特征	图形代码	表示方法	属　　性
点	1	定位点	代码、编号

几何表示示例	制图表示示例

相关要素	
关系	
备注	

要素名称 港口

要素描述 沿海和远洋航行的海轮停泊港口和对外开放的内河港。

要素分类代码 460600

属性表

属性名称	属性描述	数据类型 字段要求	属性值域或示例	约束/ 条件	备注
代码	要素分类代码及第七位的图形代码	长整型 10	4606001	M	
名称	水运港客运站的名称	字符型 60		C	
依附水域	水运港客运站所依附的水域名称	字符型 60		C	

几何表示

几何特征	图形代码	表示方法	属　　性
点	1	定位点	代码、名称、依附水域

几何表示示例		制图表示示例	
1∶250 000　1∶ 500 000 不表示	+ 1∶ 1 000 000	1∶250 000　1∶ 500 000 不表示	 1∶ 1 000 000

相关要素	
关系	
备注	

要素名称 通航河段起迄点

要素描述 通航河段的起点和终点。

要素分类代码 470100

属性表

属性名称	属性描述	数据类型 字段要求	属性值域或示例	约束/ 条件	备注
代码	要素分类代码及第七位的图形代码	长整型 10	4701001	M	
名称	通航河段起迄点的名称	字符型 60		C	
方向	与正东方向逆时针形成的夹角(°)	浮点型 4.8	0～360	M	

几何表示

几何特征	图形代码	表示方法	属　　性
点	1	有向点	代码、名称、方向

几何表示示例	制图表示示例

相关要素	河流
关系	包含
备注	

要素名称 航海线

要素描述 港口间固定的海上航行路线。

要素分类代码 470200

属性表

属性名称	属性描述	数据类型 字段要求	属性值域或示例	约束/ 条件	备注
代码	要素分类代码及第七位的图形代码	长整型 10	4702002	M	
名称	航海线的名称	字符型 30	“青岛至上海”	C	
里程	航海线起点至终点的里程数(n mile)	整型 6	“404”	M	

几何表示

几何特征	图形代码	表示方法	属　　性
线	2	中心线	代码、名称、里程

几何表示示例		制图表示示例	
1∶250 000 不表示	 1∶ 500 000　1∶ 1 000 000	1∶250 000 不表示	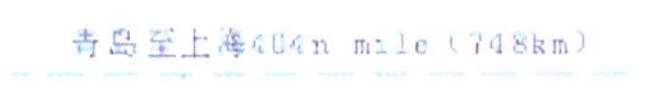 1∶ 500 000　1∶ 1 000 000

相关要素	海域、海岸线
关系	被包含、连接
备注	

要素名称 机场

要素描述 飞机起降使用的区域。通常配备有相关的建筑物和设施。

要素分类代码 480100

属性表

属性名称	属性描述	数据类型 字段要求	属性值域或示例	约束/ 条件	备注
代码	要素分类代码及第七位的图形代码	长整型 10	4801001	M	
名称	机场的名称	字符型 60	“上海虹桥机场”	M	
用途	机场的用途	字符型 10	军用/民用/军民合用	C	
营运状态	机场的营运状态	字符型 6	营运中/已废弃/修建中	C	

几何表示

几何特征	图形代码	表示方法	属　　性
点	1	定位点	代码、名称、用途、营运状态

几何表示示例	制图表示示例

相关要素	垣栅、道路
关系	包含、连接
备注	

要素名称 海底光缆

要素描述 敷设于海底传输通信信号用的光缆线路。

要素分类代码 520200

属性表

属性名称	属性描述	数据类型 字段要求	属性值域或示例	约束/ 条件	备注
代码	要素分类代码及第七位的图形代码	长整型 10	5202002	M	

几何表示

几何特征	图形代码	表示方法	属　　性
线	2	中心线	代码

几何表示示例	制图表示示例

相关要素	
关系	
备注	

要素名称 油管道

要素描述 输送石油的管状设施。

要素分类代码 530100

属性表

属性名称	属性描述	数据类型 字段要求	属性值域或示例	约束/ 条件	备注
代码	要素分类代码及第七位的图形代码	长整型 10	5301002	M	

几何表示

几何特征	图形代码	表示方法	属　　性
线	2	中心线	代码

几何表示示例	制图表示示例

相关要素	
关系	
备注	

要素名称 天然气主管道

要素描述 地面上长途输送天然气的主管道。

要素分类代码 530200

属性表

属性名称	属性描述	数据类型 字段要求	属性值域或示例	约束/ 条件	备注
代码	要素分类代码及第七位的图形代码	长整型 10	5302002	M	

几何表示

几何特征	图形代码	表示方法	属　　性
线	2	中心线	代码

几何表示示例	制图表示示例

相关要素	
关系	
备注	

要素名称 水主管道

要素描述 地面上长途输送水的主管道。

要素分类代码 530300

属性表

属性名称	属性描述	数据类型 字段要求	属性值域或示例	约束/ 条件	备注
代码	要素分类代码及第七位的图形代码	长整型 10	5303002	M	

几何表示

几何特征	图形代码	表示方法	属　　性
线	2	中心线	代码

几何表示示例	制图表示示例
	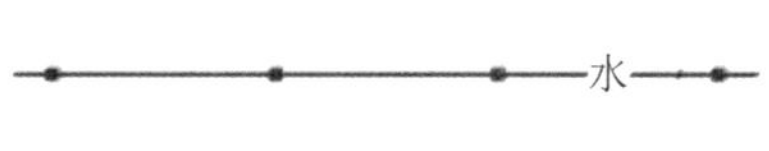

相关要素	
关系	
备注	

要素名称 国外区域
要素描述 外国管辖的区域。
要素分类代码 610100

属性表

属性名称	属性描述	数据类型 字段要求	属性值域或示例	约束/ 条件	备注
代码	要素分类代码及第七位的图形代码	长整型 10	6101003	M	
名称	国外区域名称	字符型 60	"蒙古"	M	

几何表示

几何特征	图形代码	表示方法	属　　性
面	3	范围线构成的面	代码、名称

几何表示示例	制图表示示例
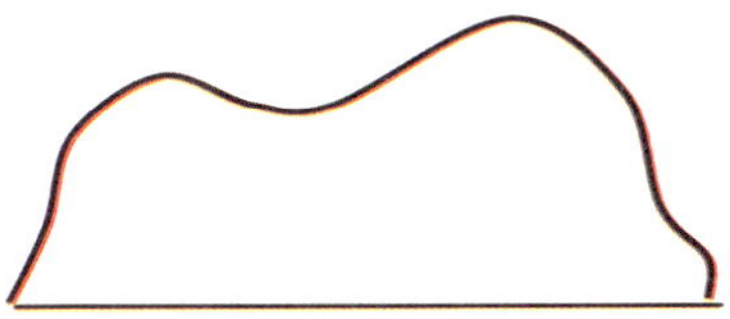	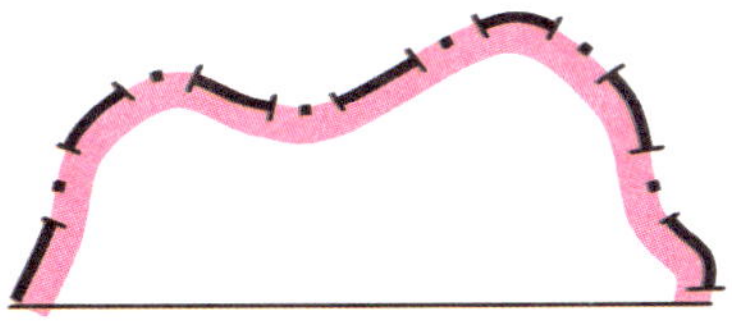

相关要素	国外地区国界线、国家行政区国界线、道路、水系
关系	连接、重叠
备注	

要素名称 国外地区国界线
要素描述 国外各国之间领土归属的分界线。
要素分类代码 610200

属性表

属性名称	属性描述	数据类型 字段要求	属性值域或示例	约束/ 条件	备注
代码	要素分类代码及第七位的图形代码	长整型 10	6102002	M	
名称	国外地区国界线名称	字符型 60		M	

几何表示

几何特征	图形代码	表示方法	属　　性
线	2	线	代码、名称

几何表示示例	制图表示示例

相关要素	国家行政区国界线、道路、水系
关系	连接、重叠
备注	

要素名称　国家行政区域

要素描述　国界线内我国的行政区域。

要素分类代码　620100

属性表

属性名称	属性描述	数据类型 字段要求	属性值域或示例	约束/ 条件	备注
代码	要素分类代码及第七位的图形代码	长整型 10	6201003	M	
名称	国家行政区域名称	字符型 60	中华人民共和国	M	

几何表示

几何特征	图形代码	表示方法	属　　性
面	3	国界线构成的面	代码、名称

几何表示示例	制图表示示例
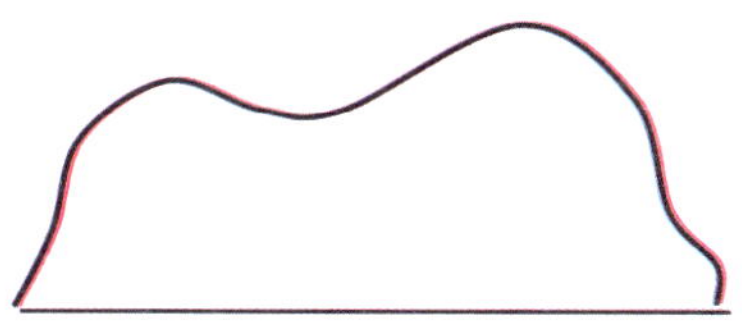	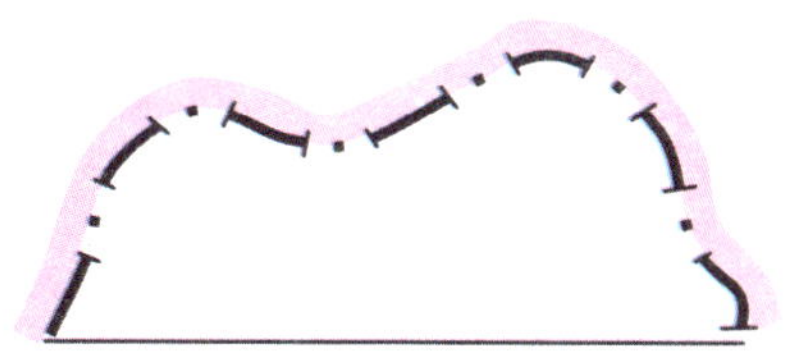

相关要素	行政区界线、行政区域、道路、水系
关系	连接、包含、重叠
备注	

要素名称 国家行政区—已定界

要素描述 我国与邻国之间已确定领土归属的分界线。

要素分类代码 620201

属性表

属性名称	属性描述	数据类型 字段要求	属性值域或示例	约束/ 条件	备注
代码	要素分类代码及第七位的图形代码	长整型 10	6202012	M	
名称	国家行政区—已定界名称	字符型 60		M	

几何表示

几何特征	图形代码	表示方法	属　　性
线	2	有向线	代码、名称

几何表示示例	制图表示示例

相关要素	行政区界线、行政区域、道路、水系
关系	连接、包含、重叠
备注	

要素名称　国家行政区—未定界
要素描述　我国与邻国之间未确定领土归属的分界线。
要素分类代码　620202

属性表

属性名称	属性描述	数据类型 字段要求	属性值域或示例	约束/ 条件	备注
代码	要素分类代码及第七位的图形代码	长整型 10	6202022	M	
名称	国家行政区—未定界名称	字符型 60		M	

几何表示

几何特征	图形代码	表示方法	属　　性
线	2	有向线	代码、名称

几何表示示例	制图表示示例

相关要素	行政区界线、行政区域、道路、水系
关系	连接、包含、重叠
备注	

要素名称 省级行政区域
要素描述 省、自治区、直辖市界线内的区域。
要素分类代码 630100

属性表

属性名称	属性描述	数据类型 字段要求	属性值域或示例	约束/ 条件	备注
代码	要素分类代码及第七位的图形代码	长整型 10	6301003	M	
名称	省级行政区名称	字符型 60	“河北省”	M	
行政区划代码	省级行政区区划代码	字符型 10		C	

几何表示

几何特征	图形代码	表示方法	属　　性
面	3	省、自治区、直辖市行政区界构成的面	代码、名称、行政区划代码

几何表示示例	制图表示示例
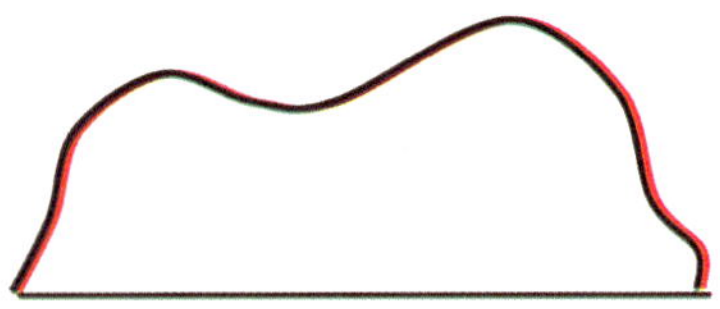	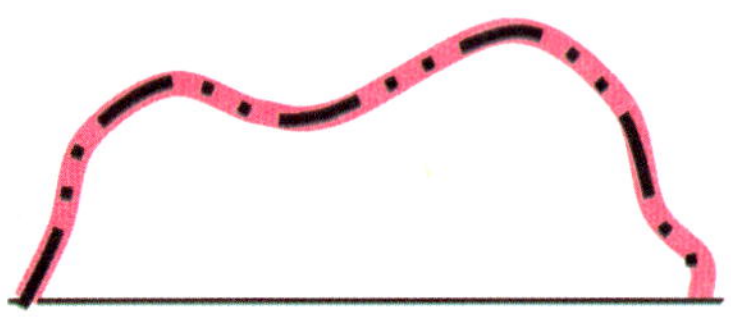

相关要素	行政区界线、行政区域、道路、水系
关系	连接、包含、重叠
备注	

要素名称 省级行政区界线

要素描述 省级行政区之间的分界线。

要素分类代码 630200

属性表

属性名称	属性描述	数据类型 字段要求	属性值域或示例	约束/ 条件	备注
代码	要素分类代码及第七位的图形代码	长整型 10	6302002	M	
名称	省级行政区界线名称	字符型 60		M	
界线代码	省级行政区界线代码	字符型 10		C	

几何表示

几何特征	图形代码	表示方法	属　　性
线	2	线	代码、名称、界线代码

几何表示示例	制图表示示例
	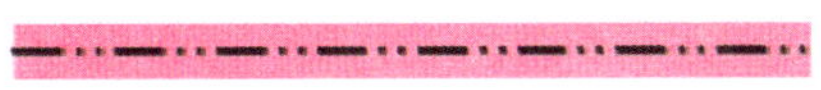

相关要素	行政区界线、行政区域、道路、水系
关系	连接、包含、重叠
备注	

要素名称 地级行政区域

要素描述 地区、自治州、盟、地级市的范围。

要素分类代码 640100

属性表

属性名称	属性描述	数据类型 字段要求	属性值域或示例	约束/ 条件	备注
代码	要素分类代码及第七位的图形代码	长整型 10	6401003	M	
名称	地级行政区域名称	字符型 60	“呼伦贝尔盟”	M	
行政区划代码	地级行政区域区划代码	字符型 10		C	

几何表示

几何特征	图形代码	表示方法	属　　性
面	3	范围线构成的面	代码、名称、行政区划代码

几何表示示例	制图表示示例
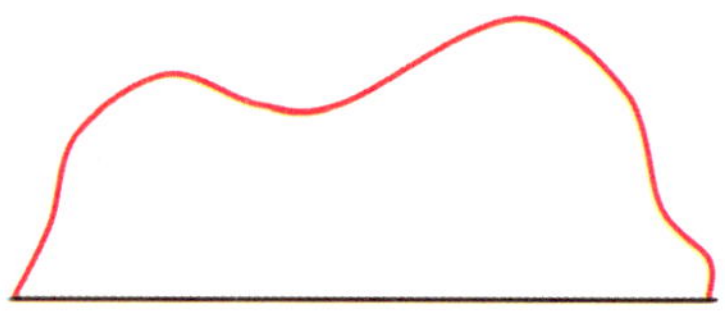	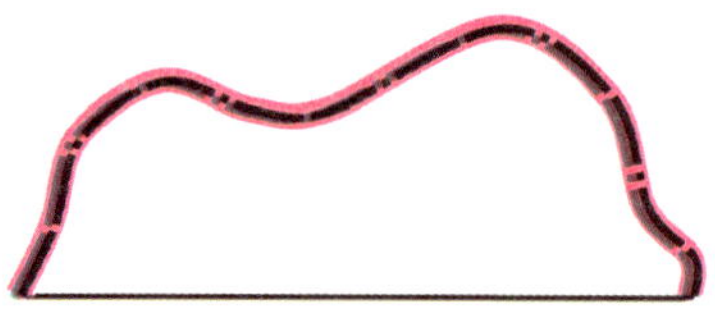

相关要素	行政区界线、行政区域、道路、水系
关系	连接、包含、重叠
备注	

要素名称 地级行政区界线

要素描述 地级行政区之间的分界线。

要素分类代码 640200

属性表

属性名称	属性描述	数据类型 字段要求	属性值域或示例	约束/ 条件	备注
代码	要素分类代码及第七位的图形代码	长整型 10	6402002	M	
名称	地级行政区界线名称	字符型 60		M	
界线代码	地级行政区界线代码	字符型 10		C	

几何表示

几何特征	图形代码	表示方法	属　　性
线	2	线	代码、名称、界线代码

几何表示示例	制图表示示例

相关要素	行政区界线、行政区域、道路、水系
关系	连接、重叠、包含
备注	

要素名称 县级行政区域

要素描述 县、自治县、旗、县级市的范围。

要素分类代码 650100

属性表

属性名称	属性描述	数据类型 字段要求	属性值域或示例	约束/ 条件	备注
代码	要素分类代码及第七位的图形代码	长整型 10	6501003	M	
名称	县级行政区域名称	字符型 60	“四子王旗”	M	
行政区划代码	县级行政区域区划代码	字符型 10		C	

几何表示

几何特征	图形代码	表示方法	属　　性
面	3	范围线构成的面	代码、名称、行政区划代码

几何表示示例	制图表示示例
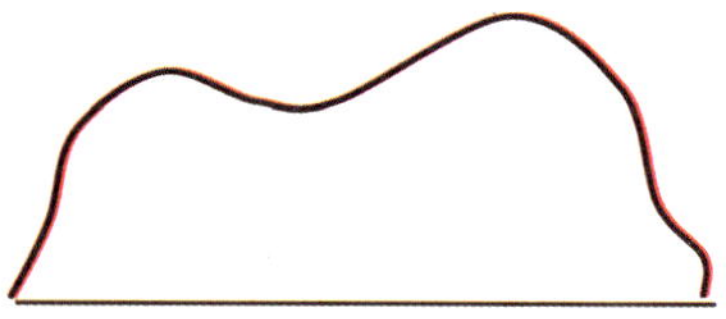	

相关要素	行政区界线、行政区域、道路、水系
关系	连接、包含、重叠
备注	

要素名称 县级行政区界线

要素描述 县级行政区域之间的分界线。

要素分类代码 650200

属性表

属性名称	属性描述	数据类型 字段要求	属性值域或示例	约束/ 条件	备注
代码	要素分类代码及第七位的图形代码	长整型 10	6502002	M	
名称	县级行政区界线名称	字符型 60		M	
界线代码	县级行政区界线代码	字符型 10		C	

几何表示

几何特征	图形代码	表示方法	属　　性
线	2	线	代码、名称、界线代码

几何表示示例	制图表示示例

相关要素	行政区界线、行政区域、道路、水系
关系	连接、重叠、包含
备注	

要素名称 自然、文化保护区域

要素描述 自然、文化保护区的范围。

要素分类代码 670101

属性表

属性名称	属性描述	数据类型 字段要求	属性值域或示例	约束/ 条件	备注
代码	要素分类代码及第七位的图形代码	长整型 10	6701013	M	
名称	自然、文化保护区名称	字符型 60	“陕西牛背梁自然保护区”	M	
级别	自然、文化保护区级别	字符型 6	国家/省/市/县级	M	
类型	自然、文化保护区类型	字符型 16	生态系统/野生动植物/文化	C	

几何表示

几何特征	图形代码	表示方法	属　　性
面	3	范围线构成的面	代码、名称、级别、类型

几何表示示例	制图表示示例

相关要素	自然保护区界线、行政区域、植被、水系
关系	连接、重叠、包含
备注	

要素名称 自然、文化保护区界

要素描述 经国家及省级人民政府颁布的自然保护区、国家森林公园、风景旅游区以及世界自然或文化遗产等的范围界线。

要素分类代码 670102

属性表

属性名称	属性描述	数据类型 字段要求	属性值域或示例	约束/ 条件	备注
代码	要素分类代码及第七位的图形代码	长整型 10	6701022	M	
名称	自然、文化保护区界名称	字符型 60		M	

几何表示

几何特征	图形代码	表示方法	属　　性
线	2	有向线	代码、名称

几何表示示例	制图表示示例
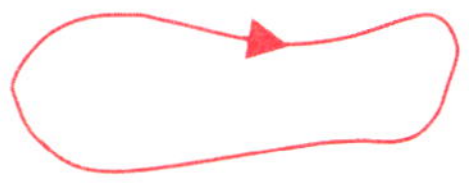	

相关要素	自然、文化保护区域，行政区域、行政区界线
关系	连接、重叠、包含
备注	

要素名称 特殊地区区域

要素描述 特殊地区的范围，如国外的克什米尔地区等。

要素分类代码 670201

属性表

属性名称	属性描述	数据类型 字段要求	属性值域或示例	约束/ 条件	备注
代码	要素分类代码及第七位的图形代码	长整型 10	6702013	M	
名称	特殊地区区域名称	字符型 60		C	

几何表示

几何特征	图形代码	表示方法	属　　性
面	3	范围线构成的面	代码、名称

几何表示示例	制图表示示例
	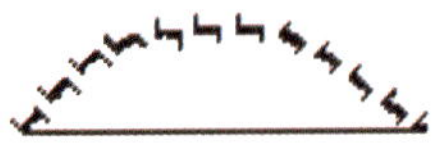

相关要素	
关系	
备注	

要素名称　特殊地区界线

要素描述　特殊地区的界线，如国外的克什米尔地区等。

要素分类代码　670202

属性表

属性名称	属性描述	数据类型 字段要求	属性值域或示例	约束/ 条件	备注
代码	要素分类代码及第七位的图形代码	长整型 10	6702022	M	
名称	特殊地区界线名称	字符型 60		C	

几何表示

几何特征	图形代码	表示方法	属　　性
线	2	线	代码、名称

几何表示示例	制图表示示例

相关要素	
关系	
备注	

要素名称 首曲线
要素描述 指从高程基准面起算，按基本等高距测绘的等高线，又称基本等高线。
要素分类代码 710101

属性表

属性名称	属性描述	数据类型 字段要求	属性值域或示例	约束/ 条件	备注
代码	要素分类代码及第七位的图形代码	长整型 10	7101012	M	
高程	等高线高程(m)	浮点型 4.2	“50”	M	

几何表示

几何特征	图形代码	表示方法	属　　性
线	2	线	代码、高程

几何表示示例	制图表示示例

相关要素	示坡线
关系	连接
备注	

要素名称　计曲线

要素描述　指从高程基准面起算，每隔四条首曲线加粗一条的等高线，又称加粗等高线。

要素分类代码　710102

属性表

属性名称	属性描述	数据类型 字段要求	属性值域或示例	约束/ 条件	备注
代码	要素分类代码及第七位的图形代码	长整型 10	7101022	M	
高程	等高线高程(m)	浮点型 4.2	“250”	M	

几何表示

几何特征	图形代码	表示方法	属　　性
线	2	线	代码、高程

几何表示示例	制图表示示例

相关要素	示坡线
关系	连接
备注	

要素名称 草绘等高线
要素描述 当地貌测绘精度不合规范要求时按规定等高距绘制的等高线。
要素分类代码 710200

属性表

属性名称	属性描述	数据类型 字段要求	属性值域或示例	约束/ 条件	备注
代码	要素分类代码及第七位的图形代码	长整型 10	7102002	M	
高程	等高线高程(m)	浮点型 4.2	“5000”	M	

几何表示

几何特征	图形代码	表示方法	属　　性
线	2	线	代码、高程

几何表示示例	制图表示示例

相关要素	示坡线
关系	连接
备注	

要素名称 雪山等高线—首曲线

要素描述 多年冰川、雪山覆盖区域按基本等高距测绘的等高线。

要素分类代码 710301

属性表

属性名称	属性描述	数据类型 字段要求	属性值域或示例	约束/ 条件	备注
代码	要素分类代码及第七位的图形代码	长整型 10	7103012	M	
高程	等高线高程(m)	浮点型 4.2	“4900”	M	

几何表示

几何特征	图形代码	表示方法	属　　性
线	2	线	代码、高程

几何表示示例	制图表示示例

相关要素	
关系	
备注	

要素名称　雪山等高线—计曲线
要素描述　多年冰川、雪山覆盖区域加粗表示的等高线。
要素分类代码　710302

属性表

属性名称	属性描述	数据类型 字段要求	属性值域或示例	约束/ 条件	备注
代码	要素分类代码及第七位的图形代码	长整型 10	7103022	M	
高程	等高线高程(m)	浮点型 4.2	“5000”	M	

几何表示

几何特征	图形代码	表示方法	属　　性
线	2	线	代码、高程

几何表示示例	制图表示示例

相关要素	
关系	
备注	

要素名称 示坡线

要素描述 指示斜坡降落的方向线。

要素分类代码 710400

属性表

属性名称	属性描述	数据类型 字段要求	属性值域或示例	约束/ 条件	备注
代码	要素分类代码及第七位的图形代码	长整型 10	7104002	M	

几何表示

几何特征	图形代码	表示方法	属　　性
线	2	有向线	代码

几何表示示例	制图表示示例

相关要素	等高线
关系	连接
备注	

要素名称 高程点

要素描述 依据1985国家高程基准面测定高程的地面点。

要素分类代码 720100

属性表

属性名称	属性描述	数据类型 字段要求	属性值域或示例	约束/ 条件	备注
代码	要素分类代码及第七位的图形代码	长整型 10	7201001	M	
高程	高程点的高程(m)	浮点型 4.2	“1520”	M	

几何表示

几何特征	图形代码	表示方法	属　　性
点	1	标注点	代码、高程

几何表示示例	制图表示示例

相关要素	等高线
关系	包含
备注	

要素名称 等深线

要素描述 等深线指根据深度基准面测定的深度值相等的各相邻点所连成的闭合曲线。

要素分类代码 730200

属性表

属性名称	属性描述	数据类型 字段要求	属性值域或示例	约束/ 条件	备注
代码	要素分类代码及第七位的图形代码	长整型 10	7302002	M	
深度	等深线深度值(m)	浮点型 4.2	“40”	M	

几何表示

几何特征	图形代码	表示方法	属　　性
线	2	线	代码、深度

几何表示示例	制图表示示例

相关要素	
关系	
备注	

要素名称　水深点

要素描述　深度基准面向下至水下测点的深度注记点。

要素分类代码　740100

属性表

属性名称	属性描述	数据类型 字段要求	属性值域或示例	约束/ 条件	备注
代码	要素分类代码及第七位的图形代码	长整型 10	7401001	M	
深度	水深点的深度值(m)	浮点型 4.2	“18”	M	

几何表示

几何特征	图形代码	表示方法	属　　性
点	1	标注点	代码、深度

几何表示示例	制图表示示例

相关要素	
关系	
备注	

要素名称 岩峰

要素描述 高耸的塔柱状岩石。孤立的为孤峰;联座成群的为峰丛。

要素分类代码 750101

属性表

属性名称	属性描述	数据类型 字段要求	属性值域或示例	约束/ 条件	备注
代码	要素分类代码及第七位的图形代码	长整型 10	7501011	M	
名称	岩峰的名称	字符型 60		C	
类型	岩峰的类型	字符型 6	孤峰/峰丛	M	
比高	岩峰的比高(m)	浮点型 3.2	"13"	M	

几何表示

几何特征	图形代码	表示方法	属　　性
点	1	定位点	代码、名称、类型、比高

几何表示示例		制图表示示例	
 1∶250 000　1∶500 000	 1∶1 000 000	 1∶250 000　1∶500 000	 1∶1 000 000

相关要素	
关系	
备注	

要素名称 漏斗

要素描述 指在岩溶或黄土地区受水的溶蚀或岩层塌陷而在地面形成的漏斗状或碟形的封闭洼地。

要素分类代码 750200

属性表

属性名称	属性描述	数据类型 字段要求	属性值域或示例	约束/ 条件	备注
代码	要素分类代码及第七位的图形代码	长整型 10	7502001	M	
名称	漏斗的名称	字符型 60	“天坑”	C	
深度	漏斗的深度	浮点型 4.2		C	

几何表示

几何特征	图形代码	表示方法	属　　性
点	1	定位点	代码、名称、深度

几何表示示例	制图表示示例

相关要素	地下河段、消失河段
关系	连接、重叠、包含
备注	

要素名称 山洞、溶洞

要素描述 山洞是山体中的洞穴；溶洞是受水溶蚀或岩层塌陷而形成的地下空洞。

要素分类代码 750300

属性表

属性名称	属性描述	数据类型 字段要求	属性值域或示例	约束/ 条件	备注
代码	要素分类代码及第七位的图形代码	长整型 10	7503001	M	
名称	山洞、溶洞名称	字符型 60		C	
方向	与正东方向逆时针形成的夹角(°)	浮点型 4.8	0～360	M	

几何表示

几何特征	图形代码	表示方法	属　　性
点	1	有向点	代码、名称、方向

几何表示示例	制图表示示例

相关要素	
关系	
备注	

要素名称 火山口

要素描述 指火山爆发后在喷出口处形成的洼地。

要素分类代码 750400

属性表

属性名称	属性描述	数据类型 字段要求	属性值域或示例	约束/ 条件	备注
代码	要素分类代码及第七位的图形代码	长整型 10	7504001/7504003	M	
名称	火山口的名称	字符型 60		C	
类型	火山口的类型	字符型 4	活/死/休眠	C	

几何表示

几何特征	图形代码	表示方法	属　　性
点	1	定位点	代码、名称、类型
面	3	范围线构成的面	代码、名称、类型

几何表示示例	制图表示示例

相关要素	湖
关系	包含
备注	

要素名称 冲沟

要素描述 地面长期被雨水急流冲蚀而形成的沟壑。

要素分类代码 750501

属性表

属性名称	属性描述	数据类型 字段要求	属性值域或示例	约束/ 条件	备注
代码	要素分类代码及第七位的图形代码	长整型 10	7505012/7505013	M	
名称	冲沟的名称	字符型 60		C	
比高	冲沟的比高(m)	浮点型 3.2	“3”，“4”	C	

几何表示

几何特征	图形代码	表示方法	属　　性
线	2	有向线	代码、名称、比高
面	3	范围线构成的面	代码、名称、比高

几何表示示例	制图表示示例
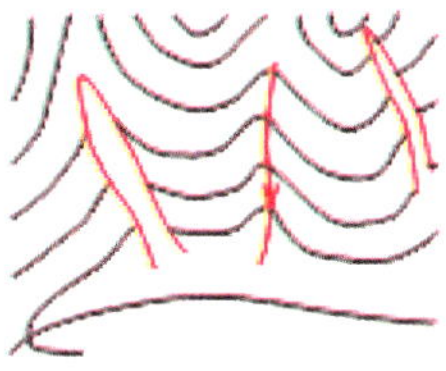	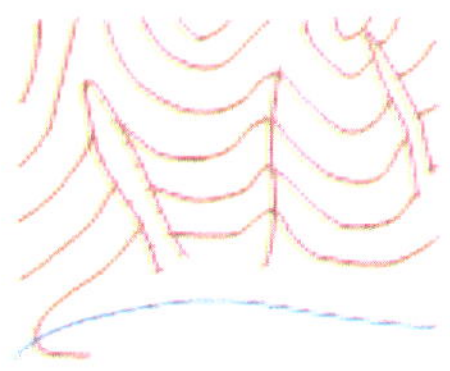

相关要素	土质陡崖、土质有滩陡岸，石质陡崖、石质有滩陡岸
关系	包含
备注	

要素名称 土质陡崖、土质有滩陡岸

要素描述 土质陡崖指土质的形态壁立、难于攀登的陡峭崖壁(坡度在70°以上);土质有滩陡岸指岸坡比较陡峻、坡度在50°以上且下缘与水涯线之间有滩的地段。

要素分类代码 750601

属性表

属性名称	属性描述	数据类型 字段要求	属性值域或示例	约束/ 条件	备注
代码	要素分类代码及第七位的图形代码	长整型 10	7506012	M	
比高	土质陡崖、土质有滩陡岸的比高(m)	浮点型 3.2	“5”,“18”	C	

几何表示

几何特征	图形代码	表示方法	属　　性
线	2	有向线	代码、比高

几何表示示例	制图表示示例
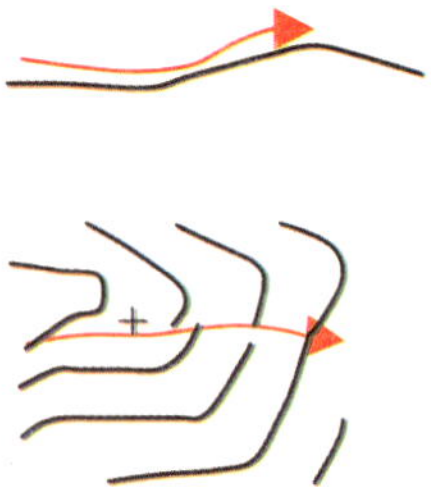	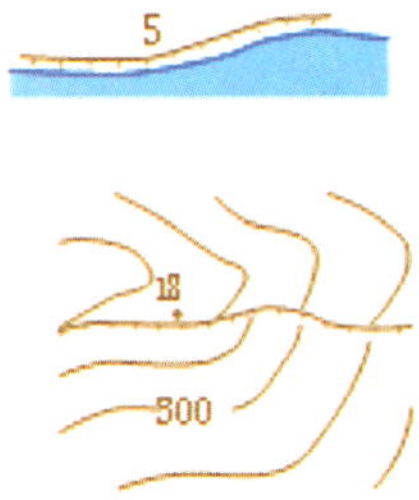

相关要素	
关系	
备注	

要素名称 石质陡崖、石质有滩陡岸

要素描述 石质陡崖指石质的形态壁立、难于攀登的陡峭崖壁(坡度在70°以上)；石质有滩陡岸指岸坡比较陡峻、坡度在50°以上且下缘与水涯线之间有滩的地段。

要素分类代码 750602

属性表

属性名称	属性描述	数据类型 字段要求	属性值域或示例	约束/ 条件	备注
代码	要素分类代码及第七位的图形代码	长整型 10	7506022	M	
比高	石质陡崖、石质有滩陡岸的比高(m)	浮点型 3.2	“5”,“18”	C	

几何表示

几何特征	图形代码	表示方法	属　　性
线	2	有向线	代码、比高

几何表示示例	制图表示示例
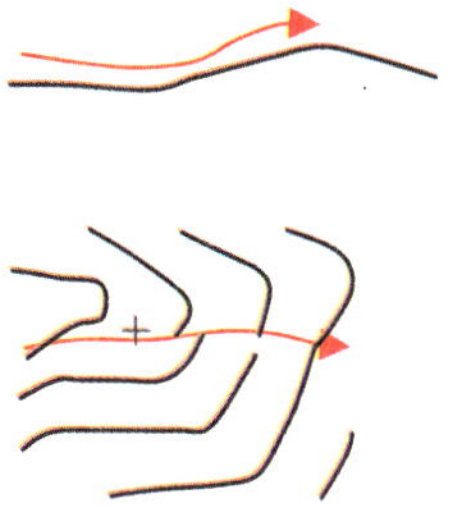	

相关要素	
关系	
备注	

要素名称 土质无滩陡岸

要素描述 土质的坡度在50°以上、岸坡比较陡峻且直接伸入水面，其间无法通行的地段。

要素分类代码 750603

属性表

属性名称	属性描述	数据类型 字段要求	属性值域或示例	约束/ 条件	备注
代码	要素分类代码及第七位的图形代码	长整型 10	7506032	M	
比高	土质无滩陡岸的比高(m)	浮点型 3.2	“7”	C	

几何表示

几何特征	图形代码	表示方法	属　　性
线	2	有向线	代码、比高

几何表示示例	制图表示示例

相关要素	河流
关系	包含
备注	

要素名称 石质无滩陡岸

要素描述 石质的坡度在50°以上、岸坡比较陡峻且直接伸入水面，其间无法通行的地段。

要素分类代码 750604

属性表

属性名称	属性描述	数据类型 字段要求	属性值域或示例	约束/ 条件	备注
代码	要素分类代码及第七位的图形代码	长整型 10	7506042	M	
比高	石质无滩陡岸的比高(m)	浮点型 3.2	“7”	C	

几何表示

几何特征	图形代码	表示方法	属　　性
线	2	有向线	代码、比高

几何表示示例	制图表示示例
	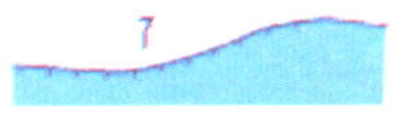

相关要素	河流
关系	包含
备注	

要素名称 陡石山

要素描述 全部或大部分岩石裸露且坡度大于70°的陡峭山岭。

要素分类代码 750701

属性表

属性名称	属性描述	数据类型 字段要求	属性值域或示例	约束/ 条件	备注
代码	要素分类代码及第七位的图形代码	长整型 10	7507013/7507014	M	
名称	陡石山的名称	字符型 60		C	

几何表示

几何特征		图形代码	表示方法	属　　性
复合	线	4	山脊线	代码
	面	3	范围线构成的面	代码、名称

几何表示示例	制图表示示例
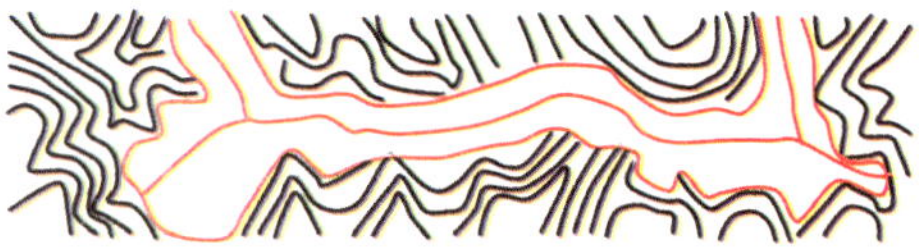	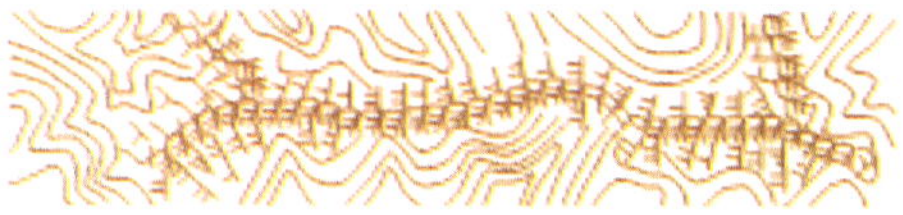

相关要素	
关系	
备注	

要素名称 露岩地

要素描述 岩石露出地面且分布较集中的地段。

要素分类代码 750702

属性表

属性名称	属性描述	数据类型 字段要求	属性值域或示例	约束/ 条件	备注
代码	要素分类代码及第七位的图形代码	长整型 10	7507023	M	

几何表示

几何特征	图形代码	表示方法	属　　性
面	3	范围线构成的面	代码

几何表示示例	制图表示示例

相关要素	等高线
关系	重叠、包含
备注	

要素名称 平沙地
要素描述 平坦沙地或起伏不明显的沙地。
要素分类代码 750801

属性表

属性名称	属性描述	数据类型 字段要求	属性值域或示例	约束/ 条件	备注
代码	要素分类代码及第七位的图形代码	长整型 10	7508013	M	
名称	平沙地的名称	字符型 60		C	
性质	平沙地的性质	字符型 8	固定/不固定	C	

几何表示

几何特征	图形代码	表示方法	属　　性
面	3	范围线构成的面	代码、名称、性质

几何表示示例	制图表示示例
	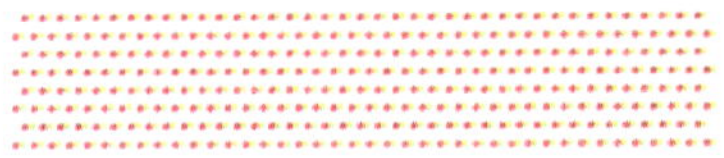

相关要素	
关系	
备注	

要素名称 灌丛沙堆

要素描述 每个沙丘均生长沙生灌丛而又成群分布的小沙丘群体。

要素分类代码 750802

属性表

属性名称	属性描述	数据类型 字段要求	属性值域或示例	约束/ 条件	备注
代码	要素分类代码及第七位的图形代码	长整型 10	7508023	M	
名称	灌丛沙堆的名称	字符型 60		C	
性质	灌丛沙堆的性质	字符型 8	固定/不固定	C	

几何表示

几何特征	图形代码	表示方法	属　　性
面	3	范围线构成的面	代码、名称、性质

几何表示示例	制图表示示例
	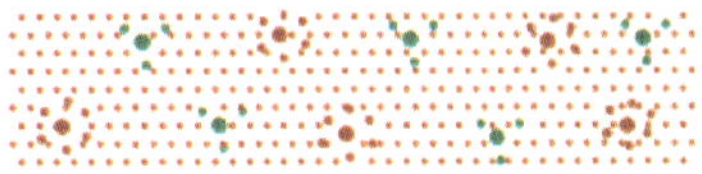

相关要素	
关系	
备注	

要素名称 新月形沙丘

要素描述 形状呈新月形，迎风坡凸出而平缓，背风坡凹而陡的沙丘。

要素分类代码 750803

属性表

属性名称	属性描述	数据类型 字段要求	属性值域或示例	约束/ 条件	备注
代码	要素分类代码及第七位的图形代码	长整型 10	7508032	M	
名称	新月形沙丘的名称	字符型 60		C	
性质	新月形沙丘的性质	字符型 8	固定/不固定	C	

几何表示

几何特征	图形代码	表示方法	属　　性
线	2	有向线	代码、名称、性质

几何表示示例	制图表示示例
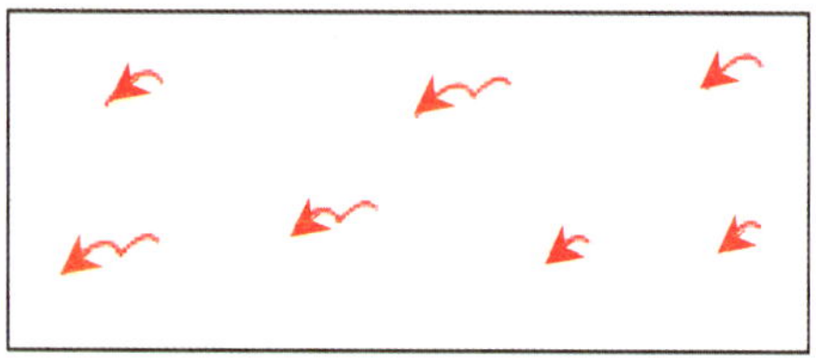	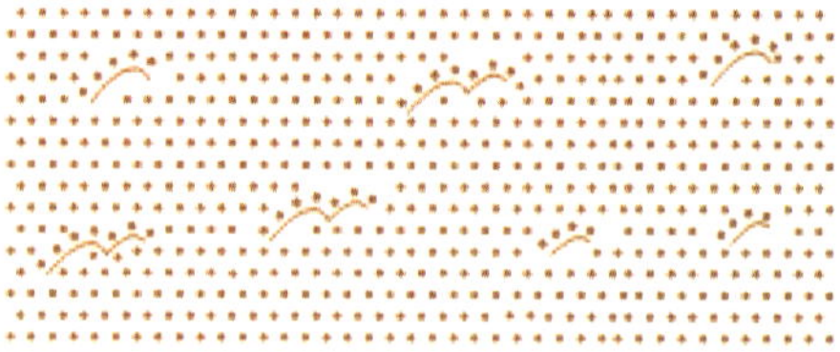

相关要素	平沙地
关系	
备注	

要素名称 垄状沙丘

要素描述 沙漠地区顺着主导风向延伸的堤垄状沙地。

要素分类代码 750804

属性表

属性名称	属性描述	数据类型 字段要求	属性值域或示例	约束/ 条件	备注
代码	要素分类代码及第七位的图形代码	长整型 10	7508042	M	
名称	垄状沙丘的名称	字符型 60		C	
性质	垄状沙丘的性质	字符型 8	固定/不固定	C	

几何表示

几何特征	图形代码	表示方法	属　　性
线	2	中心线	代码、名称、性质

几何表示示例	制图表示示例
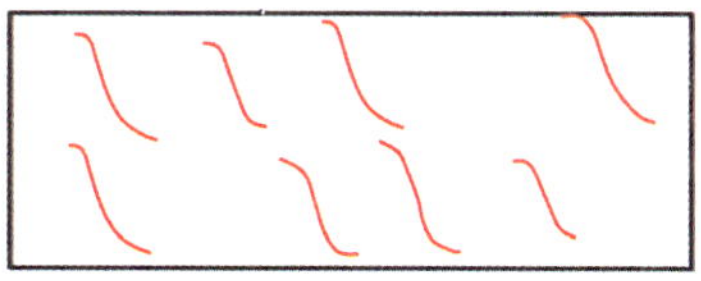	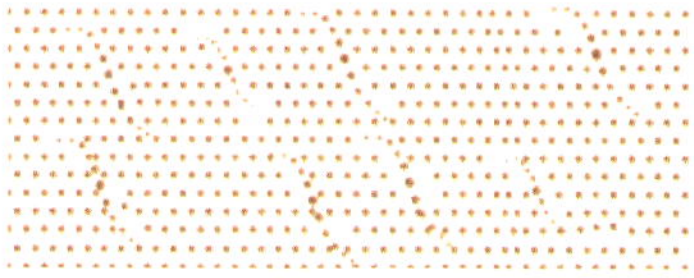

相关要素	平沙地
关系	
备注	

要素名称 窝状沙地
要素描述 被植物固定或半固定的密集新月形沙丘或格状沙丘形成的大片沙坑。
要素分类代码 750805

属性表

属性名称	属性描述	数据类型 字段要求	属性值域或示例	约束/ 条件	备注
代码	要素分类代码及第七位的图形代码	长整型 10	7508052	M	
名称	窝状沙丘的名称	字符型 60		C	
性质	窝状沙丘的性质	字符型 8	固定/不固定	C	

几何表示

几何特征	图形代码	表示方法	属　　性
线	2	中心线	代码、名称、性质

几何表示示例	制图表示示例
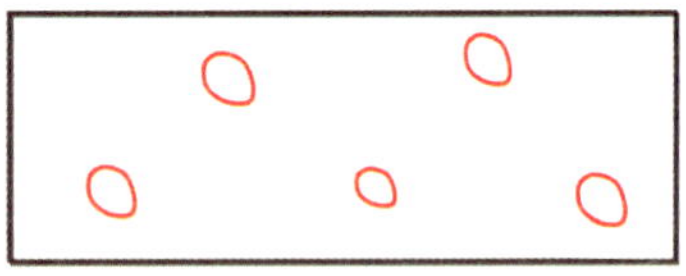	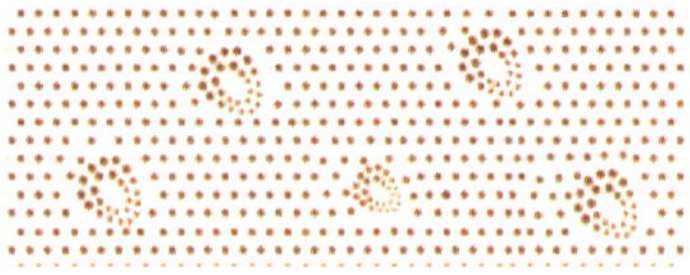

相关要素	平沙地
关系	
备注	

要素名称 格状沙丘
要素描述 在两组风力作用下，由纵横交错的沙丘链形成的格状沙地。
要素分类代码 750806

属性表

属性名称	属性描述	数据类型 字段要求	属性值域或示例	约束/ 条件	备注
代码	要素分类代码及第七位的图形代码	长整型 10	7508062	M	
名称	格状沙丘的名称	字符型 60		C	
性质	格状沙丘的性质	字符型 8	固定/不固定	C	

几何表示

几何特征	图形代码	表示方法	属　　性
线	2	有向线	代码、名称、性质

几何表示示例		制图表示示例	
1∶250 000 不表示	 1∶500 000　1∶1 000 000	1∶250 000 不表示	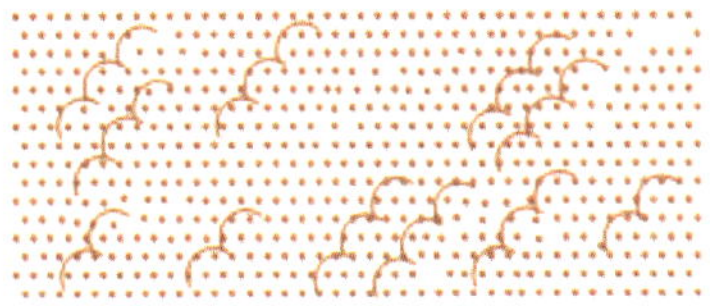 1∶500 000　1∶1 000 000

相关要素	平沙地
关系	
备注	

要素名称 金字塔状沙丘

要素描述 在多风向作用下形成的风积地貌。有一个高尖的峰顶，从尖顶向不同方向延伸出 3 个或更多沙脊。

要素分类代码 750807

属性表

属性名称	属性描述	数据类型 字段要求	属性值域或示例	约束/ 条件	备注
代码	要素分类代码及第七位的图形代码	长整型 10	7508072	M	
名称	金字塔状沙丘的名称	字符型 60		C	
性质	金字塔状沙丘的性质	字符型 8	固定/不固定	C	

几何表示

几何特征	图形代码	表示方法	属　　性
线	2	中心线	代码、名称、性质

<table>
<tr><th colspan="2">几何表示示例</th><th colspan="2">制图表示示例</th></tr>
<tr><td>1∶250 000
不表示</td><td>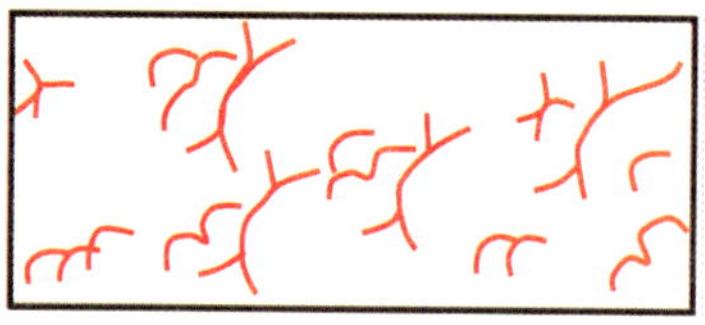
1∶500 000　1∶1 000 000</td><td>1∶250 000
不表示</td><td>
1∶500 000　1∶1 000 000</td></tr>
</table>

相关要素	平沙地
关系	
备注	

要素名称 冰川

要素描述 沿地面倾斜方向移动的巨大可塑性冰体。

要素分类代码 750902

属性表

属性名称	属性描述	数据类型 字段要求	属性值域或示例	约束/ 条件	备注
代码	要素分类代码及第七位的图形代码	长整型 10	7509022/7509023	M	
名称	冰川的名称	字符型 60		C	

几何表示

几何特征	图形代码	表示方法	属　　性
线	2	中心线	代码、名称
面	3	由范围线构成的面	代码、名称

几何表示示例	制图表示示例
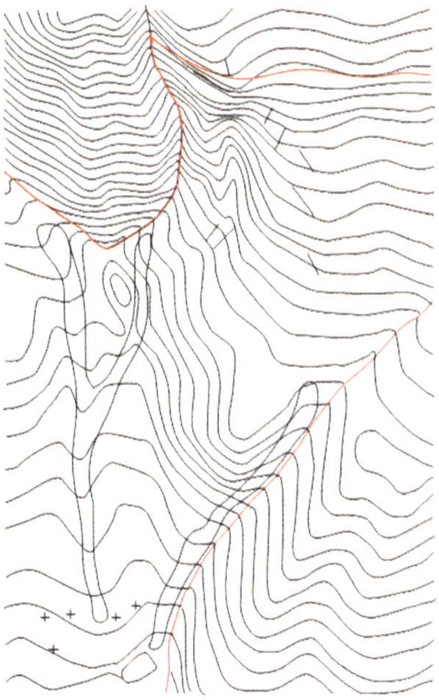	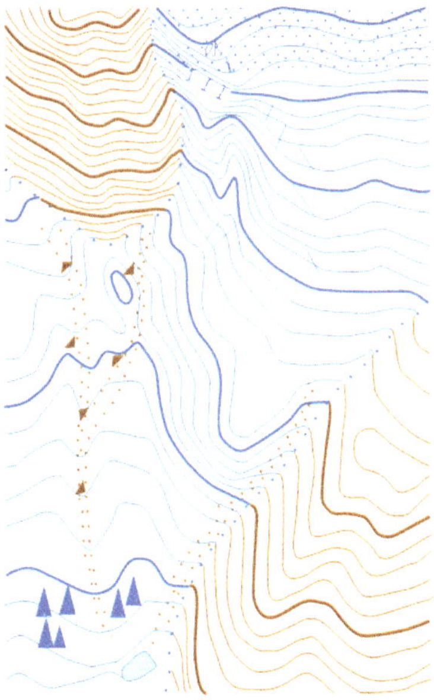

相关要素	雪域范围线
关系	连接
备注	

要素名称 冰碛
要素描述 冰川运动和消融时堆积的岩石碎屑物质。
要素分类代码 750905

属性表

属性名称	属性描述	数据类型 字段要求	属性值域或示例	约束/ 条件	备注
代码	要素分类代码及第七位的图形代码	长整型 10	7509053	M	

几何表示

几何特征	图形代码	表示方法	属　　性
面	3	范围线构成的面	代码

几何表示示例	制图表示示例
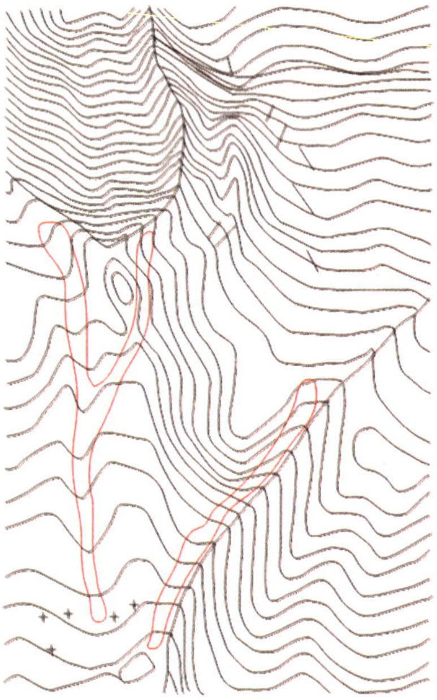	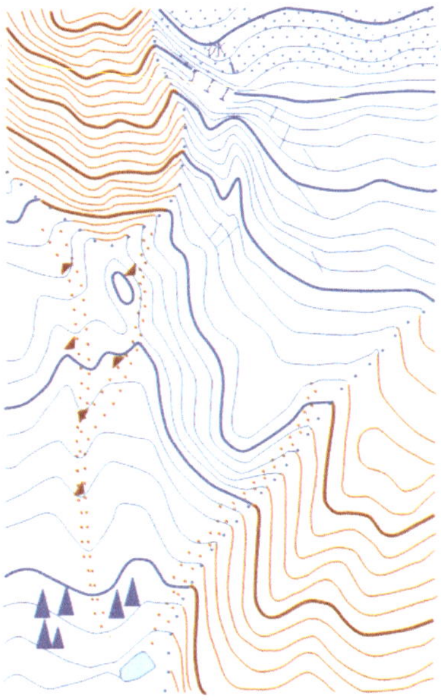

相关要素	
关系	
备注	

要素名称 冰塔
要素描述 在冰川的中下段，由于冰川逐渐消融解体而形成的林立的塔形冰柱。
要素分类代码 750906

属性表

属性名称	属性描述	数据类型 字段要求	属性值域或示例	约束/ 条件	备注
代码	要素分类代码及第七位的图形代码	长整型 10	7509061	M	
比高	冰塔的比高(m)	浮点型 3.2		C	

几何表示

几何特征	图形代码	表示方法	属　　性
点	1	定位点	代码、比高

几何表示示例	制图表示示例

相关要素	
关系	
备注	

要素名称 雪域范围线

要素描述 常年积雪的粒雪原和冰川分布区的范围线。

要素分类代码 750907

属性表

属性名称	属性描述	数据类型 字段要求	属性值域或示例	约束/ 条件	备注
代码	要素分类代码及第七位的图形代码	长整型 10	7509072	M	

几何表示

几何特征	图形代码	表示方法	属　　性
线	2	线	代码

几何表示示例	制图表示示例
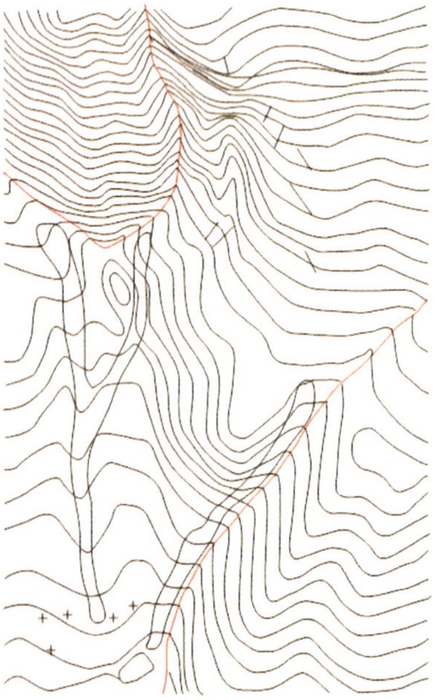	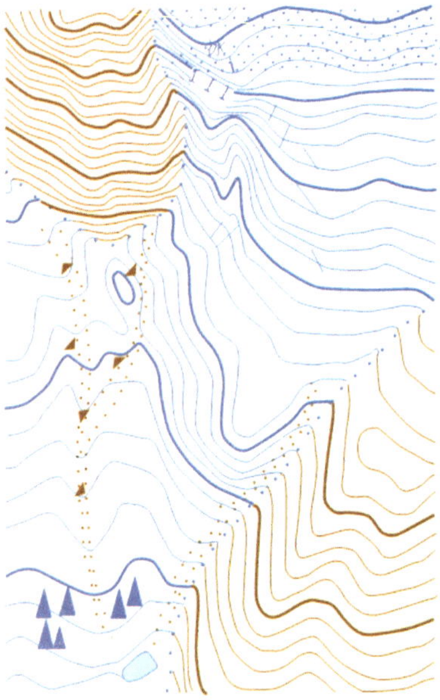

相关要素	粒雪原、冰川
关系	连接
备注	

要素名称 田坎、路堑、沟堑、路堤

要素描述 山坡、谷地、路旁、沟旁人工修的梯田坎、路堑、沟堑、路堤。

要素分类代码 760200

属性表

属性名称	属性描述	数据类型 字段要求	属性值域或示例	约束/ 条件	备注
代码	要素分类代码及第七位的图形代码	长整型 10	7602002	M	
类型	田坎、路堑、沟堑、路堤的类型	字符型 4	田坎/路堑/沟堑/路堤	M	
比高	田坎、路堑、沟堑、路堤的比高(m)	浮点型 3.2		C	

几何表示

几何特征	图形代码	表示方法	属　　性
线	2	有向线	代码、类型、比高

几何表示示例	制图表示示例

相关要素	道路
关系	包含
备注	

要素名称　地类界

要素描述　各类植被用地或地物分布的范围界线。

要素分类代码　810100

属性表

属性名称	属性描述	数据类型 字段要求	属性值域或示例	约束/ 条件	备注
代码	要素分类代码及第七位的图形代码	长整型 10	8101002	M	
类型	地类界的类型	字符型 10	植被/地物/水系/地貌	M	

几何表示

几何特征	图形代码	表示方法	属　　性
线	2	线	代码、类型

几何表示示例	制图表示示例

相关要素	
关系	
备注	

要素名称 园地

要素描述 以种植果树为主，集约经营的多年生木本和草本作物，覆盖度大于50%或每亩株数大于合理株数70%的土地。

要素分类代码 810400

属性表

属性名称	属性描述	数据类型 字段要求	属性值域或示例	约束/ 条件	备注
代码	要素分类代码及第七位的图形代码	长整型 10	8104001/8104003	M	
种类	经济作物种类	字符型 4	“橡胶”	C	

几何表示

几何特征	图形代码	表示方法	属　　性
点	1	定位点	代码、种类
面	3	范围线构成的面	代码、种类

几何表示示例	制图表示示例
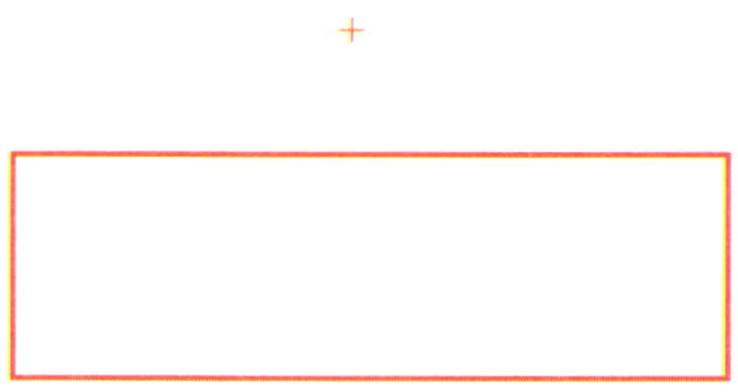	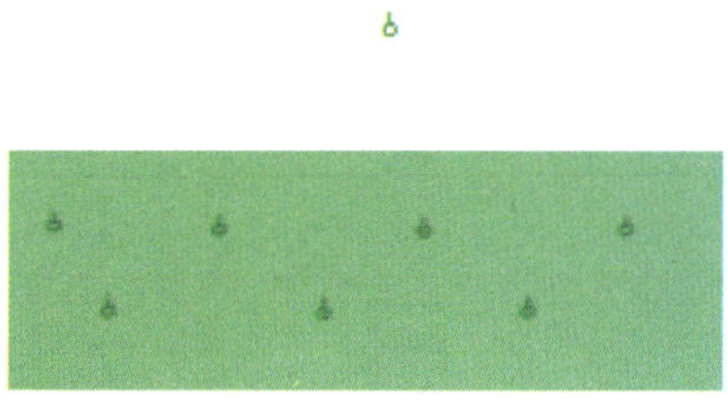

相关要素	地类界、道路、水系
关系	连接
备注	

要素名称 成林

要素描述 林木进入成熟期、郁闭度(树冠覆盖地面的程度)在0.3(不含0.3)以上、林龄在20年以上的、已构成稳定的林分(林木的内部结构特征)能影响周围环境的生物群落。

要素分类代码 810501

属性表

属性名称	属性描述	数据类型 字段要求	属性值域或示例	约束/ 条件	备注
代码	要素分类代码及第七位的图形代码	长整型 10	8105011/8105012/ 8105013	M	
种类	林木种类	字符型 10	针/阔/针阔混交林	C	

几何表示

几何特征	图形代码	表示方法	属　　性
点	1	定位点	代码、种类
线	2	中心线	代码、种类
面	3	范围线构成的面	代码、种类

几何表示示例	制图表示示例
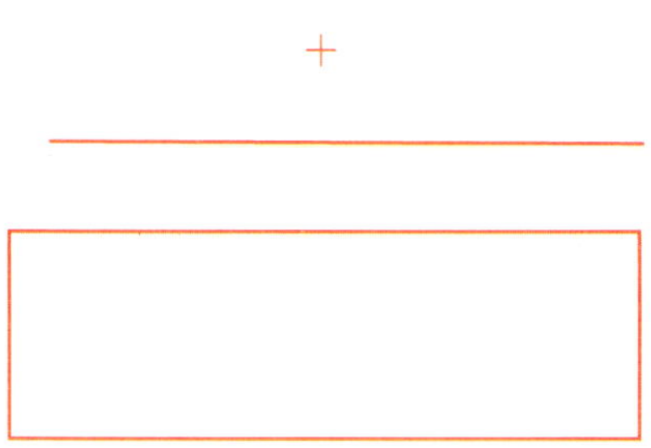	

相关要素	地类界、道路、水系
关系	连接
备注	

要素名称 幼林

要素描述 指林木处于生长发育阶段，郁闭度在0.3(不含0.3)以上、通常树龄在20年以下，尚未达到成熟的林分。

要素分类代码 810502

属性表

属性名称	属性描述	数据类型 字段要求	属性值域或示例	约束/ 条件	备注
代码	要素分类代码及第七位的图形代码	长整型 10	8105023	M	

几何表示

几何特征	图形代码	表示方法	属　　性
面	3	范围线构成的面	代码

几何表示示例	制图表示示例
	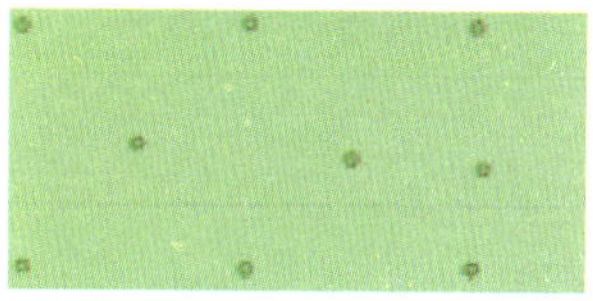

相关要素	地类界、道路、水系
关系	连接
备注	

要素名称 灌木林

要素描述 成片生长、无明显主干、枝叉丛生的木本植物地。

要素分类代码 810503

属性表

属性名称	属性描述	数据类型 字段要求	属性值域或示例	约束/ 条件	备注
代码	要素分类代码及第七位的图形代码	长整型 10	8105033	M	
郁闭度	灌木树冠覆盖地面的程度	字符型 6	密集/稀疏	M	密集指郁闭度≥40%，稀疏指郁闭度<40%

几何表示

几何特征	图形代码	表示方法	属　　性
面	3	范围线构成的面	代码、郁闭度

几何表示示例	制图表示示例
	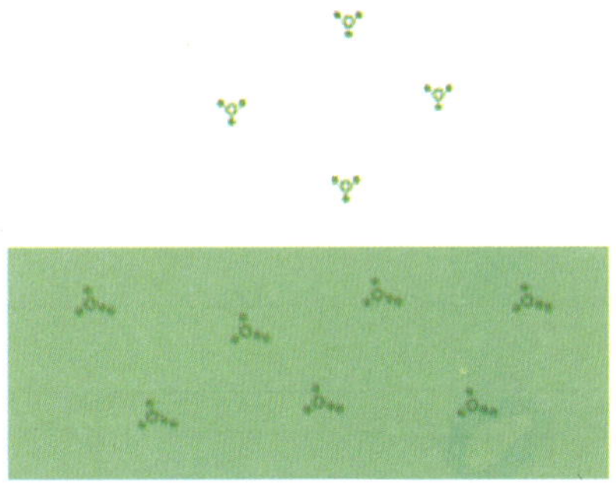

相关要素	地类界、道路、水系
关系	连接
备注	

要素名称 天然草地

要素描述 天然以生长草木植物为主的土地。

要素分类代码 810600

属性表

属性名称	属性描述	数据类型 字段要求	属性值域或示例	约束/ 条件	备注
代码	要素分类代码及第七位的图形代码	长整型 10	8106003	M	

几何表示

几何特征	图形代码	表示方法	属　　性
面	3	范围线构成的面	代码

几何表示示例	制图表示示例

相关要素	
关系	
备注	

要素名称 盐碱地

要素描述 有盐碱聚积的地面。

要素分类代码 830100

属性表

属性名称	属性描述	数据类型 字段要求	属性值域或示例	约束/ 条件	备注
代码	要素分类代码及第七位的图形代码	长整型 10	8301003	M	

几何表示

几何特征	图形代码	表示方法	属　　性
面	3	范围线构成的面	代码

几何表示示例	制图表示示例

相关要素	
关系	
备注	

要素名称 小草丘地

要素描述 在沼泽、草原和荒漠地区长有草类或灌木的小丘成群分布的地面。

要素分类代码 830200

属性表

属性名称	属性描述	数据类型 字段要求	属性值域或示例	约束/ 条件	备注
代码	要素分类代码及第七位的图形代码	长整型 10	8302003	M	

几何表示

几何特征	图形代码	表示方法	属　　性
面	3	范围线构成的面	代码

几何表示示例		制图表示示例	
 1∶250 000	1∶500 000 1∶1 000 000 不表示	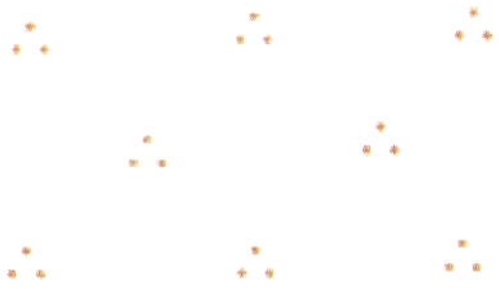 1∶250 000	1∶500 000 1∶1 000 000 不表示

相关要素	
关系	
备注	

要素名称 沙砾地、戈壁滩
要素描述 沙砾地指沙和砾石混合分布的地段;戈壁滩指地表几乎全为砾石覆盖的地段。
要素分类代码 830401

属性表

属性名称	属性描述	数据类型 字段要求	属性值域或示例	约束/ 条件	备注
代码	要素分类代码及第七位的图形代码	长整型 10	8304013	M	
名称	沙砾地、戈壁滩名称	字符型 60		C	

几何表示

几何特征	图形代码	表示方法	属　　性
面	3	范围线构成的面	代码、名称

几何表示示例	制图表示示例

相关要素	
关系	
备注	

要素名称　残丘地
要素描述　由于风蚀或其他原因形成的成群石质(或土质)小丘。
要素分类代码　830403

属性表

属性名称	属性描述	数据类型 字段要求	属性值域或示例	约束/ 条件	备注
代码	要素分类代码及第七位的图形代码	长整型 10	8304033	M	

几何表示

几何特征	图形代码	表示方法	属　　性
面	3	范围线构成的面	代码

几何表示示例	制图表示示例

相关要素	
关系	
备注	

要素分类代码索引

1

110102 三角点…… 8
110201 水准原点…… 9
110301 卫星定位连续运行站点 …… 10
110401 重力点 …… 11
110402 独立天文点 …… 12
120100 内图廓线 …… 13
120200 坐标网线 …… 14
120300 经线 …… 15
120400 纬线 …… 16
120401 北回归线 …… 17

2

210101 常年河—地面河流 …… 18
210103 常年河—地下河段出入口 …… 19
210104 常年河—消失河段 …… 20
210200 时令河 …… 21
210300 干涸河(干河床) …… 22
220100 运河 …… 23
220200 干渠 …… 24
220300 支渠 …… 25
220400 坎儿井 …… 26
220600 输水渡槽 …… 27
220700 输水隧道 …… 28
230101 湖泊 …… 29
230102 池塘 …… 30
230200 时令湖 …… 31
230300 干涸湖 …… 32
240101 水库 …… 33
240102 建筑中水库 …… 34
250100 海域 …… 35
250200 海岸线 …… 36
250300 干出线 …… 37
250401 沙滩 …… 38
250402 沙砾滩、砾石滩…… 39
250403 岩石滩 …… 40
250404 珊瑚滩 …… 41
250405 淤泥滩 …… 42
250406 沙泥滩 …… 43
250407 红树林滩 …… 44
250409 狭窄干出滩 …… 45
250501 危险岸区 …… 46
250502 危险海区 …… 47
250601 明礁 …… 48
250602 暗礁 …… 49
250603 干出礁 …… 50
250700 海岛 …… 51
260100 水系交汇处 …… 52
260200 河、湖岛…… 53
260300 沙洲 …… 54
260500 岸滩 …… 55
260600 水中滩 …… 56
260700 泉 …… 57
260800 水井 …… 58
261100 瀑布、跌水…… 59
261201 能通行沼泽、湿地…… 60
261202 不能通行沼泽、湿地…… 61
261301 河流流向 …… 62
261302 沟渠流向 …… 63
261303 潮汐流向 …… 64
261304 海流流向 …… 65
270101 干堤 …… 66
270102 一般堤 …… 67
270201 水闸 …… 68
270400 行、蓄、滞洪区 …… 69
270600 拦水坝 …… 70
270700 制水坝 …… 71

3

310101 首都 …… 72
310102 特别行政区 …… 73
310103 省级城市 …… 74
310104 地级城市 …… 75
310105 县级城镇 …… 76
310106 乡、镇…… 77
310107 行政村 …… 78
310108 自然村 …… 79
310109 农林牧渔单位 …… 80
310300 单幢房屋、普通房屋…… 81
311003 蒙古包、放牧点…… 82

320101 发电厂(站) ………………………… 83
320200 矿井 ………………………………… 84
320400 乱掘地 ……………………………… 85
320500 管道井(油、气)……………………… 86
320800 海上平台 …………………………… 87
321200 盐田、盐场…………………………… 88
340504 电视发射塔 ………………………… 89
350100 古迹、遗址…………………………… 90
360100 庙宇 ………………………………… 91
360400 宝塔、经塔…………………………… 92
370101 气象站 ……………………………… 93
370102 水文站 ……………………………… 94
370103 地震台 ……………………………… 95
370104 天文台 ……………………………… 96
370200 卫星地面站 ………………………… 97
380100 城墙、长城…………………………… 98

4

410101 单线标准轨 ………………………… 99
410102 复线标准轨………………………… 100
410103 建筑中铁路………………………… 101
410200 窄轨铁路…………………………… 102
410301 火车站……………………………… 103
420101 国道—建成………………………… 104
420102 国道—建筑中……………………… 105
420201 省道—建成………………………… 106
420202 省道—建筑中……………………… 107
420301 县道—建成………………………… 108
420302 县道—建筑中……………………… 109
420400 乡道………………………………… 110
420500 专用公路…………………………… 111
430101 地铁………………………………… 112
430501 主干道……………………………… 113
440100 机耕路(大路)……………………… 114
440200 乡村路……………………………… 115
440300 小路………………………………… 116
440500 山隘………………………………… 117
450301 单层桥……………………………… 118
450302 双层桥……………………………… 119
450600 隧道………………………………… 120
451001 中国公路零公里标志……………… 121
460200 防波堤……………………………… 122
460401 灯塔………………………………… 123
460402 灯桩………………………………… 124
460600 港口………………………………… 125
470100 通航河段起迄点…………………… 126
470200 航海线……………………………… 127
480100 机场………………………………… 128

5

520200 海底光缆…………………………… 129
530100 油管道……………………………… 130
530200 天然气主管道……………………… 131
530300 水主管道…………………………… 132

6

610100 国外区域…………………………… 133
610200 国外地区国界线…………………… 134
620100 国家行政区域……………………… 135
620201 国家行政区—已定界……………… 136
620202 国家行政区—未定界……………… 137
630100 省级行政区域……………………… 138
630200 省级行政区界线…………………… 139
640100 地级行政区域……………………… 140
640200 地级行政区界线…………………… 141
650100 县级行政区域……………………… 142
650200 县级行政区界线…………………… 143
670101 自然、文化保护区域 ……………… 144
670102 自然、文化保护区界 ……………… 145
670201 特殊地区区域……………………… 146
670202 特殊地区界线……………………… 147

7

710101 首曲线……………………………… 148
710102 计曲线……………………………… 149
710200 草绘等高线………………………… 150
710301 雪山等高线—首曲线……………… 151
710302 雪山等高线—计曲线……………… 152
710400 示坡线……………………………… 153
720100 高程点……………………………… 154
730200 等深线……………………………… 155
740100 水深点……………………………… 156
750101 岩峰………………………………… 157
750200 漏斗………………………………… 158
750300 山洞、溶洞 ………………………… 159
750400 火山口……………………………… 160

750501 冲沟…………………………………… 161
750601 土质陡崖、土质有滩陡岸 ………… 162
750602 石质陡崖、石质有滩陡岸 ………… 163
750603 土质无滩陡岸……………………… 164
750604 石质无滩陡岸……………………… 165
750701 陡石山…………………………………… 166
750702 露岩地…………………………………… 167
750801 平沙地…………………………………… 168
750802 灌丛沙堆………………………………… 169
750803 新月形沙丘……………………………… 170
750804 垄状沙丘………………………………… 171
750805 窝状沙地………………………………… 172
750806 格状沙丘………………………………… 173
750807 金字塔状沙丘…………………………… 174
750902 冰川…………………………………… 175
750905 冰碛…………………………………… 176
750906 冰塔…………………………………… 177
750907 雪域范围线……………………………… 178
760200 田坎、路堑、沟堑、路堤 ………… 179

8

810100 地类界…………………………………… 180
810400 园地…………………………………… 181
810501 成林…………………………………… 182
810502 幼林…………………………………… 183
810503 灌木林…………………………………… 184
810600 天然草地………………………………… 185
830100 盐碱地…………………………………… 186
830200 小草丘地………………………………… 187
830401 沙砾地、戈壁滩 ……………………… 188
830403 残丘地…………………………………… 189

中 文 索 引

A

岸滩 …… 55
暗礁 …… 49

B

宝塔、经塔…… 92
北回归线 …… 17
冰川…… 175
冰碛…… 176
冰塔…… 177
不能通行沼泽、湿地…… 61

C

残丘地…… 189
草绘等高线…… 150
常年河—地面河流 …… 18
常年河—地下河段出入口 …… 19
常年河—消失河段 …… 20
潮汐流向 …… 64
成林…… 182
城墙、长城…… 98
池塘 …… 30
冲沟…… 161

D

单层桥…… 118
单线标准轨 …… 99
单幢房屋、普通房屋…… 81
灯塔…… 123
灯桩…… 124
等深线…… 155
地级城市 …… 75
地级行政区界线…… 141
地级行政区域…… 140
地类界…… 180
地铁…… 112
地震台 …… 95
电视发射塔 …… 89
陡石山…… 166
独立天文点 …… 12

F

发电厂(站) …… 83
防波堤…… 122
复线标准轨…… 100

G

干出礁 …… 50
干出线 …… 37
干堤 …… 66
干涸河(干河床) …… 22
干涸湖 …… 32
干渠 …… 24
港口…… 125
高程点…… 154
格状沙丘…… 173
沟渠流向 …… 63
古迹、遗址…… 90
管道井(油、气)…… 86
灌丛沙堆…… 169
灌木林…… 184
国道—建成…… 104
国道—建筑中…… 105
国家行政区—未定界…… 137
国家行政区—已定界…… 136
国家行政区域…… 135
国外地区国界线…… 134
国外区域…… 133

H

海岸线 …… 36
海岛 …… 51
海底光缆…… 129
海流流向 …… 65
海上平台 …… 87
海域 …… 35
航海线…… 127
河、湖岛…… 53
河流流向 …… 62
红树林滩 …… 44
湖泊 …… 29

火车站 103
火山口 160

J

机场 128
机耕路(大路) 114
计曲线 149
建筑中水库 34
建筑中铁路 101
金字塔状沙丘 174
经线 15

K

坎儿井 26
矿井 84

L

拦水坝 70
垄状沙丘 171
漏斗 158
露岩地 167
乱掘地 85

M

蒙古包、放牧点 82
庙宇 91
明礁 48

N

内图廓线 13
能通行沼泽、湿地 60
农林牧渔单位 80

P

平沙地 168
瀑布、跌水 59

Q

气象站 93
泉 57

S

三角点 8
沙砾地、戈壁滩 188
沙砾滩、砺石滩 39
沙泥滩 43
沙滩 38
沙洲 54
山隘 117
山洞、溶洞 159
珊瑚滩 41
省道—建成 106
省道—建筑中 107
省级城市 74
省级行政区界线 139
省级行政区域 138
石质陡崖、石质有滩陡岸 163
石质无滩陡岸 165
时令河 21
时令湖 31
示坡线 153
首都 72
首曲线 148
输水渡槽 27
输水隧道 28
双层桥 119
水井 58
水库 33
水深点 156
水文站 94
水系交汇处 52
水闸 68
水中滩 56
水主管道 132
水准原点 9
隧道 120

T

特别行政区 73
特殊地区界线 147
特殊地区区域 146
天然草地 185
天然气主管道 131
天文台 96
田坎、路堑、沟堑、路堤 179
通航河段起迄点 126

土质陡崖、土质有滩陡岸 …………………… 162
土质无滩陡岸…………………………………… 164

W

危险岸区 ……………………………………… 46
危险海区 ……………………………………… 47
纬线 …………………………………………… 16
卫星地面站 …………………………………… 97
卫星定位连续运行站点 ……………………… 10
窝状沙地……………………………………… 172

X

狭窄干出滩 …………………………………… 45
县道—建成…………………………………… 108
县道—建筑中………………………………… 109
县级城镇 ……………………………………… 76
县级行政区界线……………………………… 143
县级行政区域………………………………… 142
乡、镇…………………………………………… 77
乡村路………………………………………… 115
乡道…………………………………………… 110
小草丘地……………………………………… 187
小路…………………………………………… 116
新月形沙丘…………………………………… 170
行、蓄、滞洪区 ………………………………… 69
行政村 ………………………………………… 78
雪山等高线—计曲线………………………… 152
雪山等高线—首曲线………………………… 151
雪域范围线…………………………………… 178

Y

岩峰…………………………………………… 157
岩石滩 ………………………………………… 40
盐碱地………………………………………… 186
盐田、盐场……………………………………… 88
一般堤 ………………………………………… 67
油管道………………………………………… 130
幼林…………………………………………… 183
淤泥滩 ………………………………………… 42
园地…………………………………………… 181
运河 …………………………………………… 23

Z

窄轨铁路……………………………………… 102
支渠 …………………………………………… 25
制水坝 ………………………………………… 71
中国公路零公里标志………………………… 121
重力点 ………………………………………… 11
主干道………………………………………… 113
专用公路……………………………………… 111
自然、文化保护区界 ………………………… 145
自然、文化保护区域 ………………………… 144
自然村 ………………………………………… 79
坐标网线 ……………………………………… 14

ICS 37.040.30
G 84

中华人民共和国国家标准

GB/T 20432.2—2007/ISO 10349-2:1992

摄影 照相级化学品 试验方法 第2部分:水不溶物的测定

Photography—Photographic-grade chemicals—Test methods—
Part 2:Determination of matter insoluble in water

(ISO 10349-2:1992,IDT)

2007-07-26 发布 2008-01-01 实施

中华人民共和国国家质量监督检验检疫总局
中国国家标准化管理委员会 发布

前　言

GB/T 20432《摄影　照相级化学品　试验方法》分为如下几部分：
——第1部分：总则；
——第2部分：水不溶物的测定；
——第3部分：氨水不溶物的测定；
——第4部分：灼烧残渣的测定；
——第5部分：重金属和铁含量的测定；
——第6部分：卤化物含量的测定；
——第7部分：碱度或酸度的测定；
——第8部分：挥发性物质的测定；
——第9部分：和硝酸银氨溶液的反应；
——第10部分：硫化物的测定；
——第11部分：相对密度的测定；
——第12部分：密度的测定；
——第13部分：pH值的测定。

本部分为GB/T 20432的第2部分。

本部分等同采用ISO 10349-2:1992《摄影　照相级化学品　试验方法　第2部分：水不溶物的测定》(英文版)。

本部分等同翻译ISO 10349-2:1992。

为方便使用，本部分做了下列编辑性修改：

a) “ISO 10349的本部分”一词改为“GB/T 20432的本部分”。

b) 用小数点“.”代替作为小数点的逗号“,”。

c) 删除了ISO 10349-2:1992的前言。

d) ISO 10349-2:1992规范性引用文件中引用的是ISO 10349-1:1992，而ISO 10349-1:1992现已修定为ISO 10349-1:2002，本部分引用的是GB/T 20432.1(ISO 10349-1:2002,IDT)。

e) ISO 10349-13:2002《摄影　照相级化学品　试验方法　第13部分：pH值的测定》标准是2002年才纳入ISO 10349系列标准中的，ISO 10349-2:1992在1992年出版发行时还不存在ISO 10349-13:2002，出于标准完整性的考虑，本部分在转化ISO 10349-2:1992时将其纳入了本系列标准中。

本部分由中国石油和化学工业协会提出。

本部分由全国感光材料标准化技术委员会(SAC/TC 102)归口。

本部分起草单位：中国乐凯胶片集团公司。

本部分起草人：王君。

摄影 照相级化学品 试验方法
第2部分:水不溶物的测定

1 范围

GB/T 20432的本部分规定了照相级化学品水不溶物测定的通用试验方法。

2 规范性引用文件

下列文件中的条款通过GB/T 20432的本部分的引用而成为本部分的条款。凡是注日期的引用文件,其随后所有的修改单(不包括勘误的内容)或修订版均不适用于本部分,然而,鼓励根据本部分达成协议的各方研究是否可使用这些文件的最新版本。凡是不注日期的引用文件,其最新版本适用于本部分。

GB/T 20432.1 摄影 照相级化学品 试验方法 第1部分:总则(GB/T 20432.1—2006,ISO 10349-1:2002,IDT)

3 危害性

一般的危害性警告及GB/T 20432中所使用的危害性符号,执行GB/T 20432.1中的规定。

4 要求

对试剂和玻璃器具的要求,应符合GB/T 20432.1的规定。

5 仪器

5.1 烘箱,温度可保持在105℃~115℃。

5.2 过滤坩埚,孔径10 μm~15 μm。

6 采样

执行GB/T 20432.1的规定。

7 程序

按相应标准规定的量称量样品,置于盛有100 mL水的125 mL锥形瓶中,在蒸汽浴上加热30 min,用一个已于105℃干燥1 h并称量(精确至1 mg)过的过滤坩埚(5.2)[1)]过滤,用热水洗涤。于105℃下干燥盛有滤渣的过滤坩埚4 h,称量。

8 计算

水不溶物的质量分数 w,数值以%表示,并按式(1)进行计算:

$$w = \frac{m_2 - m_1}{m_0} \times 100 \qquad (1)$$

式中:

m_0——样品的质量,单位为克(g);

1) 干燥过滤坩埚的描述,见GB/T 20432.1。

m_1——过滤坩埚的质量,单位为克(g);

m_2——过滤坩埚加烘干后滤渣的质量,单位为克(g)。

9 试验报告

试验报告应写明所用的方法及试验结果。

试验报告也应提及 GB/T 20432 的本部分中没有规定的所有操作细节,或者被认为是可任选的操作细节,并说明任何有可能影响试验结果的事件的细节。

试验报告应包括完成样品鉴定所需的所有资料。

ICS 37.040.30
G 84

中华人民共和国国家标准

GB/T 20432.5—2007/ISO 10349-5:1992

摄影　照相级化学品　试验方法 第5部分:重金属和铁含量的测定

Photography—Photographic-grade chemicals—Test methods—
Part 5:Determination of heavy metals and iron content

(ISO 10349-5:1992,IDT)

2007-07-26 发布　　2008-01-01 实施

中华人民共和国国家质量监督检验检疫总局
中国国家标准化管理委员会　发布

前 言

GB/T 20432《摄影 照相级化学品 试验方法》分为如下几部分:

——第1部分:总则;

——第2部分:水不溶物的测定;

——第3部分:氨水不溶物的测定;

——第4部分:灼烧残渣的测定;

——第5部分:重金属和铁含量的测定;

——第6部分:卤化物含量的测定;

——第7部分:碱度或酸度的测定;

——第8部分:挥发性物质的测定;

——第9部分:和硝酸银氨溶液的反应;

——第10部分:硫化物的测定;

——第11部分:相对密度的测定;

——第12部分:密度的测定;

——第13部分:pH值的测定。

本部分为GB/T 20432的第5部分。

本部分等同采用ISO 10349-5:1992《摄影 照相级化学品 试验方法 第5部分:重金属和铁含量的测定》(英文版)。

本部分等同翻译ISO 10349-5:1992。

为方便使用,本部分做了下列编辑性修改:

a) "ISO 10349的本部分"一词改为"GB/T 20432的本部分"。

b) 用小数点"."代替作为小数点的逗号","。

c) 删除了ISO 10349-5:1992的前言。

d) ISO 10349-5:1992规范性引用文件中引用的是ISO 10349-1:1992,而ISO 10349-1:1992现已修定为ISO 10349-1:2002,本部分引用的是GB/T 20432.1(ISO 10349-1:2002,IDT)。

e) ISO 10349-13:2002《摄影 照相级化学品 试验方法 第13部分:pH值的测定》标准是2002年才纳入ISO 10349系列标准中的,ISO 10349-5:1992在1992年出版发行时还不存在ISO 10349-13:2002,出于标准完整性的考虑,本部分在转化ISO 10349-5:1992时将其纳入了本系列标准中。

本部分由中国石油和化学工业协会提出。

本部分由全国感光材料标准化技术委员会(SAC/TC 102)归口。

本部分起草单位:中国乐凯胶片集团公司。

本部分起草人:王君。

摄影　照相级化学品　试验方法
第5部分:重金属和铁含量的测定

1　范围

GB/T 20432的本部分规定了照相级化学品重金属和铁含量测定的通用试验方法。

注:如果单独分析重金属或者是铁,只需准备一个稀释的标准溶液(8.1)。

2　规范性引用文件

下列文件中的条款通过GB/T 20432的本部分的引用而成为本部分的条款。凡是注日期的引用文件,其随后所有的修改单(不包括勘误的内容)或修订版均不适用于本部分,然而,鼓励根据本部分达成协议的各方研究是否可使用这些文件的最新版本。凡是不注日期的引用文件,其最新版本适用于本部分。

GB/T 20432.1　摄影　照相级化学品　试验方法　第1部分:总则(GB/T 20432.1—2006,ISO 10349-1:2002,IDT)

GB/T 20432.4　摄影　照相级化学品　试验方法　第4部分:灼烧残渣的测定(GB/T 20432.4—2006,ISO 10349-4:1992,IDT)

3　危害性

一般的危害性警告及GB/T 20432中所使用的危害性符号,执行GB/T 20432.1中的规定。

4　试剂

一般要求,应符合GB/T 20432.1的规定。

4.1　重金属标准溶液(以Pb计,0.010 mg/mL)

于1 000 mL的单标线容量瓶中,溶解1.83 g三水合乙酸铅[$Pb(CH_3COO)_2 \cdot 3H_2O$](危险等级为<<S>>)于500 mL水中,然后用水稀释至1 000 mL,盖上容量瓶的瓶塞,然后翻转容量瓶4至5次,混合均匀,用移液管吸取10 mL该溶液置于另一1 000 mL的单标线容量瓶中,用水稀释至刻度,混匀,并贴上“重金属标准溶液”的标签。

4.2　铁标准溶液(0.010 mg/mL)

于1 000 mL的单标线容量瓶中,溶解0.70 g六水合硫酸亚铁铵[$Fe(NH_4)_2(SO_4)_2 \cdot 6H_2O$]于500 mL水中,加20 mL硫酸(1+15)[1],然后用水稀释至1 000 mL,盖上容量瓶的瓶塞,混合均匀。用移液管吸取10 mL该溶液置于100 mL的单标线容量瓶中,用水稀释至刻度,混合均匀,并贴上“铁标准溶液”的标签。

4.3　对硝基苯酚指示剂

于1 000 mL的单标线容量瓶中,溶解2.5 g对硝基苯酚于500 mL水中,然后用水稀释至1 000 mL,盖上容量瓶的瓶塞,混合均匀。

4.4　盐酸溶液(1+3)

缓慢地将25 mL盐酸($\rho \approx 1.18$ g/mL,危险等级为<C> <B>)加入到75 mL的水中。

---

1) 能用密度为$\rho \approx 1.84$ g/mL的硫酸(危险程度<<C>>)制备。

4.5　盐酸溶液(1+99)

缓慢地将 10 mL 盐酸($\rho\approx1.18$ g/ mL,危险等级为＜C＞ ＜B＞)加入到 990 mL 的水中。

4.6　氨水(1+9)

缓慢地将 10 mL 氨水($\rho\approx0.91$ g/mL,危险等级为＜C＞ ＜B＞)加入到 90 mL 的水中。

4.7　硫化钠溶液

用水分几次冲洗九水合硫化钠($Na_2S\cdot 9H_2O$)(危险等级为＜S＞ ＜B＞),用纸巾吸干,用 100 mL 水溶解 5.0 g 处理过的九水合硫化钠($Na_2S\cdot 9H_2O$)(危险等级为＜S＞ ＜B＞)。

4.8　乙酸盐缓冲溶液(pH5)

通过缓慢加入 10 mL 冰乙酸(危险等级为＜C＞ ＜B＞)于 80 mL 水中制备乙酸溶液(1+8),溶解 23 g 无水乙酸钠于 58 mL 上述乙酸溶液(1+8)中。

4.9　1,10-菲啰啉试剂

等体积混合 1,10-菲啰啉水溶液(1.0 g/L)、盐酸羟铵水溶液(100 g/L)和乙酸盐缓冲溶液(4.8)。

5　仪器

5.1　玻璃器具应符合 GB/T 20432.1 的规定。

5.2　两个匹配的 50 mL 奈氏比色管。

6　采样

执行 GB/T 20432.1 的规定。

7　试验样品的制备

样品应按照 7.1 至 7.3 的方法之一进行制备。

7.1　灼烧残渣的溶解

取灼烧残渣(见 GB/T 20432.4),加 2 mL 盐酸溶液(1+3)(4.4)溶解,用水冲洗至 100 mL 的烧杯中,加水至 25 mL。

7.2　用水溶解样品

按相应标准规定的量称量样品,置于 100 mL 的烧杯中,加 25 mL 水溶解。

7.3　将样品用酸处理后用水溶解

按相应标准规定的量称量样品,置于 100 mL 的烧杯中,加 25 mL 水溶解,缓慢加入 15 mL 盐酸($\rho\approx1.18$ g/ mL,危险等级为＜C＞ ＜B＞),于蒸汽浴上加热蒸干,冷却,用 25 mL 水溶解残渣。

8　程序

8.1　标准溶液的制备

通过 8.1.1 或 8.1.2 的方法,制备标准溶液。

8.1.1　用水稀释

按相应标准规定的量,用移液管吸取重金属标准溶液(4.1)置于一个 100 mL 的烧杯中,用水稀释至 25 mL。

按相应标准规定的量,用移液管吸取铁标准溶液(4.2)置于另一 100 mL 的烧杯中,用水稀释至 25 mL。

8.1.2　用酸处理

按相应标准规定的量,用移液管吸取重金属标准溶液(4.1)置于一个 100 mL 的烧杯中。按相应标准规定的量,用移液管吸取铁标准溶液(4.2)置于另一 100 mL 的烧杯中。每个烧杯中各加入 15 mL 盐酸($\rho\approx1.18$ g/ mL,危险等级为＜C＞ ＜B＞),于蒸汽浴上加热蒸干,冷却,各用 25 mL 水重新溶解残渣。

8.2 溶液的预处理

依照第7章准备试液,依照8.1准备两个标准溶液。

各加入2滴对硝基苯酚指示剂(4.3),如果溶液无色,加入氨水(1+9)(4.6)直至溶液开始显黄,加入盐酸溶液(1+99)(4.5)直至变为无色,再过量1 mL。试液和标准溶液分别用水稀释至50 mL,混合均匀。

8.3 测定

8.3.1 测试重金属(以Pb计)

在20 mL处理过的试验溶液(8.2)和20 mL重金属标准液(8.1)中,各加入10 mL硫化钠溶液(4.7),用水稀释至50 mL,混合均匀,转移至两个奈氏比色管(5.2)中。

试样生成的颜色不能深于标样生成的颜色。

8.3.2 测试铁

在20 mL处理过的试验溶液(8.2)和20 mL铁标准液(8.1)中,各加入5 mL 1,10-菲啰啉试剂(4.9),用水稀释至50 mL,混合均匀,转移至两个奈氏比色管(5.2)中[2)]。

试样生成的颜色不能深于标样生成的颜色。

9 试验报告

试验报告应写明所用的方法及试验结果。

试验报告也应提及GB/T 20432的本部分中没有规定的所有操作细节,或者被认为是可任选的操作细节,并说明任何有可能影响试验结果的事件的细节。

试验报告应包括完成样品鉴定所需的所有资料。

---

2) 颜色比较,也可以使用分光光度计。

ICS 37.040.30
G 84

中华人民共和国国家标准

GB/T 20432.7—2007/ISO 10349-7:1992

摄影 照相级化学品 试验方法 第7部分:碱度或酸度的测定

Photography—Photographic-grade chemicals—Test methods—Part 7: Determination alkalinity or acidity

(ISO 10349-7:1992, IDT)

2007-07-26 发布　　2008-01-01 实施

中华人民共和国国家质量监督检验检疫总局
中国国家标准化管理委员会　发布

前　言

GB/T 20432《摄影　照相级化学品　试验方法》分为如下几部分：

——第1部分：总则；

——第2部分：水不溶物的测定；

——第3部分：氨水不溶物的测定；

——第4部分：灼烧残渣的测定；

——第5部分：重金属和铁含量的测定；

——第6部分：卤化物含量的测定；

——第7部分：碱度或酸度的测定；

——第8部分：挥发性物质的测定；

——第9部分：和硝酸银氨溶液的反应；

——第10部分：硫化物的测定；

——第11部分：相对密度的测定；

——第12部分：密度的测定；

——第13部分：pH值的测定。

本部分为GB/T 20432的第7部分。

本部分等同采用ISO 10349-7:1992《摄影　照相级化学品　试验方法　第7部分：碱度或酸度的测定》(英文版)。

本部分等同翻译ISO 10349-7:1992。

为方便使用，本部分做了下列编辑性修改：

a) “ISO 10349的本部分”一词改为“GB/T 20432的本部分”。

b) 用小数点“.”代替作为小数点的逗号“,”。

c) 删除了ISO 10349-7:1992的前言。

d) ISO 10349-7:1992规范性引用文件中引用的是ISO 10349-1:1992，而ISO 10349-1:1992现已修定为ISO 10349-1:2002，本部分引用的是GB/T 20432.1(ISO 10349-1:2002,IDT)。

e) ISO 10349-13:2002《摄影　照相级化学品　试验方法　第13部分：pH值的测定》标准是2002年才纳入ISO 10349系列标准中的，ISO 10349-7:1992在1992年出版发行时还不存在ISO 10349-13:2002，出于标准完整性的考虑，本部分在转化ISO 10349-7:1992的将其纳入了本系列标准中。

本部分由中国石油和化学工业协会提出。

本部分由全国感光材料标准化技术委员会(SAC/TC 102)归口。

本部分起草单位：中国乐凯胶片集团公司。

本部分起草人：王君。

摄影 照相级化学品 试验方法
第7部分:碱度或酸度的测定

1 范围

GB/T 20432的本部分规定了照相级化学品碱度或酸度测定的通用试验方法。

2 规范性引用文件

下列文件中的条款通过GB/T 20432的本部分的引用而成为本部分的条款。凡是注日期的引用文件,其随后所有的修改单(不包括勘误的内容)或修订版均不适用于本部分,然而,鼓励根据本部分达成协议的各方研究是否可使用这些文件的最新版本。凡是不注日期的引用文件,其最新版本适用于本部分。

GB/T 20432.1 摄影 照相级化学品 试验方法 第1部分:总则(GB/T 20432.1—2006, ISO 10349-1:2002,IDT)

3 危害性

一般的危害性警告及GB/T 20432中所使用的危害性符号,执行GB/T 20432.1中的规定。

4 试剂

一般要求,应符合GB/T 20432.1的规定。

4.1 盐酸标准滴定溶液:0.01 mol/L(0.365 g/L)[1)]。

4.2 氢氧化钠标准滴定溶液(无二氧化碳):0.01 mol/L(0.400 g/L)[1)]。

4.3 酚酞指示剂

溶解0.1 g的酚酞于50 mL甲醇或50 mL乙醇中,并用水稀释至100 mL。

4.4 无二氧化碳的水

充分煮沸一定量的水(足够应用于所有分析),冷却。在冷却后的几小时内使用该水。

5 仪器

玻璃器具应符合GB/T 20432.1的规定。

6 采样

执行GB/T 20432.1的规定。

7 程序

按相应标准规定的量称量样品,溶于100 mL无二氧化碳的水中(4.4),加3滴酚酞指示剂(4.3),观察溶液的颜色。如果溶液变成粉红色,用7.1的程序测定碱度;如果溶液保持无色,用7.2的程序测定酸度。

7.1 碱度的测定

用盐酸标准滴定溶液(4.1)滴定至样品粉红色刚开始完全变成无色。

1) 推荐从商业渠道获取分析试剂,标准溶液的配制请查阅有关滴定分析化学书。

碱度的质量分数 w,数值以%表示,并按式(1)进行计算:

$$w=\frac{cVK}{m_0}\times 100 \qquad \cdots\cdots(1)$$

式中:

c——盐酸标准滴定溶液(4.1)的浓度,单位为摩尔每升(mol/L);

V——盐酸标准滴定溶液(4.1)所消耗的体积,单位为毫升(mL);

K——系数(0.1 乘以被测试碱的摩尔质量);

m_0——样品的质量,单位为克(g)。

7.2 酸度的测定

用氢氧化钠标准滴定溶液(4.2)滴定至样品刚开始出现粉红色并保持 30 s 不褪色。

酸度的质量分数 w',数值以%表示,并按式(2)进行计算:

$$w'=\frac{c'V'K'}{m'_0}\times 100 \qquad \cdots\cdots(2)$$

式中:

c'——氢氧化钠标准滴定溶液(4.2)的浓度,单位为摩尔每升(mol/L);

V'——氢氧化钠标准滴定溶液(4.2)所消耗的体积,单位为毫升(mL);

K'——系数(0.1 乘以被测试酸的摩尔质量);

m'_0——样品的质量,单位为克(g)。

8 试验报告

试验报告应写明所用的方法及试验结果。

试验报告也应提及 GB/T 20432 的本部分中没有规定的所有操作细节,或者被认为是可任选的操作细节,并说明任何有可能影响试验结果的事件的细节。

试验报告应包括完成样品鉴定所需的所有资料。

ICS 37.040.30
G 84

中华人民共和国国家标准

GB/T 20432.8—2007/ISO 10349-8:2002

摄影 照相级化学品 试验方法 第8部分:挥发性物质的测定

Photography—Photographic-grade chemicals—Test methods—Part 8: Determination of volatile matter

(ISO 10349-8:2002,IDT)

2007-07-26 发布 2008-01-01 实施

中华人民共和国国家质量监督检验检疫总局
中国国家标准化管理委员会 发布

前　　言

GB/T 20432《摄影　照相级化学品　试验方法》分为如下几部分：

——第1部分：总则；
——第2部分：水不溶物的测定；
——第3部分：氨水不溶物的测定；
——第4部分：灼烧残渣的测定；
——第5部分：重金属和铁含量的测定；
——第6部分：卤化物含量的测定；
——第7部分：碱度或酸度的测定；
——第8部分：挥发性物质的测定；
——第9部分：和硝酸银氨溶液的反应；
——第10部分：硫化物的测定；
——第11部分：相对密度的测定；
——第12部分：密度的测定；
——第13部分：pH值的测定。

本部分为GB/T 20432的第8部分。

本部分等同采用ISO 10349-8:2002《摄影　照相级化学品　试验方法　第8部分：挥发性物质的测定》(英文版)。

本部分等同翻译ISO 10349-8:2002。

为方便使用，本部分做了下列编辑性修改：

a)　"ISO 10349的本部分"一词改为"GB/T 20432的本部分"。

b)　用小数点"."代替作为小数点的逗号","。

c)　删除了ISO 10349-8:2002的前言。

本部分由中国石油和化学工业协会提出。

本部分由全国感光材料标准化技术委员会(SAC/TC 102)归口。

本部分起草单位：中国乐凯胶片集团公司。

本部分起草人：王君。

摄影 照相级化学品 试验方法
第8部分:挥发性物质的测定

1 范围

GB/T 20432的本部分规定了照相级化学品挥发性物质测定的通用试验方法。

2 规范性引用文件

下列文件中的条款通过GB/T 20432的本部分的引用而成为本部分的条款。凡是注日期的引用文件,其随后所有的修改单(不包括勘误的内容)或修订版均不适用于本部分,然而,鼓励根据本部分达成协议的各方研究是否可使用这些文件的最新版本。凡是不注日期的引用文件,其最新版本适用于本部分。

GB/T 20432.1 摄影 照相级化学品 试验方法 第1部分:总则(GB/T 20432.1—2006,ISO 10349-1:2002,IDT)

3 危害性

一般的危害性警告及GB/T 20432中所使用的危害性符号,执行GB/T 20432.1中的规定。

4 要求

对试剂和玻璃器具的要求,应符合GB/T 20432.1的规定。

5 仪器

5.1 扁形具塞玻璃称量瓶,容量50 mL。

5.2 烘箱,能保证温度在70℃~150℃间,波动范围不超过5℃。

5.3 分析天平,准确至±0.000 1 g。

5.4 干燥器,装有适量的干燥剂。

6 采样

执行GB/T 20432.1的规定。

7 程序

7.1 测定

按相应标准规定的量称量样品,置于干燥的称量瓶(5.1)中,在规定的温度及时间下,于烘箱(5.2)中进行烘干,之后于干燥器(5.4)中冷却至室温。在规定的准确度下,称量称量瓶及样品。

注:干燥称量瓶的描述,见GB/T 20432.1中9.1。

7.2 计算

挥发性物质的质量分数w,数值以%表示,并按式(1)进行计算:

$$w = \frac{m_1 - m_2}{m_1 - m_0} \times 100 \qquad \cdots\cdots(1)$$

式中:

m_0——称量瓶的质量,单位为克(g);

m_1——称量瓶加烘干前样品的质量，单位为克(g)；

m_2——称量瓶加烘干后样品的质量，单位为克(g)。

8 试验报告

试验报告应写明所用的方法及试验结果。

试验报告也应提及GB/T 20432的本部分中没有规定的所有操作细节，或者被认为是可任选的操作细节，并说明任何有可能影响试验结果的事件的细节。

试验报告应包括完成样品鉴定所需的所有资料。

ICS 37.040.30
G 84

中华人民共和国国家标准

GB/T 20432.9—2007/ISO 10349-9:1992

摄影　照相级化学品　试验方法 第9部分:和硝酸银氨溶液的反应

Photography—Photographic-grade chemicals—Test methods—Part 9: Reaction to ammoniacal silver nitrate

(ISO 10349-9:1992,IDT)

2007-07-26 发布　　2008-01-01 实施

中华人民共和国国家质量监督检验检疫总局
中国国家标准化管理委员会　发布

前　言

GB/T 20432《摄影　照相级化学品　试验方法》分为如下几部分：

——第 1 部分：总则；

——第 2 部分：水不溶物的测定；

——第 3 部分：氨水不溶物的测定；

——第 4 部分：灼烧残渣的测定；

——第 5 部分：重金属和铁含量的测定；

——第 6 部分：卤化物含量的测定；

——第 7 部分：碱度或酸度的测定；

——第 8 部分：挥发性物质的测定；

——第 9 部分：和硝酸银氨溶液的反应；

——第 10 部分：硫化物的测定；

——第 11 部分：相对密度的测定；

——第 12 部分：密度的测定；

——第 13 部分：pH 值的测定。

本部分为 GB/T 20432 的第 9 部分。

本部分等同采用 ISO 10349-9:1992《摄影　照相级化学品　试验方法　第 9 部分：和硝酸银氨溶液的反应》(英文版)。

本部分等同翻译 ISO 10349-9:1992。

为方便使用，本部分做了下列编辑性修改：

a) “ISO 10349 的本部分”一词改为“GB/T 20432 的本部分”。

b) 用小数点“.”代替作为小数点的逗号“,”。

c) 删除了 ISO 10349-9:1992 的前言。

d) ISO 10349-9:1992 规范性引用文件中引用的是 ISO 10349-1:1992，而 ISO 10349-1:1992 现已修定为 ISO 10349-1:2002，本部分引用的是 GB/T 20432.1(ISO 10349-1:2002,IDT)。

e) ISO 10349-13:2002《摄影　照相级化学品　试验方法　第 13 部分：pH 值的测定》标准是 2002 年才纳入 ISO 10349 系列标准中的，ISO 10349-9:1992 在 1992 年出版发行时还不存在 ISO 10349-13:2002，出于标准完整性的考虑，本部分在转化 ISO 10349-9:1992 时将其纳入了本系列标准中。

本部分由中国石油和化学工业协会提出。

本部分由全国感光材料标准化技术委员会(SAC/TC 102)归口。

本部分起草单位：中国乐凯胶片集团公司。

本部分起草人：王君。

摄影　照相级化学品　试验方法
第9部分:和硝酸银氨溶液的反应

1　范围

GB/T 20432的本部分规定了照相级化学品和硝酸银氨溶液的反应测定的通用试验方法。

2　规范性引用文件

下列文件中的条款通过GB/T 20432的本部分的引用而成为本部分的条款。凡是注日期的引用文件,其随后所有的修改单(不包括勘误的内容)或修订版均不适用于本部分,然而,鼓励根据本部分达成协议的各方研究是否可使用这些文件的最新版本。凡是不注日期的引用文件,其最新版本适用于本部分。

GB/T 20432.1　摄影　照相级化学品　试验方法　第1部分:总则(GB/T 20432.1—2006,ISO 10349-1:2002,IDT)

3　危害性

一般的危害性警告及GB/T 20432中所使用的危害性符号,执行GB/T 20432.1中的规定。

4　试剂

一般要求,应符合GB/T 20432.1的规定。

4.1　氨水(NH_4OH):$\rho \approx$ 0.91 g/mL(危险等级为＜C＞＜B＞)

4.2　硝酸银氨溶液

等体积混合硝酸银溶液(100 g/L)[1)]和氨水溶液(4.1)(＜C＞＜B＞)。

5　仪器

5.1　玻璃器具应符合GB/T 20432.1的规定。

5.2　两个匹配的50 mL奈氏比色管。

6　采样

执行GB/T 20432.1的规定。

7　程序

警告:试验完成后,应立即处理掉试验溶液和剩余的试剂,避免形成爆炸化合物(羽毛状粉末或叠氮化银)的可能。

称取2.0 g±0.1 g的样品,溶于40 mL水中,移取20 mL该溶液置于一只奈氏比色管(5.2)中,加入10 mL新制备硝酸银氨溶液(4.2),混合均匀,放置2 min,与空白比较,溶液所呈的颜色和浑浊不应超过空白。

空白是同时将剩余的20 mL样品溶液转移至另一奈氏比色管(5.2)中,然后加入5 mL氨水(4.1)和5 mL水,混合均匀,同时放置2 min。

1)　应使用硝酸银(危险等级＜C＞)进行配制。

8 试验报告

试验报告应写明所用的方法及试验结果。

试验报告也应提及 GB/T 20432 的本部分中没有规定的所有操作细节,或者被认为是可任选的操作细节,并说明任何有可能影响试验结果的事件的细节。

试验报告应包括完成样品鉴定所需的所有资料。

ICS 37.040.30
G 84

中华人民共和国国家标准

GB/T 20432.10—2007/ISO 10349-10:1992

摄影 照相级化学品 试验方法 第10部分:硫化物的测定

Photography—Photographic-grade chemicals—Test methods—Part 10: Determination of sulfide content

(ISO 10349-10:1992,IDT)

2007-07-26 发布 2008-01-01 实施

中华人民共和国国家质量监督检验检疫总局
中国国家标准化管理委员会 发布

前　言

GB/T 20432《摄影　照相级化学品　试验方法》分为如下几部分：

——第1部分：总则；

——第2部分：水不溶物的测定；

——第3部分：氨水不溶物的测定；

——第4部分：灼烧残渣的测定；

——第5部分：重金属和铁含量的测定；

——第6部分：卤化物含量的测定；

——第7部分：碱度或酸度的测定；

——第8部分：挥发性物质的测定；

——第9部分：和硝酸银氨溶液的反应；

——第10部分：硫化物的测定；

——第11部分：相对密度的测定；

——第12部分：密度的测定；

——第13部分：pH值的测定。

本部分为GB/T 20432的第10部分。

本部分等同采用ISO 10349-10:1992《摄影　照相级化学品　试验方法　第10部分：硫化物的测定》(英文版)。

本部分等同翻译ISO 10349-10:1992。

为方便使用，本部分做了下列编辑性修改：

a) "ISO 10349的本部分"一词改为"GB/T 20432的本部分"。

b) 用小数点"."代替作为小数点的逗号","。

c) 删除了ISO 10349-10:1992的前言。

d) ISO 10349-10:1992规范性引用文件中引用的是ISO 10349-1:1992，而ISO 10349-1:1992现已修定为ISO 10349-1:2002，本部分引用的是GB/T 20432.1(ISO 10349-1:2002,IDT)。

e) ISO 10349-13:2002《摄影　照相级化学品　试验方法　第13部分：pH值的测定》标准是2002年才纳入ISO 10349系列标准中的，ISO 10349-10:1992在1992年出版发行时还不存在ISO 10349-13:2002，出于标准完整性的考虑，本部分在转化ISO 10349-10:1992时将其纳入了本系列标准中。

本部分由中国石油和化学工业协会提出。

本部分由全国感光材料标准化技术委员会(SAC/TC 102)归口。

本部分起草单位：中国乐凯胶片集团公司。

本部分起草人：王君。

摄影　照相级化学品　试验方法
第10部分:硫化物的测定

1　范围

GB/T 20432的本部分规定了照相级化学品硫化物测定的通用试验方法。

2　规范性引用文件

下列文件中的条款通过GB/T 20432的本部分的引用而成为本部分的条款。凡是注日期的引用文件,其随后所有的修改单(不包括勘误的内容)或修订版均不适用于本部分,然而,鼓励根据本部分达成协议的各方研究是否可使用这些文件的最新版本。凡是不注日期的引用文件,其最新版本适用于本部分。

GB/T 20432.1　摄影　照相级化学品　试验方法　第1部分:总则(GB/T 20432.1—2006,ISO 10349-1:2002,IDT)

3　危害性

一般的危害性警告及GB/T 20432中所使用的危害性符号,执行GB/T 20432.1中的规定。

4　试剂

一般要求,应符合GB/T 20432.1的规定。

4.1　硫化物标准溶液(以S计,0.001 mg/mL)

于1 000 mL的单标线容量瓶中,溶解1.5 g九水合硫化钠($Na_2S \cdot 9H_2O$)(危险等级<S><B>)于500 mL水中,并用水稀释至刻度,混匀。用移液管移取5 mL该溶液置于另一1 000 mL单标线容量瓶中,用水稀释至刻度,混匀,并贴上“硫化物标准溶液”的标签。

4.2　碱性铅溶液

4.2.1　氢氧化钠溶液,100 g/L(危险等级<C>)

取10 g的氢氧化钠(危险等级<<C>>)溶于水中,并用水补至100 mL,混匀。

4.2.2　乙酸铅溶液,100 g/L(危险等级<<S>>)

取10 g三水合乙酸铅[$Pb(CH_3COO)_2 \cdot 3H_2O$](危险等级<<S>>)溶于水中,并用水补至100 mL,混匀。

警告:乙酸铅是一潜在的致癌物质并可重复造成危害。

4.2.3　碱性铅溶液

将氢氧化钠溶液(4.2.1)缓慢地加入到乙酸铅溶液(4.2.2)(<<S>>)中直至最初形成的沉淀溶解,之后氢氧化钠溶液稍微过量。

5　仪器

5.1　玻璃器具应符合GB/T 20432.1的规定。

5.2　两个匹配的50 mL奈氏比色管。

6　采样

执行GB/T 20432.1的规定。

7 程序

称取 2.0 g±0.1 g 的样品，溶于 25 mL 水中，转移至一只奈氏比色管(5.2)中。用移液管吸取硫化物标准溶液(4.1)置于另一奈氏比色管(5.2)中，移取的量(根据检出限)见表 1。在每一个奈氏比色管中，加入 2 mL 碱性铅溶液(4.2)，并用水稀释至 50 mL，混合均匀。比较上述两个比色管的颜色和透明性。

试样溶液所呈的暗色不得深于标准。

表 1 检出限和硫化物标准溶液的用量

检出限/%		硫化物标准溶液的用量/mL
以 S 计	以 Na_2S 计	
0.000 1	0.000 25	2
0.000 2	0.000 50	4
0.000 3	0.000 75	6
0.000 4	0.001 00	8
0.000 5	0.001 25	10

8 试验报告

试验报告应写明所用的方法及试验结果。

试验报告也应提及 GB/T 20432 的本部分中没有规定的所有操作细节，或者被认为是可任选的操作细节，并说明任何有可能影响试验结果的事件的细节。

试验报告应包括完成样品鉴定所需的所有资料。

ICS 37.040.30
G 84

中华人民共和国国家标准

GB/T 20432.11—2007/ISO 10349-11:1992

摄影 照相级化学品 试验方法
第11部分:相对密度的测定

Photography—Photographic-grade chemicals—Test methods—Part 11:Determination of specific gravity

(ISO 10349-11:1992,IDT)

2007-07-26 发布　　2008-01-01 实施

中华人民共和国国家质量监督检验检疫总局
中国国家标准化管理委员会　发布

前　言

GB/T 20432《摄影　照相级化学品　试验方法》分为如下几部分:

——第1部分:总则;

——第2部分:水不溶物的测定;

——第3部分:氨水不溶物的测定;

——第4部分:灼烧残渣的测定;

——第5部分:重金属和铁含量的测定;

——第6部分:卤化物含量的测定;

——第7部分:碱度或酸度的测定;

——第8部分:挥发性物质的测定;

——第9部分:和硝酸银氨溶液的反应;

——第10部分:硫化物的测定;

——第11部分:相对密度的测定;

——第12部分:密度的测定;

——第13部分:pH值的测定。

本部分为GB/T 20432的第11部分。

本部分等同采用ISO 10349-11:1992《摄影　照相级化学品　试验方法　第11部分:相对密度的测定》(英文版)。

本部分等同翻译ISO 10349-11:1992。

为方便使用,本部分做了下列编辑性修改:

a) "ISO 10349的本部分"一词改为"GB/T 20432的本部分"。

b) 用小数点"."代替作为小数点的逗号","。

c) 删除了ISO 10349-11:1992的前言。

d) ISO 10349-11:1992规范性引用文件中引用的是ISO 10349-1:1992,而ISO 10349-1:1992现已修定为ISO 10349-1:2002,本部分引用的是GB/T 20432.1(ISO 10349-1:2002,IDT)。

e) ISO 10349-13:2002《摄影　照相级化学品　试验方法　第13部分:pH值的测定》标准是2002年才纳入ISO 10349系列标准中的,ISO 10349-11:1992在1992年出版发行时还不存在ISO 10349-13:2002,出于标准完整性的考虑,本部分在转化ISO 10349-11:1992时将其纳入了本系列标准中。

本部分由中国石油和化学工业协会提出。

本部分由全国感光材料标准化技术委员会(SAC/TC 102)归口。

本部分起草单位:中国乐凯胶片集团公司。

本部分起草人:王君。

摄影　照相级化学品　试验方法
第 11 部分：相对密度的测定

1　范围

GB/T 20432 的本部分规定了照相加工过程中所用溶液相对密度（比重）测定的通用试验方法。

2　规范性引用文件

下列文件中的条款通过 GB/T 20432 的本部分的引用而成为本部分的条款。凡是注日期的引用文件，其随后所有的修改单（不包括勘误的内容）或修订版均不适用于本部分，然而，鼓励根据本部分达成协议的各方研究是否可使用这些文件的最新版本。凡是不注日期的引用文件，其最新版本适用于本部分。

GB/T 20432.1　摄影　照相级化学品　试验方法　第 1 部分：总则（GB/T 20432.1—2006，ISO 10349-1:2002，IDT）

3　危害性

对于化学品操作的一般危害性警告，执行 GB/T 20432.1 中的规定。

4　仪器

4.1　液体比重计

分度为 0.001，应用 15.6℃（60 ℉）的蒸馏水为基准校对液体比重计。

注：通常液体比重计是在 20℃下进行校准，其他温度下校准的液体比重计可以通过适当的修正来使用。一台在 25℃下校准的液体比重计，对于 25℃下进行试验是方便的。

4.2　比重计筒

一个清澈的圆柱形玻璃容器，容积大约 250 mL，高度超过比重计。

4.3　恒温水浴

用泵和加热系统来维持一个循环水流和恒定温度（±0.05℃）。这个水浴应足够深，以保证比重计筒中的样品在水面下，水浴的温度为 25℃。

5　采样

执行 GB/T 20432.1 的规定。

6　程序

于比重计筒（4.2）中加入 100 mL 样品，并将该筒放在水浴（4.3）中，样品和水浴温度达到平衡后，小心地将合适的比重计（4.1）放入筒内，让其自由漂浮。

读取溶液的半月液面底与液体比重计分界线处的刻度值作为该溶液的相对密度。

注：将一在 15.6℃校准好的比重计测量的相对密度转换成 25℃下的相对密度时，将结果除以 1.001 97（在这两个温度下的水密度的比值）。

7　试验报告

试验报告应写明所用的方法及试验结果。

试验报告也应提及GB/T 20432的本部分中没有规定的所有操作细节，或者被认为是可任选的操作细节，并说明任何有可能影响试验结果的事件的细节。

试验报告应包括完成样品鉴定所需的所有资料。

ICS 37.040.30
G 84

中华人民共和国国家标准

GB/T 20432.13—2007/ISO 10349-13:2002

摄影 照相级化学品 试验方法 第13部分:pH值的测定

Photography—Photographic-grade chemicals—Test methods—Part 13:Determination of pH

(ISO 10349-13:2002,IDT)

2007-07-26 发布 2008-01-01 实施

中华人民共和国国家质量监督检验检疫总局
中国国家标准化管理委员会 发布

前　言

GB/T 20432《摄影　照相级化学品　试验方法》分为如下几部分：

——第1部分：总则；

——第2部分：水不溶物的测定；

——第3部分：氨水不溶物的测定；

——第4部分：灼烧残渣的测定；

——第5部分：重金属和铁含量的测定；

——第6部分：卤化物含量的测定；

——第7部分：碱度或酸度的测定；

——第8部分：挥发性物质的测定；

——第9部分：和硝酸银氨溶液的反应；

——第10部分：硫化物的测定；

——第11部分：相对密度的测定；

——第12部分：密度的测定；

——第13部分：pH值的测定。

本部分为GB/T 20432的第13部分。

本部分等同采用ISO 10349-13:2002《摄影　照相级化学品　试验方法　第13部分：pH值的测定》(英文版)。

本部分等同翻译ISO 10349-13:2002。

为方便使用，本部分做了下列编辑性修改：

a) “ISO 10349的本部分”一词改为“GB/T 20432的本部分”。

b) 用小数点“.”代替作为小数点的逗号“,”。

c) 删除了ISO 10349-13:2002的前言。

d) 删除了ISO 10349-13:2002中的二处非技术性、非编辑性的脚注。

e) 因ISO 10349-13:2002《摄影　照相级化学品　试验方法　第13部分：pH值的测定》中8.1.3条的题目与内容不符，依据该条目中的内容，将8.1.3条的原题目“用水冲洗电极和吸干”改为“pH计的‘斜率’要求”。

本部分的附录A为资料性附录。

本部分由中国石油和化学工业协会提出。

本部分由全国感光材料标准化技术委员会(SAC/TC 102)归口。

本部分起草单位：中国乐凯胶片集团公司。

本部分起草人：王君。

摄影　照相级化学品　试验方法
第 13 部分:pH 值的测定

1　范围

GB/T 20432 的本部分规定了照相级化学品的溶液 pH(准确至±0.1 pH)测定的通用试验方法。

本方法不用于监控直接用于照相加工的复合溶液例如显影液的 pH。

2　规范性引用文件

下列文件中的条款通过 GB/T 20432 的本部分的引用而成为本部分的条款。凡是注日期的引用文件,其随后所有的修改单(不包括勘误的内容)或修订版均不适用于本部分,然而,鼓励根据本部分达成协议的各方研究是否可使用这些文件的最新版本。凡是不注日期的引用文件,其最新版本适用于本部分。

GB/T 20432.1　摄影　照相级化学品　试验方法　第 1 部分:总则(GB/T 20432.1—2006,ISO 10349-1:2002,IDT)

3　术语和定义

下列术语和定义用于 GB/T 20432 的本部分。

3.1

校准缓冲溶液　calibration buffers

从不同化学品供货源购置的,为测量样品做准备用于校准 pH 计的材料。

4　危害性

对于化学品操作的一般危害性警告见 GB/T 20432.1 中的规定。

5　试剂

5.1　校准缓冲溶液:pH 4.0

邻苯二甲酸氢钾缓冲溶液,精确至±0.01 pH 单位。从供货商购置。

5.2　校准缓冲溶液:pH 7.0

磷酸钾/钠缓冲溶液,精确至±0.01 pH 单位。从供货商购置。

5.3　校准缓冲溶液:pH 10.0

碳酸钾/硼酸盐、氢氧化物缓冲溶液,精确至±0.01 pH 单位。从供货商购置。

6　仪器

所有加热使用的玻璃器具应使用耐热的硼硅酸盐玻璃。

移液管和其他容量玻璃器具应符合 GB/T 20432.1 中的规定。

6.1　pH 计,具有至少±0.01 pH 单位的分度值/准确度。

6.2　电极,具有 0～14 量程的 pH 玻璃电极:最低±0.02 pH 单位的准确度,最低±0.05 pH 单位的钠(误)差;一个相配的具有适当填充溶液的参比电极。

参比电极的选择对应用应该是稳定的。

对于 pH 值大于 10 的溶液的日常测量，推荐使用校正过的钠电极。

注：复合电极可以代替一对玻璃/参比电极，选择电极时可做上述同样的应用考虑。

6.3 恒温水浴，用泵和加热系统来维持环流和恒定的温度（±1℃）。

水浴应足够深，能够保证容器中的样品低于水面。水浴温度设置在 25℃。

7 取样

依据 GB/T 20432.1 进行取样。

8 程序

8.1 校准和标定

8.1.1 对于 pH 计(6.1)的正确安装和最初条件，请查阅制造商的仪器手册。

8.1.2 用水冲洗电极(6.2)并用软棉纸吸干净电极头上剩余的水，应手持棉纸接近电极的表面汲取水，注意不要摩擦电极膜表面。

将电极浸泡在 pH 7.0 的缓冲溶液(5.2)中，等待 2 min 让电极平衡和 pH 计读数稳定，如有必要，调整 pH 计的“校准控制”以获取给定的缓冲值。

8.1.3 pH 计的“斜率”要求

对于低 pH 值样品，将电极浸泡在 pH 4.0 的缓冲溶液(5.1)中。对于高 pH 值样品，将电极浸泡在 pH 10.0 的缓冲溶液(5.3)中。

等待 2 min 让电极平衡和 pH 计读数稳定。如有需要，调整 pH 计的“斜率控制”以获取给定的缓冲值。

注意电极对的斜率值。如果该值落于 95%的下方，应重新校准。如果斜率值维持在 95%的下方，在所有的样品被试验前应进行纠正(见附录 A)。

8.1.4 用水冲洗电极，吸干并继续进行样品测量或正确地存放电极为今后使用。

8.1.5 样品测量前，应校正 pH 计。

8.1.6 校准缓冲溶液(5.1)应每天更换。

8.2 pH 测量

8.2.1 在温度平衡及在预定 pH 范围内对 pH 计校准后方可进行样品的 pH 值测定。

8.2.2 按标准规定的试验量称取样品，转移至 100 mL 烧杯中，用 50 mL 新煮沸并冷却的水进行溶解。

8.2.3 用水冲洗电极并吸干。将电极浸于被测量的样品中，等待 2 min 让电极平衡和 pH 计读数稳定。

8.2.4 记录溶液的 pH 值，精确至 0.1 pH 单位。

9 试验报告

试验报告应写明所用的方法及试验结果。

试验报告也应提及 GB/T 20432 的本部分中没有规定的所有操作细节，或者被认为是可任选的操作细节，并说明任何有可能影响试验结果的事件的细节。

试验报告应包括完成样品鉴定所需的所有信息。

附　录　A
（资料性附录）
电 极 护 理

A.1　贮藏

对于玻璃电极在所适合的存储溶液方面存在许多相矛盾的信息。对于电极的护理尽可能依据制造商的建议。

当电极不工作时，建议使用 pH 7 的磷酸盐缓冲溶液用于玻璃电极的存储以及 3.5 mol/L 的氯化钾缓冲溶液用于参比电极的存储。

对于电极对在测量间隔间的临时贮藏，请使用一个在 pH 7 的磷酸盐缓冲溶液中含有 0.1 mol/L 的氯化钾的存储缓冲溶液。

A.2　pH 电极——预处理/再生

对于玻璃 pH 电极的预处理，请遵循制造商的建议。在测量 pH 前，建议在 pH 7 的磷酸盐缓冲溶液中至少浸泡 2 h；浸泡过夜更好。

如果电极不能满足斜率的评判标准，不能达到选定的缓冲值，或测量控制缓冲溶液时给出了不能令人满意的数值，请按下列步骤进行再生：

a）从 pH 计(6.1)上拆开电极导线。

b）将玻璃电极头放在 1.0 mol/L 的盐酸中浸泡 5 min，接着在 1.0 mol/L 的氢氧化钠溶液中浸泡 5 min。将电极(6.2)放回 1.0 mol/L 的盐酸中再浸泡 5 min。用水冲洗电极。

c）将电极放于 pH 7.0 的缓冲溶液(5.2)中浸泡 2 h。

d）重新连接电极并尝试再一次校准。如果没有改进，将电极废弃。

注意：由于考虑到所需试剂的毒性及相比于电极替换成本的分析者时间成本，较严格的修理程序没有被介绍。

e）如果对电极所做的改进仍不能使电极读出所需的值，重复氢氧化钠溶液及盐酸的浸泡并尝试再一次校准。如果没有改进，将电极废弃。

A.3　参比电极——护理/再生

A.3.1　甘汞参比电极

将一个新的甘汞参比电极投入使用前，取出饱和氯化钾填充溶液并重新填充 3.5 mol/L 的氯化钾溶液。较低浓度的盐在电极内及在参比电极触头处产生较少的结晶。

在每班或每个工作日开始时，取出氯化钾填充溶液并用新鲜的 3.5 mol/L 的氯化钾溶液重新填充电极。

A.3.2　银/氯化银电极

将一个新的银/氯化银参比电极投入使用前，取出饱和氯化钾填充溶液并以用氯化银饱和的 3.5 mol/L的氯化钾溶液（氯化钾填充溶液用氯化银进行饱和，否则电极内的氯化银成分将会溶解）进行重新填充。

在每班或每个工作日开始时，取出氯化钾填充溶液并以新鲜的用氯化银饱和的 3.5 mol/L 的氯化钾溶液重新填充电极。

当替换一个新的 pH 电极而 pH 测量系统性能不好的问题仍未解决，特别是当获得的读数不准确或不稳定时，可能是参比电极触头出现了堵塞。如果填充溶液被污染，用新鲜的溶液重新填充并重新检查系统。

通过将参比电极头靠着毛巾纸轻轻地按压几次来检查多孔-型触头的流通。如果触头是流通的,会看见一个小湿点。

A.3.3 清洗堵塞的参比电极

通过将电极触头放在热(不超过 50℃)的溶液[3.5 mol/L 的氯化钾用水(1+9)稀释]中浸泡 0.5 h 来清洗堵塞的参比电极。排尽电解液,用新鲜的 3.5 mol/L 的氯化钾溶液代替并重新试验电极。

对于堵塞的银/氯化银参比电极,在 10%的氢氧化铵溶液中浸泡 10 min 能够从电极触头中除掉氯化银沉淀。在这个过程中电极中含有填充溶液。避免使用较高浓度的氢氧化铵溶液或较长时间的浸泡,因为在一些类型的银/氯化银参比电极中参比成分能够被破坏。

对于玻璃电极,较严格的再生程序没有被介绍,因为它们是昂贵的及在许多情况下做多了反而损害电极。

A.3.4 参比电极的精确检查

A.3.4.1 通过测量两种离子强度(相差 10 倍)的 pH 7.0 缓冲溶液(5.2)的 pH 值来评定在参比电极中的液体-触头电压的误差。

A.3.4.2 用 pH 7.0 的缓冲溶液(5.2)和 pH 4.0 的缓冲溶液(5.1)标定 pH 计作为"在低量程 pH 计的校准"。

A.3.4.3 用水稀释 110 mL 的 pH 7.0 缓冲溶液(5.2)至 1 L。

A.3.4.4 测量稀释后的缓冲溶液的 pH。对于一个正确运行的参比电极触头,pH 计读数应为 7.065±0.010。

A.4 复合电极

对于复合电极的护理和再生应遵循制造商的建议。

ICS 17.160
J 04

中华人民共和国国家标准

GB/T 20485.13—2007/ISO 16063-13:2001

振动与冲击传感器校准方法 第13部分:激光干涉法冲击绝对校准

Methods for the calibration of vibration and shock transducers—
Part 13: Primary shock calibration by laser interferometry

(ISO 16063-13:2001,IDT)

2007-07-02 发布 2007-12-01 实施

中华人民共和国国家质量监督检验检疫总局
中国国家标准化管理委员会 发布

前　言

GB/T 20485《振动与冲击传感器的校准方法》主要由以下几大类组成：

——第1类：基本概念；

——第2类：绝对法校准（如：激光干涉法振动绝对校准、激光干涉法冲击绝对校准等）；

——第3类：比较法校准（如：振动比较法校准、冲击比较法校准等）；

——第4类：环境模拟校准（如：磁灵敏度、声灵敏度、基座应变灵敏度、横向振动灵敏度等）；

本部分是GB/T 20485《振动与冲击传感器的校准方法》第2类中的一个部分。

本部分等同采用ISO 16063-13:2001《振动与冲击传感器校准方法　第13部分：激光干涉法冲击绝对校准》（英文版）。

本部分等同翻译ISO 16063-13:2001。为使用方便，本部分作了如下编辑性修改：

——“国际标准的本部分”一词改为“本部分”。

——删除国际标准的前言。

——用小数点“.”代替作为小数点的逗号“,”。

——对ISO 16063-13:2001中引用的其他国际标准，有被采用为我国标准的，用我国标准代替对应的国际标准，未被采用为我国标准的直接引用国际标准。

本部分的附录A为规范性附录，附录B、附录C为资料性附录。

本部分由中国计量科学研究院提出。

本部分由全国机械振动与冲击标准化技术委员会归口。

本部分起草单位：中国航空工业第一集团公司北京长城计量测试技术研究所、中国计量科学研究院。

本部分主要起草人：李新良、曾吾、于梅、孙桥。

本部分为首次制定。

引　言

按照定义，冲击灵敏度 S_{sh} 由加速度计输出峰值和输入加速度峰值关系来决定。S_{sh} 不是一个唯一的量，是随着冲击脉冲持续时间、冲击波形、被校传感器的带宽、配套信号适调仪的频响而变化。

在频域计算某一个频率点对应的复灵敏度可以确定加速度计的线性。本部分提出了计算复灵敏度幅值 S_n 和相移 $\Delta\varphi_n$ 的数据处理程序，再计算冲击灵敏度 S_{sh}（见附录 C）。

本部分给出了运动的时间历程的绝对法测量运动的方法，从根本上不同于 GB/T 20485.1 介绍的速度改变冲击校准法。因此，得到的冲击灵敏度不同于后者得到的冲击校准因子，但和 ISO 5347-4（将转换为 ISO 16063-22）所得到的校准因子一致。

振动与冲击传感器校准方法 第13部分:激光干涉法冲击绝对校准

1 范围

本部分规定了用激光干涉法测量冲击过程时间-位移信号对直线加速度计进行绝对法冲击校准的仪器设备和操作程序。该方法适用的冲击脉冲持续时间范围为0.05 ms～10 ms,峰值范围为10^2 m/s^2～10^5 m/s^2(与脉冲持续时间有关),给出的是冲击灵敏度。

2 规范性引用文件

下列文件中的条款通过GB/T 20485的本部分的引用而成为本部分的条款。凡是注日期的引用文件,其随后所有的修改单(不包括勘误的内容)或修订版均不适用于本部分。然而,鼓励根据本部分达成协议的各方研究是否可使用这些文件的最新版本。凡是不注日期的引用文件,其最新版本适用于本部分。

GB/T 20485.1 振动与冲击传感器校准方法 第1部分:基本概念(ISO 16063-1:1998,IDT)

GB/T 20485.11—2006 振动与冲击传感器校准方法 第11部分:激光干涉法振动绝对校准(ISO 16063-11:1999,IDT)

ISO 5347-22:1997 振动与冲击传感器校准方法 第22部分:加速度计共振测试 通用方法

3 测量不确定度

冲击灵敏度的测量不确定度:

——在设定参考加速度峰值10^3 m/s^2,参考冲击脉冲持续时间2 ms和放大器参考增益时,为读数的1%;

——对所有冲击峰值、脉冲持续时间,不超过读数的2%。

上述规定适用于高精度等级传感器(例如,参考标准加速度计)的校准,这样的校准应仔细操作以确保给出的全部不确定度分量应足够小到符合相应的规定(不确定度的分量参看附录A)。特别是由传感器或冲击机的固有模态激发的频谱能量应比校准频率范围内的频谱能量要小得多,传感器固有频率的测试按照ISO 5347-22:1997进行。通常应避免使用第1章、第6章中给出的相对短持续时间的脉冲。

本部分的所有使用者应按照附录A编制实际的不确定度分量表。

注:根据GB/T 20485.1,测量不确定度表示为测量的扩展不确定度(简称不确定度)。

4 仪器设备要求

4.1 总则

为了满足第1章中的测量范围及达到第3章中的不确定度要求,本章给出了所需仪器设备的推荐技术指标。

4.2 基于砧体(刚体)运动的冲击机

该冲击机是用一个能自由移动的锤(弹体)来撞击安装有加速度计的砧体(目标)。锤撞击砧体后,砧体能够自由直线加速,同时锤被自动锁住。为获得期望的脉冲宽度和脉冲波形,在锤和砧之间应安装钢弹簧或缓冲垫(由橡胶、纸等某种可实现脉冲波形的材料制成),所得冲击脉冲应是一个近似半正弦、半正弦平方或高斯(Gaussian)的加速度波形。锤和砧的共振频率至少为$10/T$,T为脉冲持续时间。

为了避免冲击机结构共振的影响，锤和砧应尽量与结构隔离。锤和砧的安装中心线间距最大值为±0.2 mm。砧应由对称力支撑，而非对称力支撑会导致其旋转、偏离于直线运动。

安装加速度计的表面的粗糙度，用算术平均偏差 Ra 表示，其值小于 1 μm。

表面平面度的要求是：在对应于任何被校准传感器的最大安装表面内，该表面应包容在距离为 5 μm两个平行平面之间。

联接传感器用的螺纹孔与安装表面的垂直偏差应小于 10 μm，即该孔的轴线允许在一个直径为 10 μm的柱体区域内，并且柱面的高度与孔的深度相同。

注 1：当砧(或砧和锤)安装在空气轴承上时，应满足上述要求(见图 1 和参考文献[1])。图 1 所示的冲击机可以产生半正弦平方加速度波形。

注 2：按照 ISO 5347-4:1993 进行比较冲击校准的传统冲击机(见参考文献[2]和[3])，不可能产生能用激光干涉法精确测量的运动。

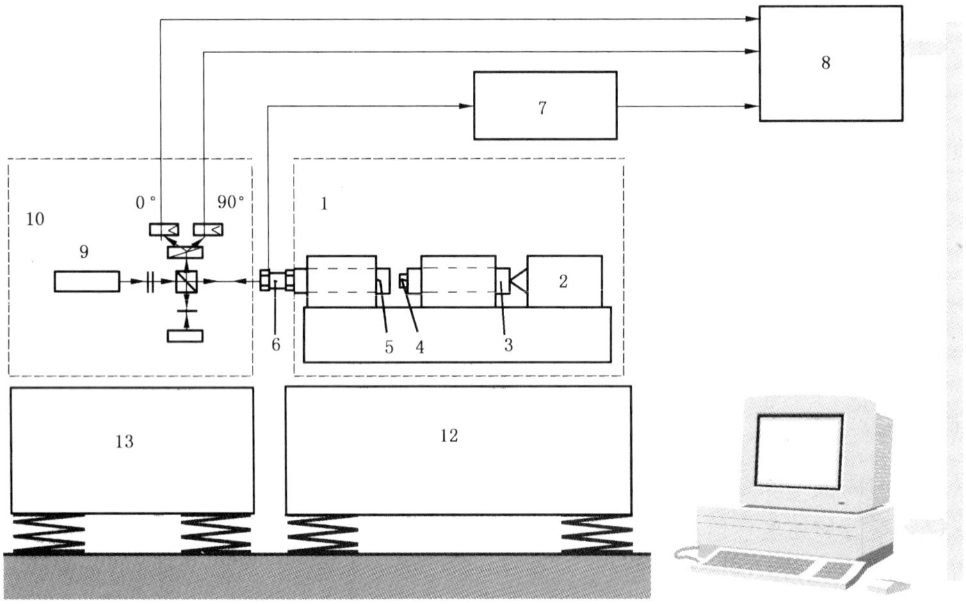

1——冲击机(4.2)；
2——弹簧单元；
3——空气轴承冲击锤(钢，直径 30 mm×长 200 mm)；
4——垫；
5——空气轴承砧体(钢，直径 30 mm×长 200 mm)；
6——加速度计；
7——放大器；
8——数字波形记录仪(4.8)；
9——激光器(4.5)；
10——干涉仪(4.6)；
11——光电接收器(4.6)；
12——隔振块 1(4.4)；
13——隔振块 2(4.4)。

图 1 基于砧体(刚体)运动的冲击校准测量系统实例

(加速度峰值范围 10^2 m/s^2～5×10^3 m/s^2)

4.3 基于细长棒中波传播的冲击机

该冲击机主要由一个可运动部件构成，例如，被加速的钢球(弹体)撞击和棒连接的缓冲件(如另一个相同直径的钢球)，而棒的另一端面安装了加速度计。这里，棒以柔性支撑来避免冲击机结构共振的影响。钢球和棒应尽量安装在同一直线上以满足第3章中的不确定度要求。

为达到第3章中所述不确定度，在测量期间，即数据采集的最重要时间段（最大值：1 ms），应尽量保证由加速度计安装表面引起的相对于直线运动的偏差最小。冲击机应具备数据采集的触发功能。

安装加速度计的表面的粗糙度，用偏差的算术平均 Ra 表示，小于 1 μm。

表面平面度的要求是：在对应于任何被校准传感器的最大安装表面内，该表面应包容在距离为 5 μm两个平行平面之间。

连接传感器用的螺纹孔与安装表面的垂直偏差应小于 10 μm，即该孔的轴线允许在一个直径为 10 μm的柱体区域内，并且柱面的高度与孔的深度相同。

棒的尺寸设计（见参考文献[4]、[5]）应考虑以下两个因素：校准单端安装加速度计时，激光光束必须能够射到棒的端面；保证足够的时间长度。

最大冲击持续时间和可用数据采集测量时间是从主脉冲开始时刻到该脉冲在安装表面发生反射的时刻之间的时间长度（例如，如图2所示，棒长 2 m 时，时间间隔 0.8 ms）。

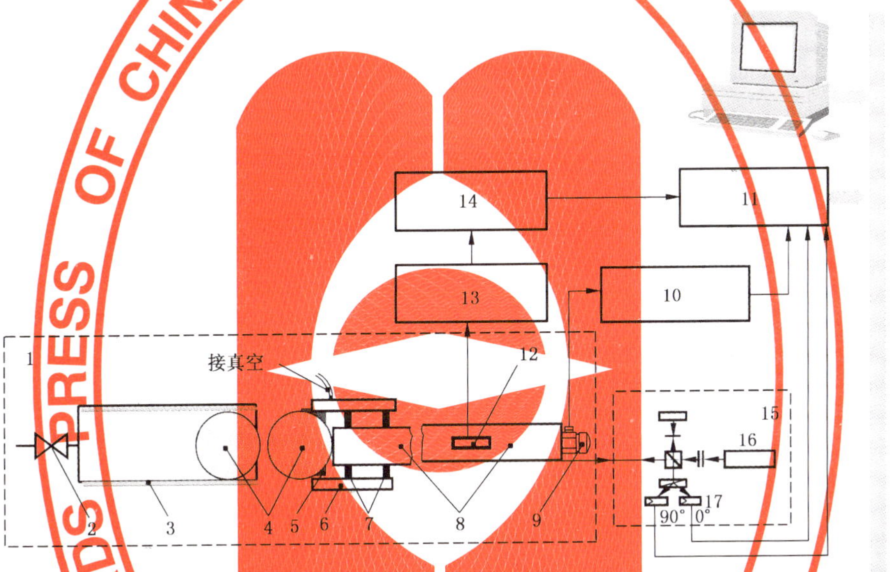

1——冲击机；
2——阀门（压缩空气）；
3——空气腔；
4——碰撞球对（直径 50 mm）；
5——硅橡胶；
6——铝管；
7——O形环；
8——棒（钛金属，直径 25 mm，长 2 000 mm）；
9——加速度计；
10——放大器；
11——数字波形记录仪（4.8）；
12——应变片；
13——桥路放大器；
14——触发单元；
15——干涉仪（4.6）；
16——激光器（4.5）；
17——光电接收器（4.6）。

图2 基于细长棒中应力波传播的冲击校准测量系统实例

（加速度峰值范围 10^3 m/s^2～10^5 m/s^2）

图2是一个基于应力波在细长棒中传播的冲击机的实例。为了获得触发信号，在棒的柱面对称位置上贴两个应变片。带有两个钢球的冲击激励装置(图2所示)可产生所需加速度波形，用高斯函数的微分(即高斯速度脉冲)来描述(见参考文献[6])。这种装置的优点是：在多次冲击校准中，具有良好的重复性；在不同加速度峰值上冲击频谱的频谱分量变化相对小(见参考文献[13])。为满足不同校准条件，也可使用与图2尺寸不同的棒。

通常，棒内轴向位移是径向位置和频率的复杂函数，而频率取决于棒的材料特性和直径。这样，对于被校传感器可能会带来和频率有关的基座应变，或增加校准的不确定度，或二者都有。

4.4 冲击机和激光干涉仪的隔振块

为了避免大地脉动引起的相对运动，以及冲击激励源支撑结构的反冲力对校准结果产生过大的影响，冲击机和干涉仪应安装在起隔振作用的同一个或两个不同的大质量块上。

4.5 激光器

应使用发红光的氦氖激光器。在实验室条件下(即：大气压为100 kPa，温度23℃，相对湿度50%)，激光波长为0.632 81 μm。

如果激光器具有手动或自动气压补偿，应将其设置为零或关闭。

另外，还可以选择其他已知稳定波长的单频激光器。

4.6 干涉仪

应选用改进型迈克尔逊(Michelson)激光干涉仪，正交信号输出，带有两只频响满足所需带宽的光电接收器。所需带宽根据最大速度 v_{max} 由下式得到：

$$f_{max} = v_{max} \times 3.16 \times 10^6\ m^{-1} \qquad (1)$$

改进的迈克尔逊干涉仪的结构见图3。四分之一波片将入射的线偏振光分成偏振方向相互垂直、相位差为90°的两个测量光束。在与线偏振参考光束发生干涉后，两个正交偏振光束由光学器件[例如：沃尔斯顿(Wollaston)棱镜或偏振分光镜]分开，并由两个光电二极管检测。

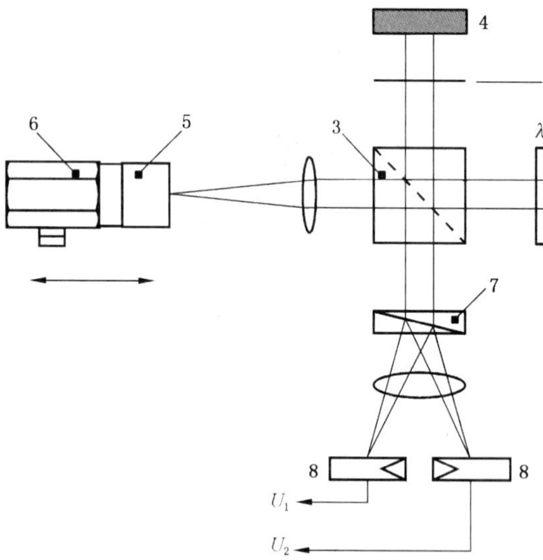

1——激光器；
2——偏振片；
3——分光镜；
4——参考镜；
5——模拟质量块(测量反射镜)；
6——加速度计；
7——沃尔斯顿棱镜；
8——光电接收器。

图3 正交输出的激光干涉仪

改进的迈克尔逊干涉仪的两路输出幅值的偏移量应小于±5%，相对幅值偏差应小于±5%，与90°名义角度的偏差应小于±5°。为确保这些允差，要采用适当的方法调整两路干涉信号的偏移量、幅值大小及相角。

干涉仪的测量光束和砧、棒或砧棒轴在一条直线上，以满足第3章中的测量不确定度的要求。

如果传感器是单端形式的，砧、棒或砧棒端面应该抛光，以满足测量光束反射需要，如果是背靠背传感器，其顶面也应该抛光，避免使用反射镜。

在大加速度峰值测量时，需要带宽很宽。例如，在测量冲击峰值为10^5 m/s^2、脉冲持续时间为200 μs的冲击过程(加速度波形见4.3)，干涉仪输出信号频率最大值为32 MHz，详见参考文献[6]。

也可以用其他合适的双光束干涉仪代替(改进)迈克尔逊干涉仪，例如，(改进)马赫-泽德(Mach-Zehnder)干涉仪。

4.7 示波器

如果4.8不包括示波器功能，应该有一个DC～50 MHz或上限频率更高的示波器检查干涉仪和加速度计的输出信号波形。

4.8 带计算机接口的波形记录仪

采用带计算机接口的波形记录仪，该记录仪具有模-数转换功能，并能存储干涉仪的两路正交输出信号及加速度计的输出信号。其幅值分辨力、采样率及存储容量应足够大，在校准的幅值范围内，满足第3章中规定的不确定度。通常，用于加速度计输出的幅值分辨力应不小于10比特，用于干涉仪正交输出信号的分辨力应不小于8比特。加速度输出测量的典型幅值分辨力应该不小于10比特，用一个两通道的波形记录仪记录干涉仪的输出信号，同时另一个波形记录仪(具有更高的分辨力和更低的采样率)记录加速度计的输出信号。

示例：在加速度峰值为2 500 m/s^2、脉冲持续时间为2 ms的条件下校准加速度计，采样频率为50 MHz(存储容量应1 M字节，才能满足3个通道存储需要)或更高。

4.9 带数据处理程序的计算机

应使用带有数据处理程序的计算机，其程序应按照7.3中描述的计算过程编制。

4.10 滤波器

加速度计和干涉仪输出信号均用模拟滤波器滤波。为了避免混叠和(或)抑制噪声，该滤波应具有适合的幅频和相频响应，以满足测量不确定度要求(见第3章)。数据处理程序中的数字滤波器也应满足上述要求，见7.3。

对干涉仪输出信号进行滤波时，应考虑参考文献[6]介绍的误差。

4.11 其他要求

在校准中为获得较小测量不确定度(如1%)，加速度计和放大器应作为一个整体一起进行校准。

加速度计应具有刚性结构。在计算测量不确定度时，应考虑基座应变灵敏度、横向灵敏度及加速度计/放大器套组的稳定性(见附录A)。

校准一个背靠背参考加速度计的灵敏度(幅值和/或相移)时，应加装一个模拟质量块，其质量与使用背靠背参考加速度计通过比较法校准(见ISO 16063-22)的加速度计质量相同。测量光点位于模拟质量块的顶部(外表面)或参考加速度计的上表面。

如果检测模拟质量块顶部运动，质量块的顶部应具有抛光的表面，测量光点的位置应靠近该表面的几何中心。如果质量块的运动不能视为刚体运动，应考虑其顶部与底部表面的相对运动。

另一方面，也可以通过模拟质量块上的纵向通孔测量参考加速度计的顶端运动。

用于比较法冲击校准的一些传统冲击机，被校加速度计的运动是通过背靠背参考加速度计的基准面传递的，两个加速度计固定为一个刚性结构。在这种情况下，背靠背的参考加速度计在进行冲击运动校准时检测紧靠加速度计的运动部位(如，棒的端面)。

5 环境条件

校准应在以下环境条件下进行：

a) 室内温度：23℃±3℃；

b) 相对湿度：最大75%。

6 优选的加速度及脉冲持续时间

加速度（峰值）和冲击脉冲持续时间应按以下系列值优先选用：

a) 加速度值，m/s^2：

100，200，500，1 000，2 000，5 000，10 000，20 000，50 000，100 000。

b) 冲击脉冲持续时间，ms：

0.05，0.1，0.2，0.5，1，2，5，10。

注意：冲击校准脉冲持续时间要比厂家提供的最窄冲击脉冲持续时间要长一些，以避免损坏被校加速度计。

7 方法

7.1 测量步骤

按照图1、图2、图3所示安装。

调整激光干涉仪（见图3），使其输出为两路相位正交的信号 u_1 和 u_2，允差满足4.6的规定。

在做校准之前，应测量干扰量如交流声和噪声，其值应尽量小以满足校准不确定度要求。

把干涉仪（4.6）调整到最佳状态、设置放大器档位后，应优选推荐（见第6章）加速度峰值和脉冲持续时间，按7.2和7.3进行校准。

注1：由数字信号处理程序和参考文献[7]、[8]所给出的特定的外差干涉技术可以产生允差满足4.6所述的正交信号，可实现比零差技术更小的不确定度。适当的外差技术在宽带（见4.6）干涉信号的光电传输中具有特殊的优势，但成本比零差技术高。

注2：在测量时变加速度信号，采用下列手段时就无须产生正交信号：单通道输出的迈克尔逊干涉仪，一台时间间隔分析仪和从测得的位移值及对应时间来确定加速度值的特定数学方法（见GB/T 20485.1；详见参考文献[9]）。

7.2 数据采集

应该设置低通滤波器和高通滤波器（如使用）的截止频率，使低、高通滤波对校准结果的干扰影响在允差范围以内（见参考文献[6]）。采样率的设置应满足奈奎斯特（Nyquist）定律，使最高频率小于采样频率的二分之一。

在一个测量周期 $t_0<t<t_0+T_{\mathrm{Meas}}$ 中，对正交信号进行等间隔采样，开始于 t_0，结束于 t_0+T_{Meas}。测量应在加速度计安装面上的冲击发生前时刻开始（推荐的时移为 $0.1T$，T 为脉冲持续时间），在反射脉冲到达之前结束（推荐的时移为 $0.05T$）。

在 $t_0<t<t_0+T_{\mathrm{Meas}}$ 内采样得到的 $\{u_1(t_i)\}$ 和 $\{u_2(t_i)\}$ 两路测量值序列，其采样间隔 $\Delta t=t_i-t_{i-1}$ 为常数。

加速度计输出值的采样序列为 $\{u(t_i)\}$。

将数据传送到计算机的存储器。

7.3 数据处理

7.3.1 概述

图4给出了计算冲击灵敏度（加速度计输出峰值比加速度峰值，见引言）的三种数据处理方法的框图，三种方法的区别在于使用或不使用DFT（离散傅里叶变换）：

a) 不使用DFT方法；

b）　速度值 DFT 方法；

c）　位移值 DFT 方法。

对于方法 a)和 b)，大部分计算步骤都相同，不同的仅是在由速度序列计算加速度序列时一个是在时域微分，一个是在频域微分。在频域计算时，应用了 DFT 和 IDFT（离散傅里叶逆变换），而中间数据可用于加速度计灵敏度幅值和相位校准（见附录 C）。方法 c)仅在频域对位移序列 $s(t_i)$进行两次微分得到加速度序列 $a(t_i)$。

方法 a)用于“较长”的冲击，例如 $T \cdot a_{peak} \geqslant 0.5$ m/s 的正弦平方加速度波形（见 4.2）和 $T \cdot a_{peak} \geqslant 1.5$ m/s 的高斯速度波形（见 4.3），T 为脉冲持续时间，以 s（秒）为单位，a_{peak} 为加速度峰值，以 m/s^2 为单位。对于“较短”的冲击，可以用方法 b)和方法 c)。两种方法也可用于长持续时间的冲击，可有效地抑制高频干扰振动的影响。如果在冲击前后加速度计的速度不是零，使用特殊的数据处理过程（剪切处理）可正确进行傅里叶变换。

注 1：冲击脉冲持续时间的定义和关系见参考文献[6]。对于高斯速度冲击，冲击脉冲持续时间就是速度大于 $0.606 v_{peak}$ 的时间段。

注 2：上述关系下给出的冲击脉冲持续时间 T 应考虑 4.6 所给的允差范围内的正交信号的失真而带来的影响（见参考文献[6]）。

注 3：参数 T 和 a_{peak} 的乘积约等于速度峰值，干涉仪输出瞬时频率和速度呈线性关系。如果上述条件满足，可以用低通滤波器对干涉仪输出信号进行滤波得到满足第 3 章不确定度要求的信噪比。

7.3.2　不使用 DFT 方法计算冲击灵敏度

通过下述的 a)至 i)数据处理方式计算出加速度计的冲击灵敏度，见图 4 的 a)。

a）　利用采样得到的干涉仪输出值$\{u_1(t_i)\}$和$\{u_2(t_i)\}$，由下列公式计算调相值序列$\{\varphi_{Mod}(t_i)\}$：

$$\varphi_{Mod}(t_i) = \arctan\frac{u_2(t_i)}{u_1(t_i)} + n\pi \qquad \cdots\cdots(2)$$

式中：

$n=0, 1, 2, \cdots\cdots$

为了使调相值序列$\{\varphi_{Mod}(t_i)\}$连续，应选择 $n\pi$ 项中的 n 为整数。

注：关于整数 n 计算的程序见参考文献[10]。

用下式计算位移序列$\{s_D(t_i)\}$：

$$s_D(t_i) = \frac{\lambda}{4\pi}\varphi_{Mod}(t_i) \qquad \cdots\cdots(3)$$

下标 D 表示受高频噪声影响的序列值。

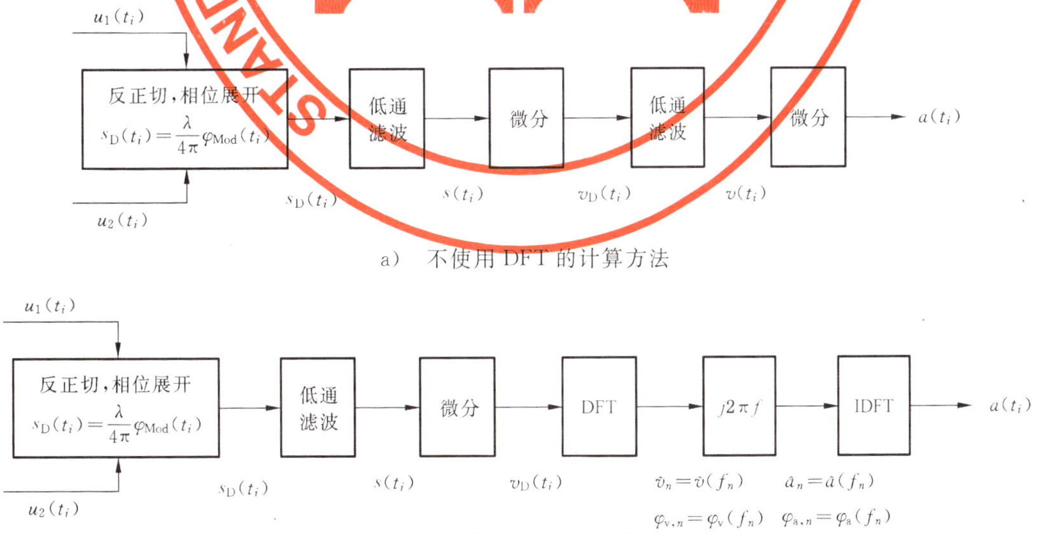

b）　速度值 DFT 方法

图 4　计算冲击灵敏度的数据处理框图

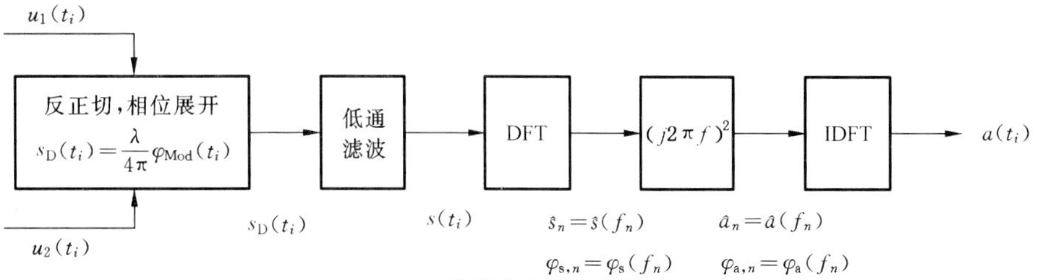

c) 位移值 DFT 方法

图 4(续)

b) 选择数字低通滤波器的算法和参数，能够抑制高频噪声而不使信号发生畸变，对位移序列 $\{s_D(t_i)\}$ 进行滤波，得到一"平滑"位移序列，记作 $\{s(t_i)\}$。

注：具有平坦幅值响应的滤波器如 4 阶递归巴特沃斯(Butterworth)低通滤波器可实现这一目的。为了抑制典型噪声，截止频率在正弦平方加速度波形(见 4.2 冲击机)时不应大于 $16/T$，在高斯速度波形(见 4.3 冲击机)时不应大于 $5/T$。然而，为了保持信号本身的失真不被忽略，截止频率也不应太小。

c) 对位移-时间函数进行一次微分获得速度-时间函数，即速度序列 $\{v_D(t_i)\}$。

注：在 t_i 时刻用下式计算一次微分：

$$v_D(t_i)=\frac{1}{2\Delta t}[s(t_{i+1})-s(t_{i-1})] \quad \cdots\cdots(4)$$

d) 选择数字低通滤波器的算法和参数，能够抑制高频噪声而不使信号发生畸变，对速度序列 $\{v_D(t_i)\}$ 进行滤波，得到一"平滑"速度序列，记作 $\{v(t_i)\}$。

注：同 b) 注。

e) 对速度-时间函数进行一次微分获得加速度-时间函数，即加速度序列 $\{a(t_i)\}$。

注：在 t_i 时刻用下式计算一次微分：

$$a(t_i)=\frac{1}{2\Delta t}[v(t_{i+1})-v(t_{i-1})] \quad \cdots\cdots(5)$$

f) 从计算所得的加速度计输入值的序列 $\{a(t_i)\}$ 判断最大值：$\max\{a(t_i)\}$，作为加速度峰值 a_{peak}。

g) 选择数字低通滤波器的算法和参数，能够抑制高频噪声而不使信号发生畸变，对采样得到的加速度计输出序列 $\{u_D(t_i)\}$ 进行滤波，得到一"平滑"输出序列，记作 $\{u(t_i)\}$。

注：具有平坦幅值响应的滤波器如 4 阶递归巴特沃斯低通滤波器可实现这一目的。

h) 从滤波所得的加速度计输出值的序列 $\{u(t_i)\}$ 判断最大值：$\max\{u(t_i)\}$，作为加速度计输出峰值 u_{peak}。

如果信号有零漂，冲击之前的最近零点和冲击之后的最近漂移零点应连接成一条直线，作为输出的最终零轴。允许有相对于输出峰值 1% 的最大零点漂移。如果零点漂移过大，应考虑对不确定度的影响，给出零点漂移数值。

i) 由步骤 h) 和 f) 得到 u_{peak}、a_{peak}，用下式计算冲击灵敏度 S_{sh}：

$$S_{sh}=\frac{u_{peak}}{a_{peak}} \quad \cdots\cdots(6)$$

在校准结果的报告中，应包含按照附录 A 计算出的校准中的测量扩展不确定度。

7.3.3 速度值 DFT 方法计算冲击灵敏度

通过下述的 a) 至 j) 步骤数据处理方法计算出加速度计的冲击灵敏度，见图 4 的 b)。

a) 同 7.3.2 的 a)；

b) 同 7.3.2 的 b)；

c) 同 7.3.2 的 c)；

d) 对步骤 c) 得到的 $\{v(t_i)\}$ 进行 DFT 计算，得到速度的复频谱；

e) 速度复频谱乘以 $j2\pi f$ 得到加速度的复频谱；

f) 用 IDFT 计算加速度序列 $\{a(t_i)\}$；

g) 同7.3.2的f)；

h) 同7.3.2的g)；

i) 同7.3.2的h)；

j) 同7.3.2的i)。

7.3.4 位移值DFT方法计算冲击灵敏度

通过下述的a)至h)步骤数据处理方式计算出加速度计的冲击灵敏度，见图4的c)。

a) 同7.3.2的a)；

b) 同7.3.2的b)；

c) 对步骤b)得到的$\{s(t_i)\}$进行DFT计算，得到位移的复频谱；

d) 给位移复频谱乘以$(j2\pi f)^2$得到加速度的复频谱；

e) 同7.3.3的f)；

f) 同7.3.2的f)；

g) 同7.3.2的g)；

h) 同7.3.2的h)；

i) 同7.3.2的i)。

8 校准结果报告

在校准结果报告中，除校准方法以外，至少应对下列校准条件和特性参数给予说明：

a) 环境条件：

——加速度计的温度；

——环境空气温度。

b) 安装方法：

——安装表面的材料；

——安装力矩(如果加速度计是螺栓安装)；

——油或油脂(如果使用)；

——电缆固定；

——安装方位(垂直或水平)。

c) 模拟质量块(如果使用)：

——材料(如：钢)、尺寸(长度、直径)和质量；

——安装力矩；

——为了补偿上下表面之间相对运动的影响，应给出灵敏度修正系数值。

d) 激光反射：

——反射镜(抛光的棒端面)；

——激光光点在反射面的位置。

e) 所有放大器的设置(如果可调)，例如：

——增益；

——滤波器的截止频率。

f) 校准结果：

——冲击加速度幅值和冲击脉冲持续时间；

——冲击灵敏度值；

——测量的扩展不确定度，如果包含因子k不等于2，给出k的值。

附　录　A
（规范性附录）
校准中测量不确定度的表述

A.1　计算给定加速度峰值、冲击脉冲持续时间、放大器增益设置和滤波器截止频率时的冲击灵敏度 S_{sh} 的扩展不确定度 $U_{rel}(S_{sh})$

应按照以下 GB/T 20485.1 中的公式，计算给定加速度峰值、冲击脉冲持续时间、放大器增益设置和滤波器截止频率时的冲击灵敏度测量的相对扩展不确定度 $U_{rel}(S_{sh})$：

$$U_{rel}(S_{sh}) = k u_{c,rel}(S_{sh}) \quad\cdots\cdots(A.1)$$

$$u_{c,rel}(S_{sh}) = \frac{u_c(S_{sh})}{S_{sh}} = \frac{1}{S_{sh}}\sqrt{\sum_{i=1}^{11} u_i^2(S_{sh})} \quad\cdots\cdots(A.2)$$

式中，包含因子 $k=2$ 。

不确定度分量见表 A.1。

表 A.1

i	标准不确定度分量 $u(x_i)$	不确定度来源	引入灵敏度不确定度的分量 $u_i(y)$
1	$u(u_{peak,V})$	加速度计输出电压峰值测量（波形记录仪；如：ADC 的分辨力）	$u_1(S_{sh})$
2	$u(u_{peak,F})$	电压滤波对加速度计输出电压峰值的影响（频率带宽的限制）	$u_2(S_{sh})$
3	$u(u_{peak,D})$	电压干扰对加速度计输出电压峰值的影响（如：交流声和噪声）	$u_3(S_{sh})$
4	$u(u_{peak,T})$	横向、摇摆和弯曲加速度对加速度计输出电压峰值的影响（横向灵敏度）	$u_4(S_{sh})$
5	$u(a_{peak,Q})$	干涉仪正交输出信号的干扰对加速度峰值的影响（如：偏移、电压幅值偏差、与 90°名义角度差的偏差）	$u_5(S_{sh})$
6	$u(a_{peak,F})$	干涉仪信号滤波对加速度峰值的影响（频率带宽的限制）	$u_6(S_{sh})$
7	$u(a_{peak,VD})$	电压干扰对加速度峰值的影响（如：光电测量链中的随机噪声）	$u_7(S_{sh})$
8	$u(a_{peak,MD})$	运动干扰对加速度峰值的影响（如：偏移；加速度计参考平面与干涉仪光点之间的相对运动）	$u_8(S_{sh})$
9	$u(a_{peak,PD})$	相位干扰对加速度峰值的影响（如：干涉仪信号的相位噪声）	$u_9(S_{sh})$
10	$u(a_{peak,RE})$	其他干涉技术对加速度峰值的影响（干涉仪功能）	$u_{10}(S_{sh})$
11	$u(S_{sh,RE})$	对冲击灵敏度测量的其他影响（如：在传感器或冲击机中的共振激励的影响；重复测量中的随机影响；算术平均值的实验标准偏差）	$u_{11}(S_{sh})$

A.2 计算加速度峰值和冲击脉冲持续时间整个范围的冲击灵敏度 $S_{sh,t}$ 的扩展不确定度 $U_{rel}(S_{sh,t})$

按照式(A.1)计算的冲击灵敏度测量的扩展不确定度 $U_{rel}(S_{sh})$，只对校准的加速度峰值、冲击脉冲持续时间、放大器增益和滤波器截止频率的设置有效。在连续校准过程中的任何时间间隔里，应按照以下 GB/T 20485.1 中的公式计算加速度峰值和冲击脉冲持续时间整个范围内的冲击灵敏度 $S_{sh,t}$ 的相对扩展不确定度：

$$U_{rel}(S_{sh,t}) = ku_{c,rel}(S_{sh,t}) \qquad \text{(A.3)}$$

$$u_{c,rel}(S_{sh,t}) = \frac{u_c(S_{sh,t})}{S_{sh}} = \frac{1}{S_{sh}}\sqrt{\sum_{i=1}^{10} u_i^2(S_{sh,t})} \qquad \text{(A.4)}$$

式中，包含因子 $k=2$ 。

不确定度分量见表 A.2。

表 A.2

i	标准不确定度分量 $u(x_i)$	不确定度来源	引入灵敏度不确定度的分量 $u_i(y)$
1	$u(S_{sh})$	在参考峰值、冲击脉冲持续时间和放大器增益设置情况下，按照式(A.1)计算的冲击灵敏度的不确定度	$u_1(S_{sh,t})$
2	$u(e_{T,A})$	参考放大器跟踪特性(对不同放大器设置的增益和相移的偏差)	$u_2(S_{sh,t})$
3	$u(e_{L,f,A})$	与参考放大器恒定的幅值-频率特性和线性的相位-频率特性的偏差	$u_3(S_{sh,t})$
4	$u(e_{L,f,P})$	与参考加速度计恒定的幅值-频率特性和线性的相位-频率特性的偏差	$u_4(S_{sh,t})$
5	$u(e_{L,a,A})$	参考放大器幅值线性的偏差	$u_5(S_{sh,t})$
6	$u(e_{L,a,P})$	参考加速度计幅值线性的偏差	$u_6(S_{sh,t})$
7	$u(e_{I,A})$	参考放大器增益的不稳定性和源阻抗对增益和相移的影响	$u_7(S_{sh,t})$
8	$u(e_{I,P})$	加速度计灵敏度的不稳定性(幅值和相移)	$u_8(S_{sh,t})$
9	$u(e_{E,A})$	环境对参考放大器增益和相移的影响	$u_9(S_{sh,t})$
10	$u(e_{E,P})$	环境对参考加速度计灵敏度(幅值和相移)的影响	$u_{10}(S_{sh,t})$

附 录 B
（资料性附录）
程 序 介 绍

B.1 概述

按照GB/T 20485.1，对承受平行于规定轴正弦激励的加速度计，其加速度复灵敏度$\underline{S_a}$定义为：

$$\underline{S_a} = \hat{S}_a e^{j(\varphi_u - \varphi_a)} \qquad \text{(B.1)}$$

式中：

$$\hat{S}_a = \frac{\hat{u}}{\hat{a}} \qquad \text{(B.2)}$$

$\hat{S}_a$——加速度灵敏度的幅值；

$\hat{u}$——加速度计正弦输出 u 的幅值（最好是加速度计/放大器套组的输出电压）；

$\hat{a}$——正弦加速度 a 的幅值；

φ_u——输出的初相角；

φ_a——加速度的初相角；

$(\varphi_u - \varphi_a)$——复灵敏度的相移 $\Delta\varphi$，

$$\Delta\varphi = \varphi_u - \varphi_a \qquad \text{(B.3)}$$

由于复灵敏度的幅值和相移取决于频率，所以必须在任何一个所关心的频率下确定。

在GB/T 20485.11—2006中描述了由正弦激励进行加速度计绝对校准的方法。（复）灵敏度的定义和校准基于线性系统理论。应用这个理论时，可以使用冲击激励的绝对校准作为一种替代方法，来确定复灵敏度的幅值和相移。如果加速度计的幅值线性偏离了理想值，冲击校准结果就可能偏离振动校准值。可以按照附录C进行加速度计输入和输出的傅里叶谱计算，并在任何频率分量下可按照公式(B.2)和公式(B.3)分别得出复灵敏度的幅值和相移。在谱的某些频率点 f_n 下，通过观察加速度峰值对复灵敏度幅值 S_n 和相移 $\Delta\varphi_n$ 的影响，可以确定与加速度计（带或不带电荷放大器）理想幅值线性的偏差值。

根据测量范围（见第1章），本部分对加速度某些参数（峰值、冲击脉冲持续时间和冲击脉冲形状）测量使用冲击激励，用加速度计的输出峰值与输入峰值的比值来确定加速度计（带或不带电荷放大器）的冲击灵敏度。在这种情况下，应用公式(B.2)时，用峰值 u_{peak} 和 a_{peak} 代替 $\hat{u}$ 和 $\hat{a}$，灵敏度用 S_{sh} 表示：

$$S_{sh} = \frac{u_{peak}}{a_{peak}} \qquad \text{(B.4)}$$

在这种情况下，灵敏度取决于冲击脉冲持续时间，如果加速度计与理想的幅值线性发生偏离，则灵敏度还取决于峰值。

当冲击机产生一个加速度 $a(t)$ 时，加速度计输出信号满足关系式 $u(t)$。

第一个光电接收器的输出可以写为：

$$u_1(t) = \hat{u}_1 \cos\varphi_{Mod}(t) = \hat{u}_1 \cos[\varphi_0 + \varphi_M(t)] \qquad \text{(B.5)}$$

式中，调制相位 φ_{Mod}

$$\varphi_{Mod} = \varphi_0 + \varphi_M(t) \qquad \text{(B.6)}$$

是光电接收器信号初相位角 φ_0 和调制项 $\varphi_M(t)$ 合成。而 $\varphi_M(t)$ 与位移 $s(t)$ 成比例：

$$\varphi_M = \frac{4\pi s(t)}{\lambda} \qquad \text{(B.7)}$$

它是假设在位移 $s(t)$ 和正弦相位项 $\varphi_M(t)$ 之间没有时间延迟。下面说明位移是如何计算的，这样

速度 v 和加速度 a 可以基于定义从位移 s 中得出：

$$a(t)=\frac{\mathrm{d}v(t)}{\mathrm{d}t}=\frac{\mathrm{d}^2 s(t)}{\mathrm{d}t^2} \quad\cdots\cdots(\text{B}.8)$$

另一个光电接收器正交输出可以描述为：

$$u_2(t)=\hat{u}_2\sin\varphi_{\text{Mod}}(t)=\hat{u}_2\sin[\varphi_0+\varphi_{\text{M}}(t)] \quad\cdots\cdots(\text{B}.9)$$

式中：

$\hat{u}_2=\hat{u}_1$。

在 $t_0<t<t_0+T_{\text{Meas}}$ 测量周期内，以恒定的采样速率对正交信号进行采样。在 $t_0<t<t_0+T_{\text{Meas}}$ 内采样得到的$\{u_1(t_i)\}$和$\{u_2(t_i)\}$测量值序列具有 $\Delta t=t_i-t_{i-1}=1/f_s=\text{const}$（常数）的一个采样间隔，其中 f_s 为采样频率。对于两个正交信号，在测量过程中可使用下列公式连续计算它们的相位值 $\varphi_{\text{Mod}}(t)$：

$$\varphi_{\text{Mod}}(t_i)=\arctan\frac{u_2(t_i)}{u_1(t_i)}+n\pi \quad\cdots\cdots(\text{B}.10)$$

其中 $n=0,1,2,\cdots$

这些计算程序，尤其是具有连续的“相位展开”（见参考文献[10]）的反正切函数的计算程序都是数字信号处理中的标准程序。

使用由公式(B.9)得到的 $\varphi_{\text{Mod}}(t_i)$值，离散的位移值序列$\{s_{\text{D}}(t_i)\}$可以通过下式计算：

$$s_{\text{D}}(t_i)=\frac{\lambda}{4\pi}\varphi_{\text{Mod}}(t_i) \quad\cdots\cdots(\text{B}.11)$$

如果 $\varphi_0\neq 0$，则$\{s_{\text{D}}(t_i)\}$存在偏差。因为按照公式(B.8)求导数，这个常数项不影响速度和加速度的测量结果。下角标 D 表示这些值受到高频噪音的干扰。这些干扰可通过离散时间的低通滤波器来抑制。

要获得复灵敏度的幅值和相移（频域形式）和冲击灵敏度（时域形式），需要进行 B.2 和 B.3 中叙述的运算。

B.2 离散时间的低通滤波方法

为实现低通滤波，可以根据输出值 $y(t_{i-1})$、$y(t_{i-2})$、输入采样值 $x(t_i)$、$x(t_{i-1})$、$x(t_{i-2})$，使用一种任意时刻 t_i 输出值的递归计算算法：

$$y(t_i)=A_1y(t_{i-1})+A_2y(t_{i-2})+B_0x(t_i)+B_1x(t_{i-1})+B_2x(t_{i-2}) \quad\cdots\cdots(\text{B}.12)$$

式中：

$i=0,1,\cdots,N-1$

A_1、A_2、B_0、B_1、B_2 是滤波器系数。

这个二次微分方程的频率响应函数由下式确定：

$$H(j\Omega)=\frac{B_0+B_1\mathrm{e}^{-j\Omega}+B_2\mathrm{e}^{-j2\Omega}}{1-A_1\mathrm{e}^{-j\Omega}-A_2\mathrm{e}^{-j2\Omega}} \quad\cdots\cdots(\text{B}.13)$$

式中：

Ω——标称的角频率，$\Omega=2\pi f/f_s$。

为获得该滤波器通带和阻带时的单调频率响应，使用由下式给出的巴特沃斯近似函数：

$$|H(\mathrm{e}^{j\Omega})|^2=\frac{1}{1+\left[\tan\left(\frac{\Omega}{2}\right)/\tan\left(\frac{\Omega_c}{2}\right)\right]^4} \quad\cdots\cdots(\text{B}.14)$$

式中 Ω_c 为标称的截止频率。滤波器系数 A_1、A_2、B_0、B_1、B_2 均根据这个近似函数确定。当应用相关计算公式时，依据理想的截止频率 Ω_c 得到它们的值。

对输出信号的递归计算会造成非线性的相移结果。为满足低通滤波器无任何相移的技术要求，使用下式对输出信号进行反方向的重复计算：

$$y^*(t_{N-1-i}) = A_1 y^*(t_{N-2-i}) + A_2 y^*(t_{N-3-i}) + B_0 y(t_{N-1-i}) + B_1 y(t_{N-2-i}) + B_2 y(t_{N-3-i}) \quad \cdots\cdots(\text{B.15})$$

式中：

$i=0, 1, \cdots, N-1$。

则合成的频率响应函数可以表示为：

$$H(e^{j\Omega}) \cdot H^*(e^{j\Omega}) = |H(e^{j\Omega})|^2 \quad \cdots\cdots(\text{B.16})$$

这样，在信号 $y^*(t_i)$和 $x(t_i)$之间应用两次滤波运算之后，就不会出现相移。

B.3 微分的方法

多种方法可用于求导。如果高频干扰的影响能够得到有效抑制，可使用本部分推荐的一种最简单的方法。为此目的，在 B.2 介绍了离散时间的低通滤波方法。在对由公式(B.10)得到的位移值进行离散低通滤波之后，形成以$\{s(t_i)\}$表示的"平滑"的位移值序列，根据下式可以进行一次微分计算：

$$v_D(t_i) = \frac{1}{2\Delta t}[s(t_{i+1}) - s(t_{i-1})] \quad \cdots\cdots(\text{B.17})$$

下角标 D 表示微分获得的值受高频噪音的干扰。因此，对于这些速度值$\{v_D(t_i)\}$必须使用滤波操作，以得到"平滑"值$\{v(t_i)\}$。在这种情况下，可以再次使用微分方法的简单表达式以得到加速度：

$$a(t_i) = \frac{1}{2\Delta t}[v(t_{i+1}) - v(t_{i-1})] \quad \cdots\cdots(\text{B.18})$$

B.4 另一种微分法

有另外一种方法可以得到一个时间序列 $x(t_i)(i=0, \ldots\ldots, L-1)$（例如，近似高斯速度波形的序列$\{v(t_i)\}$）的一阶导数 $x'(t_i)$，由下列信号处理步骤：

a) 通过应用离散傅里叶变换，计算 $f_n=\frac{f_s}{L}n$ 时间序列的复谱 $X(j2\pi f)$：

$$X(j2\pi f_n) = \sum_{i=0}^{L-1} x(t_i) e^{-j2\pi \frac{f_n}{f_s} i} \quad \cdots\cdots(\text{B.19})$$

式中：

$0 \leqslant n \leqslant L-1$

b) 复角频率 $j2\pi f_n$ 与复谱 $X(j2\pi f_n)$的乘积可得到一阶导数复谱：

$$X'(j2\pi f_n) = j2\pi f_n \times X(j2\pi f_n) \quad \cdots\cdots(\text{B.20})$$

式中：

$0 \leqslant n \leqslant L-1$

c) 对 $X'(j2\pi f)$应用离散傅里叶逆变换，以得到时间序列的导数：

$$x'(t_i) = \frac{1}{L} \sum_{n=0}^{L-1} X'(j2\pi f_n) e^{-j2\pi \frac{f_n}{f_s} i} \quad \cdots\cdots(\text{B.21})$$

式中：

$0 \leqslant i \leqslant L-1$

后一种方法抑制了干扰信号对被抑制的时间序列微分的影响。它可用来计算低量级冲击近似高斯速度波形的导数。

附 录 C
（资料性附录）
复灵敏度幅值和相移计算的替代方法

C.1 加速度计复灵敏度幅值和相移（如果满足 C.2 的条件），可以使用 7.3.3 步骤 e）的中间结果得到。在频率点 f_n 对应的加速度复频谱得到振幅和初始相位，并表示为：

$$\hat{a}_n, \hat{\varphi}_{a,n}$$

其中：

$$\hat{a}_n = \hat{a}(f_n), \quad \varphi_{a,n} = \varphi_a(f_n) \qquad \cdots\cdots(C.1)$$

需要的计算步骤如下：

a） 通过对滤波后的加速度计输出值 $\{u(t_i)\}$ 序列进行傅里叶变换，计算加速度计输出复频谱。在频率点 f_n 对应的加速度的振幅和相位表示为：

$$\hat{u}_n, \hat{\varphi}_{u,n}$$

其中：

$$\hat{u}_n = \hat{u}(f_n), \quad \hat{\varphi}_{u,n} = \varphi_u(f_n) \qquad \cdots\cdots(C.2)$$

b） 使用下式计算加速度计复灵敏度幅值 $\hat{S}_n = \hat{S}(f_n)$ 和相移 $\Delta\varphi_n = \Delta\varphi(f_n)$ 的序列值（这里 $n=0, 1, 2, \ldots, N-1$）：

$$S_n = \hat{u}_n / \hat{a}_n \qquad \cdots\cdots(C.3)$$

$$\Delta\varphi_n = \varphi_{u,n} - \varphi_{a,n} \qquad \cdots\cdots(C.4)$$

当报告校准结果时，应按照 GB/T 20485.1 计算并报告测量的扩展不确定度。

C.2 三路信号采样应同时开始，同时结束，并且至少对两路干涉仪信号应由同一时钟实现同步采样。

为消除滤波器相位响应的干扰影响，应对序列值（见附录 B）进行正向和逆向的滤波操作。这可应用于干涉仪测量信号和加速度计输出测量信号的序列值的滤波。为了实现四阶巴特沃斯滤波器，两次滤波操作应是二阶。

C.3 上述关系是基于附录 B 给出的离散傅里叶变换的描述和下述说明得出的。用采样得到的加速度计输出信号 $X_u(f_n)$ 的离散傅里叶系数序列值和采样得到的速度信号 $X_v(f_n)$ 的傅里叶系数序列值，来确定被校准的加速度计复灵敏度，公式为：

$$\underline{S}(f_n) = \frac{X_u(f_n)}{j2\pi f_n X_v(f_n)} \qquad \cdots\cdots(C.5)$$

式中：

$0 < n \leqslant L-1$。

为得到复灵敏度幅值和相移，将公式（C.5）重写为：

$$\underline{S}(f_n) = \frac{|X_u(f_n)|\, e^{j\varphi_u(f_n)}}{|2\pi f_n X_v(f_n)|\, e^{j\left[\varphi_v(f_n)+\frac{\pi}{2}\right]}} \qquad \cdots\cdots(C.6)$$

通过使用附录 B 开始介绍的符号，可以将复灵敏度幅值表示为：

$$\hat{S}_n = \frac{\hat{u}_n}{\hat{a}_n} = \frac{|X_u(f_n)|}{|2\pi f_n X_v(f_n)|} \qquad \cdots\cdots(C.7)$$

相移表示为：

$$\Delta\varphi_n = \varphi_{u,n} - \varphi_{a,n} = \varphi_u(f_n) - \varphi_v(f_n) - \frac{\pi}{2} \qquad \cdots\cdots(C.8)$$

注：上述关系式，尤其是附录 B 中的公式（B.5）和（B.9）均假设为理想条件，但实际上不可能满足理想条件。在实际条件下，光电接收器信号偏离它们的幅值期望值 $\hat{u}_1$，$\hat{u}_2$ 以及标称相移 $\pi/2$，可能发生不同的偏移量 $u_{0,1}$，$u_{0,2}$。有关 4.6 中叙述的在允差范围内，来自非理想正交信号的影响可见参考文献[6]。

参 考 文 献

[1] H.-J. von Martens, H.-J. Schlaak, A. Täubner. Interferometrische Kalibrierung von Translations- und Rotationsaufnehmern mit Sinus- und Stoßanregung. *Fortschritte der Akustik*, *DAGA* 94, part B,1994:681-684.

[2] C. M. Harris, Ch. E. Crede. 冲击和振动手册,第3版,McGraw-Hill,纽约,多伦多,伦敦,1987.

[3] D. J. Evans. NIST 250种特定测试之一(NO:24040S)用机械冲击激励测试加速度计的灵敏度. *ASME International Mechanical Engineering Congress & Exposition*, 旧金山,加利福尼亚, 1995.

[4] H. Kolsky. 固体中的应力波. *Dover Publications*, New York, 1963:215.

[5] R. D. Sill. 用压缩波法在100.000 g幅值进行加速度计的冲击校准. *Proceedings of the 29th International Instrumentation Symposium*, Albuquerque, New Mexico; *Instrument Society of America*, *Instrumentation in the Aerospace Industry*, 29, 1983:503-516.

[6] A. Link, H.-J. von Martens, W. Wabinski. 加速度计冲击绝对校准的新方法. SPIE, Volume 3411,1998:224-235.

[7] W. Wabinski, H.-J. von Martens. 振动幅相测量干涉信号的时间间隔分析法. SPIE, Vol. 2868, 1996:166-177.

[8] A. Link, J. Gerhardt, H.-J. von Martens. 纳米级加速度计的幅相校准. SPIE, Vol. 2868, 1996:37-48.

[9] Glöckner, B., v. Martens, H.-J., Rogazewski, P., et al. Neue Verfahren zur Kalibrierung von Stoßmeßmitteln. In: *Metrologische Abhandlungen*, 8, No. 3,1988:245-258.

[10] J. M. Tribolet. 一种相位展开的新算法. *IEEE Transactions on Acoustics*, *Speech*, *and Signal Processing*, ASSP-25, No. 2, April 1977:170-177.

[11] 测量不确定导则,BIPM,IEC,IFFC,ISO,IMPAC,IMPAP,OIML,1993.

[12] H.-J. von Martens, P. Rogazewski. 振动量值单位在GDR中的复现和传递. *Bulletin OIML*, No. 108, Sept. 1987:26-37.

[13] Weißenborn Ch.. Verbesserte Impulsformung bei der Kalibrierung von Beschleunigungsaufnehmern. *Technisches Messen*, 66, 1999:277-285.

[14] ISO 5347-4:1993,振动与冲击传感器校准方法 第4部分:冲击比较校准(将转换为ISO 16063-22)

[15] ISO 16063-22:2005,振动与冲击传感器校准方法 第22部分:冲击比较法校准

ICS 17.160
J 04

中华人民共和国国家标准

GB/T 20485.21—2007/ISO 16063-21:2003
代替 GB/T 13823.3—1992

振动与冲击传感器校准方法 第21部分:振动比较法校准

Methods for the calibration of vibration and shock transducers—Part 21:Vibration calibration by comparison to a reference transducer

(ISO 16063-21:2003,IDT)

2007-01-02 发布

2007-12-01 实施

中华人民共和国国家质量监督检验检疫总局
中国国家标准化管理委员会 发布

前　言

GB/T 20485《振动与冲击传感器的校准方法》由以下几大类组成：

——第 1 类：基本概念；

——第 2 类：绝对法校准（如：振动激光干涉绝对法、振动互易法、冲击激光干涉绝对法等）；

——第 3 类：比较法校准（如：振动比较法、冲击比较法）；

——第 4 类：环境模拟校准（如：磁灵敏度、声灵敏度、基座应变灵敏度、横向振动灵敏度等）；

——第 5 类：其他。

本部分是 GB/T 20485 第 3 类中的一个部分。

本部分等同采用 ISO 16063-21:2003(E)《振动与冲击传感器的校准方法　第 21 部分：振动比较法校准》（英文版），并作了编辑性修改。

本部分是对 GB/T 13823.3—1992《振动与冲击传感器的校准方法　正弦激励比较法校准（二次校准）》的修订。与 GB/T 13823.3—1992 相比有较大变化。主要变化有：

——校准的频率范围从（20 Hz～5 kHz）扩展到（0.4 Hz～10 kHz）（可选择）。动态范围从（10 m/s^2～1 000 m/s^2）扩展到（0.1 m/s^2～1 000 m/s^2）（可选择）。

——校准的振动波形从单一正弦扩展到多正弦、随机波，并增加了谱分析部分。

——校准的频率可以是多点，也可以是单点。

——校准频率的选取从 1 倍频程改为 1/3 倍频程。

——按试验条件和校准不确定度范围，将校准方法划分为实验室和现场两大类。

——校准的内容从幅值校准增加到幅值和相位（可选项）校准，从单一加速度校准到加速度、速度和位移校准。

——调整了相应的校准仪器设备，并增加了对传感器安装条件的要求。

——附录 A 的内容进行了较大的改动，对振动比较法校准的不确定度分析作了规范的描述。除了有灵敏度校准不确定度以外还增加了相位校准不确定度。

——增加了附录 B、附录 C、附录 D。

——附录 A、附录 B 均为规范性附录，附录 C、附录 D 均为资料性附录。

——增加了参考文献。

本部分自实施之日起代替 GB/T 13823.3—1992。

本部分由全国机械振动与冲击标准化技术委员会提出并归口。

本部分起草单位：湖北省计量测试技术研究院、中国计量科学研究院。

本部分主要起草人：于明、于梅。

引 言

GB/T 20485 系列提供了一套振动与冲击传感器的校准方法，适用于校准实验室和现场使用。

本部分涉及的用户范围较宽，包括从事计量学中机械振动特性的技术评价和振动环境中的人体暴露问题的技术人员。本部分应用的关键在于对测量不确定度详细地描述和评价，以及在振动测量中误差估算和扩展不确定度的计算方法。

本部分中特别要规定的是：通过一个参考的、工作的或核查的标准（现场使用的便携式校准器）（其定义见参考文献[2]）向国内或国际的振动绝对标准溯源。本部分为使用者提供直线式振动传感器（有或没有信号调节）的校准方法和步骤，从而可以获得振动频率在 0.4 Hz～10 kHz 范围内幅值和相位（可选择）的复灵敏度。

振动与冲击传感器校准方法
第21部分:振动比较法校准

1 范围

本部分描述了直线式振动传感器的比较法校准,虽然本部分主要描述的是与一只经过绝对法校准的参考传感器进行直接比较的校准方法,该方法也能够用于校准体系中不同等级之间的校准。

本部分详细地说明了在振动频率从0.4 Hz～10 kHz范围内,运用比较法校准直线式振动传感器的步骤。它主要针对在实验室条件下使用标准方法的振动测量,其测量不确定度相对较小。它也能用于现场条件的测量,这样测量不确定度可能较大。

所有重要的不确定度源将影响校准结果,本部分也给出了评定扩展不确定度的方法。它包含使用一个核查标准来进行校准时不确定度的估计。

本部分比较法校准的环境条件应与参考传感器校准时一致。

注:在极端环境条件下做传感器校准已包含在其他的标准中。

2 规范性引用文件

下列文件中的条款通过GB/T 20485的本部分的引用而成为本部分的条款。凡是注明日期的引用文件,其随后所有的修改单(不包括勘误的内容)或修订版均不适用于本部分。然而,鼓励根据本部分达成协议的各方研究是否可使用这些文件的最新版本。凡是不注明日期的引用文件,其最新版本适用于本部分。

GB/T 3240—1982 声学 声学测量中的常用频率

GB/T 20485.1 振动与冲击传感器校准方法 第1部分:基本概念(ISO 16063-1:1998,IDT)

GB/T 20485.11—2006 振动和冲击传感器的校准方法 第11部分:激光干涉绝对法振动校准(ISO 16063-11:1999,IDT)

JJF 1059—1999 测量不确定度评定与表示(BIPM/IEC/IFCC/ISO/OIML/IUPAC,1995,IDT)

ISO 2041:1990 振动和冲击 词汇

3 测量不确定度

3.1 本部分的使用者按照附录A所作的不确定度估计来证实其不确定度水平(见附录D)。

为建立满足不同需要的测量系统,给出了两个例子,并给出了建立每一个测量系统的要求和可达到的不确定度。例1是在良好的实验室控制条件下的校准,其校准装置可获得较高的准确度。例2是略低于最高准确度的校准要求或能维持在较窄的允差范围内的校准。这两个例子将贯穿本部分中。

a) 例1:

已经过绝对法校准的参考传感器,并提供可以引用的不确定度。这个校准可以传递给一个实际应用的工作标准。与相应条款所说明的那样,比较法校准时的温度和其他条件被控制在一个较窄的允许范围内。

b) 例2:

未经绝对法校准的参考传感器,但是它是可溯源的,其定义见参考文献[2],并具有相应的不确定度证明文件,这种校准也能传递到一个实际应用的工作标准上。在相应的条款中对其他参数和仪器的技术要求做了说明。

3.2 在上述两个例子中，对参考传感器的最低校准要求是要在合适的参考条件（频率、幅值和温度）下进行校准，通常选取的条件与GB/T 20485.11—2006相同。

可以选取下面的参数：

频率范围： 20 Hz～5 000 Hz，可选择0.4 Hz～10 000 Hz

动态范围： 10 m/s^2～1 000 m/s^2(rms)，可选择0.1 m/s^2～1 000 m/s^2（依频率而定）

注：这里给出的频率范围不是必须的，并且也允许进行单点校准。

任何给定频率下的加速度、速度或位移幅值，其动态范围将受本底噪声和激励设备所产生的总失真度所限制（如果没有使用滤波），也受它的最大功率的限制。（对于弹性系统的振动台，技术上也有采用改变输入电压波形来抑制在大位移时固有失真的方法。）一般电动式振动台的频率范围从10 Hz～10 000 Hz，具有200 m/s^2～1 000 m/s^2加速度有效值、0.5 m/s～1 m/s速度有效值和5 mm的位移峰值。校准下限取决于两个测量通道的噪声大小，也取决于测量通道的带宽。其校准的典型值是50 m/s^2～100 m/s^2加速度有效值或0.1 m/s速度有效值，对校准器通常使用的值在1 m/s^2～10 m/s^2之间。在考虑此范围内时，附录C中的图表是非常有用的。

在最低频率进行测量时，通常限制的参数是位移。在1 Hz时，大位移振动台的典型振动值为1 m/s^2～2 m/s^2加速度有效值或0.1 m/s～0.3 m/s速度有效值。

3.3 两个例子的可达不确定度（按照GB/T 20485.1的要求，计算扩展不确定度时包含因子为2）由表1给出。实际中可能会超出这些指标，这取决于经过校准的参考传感器不确定度、参考传感器和被校传感器的响应特性，以及装置中使用的振动台和测量仪器的振动特性。实验室或最终用户的责任是确保报告的扩展不确定度的值是可信的。

表1 复灵敏度幅值和相移的可达不确定度

参数	例1	例2
幅值		
加速度计(0.4 Hz～1 000 Hz)	1%	3%
加速度计(1 kHz～2 000 Hz)	2%	5%
加速度计(2 kHz～10 000 Hz)	3%	10%
速度和位移传感器(20 Hz～1 000 Hz)	4%	6%
相移[a]		
参考条件[b]（幅值和频率值与参考传感器校准时相同）	1°	3°
其他参考条件	2.5°	5°
注：例子中给出的扩展不确定度（例如1%）是基于附录D实例（测量结果的扩展不确定度是0.84%）中给出的具体不确定度估算的。		
a 相移的测量是可选的。 b 推荐的参考条件如下：GB/T 20485.11—2006的第2章） ——频率(Hz)：160、80、40、16、8[或角频率 ω(rad/s)：1 000、500、250、100、50]， ——加速度(m/s^2)（有效值或峰值）：100、50、20、10、5、2、1。		

4 仪器设备和环境条件的要求

4.1 总则

本章中的例子对应第3章的条款。

如果满足以下列出的每一条推荐技术指标，根据已校准参考传感器的不确定度，以及参考传感器和被校传感器的响应特性，就应在可用频率范围内获得第3章给出的不确定度。当然，其他技术要求的组合也能满足同样的不确定度。在频率小于1 Hz时，为了满足第3章中所给出的扩展不确定度，需要使用特殊的仪器设备。使用附录 A 的方法提供扩展不确定度是必须的。

4.2 环境条件

如下所示：

	例 1	例 2
室内温度：	(23±5)℃	(23±10)℃
相对湿度：	不大于 75%	不大于 90%

4.3 参考传感器

参考传感器应尽可能与放大器一起校准。

a) 例 1：

该传感器应按照适当的绝对校准方法校准，或者与一只在选定参考加速度和频率下、经适当的绝对方法[扩展不确定度为 0.5%(幅值)和 0.5°(相移)，包含因子 $k=2$](见 GB/T 20485.11—2006 或其他部分)校准过的传感器进行比较的方法来校准参考传感器。在频率的高端和低端允许较大的不确定度。

b) 例 2：

该传感器应按照适当的和已知的可以溯源到绝对参考传感器的方法校准，在选定的参考加速度和频率值下，其扩展不确定度为 2%(幅值)和 2°(相移)(包含因子 $k=2$)。在频率的高端和低端允许较大的不确定度。

被校传感器可以直接安装在参考传感器的顶部，叫做背靠背校准。背靠背的结构见图 1。也可以将参考传感器安装在固定装置的下面，与被校传感器成一直线。不推荐使用两只传感器肩并肩的安装方法，因为常常会有摇摆的运动产生，许多情况会引起大的误差。在校准器中参考传感器是整个运动体的一个组成部分。

4.4～4.8 规定了引入测量不确定度的仪器特性。

4.4 振动激励设备

振动激励器应满足表 2 给出的要求。

表 2 振动激励设备

参　　数	单位	例 1	例 2
频率不确定度	%	≤0.1	≤0.2
频率稳定性	测量周期内读数的%	0.1	0.2
加速度幅值稳定性	测量周期内读数的%	0.1	0.3
总谐波失真(f>20 Hz)	%	≤5	≤10
整个频率范围内的总谐波失真	%	≤10	≤20
横向、弯曲与摇摆加速度	%	≤10(f≤1 kHz) ≤30(f>1 kHz)	
交流声和噪声 (f≥10 Hz)	dB(低于满输出)	≥50	≥40
交流声和噪声 (f<10 Hz)	dB(低于满输出)	≥20	≥10

只有在测量带宽内，交流声和噪声的影响才是重要的。对校准使用的频率、加速度值和负载的每个组合，横向幅值、弯曲与摇摆加速度值、交流声和噪声应与第 3 章所给出的不确定度相符。

在传感器的安装面所产生的静态或动态基座应变不应对校准结果造成过大的影响。

为了达到以上的目的，两个作比较校准的传感器安装面之间必须有平面度和表面粗糙度技术指标，以满足要求。如果使用最大的频率范围进行校准，必须有严格的几何公差要求，其偏差的算术平均值 Ra 应小于 1 μm。平面度的要求是：两个面的平行度差应小于 5 μm，包括任何最大的校准传感器的安装面。传感器的连接孔(有螺纹)与安装表面的垂直偏差应小于 10 μm,即该孔的轴线允许在一个有 10 μm直径的柱面区内,而且柱面的高度与孔的深度相同。

振动激励器的安装表面应与运动方向垂直。任何垂直度偏差都会影响计算不确定度估计。(见附录 A)

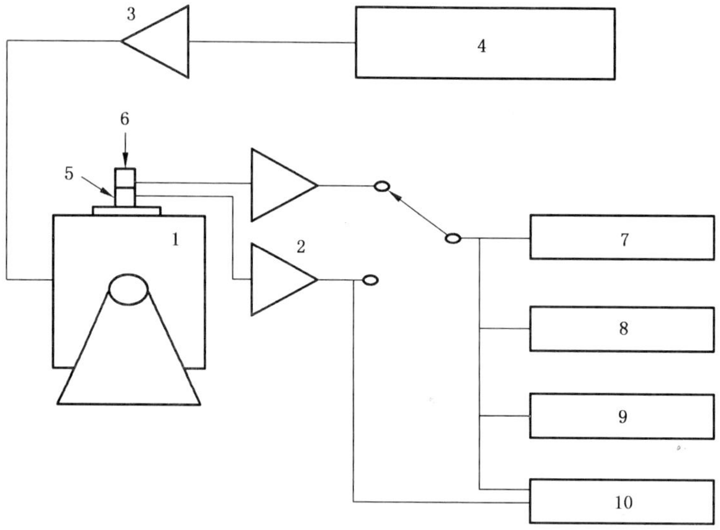

1——激励器;
2——放大器;
3——功率放大器;
4——频率发生器和指示器;
5——参考传感器;
6——被校准的传感器;
7——电压表;
8——失真度仪(可选择);
9——观察波形用示波器(选用);
10——相位计(选用)。

图 1 与参考传感器进行比较的振动校准系统

注 1:多正弦、正弦或随机信号发生器可以与频率分析仪连接使用。典型的快速傅立叶变换(FFT)分析仪用于随机、多正弦信号和单正弦相关分析,而频率响应分析仪(FRA)则用于单正弦信号分析。此时失真度就不重要了。因此通常可使用分析仪替代宽带的有效值电压表。虽然电压表更准确,但是对失真和与测量频率不同的其他频率点的信号比较灵敏。当使用谱平均时,相干测量能够用来估计信噪比和传感器的非线性度是否在定义的范围内。对于双通道测量,当施以随机激励和使用 64 次平均时,0.98 的最小相干限将保证由信噪比和非线性度引入的误差不大于 0.9%。特殊情况下,由于振动台或传感器在其他频率点非线性的影响,宽带激励可能会在一个测量频率点处产生不需要的(横向)振动或输出信号。

注 2:4.3 和 4.4 的仪器可组合为校准器。

4.5 电压测量仪器

考虑两种可替换的设置。

a) 用单一电压表测量传感器放大器输出端的真有效值。连续地测量被校传感器和参考传感器的输出信号,其中参考传感器的输出至少应测量两次。该仪器应满足表 3 的要求。

表 3 电压测量仪器—单一电压表

参　数	单　位	例 1	例 2
频率范围	Hz	1~10 000	1~10 000
线性度的最大偏差	信号电平的最大差值读数的%	0.1	0.3
参考传感器连续两次测量的最大偏差	%	0.1	0.3
注:最后一行是测量重复性,它不光包括电压表的重复性,在此作为通用技术要求处理。			

b） 测量传感器放大器输出电压比率的仪器。该仪器的特性见表 4。

表 4 电压测量仪器

参　　数	单　　位	例 1	例 2
频率范围	Hz	1～10 000	1～10 000
最大不确定度	%	0.2	0.5

4.6 失真度测量仪器

失真度测量仪器(限定使用,见表 5 的注)应有 1%到 10%总谐波失真的测量能力,其特性见表 5。

表 5 失真度测量仪器

参　　数	单　　位	例 1	例 2
频率范围	Hz	1～50 000	1～50 000
最大不确定度	读数的%	10	10
注：失真度测量仅仅在正弦校准时是必要的,所以没有将它列入标准步骤。它可用来检查振动发生设备最初的性能,以及定期和有疑问时检查使用。			

4.7 示波器

使用示波器或类似的显示设备来检查传感器信号的波形。它很重要但不是必须的。

4.8 相移测量仪器

该仪器的特性见表 6。

表 6 相移测量

参　　数	单　　位	例 1	例 2
频率范围	Hz	1～10 000	1～10 000
最大不确定度	(°)	0.2	0.5

5 校准

5.1 优选的幅值和频率

按照下面的序列,在传感器校准范围内选取 6 个与加速度(峰值或有效值)相联系的频率值。

a） 加速度(m/s^2)：

——1、2、5、10 或者它们的十倍数；

如果使用宽带信号,应取它们的总有效值。

b） 频率：

——按标准的 1/3 倍频程序列选择(见 GB/T 3240—1982)。

如果使用宽带信号,则要求在一次或多次校准中覆盖所需的测量频率范围。

优选的参数最好与参考传感器校准时选取的相同。如果传感器需要在其他的频率和加速度进行校准,而不是在参考传感器校准条件下,则应在这些频率和加速度下评定参考传感器的特性。其产生的不确定度分量将计入不确定度的计算。(见附录 A)。

5.2 测量要求

当使用一个新的装置或新的传感器进行校准时,为了确保一定的重复性,有必要进行多次校准。

测量中,应尽可能减小电缆抖动和基座应变对测量结果影响,这是很重要的,特别是在低频部分。可以分别或同时采用调整电缆的连接和传感器的安装,观察测量结果或谐波失真变化的方法,来评价这些因素的影响。如果与校准的不确定度比较,测量灵敏度或失真度没有显著的改变,这些影响可以被忽略。传感器的安装状况也要可重复,这点可以通过反复数次地安装传感器和传感器每一次重新安装后的灵敏度测量得到验证。

如果试验的传感器未和配用的信号适调器或放大器一起校准，就应该在所有的测量频率点，以可溯源的方式确定与传感器配套使用的信号适调器或放大器的增益和复灵敏度的频率响应(如果必要还有幅值和相移)，传感器和放大器的灵敏度和频率响应也可在整个测量频率范围内以溯源的方式确定。

如果在上述实验中，出现与所期望的不确定度值相比变化较大的情况，应该通过大量的重复性测量对这些变化量进行量化，从而得到好的偏差估计值，并包含在最终不确定度的表述中。如果测量没有在参考传感器校准时的频率和幅值条件下进行，就显得更为重要了。

5.3 校准步骤

应该检查参考传感器(或固定装置)和被校传感器的表面，确认其表面无毛刺及其他瑕疵，并且满足生产厂给出的平面度指标和第4章中的技术要求。

使用推荐的扭矩值，将被校传感器与参考传感器背靠背安装(见4.4)，或者与激励器上的内装参考传感器的固定装置安装成一直线。校准频率在5 kHz以下时，可采用具有良好已知特性的固定装置安装两只传感器。在更高频率段，可采用直接背靠背安装或与激励器上的内装参考传感器的安装。图1为一个典型实验室校准装置的方框图。电压表、选择器、信号发生器和相位计常常被一个具有足够准确度的两通道仪器代替(即具有信号发生器和电压比率表功能的双通道分析仪)。

需要时应测量两只传感器的输出比率和相对相移。

在参考频率点确定传感器的灵敏度。对于加速度计，首选160 Hz(第二选择为80 Hz)，参考加速度值首选100 m/s^2(其他选择为10 m/s^2、20 m/s^2 或50 m/s^2)，然后再确定其他校准频率点和加速度值下的灵敏度。该结果将以参考点灵敏度的绝对值或相对偏差(百分数或者分贝数)和度的偏差来表示。

用螺钉安装传感器时，宜在传感器和激励器的安装面之间涂上一层轻油、蜡或者油脂的薄膜，特别是在高频率端进行校准时，更应如此(详见GB/T 14412—2005/ISO 5348:1998)。

6 结果处理

如果参考传感器和被校传感器对同一振动参量产生响应，则被校传感器复灵敏度中的幅值 S_2 和相移 φ_2 应按下式计算：

幅值：
$$S_2 = \frac{X_2}{X_1} S_1 \qquad (1)$$

相移：
$$\varphi_2 = \varphi_{2,1} + \varphi_1 \qquad (2)$$

式中：

s_1，φ_1——参考传感器复灵敏度中的幅值和相移。

X_1——参考传感器输出值。

X_2——被校传感器输出值。

$\varphi_{2,1}$——参考传感器与被校传感器输出值之间的相移。

如果两只传感器测量不同的振动参量，则被校传感器的灵敏度按以下公式计算。

a) 如果测量的是加速度复灵敏度的幅值 S_a 和相移 φ_a，则：

速度复灵敏度幅值：
$$S_v = 2\pi f S_a \qquad (3)$$

速度复灵敏度相移：
$$\varphi_v = \varphi_a - 90^\circ \qquad (4)$$

位移复灵敏度幅值：
$$S_s = 4\pi^2 f^2 S_a \qquad (5)$$

位移复灵敏度相移：
$$\varphi_s = \varphi_a - 180^\circ \qquad (6)$$

b) 如果测量的是速度的复灵敏度的幅值 S_v 和相移 φ_s，则：

位移复灵敏度幅值：
$$S_s = 2\pi f S_v \qquad (7)$$

位移复灵敏度相移：
$$\varphi_s = \varphi_v - 90^\circ \qquad (8)$$

式中：

S_a，φ_a——加速度复灵敏度中的幅值和相移；

S_v，φ_v——速度复灵敏度中的幅值和相移；

S_s，φ_s——位移复灵敏度中的幅值和相移；

f——振动频率(Hz)。

只有明确了传感器的方位、运动方向和电信号的定义，才能在180°范围内确定相移。见GB/T 20485.1和附录B)。

对于设计成在一个或多个频率点给出一个或多个固定幅值的校准器，由特定的幅值A和测量结果X即可获得被校传感器的灵敏度：

$$S=\frac{X}{A} \qquad \cdots\cdots(9)$$

式中：

A和S必须对应于相同的振动参量。

7 校准结果的报告

出具校准结果的报告时，除了校准方法和具有校准有效期的仪器设备外，至少应对下面的条件和特性给予描述。

a) 环境条件，例1：

——测量时传感器的温度；

——或者，环境空气的温度与没有测量时传感器温度的估计差值。

b) 环境条件，例2：

——估计的传感器的温度。

c) 安装技术：

——安装面的材料；

——安装力矩(如果是螺钉安装或者例2中其他方法)或胶粘的方法；

——安装部件或适配器的特性(如果使用)；

——油、油脂或蜂蜡(如果使用)；

——电缆的固定；

——方位(垂直或水平)。

d) 当传感器与信号放大器或适调器整体被校准时，放大器的所有设置(如可调整)：

——增益；

——截止频率和滤波器斜率。

e) 校准结果：

——校准频率和振动幅值；

——灵敏度(幅值，如果测量了相移，应包括相移)；

——测量值的一致性(如果已测量)；

——校准的扩展不确定度(按照附录A计算)。

f) 如果包含因子不是$k=2$(对应正态分布，95%的置信水平)，需确定包含因子。

附　录　A
（规范性附录）
校准中测量不确定度的描述

A.1　测量扩展不确定度的计算,U

A.1.1　计算 U 值的目的

根据国际度量衡委员会(CIPM)推荐的方法—GUM,应该用“扩展不确定度”U 值来表述校准中的测量不确定度。给出 U 值的目的是提供 $y-U$ 到 $y+U$ 的一个区间,在这个区间里期望 Y 值能具有高的概率。Y 为校准时特定被测量,其估计值为 y。为确信估计 $y-U \leqslant Y \leqslant y+U$,扩展不确定度 U 值应按以下方法确定。

A.1.2　修正

必须确定对测量结果有显著影响的每一个影响因子,并且通过使用估计的修正值或修正系数对这些影响因子进行补偿。

如果用具有显著期望值(特别是不对称分布)的概率分布(最好是概率分布密度,见 A.1.3),对影响测量结果的影响因子进行适当地描述,将期望值通过系统误差处理并进行修正补偿。

A.1.3　标准不确定度估计

对测量不确定度有贡献的每一个不确定度分量,应该用被称为“标准不确定度”的标准偏差 u_i 来表示,它等于方差 u_i^2 的正平方根。

通过对一系列观测值的统计分析(标准不确定度的 A 类评估),可以用估计的标准偏差得到一些标准不确定度。应该用概率分布的标准偏差来评估其他的标准不确定度(标准不确定度的 B 类评估),概率分布是描述各个参量所有可能值的科学判断。判断基于该参量所有可用的信息。特别是,如果除了一个参量可能出现的值在 b_- 到 b_+ 范围之内,没有关于该参数由系统效应产生的可能值的具体信息,可以使用$[b_-,b_+]$区间内均匀分布来表示这个信息。其标准不确定度为 $b/\sqrt{3}$,$b=(b_+-b_-)/2$。在这种情况下,期望值$(b_++b_-)/2$ 是用作修正的。

如果一个影响量被认为是均匀分布(矩形概率密度),但是已知被带入具有特定非线性函数的测量结果中(如正弦、二次或三次多项式),应通过选择联合分布模式对该信息进行计算。

例如:加速度计的灵敏度 S 是使用公式 $S=\hat{x}/\hat{a}$ 计算得出,其中:$\hat{x}$ 为振动激发的电压或电荷的输出幅值,$\hat{a}$ 为在定义测量方向上所施加的正弦加速度的幅值。校准中测量结果受到的各种干扰影响中,可能主要来自振动台的横向运动分量,它的加速度幅值为 $\hat{a}_T$,输出产生的误差分量为 $e_{\hat{x}T}$,加速度计横向灵敏度为 S_T。此例中假设要测量的加速度与横向加速度同频率,并且没有相位差。由于横向灵敏度通常取决于最大横向灵敏度($S_{T,max}$)的方向和横向激励方向之间 β 角的正弦,误差分量可以表达为:

$$e_{\hat{x}T} = S_T\hat{a}_T = S_{T,max}\hat{a}_{T,max}\cos\beta$$

如果已知最大横向灵敏度值($S_{T,max}$)和最大横向加速度值($\hat{a}_{T,max}$),而 β 角为未知,则假设角 β 在$[-\pi,\pi]$区间内呈矩形分布是合理的。因此,呈矩形分布角 β 的影响量—横向加速度导致的测量误差分量为 $e_{\hat{x}T}$,其概率密度可以描述为:

$$w(e_{\hat{x}T}) = \frac{1}{b\pi\sqrt{1-\left(\frac{e_{\hat{x}T}}{b}\right)^2}}$$

$$-b < e_{\hat{x}T} < b$$

$$b = S_{T,max}\hat{a}_{T,max}$$

(通常称为反正弦分布),相应的标准不确定度为:

$$u(e_{\hat{x}\mathrm{T}}) = b/\sqrt{2}$$

这种情况下期望值 $E\{e_{\hat{x}\mathrm{T}}\}$ 为零。这是误差 $e_{\hat{x}\mathrm{T}}$ 最佳估计值。

A.1.4 合成标准不确定度

应使用不确定度传播定律，通过对单个标准不确定度（适宜的协方差）进行合成，确定“合成标准不确定度”u_c 作为 Y 的测量标准不确定度。因此，可从下式得到合成标准不确定度：

$$u_c(y) = \sqrt{\sum_{i=1}^{N}\left(\frac{\partial f}{\partial x_i}\right)^2 u^2(x_i) + 2\sum_{i=1}^{N-1}\sum_{j=i+1}^{N}\frac{\partial f}{\partial x_i}\frac{\partial f}{\partial x_j}u(x_i,x_j)} \quad \cdots\cdots\cdots\cdots\cdots\text{(A.1)}$$

该方程式是基于一阶泰勒级数的近似：

$$Y = f(X_1, X_2, \cdots, X_N) \quad \cdots\cdots\cdots\cdots\cdots\text{(A.2)}$$

式中 Y 是通过函数关系 f 从 N 个输入量 $X_1, X_2, \cdots, X_N$ 得到的被测量。

被测量 Y 的估计值用 y 表示，可在方程（A.1）中对输入量的值使用输入估计值 $x_1, x_2, \cdots, x_N$ 获得。因此，测量结果的输出估计值由下式给出：

$$y = f(x_1, x_2, \cdots, x_N) \quad \cdots\cdots\cdots\cdots\cdots\text{(A.3)}$$

在方程（A.1）中，符号 $\partial f/\partial x_i$ 通常称为灵敏系数 c_i。它们等于在 $X_i = x_i$ 时求出的偏导数 $\partial f/\partial x_i$。符号 $u(x_i, x_j)$ 标明与 x_i 和 x_j 有关联的协方差。

对没有出现显著相关的情况，方程（A.1）被简化为：

$$u_c(y) = \sqrt{\sum_{i=1}^{N}\left(\frac{\partial f}{\partial x_i}\right)^2 u^2(x_i)} \quad \cdots\cdots\cdots\cdots\cdots\text{(A.4)}$$

注：如果在不确定度 $u(x_i)$ 描述的范围内，函数模型 f 与输入估计值 x_i 完全成线性关系，由方程（A.2）的一阶泰勒级数的近似导出的方程（A.1）是唯一适用的。如果将角 β 视为输入量 x_i，A.1.3 中给出的例子就不属于此种情况。为了克服在振动和冲击传感器校准中同时存在其他在测量中起作用的影响量的这个障碍，介绍了一种适用的数学模型（见参考文献[4]）。为了简要说明上述例子中的这个数学模型，作为输入量 x_i，将系数 $(1-e_{\hat{x}\mathrm{T}}/\hat{x})$ 代入用以计算被测量的函数关系式，其中 $e_{\hat{x}\mathrm{T}}/\hat{x} \ll 1$。适合于本例的公式（A.2）被简化为三个输入量：

$$Y = f(X_1, X_2, X_3)$$

式中：

Y——被测量（灵敏度 S）；

X_1——加速度计的输出（电压或电荷幅值 $\hat{x}$）；

X_2——加速度幅值；

$X_3 = (1-e_{\hat{x}\mathrm{T}}/\hat{x})$

因此，可以建立关系式：

$$Y = \frac{X_1}{X_2}X_3$$

如果没有显著的相关性，就可以使用一阶泰勒级数的近似，导出相对合成标准不确定度：

$$\frac{u_c(y)}{y} = \sqrt{\left(\frac{u(x_1)}{x_1}\right)^2 + \left(\frac{u(x_2)}{x_2}\right)^2 + \left(\frac{u(x_3)}{x_3}\right)^2}$$

使用例中介绍的符号，后面的关系式可以写为下式：

$$\frac{u_c(S)}{S} = \sqrt{\left(\frac{u(\hat{x})}{\hat{x}}\right)^2 + \left(\frac{u(\hat{a})}{\hat{a}}\right)^2 + \left(\frac{u(e_{\hat{x}\mathrm{T}}/\hat{x})}{1}\right)^2}$$

式中：

$u(\hat{x})/\hat{x}$——输出电压幅值测量的相对标准不确定度；

$u(\hat{a})/\hat{a}$——加速度幅值测量的相对标准不确定度；

$u(e_{\hat{x}\mathrm{T}}/\hat{x}) = u(e_{\hat{x}\mathrm{T}})/\hat{x}$，如例子中说明的 $u(e_{\hat{x}\mathrm{T}}) = b/\sqrt{2}$。

同样可以用各个参量的相对误差分量（如电压，加速度，或综合灵敏度）来表示其他因子与数值 1 的偏差。因此，允许分别考虑各个不确定度的误差源，将这些因子作为输入量（$X_4, X_5, \cdots$）。

A.1.5 扩展不确定度

应该通过 u_c 与包含因子 k 相乘得出“扩展不确定度”U：

$$U = ku_c$$

在式中应优先使用 $k=2$。如果假设校准结果的可能值以标准偏差 u_c 形式呈近似正态分布，可以判定未知数值在 U 定义的区间内，而 U 具有的置信概率近似为95%。

A.1.6 报告结果

报告测量结果 y 时，如果不是 $k=2$，应对所使用的扩展不确定度和包含因子 k 予以说明。此外，可以对该区间近似的置信水平应予说明。

A.2 参考条件下扩展不确定度的计算

A.2.1 灵敏度值的相对扩展不确定度 $U_{rel}(S)$ 的计算

对于每一个应用频率、加速度和放大器的增益设置（如果放大器是被校准传感器的一部分），可用以下公式计算复灵敏度值测量的相对扩展不确定度 $U_{rel}(S)$：

$$U_{rel}(S) = ku_{c,rel}(S)$$

包含因子 $k=2$（见 A.1.5）。

$$u_{c,rel}(S) = \frac{u_c(S)}{S} = \frac{1}{S}\sqrt{\sum_i\left(\frac{\partial f}{\partial x_i}\right)^2 u_i^2(S) + 2\sum_{i=1}^{N-1}\sum_{j=i+1}^{N}\frac{\partial f}{\partial x_i}\frac{\partial f}{\partial x_j}u(x_i,x_j)}$$

$$= \sqrt{\sum_{i=1}\left(\frac{\partial f}{\partial x_i}\right)^2 u_{rel,i}^2(S) + 2\sum_{i=1}^{N-1}\sum_{j=i+1}^{N}\frac{\partial f}{\partial x_i}\frac{\partial f}{\partial x_j}u_{rel}(x_i,x_j)}$$

式中 S 是灵敏度；$f(x_1,x_2,\cdots x_N)$ 是估计的灵敏度；x_i 是估计的输入值；$u(x_i,x_j)$ 是 x_i,x_j 的估计协方差（如果不相关，为零）。最后部分使用 u_{rel} 表示是相对值。

注1：使用对相关项赋以相同的数 i，通常可以省略上述关系式中的相关项。这个方法可以获得有效的简化（见参考[4]）。

注2：假设自由度的有效数字足够大（认为大于10），设想合成不确定度近似为正态分布（见 JJF 1059—1999）。

表 A.1 列出一些不确定度来源。尽管可以认为它包含了所有重要的误差源，但却不能保证是包括了全部。因为本部分在一个很宽的范围内包含了不同的系统和方法，但是总会有新的系统和方法出现。

表 A.1 确定 S 的不确定度分量

i	标准不确定度分量 $u(x_i)$	不确定度来源	相对不确定度的贡献 $u_{rel,i}(y)$
1	$u(S_1)$	参考传感器和放大器组成的套组在规定条件下的合成标准不确定度	$u_{rel,1}(S)$
2	$u(\hat{u}_{R,A})$	适调放大器的增益	$u_{rel,2}(S)$
3	$u(\hat{u}_R)$	电压比测量（通常为两个相关的测量）	$u_{rel,3}(S)$
4	$u(\hat{u}_{R,d})$	总谐波失真对电压比测量的影响	$u_{rel,4}(S)$
5	$u(\hat{u}_{R,H})$	交流声和噪声对电压比测量的影响	$u_{rel,5}(S)$
6	$u(\hat{u}_{R,V})$	横向、摇摆和弯曲振动对电压输出比的影响	$u_{rel,6}(S)$
7	$u(\hat{u}_{R,e})$	基座应变对电压输出比的影响	$u_{rel,7}(S)$
8	$u(\hat{u}_{R,N})$	安装参数（如扭矩、电缆的固定、模拟质量块等）对电压输出比测量的影响	$u_{rel,8}(S)$
9	$u(\hat{u}_{R,r})$	相对运动对电压输出比的影响	$u_{rel,9}(S)$
10	$u(S_{1,S})$	参考传感器的时间稳定性	$u_{rel,10}(S)$
11	$u(\hat{u}_{R,T})$	温度对电压输出比的影响	$u_{rel,11}(S)$
12	$u(f)$	振动频率测量	$u_{rel,12}(S)$

表 A.1(续)

i	标准不确定度分量 $u(x_i)$	不确定度来源	相对不确定度的贡献 $u_{\text{rel},i}(y)$
13	$u(\hat{u}_{\text{R,L}})$	传感器非线性对电压输出比的影响	$u_{\text{rel},13}(\text{S})$
14	$u(\hat{u}_{\text{R,I}})$	放大器非线性对电压输出比的影响	$u_{\text{rel},14}(\text{S})$
15	$u(\hat{u}_{\text{R,G}})$	传感器受重力作用对电压输出比的影响	$u_{\text{rel},15}(\text{S})$
16	$u(\hat{u}_{\text{R,B}})$	传感器受振动台磁场作用对电压输出比的影响	$u_{\text{rel},16}(\text{S})$
17	$u(\hat{u}_{\text{R,E}})$	其他环境参数对电压输出比的影响	$u_{\text{rel},17}(\text{S})$
18	$u(S_{\text{RE}})$	对灵敏度测量和被校传感器灵敏度的其他影响(如:重复测量中的随机效应;算术平均值的实验标准偏差等)	$u_{\text{rel},18}(\text{S})$

注 1:如果选择的测量方法使用工作参考传感器,用参考传感器在某些点对其进行校准,并需要做上述计算两次,第一次计算的结果用作最终计算的输入值。

注 2:可以使用与本表不同于的方法,细分和计入不确定度的误差源。本表已考虑了每一个会对测量结果造成显著影响的影响因子(见 A.1.3)。

A.2.2 相移的扩展不确定度 $U(\Delta\varphi)$ 的计算

对于每一个应用频率、加速度和放大器增益的设定值(如果放大器是被校准传感器的一部分),可按下式计算复灵敏度 S 的相移 $\Delta\varphi$ 测量的相对扩展不确定度 $U_{\text{rel}}(\text{S})$:

$$U(\Delta\varphi)=ku_{\text{c}}(\Delta\varphi)$$

包含因子 $k=2$(见 A.1.5);

$$u_{\text{c}}(\Delta\varphi)=\sqrt{\sum_i\left(\frac{\partial g}{\partial x_i}\right)^2u_i^2(\Delta\varphi)+2\sum_{i=1}^{N-1}\sum_{j=i+1}^{N}\frac{\partial g}{\partial x_i}\frac{\partial g}{\partial x_j}u(x_i,x_j)}$$

式中 $\Delta\varphi$ 是复灵敏度相移;$g(x_1,x_2,\cdots x_N)$ 是估计的相位,x_i 是估计的输入值,$u(x_i,x_j)$ 是 x_i,x_j 估计协方差(如果不相关,为 0)。

注 1:使用对相关项赋以相同的数 i,通常可以省略上述关系式中的相关项。这个方法可以获得有效的简化(见参考[4])。

注 2:假设自由度的有效数字足够大(认为大于 10)设想合成不确定度近似为正态分布(见 JJF 1059—1999)。

表 A.2 列出一些不确定度来源。尽管可以认为它包含了所有重要的误差源,但却不能保证是包括了全部。因为本部分在一个很宽的范围内包含了不同的系统和方法,但是总会有效的系统和方法出现。

表 A.2 确定 $\Delta\varphi$ 的不确定度分量

i	标准不确定度分量 $u(x_i)$	不确定度来源	不确定度的贡献 $u_i(y)$
1	$u(\Delta\varphi_1)$	参考传感器与放大器组成套组的相位合成标准不确定度	$u_1(\Delta\varphi)$
2	$u(\Delta\varphi_{\text{A}})$	适调放大器的相移不确定度	$u_2(\Delta\varphi)$
3	$u(\varphi)$	相移测量	$u_3(\Delta\varphi)$
4	$u(\varphi_{\text{d}})$	总谐波失真度对相移测量的影响	$u_4(\Delta\varphi)$
5	$u(\varphi_{\text{H}})$	交流声和噪声对相移测量的影响	$u_5(\Delta\varphi)$
6	$u(\varphi_{\text{T}})$	横向、摇摆和弯曲振动对输出相移的影响	$u_6(\Delta\varphi)$

表 A.2（续）

i	标准不确定度分量 $u(x_i)$	不确定度来源	不确定度的贡献 $u_i(y)$
7	$u(\varphi_e)$	基座应变对输出相移的影响	$u_7(\Delta\varphi)$
8	$u(\varphi_M)$	安装参数（如扭矩、电缆的固定、模拟质量块等）对输出相位的影响	$u_8(\Delta\varphi)$
9	$u(\varphi_R)$	相对运动对输出相移的影响	$u_9(\Delta\varphi)$
10	$u(\Delta\varphi_S)$	参考传感器相移的时间稳定性	$u_{10}(\Delta\varphi)$
11	$u(\varphi_T)$	温度对输出相移的影响	$u_{11}(\Delta\varphi)$
12	$u(\varphi_L)$	传感器非线性对输出相移的影响	$u_{12}(\Delta\varphi)$
13	$u(\varphi_1)$	放大器非线性对输出相移的影响	$u_{13}(\Delta\varphi)$
14	$u(\varphi_G)$	传感器受重力作用对输出相移的影响	$u_{14}(\Delta\varphi)$
15	$u(\varphi_B)$	传感器受振动台磁场作用对输出相移的影响	$u_{15}(\Delta\varphi)$
16	$u(\varphi_E)$	其他环境参数对输出相移位的影响	$u_{16}(\Delta\varphi)$
17	$u(\Delta\varphi_1,\Delta\varphi_{2,RE})$	对相位测量和被校传感器输出相移的其他影响（如：重复测量中的随机效应；算术平均值的实验标准偏差）	$u_{17}(\Delta\varphi)$

注 1：如果选择的测量方法使用工作参考传感器，用参考传感器在某些点对其进行校准，并需要做上述计算两次，第一次计算的结果用作最终计算的输入值。

注 2：可以使用与本表不同于的方法，细分和计入不确定度的误差源。本表已考虑了每一个会对测量结果造成显著影响的影响因子（见 A.1.3）。

A.3 整个频率和振幅范围的扩展不确定度

A.3.1 灵敏度值的相对扩展不确定度 $U_{rel}(S_t)$ 的计算

根据 A.2.1 计算的复灵敏度值测量的相对扩展不确定度 $U_{rel}(S_t)$，只对在校准频率、加速度、放大器设置（如果一个放大器是校准传感器的一部分）条件下测量的结果有效。对于整个频率和振幅范围，由下式计算复灵敏度值测量的相对扩展不确定度 $U_{rel}(S_t)$：

$$U_{rel}(S_t) = ku_{c,rel}(S_t)$$

包含因子 $k=2$（见 A.1.5）；

$$u_{c,rel}(S_t) = \frac{u_c(S_t)}{S_t} = \frac{1}{S_t}\sqrt{\sum_i\left(\frac{\partial f}{\partial x_i}\right)^2 u_i^2(S_t) + 2\sum_{i=1}^{N-1}\sum_{j=i+1}^{N}\frac{\partial f}{\partial x_i}\frac{\partial f}{\partial x_j}u(x_i,x_j)}$$

式中：

S_t——对整个频率和幅值范围确定的灵敏度；

$f(x_1,x_2,\cdots,x_N)$——估计的灵敏度；

x_i——估计的输入值；

$u(x_i,x_j)$——x_i，x_j 的估计协方差（如果不相关，为零）。

注 1：使用对相关项赋以相同的数 i，通常可以省略上述关系式中的相关项。这个方法可以获得有效的简化（见参考[4]）。

注 2：假设自由度的有效数字足够大（认为大于 10）设想合成不确定度近似为正态分布（见 JJF 1059—1999）。

表 A.3 列出一些不确定度来源。尽管可以认为它包含了所有重要的误差源，但却不能保证是包括了全部。因为本部分在一个很宽的范围内包含了不同的系统和方法，但是总会有新的系统和方法出现。

表 A.3　确定 S_t 的不确定度分量

i	标准不确定度分量 $u(x_i)$	不确定度来源	不确定度的贡献 $u_i(y)$
1	$u(S)$	按照 A.2.1，在校准频率、振幅和放大器设置条件下，计算的灵敏度值的不确定度	$u_1(S_t)$
2	$u(e_{T,A})$	适调放大器的归一化（不同放大倍数的增益偏差）	$u_2(S_t)$
3	$u(e_{L,f,A})$	适调放大器的频率响应（不同频率的增益偏差）	$u_3(S_t)$
4	$u(e_{L,f,T})$	传感器的频率响应与理论曲线的偏差（在不同频率点，灵敏度与假定曲线的偏差）	$u_4(S_t)$
5	$u(e_{L,a,A})$	振幅对放大器增益的影响	$u_5(S_t)$
6	$u(e_{L,a,T})$	振幅对传感器灵敏度（幅值）的影响	$u_6(S_t)$
7	$u(e_{i,A})$	放大器增益的不稳定性和电源阻抗的影响	$u_7(S_t)$
8	$u(e_{i,T})$	传感器灵敏度（幅值）的不稳定性	$u_8(S_t)$
9	$u(e_{E,A})$	环境对放大器增益的影响	$u_9(S_t)$
10	$u(e_{E,T})$	环境对传感器灵敏度（幅值）的影响	$u_{10}(S_t)$
11	$u(e_{M,T})$	安装参数（如扭矩、电缆的固定、模拟质量块等）对传感器灵敏度（幅值）的附加影响	$u_{11}(S_t)$

A.3.2　相移的扩展不确定度 $U(\Delta\varphi_t)$ 的计算

根据 A.2.2 所计算的复灵敏度 S_t 的相移 $\Delta\varphi_t$ 测量的扩展不确定度，只对在校准频率、加速度、放大器设置（如果一个放大器是校准传感器的一部分）条件下测量的结果有效。对于整个频率和振幅范围，由下式计算复灵敏度相移测量的扩展不确定度 $U(S_t)$：

$$U(\Delta\varphi_t) = ku_c(\Delta\varphi_t)$$

包含因子 $k=2$（见 A.1.5）；

$$u_c(\Delta\varphi_t) = \sqrt{\sum_i \left(\frac{\partial g}{\partial x_i}\right)^2 u_i^2(\Delta\varphi_t) + 2\sum_{i=1}^{N-1}\sum_{j=i+1}^{N}\frac{\partial g}{\partial x_i}\frac{\partial g}{\partial x_j}u(x_i,x_j)}$$

式中：

$\Delta\varphi_t$——整个频率和振幅范围内确定的复灵敏度的相移；

$g(x_1,x_2,\cdots,x_N)$——估计的相移；

x_i——估计的输入值；$u(x_i,x_j)$是 x_i、x_j 的估计协方差（如果不相关，为零）。

注 1：使用对相关项赋以相同的数 i，通常可以省略上述关系式中的相关项。这个方法可以获得有效的简化（见参考[4]）。

注 2：假设自由度的有效数字足够大（认为大于 10）设想合成不确定度近似为正态分布（见 JJF 1059—1999）。

表 A.4 列出一些不确定度来源。尽管可以认为它包含了所有重要的误差源，但却不能保证是包括了全部。因为本部分在一个很宽的范围内包含了不同的系统和方法，但是总会有新的系统和方法出现。

表 A.4　确定 $\Delta\varphi_t$ 的不确定度分量

i	标准不确定度分量 $u(x_i)$	不确定度来源	不确定度的贡献 $u_i(y)$
1	$u(\Delta\varphi)$	按照 A.2.1，在校准频率、振幅和放大器设置条件下，计算的灵敏度相移的不确定度	$u_1(\Delta\varphi_t)$
2	$u(e^*_{T,A})$	适调放大器的增益（不同放大倍数的相移偏差）	$u_2(\Delta\varphi_t)$
3	$u(e^*_{L,f,A})$	适调放大器的频率响应（不同频率的相移偏差）	$u_3(\Delta\varphi_t)$
4	$u(e^*_{L,f,T})$	传感器的频率响应与理论曲线的偏差（在不同频率点下，相移与假定曲线的偏差）	$u_4(\Delta\varphi_t)$
5	$u(e^*_{L,a,A})$	振幅对放大器相移的影响	$u_5(\Delta\varphi_t)$
6	$u(e^*_{L,a,T})$	振幅对传感器灵敏度（相移）的影响	$u_6(\Delta\varphi_t)$
7	$u(e^*_{i,A})$	放大器相移的不稳定性和电源阻抗的影响	$u_7(\Delta\varphi_t)$
8	$u(e^*_{i,T})$	传感器灵敏度（相移）的不稳定性	$u_8(\Delta\varphi_t)$
9	$u(e^*_{E,A})$	环境对放大器相移的影响	$u_9(\Delta\varphi_t)$
10	$u(e^*_{E,T})$	环境对传感器灵敏度（相移）的影响	$u_{10}(\Delta\varphi_t)$
11	$u(e^*_{M,T})$	安装参数（如扭矩、电缆的固定、模拟质量块等）对传感器灵敏度（相移）的附加影响	$u_{11}(\Delta\varphi_t)$

附 录 B
（规范性附录）
振幅信号和机械运动与振动传感器电输出之间相移的定义

B.1 运动

一个物体通常有6个自由度：直线运动3个，旋转运动3个。

B.2 坐标系

所有的运动均是在坐标系里测量，建议对线性运动采用具有 x、y、z 坐标的笛卡儿坐标系。

角运动可以在附加有旋转角的同一坐标系中测量。角运动在以旋转轴作为坐标轴的极坐标系中描述，使用右手螺旋定则（拇指指向轴的方向，四指则为正旋转方向）确定旋转方向的标记。

B.3 传感器类型

可以使用不同类型的振动传感器。加速度计、速度传感器、位移（接近式）传感器都是典型的传感器。

B.4 单位

振动信号的振幅可以线性或旋转单位描述。加速度、速度和位移（长度）的量值单位分别是 m/s^2、m/s 和 m，相移（角）的单位是度或弧度。角加速度、角速度和角位移（平面角）的量值单位分别是弧度每平方秒、弧度每秒和弧度，旋转相位（角）的单位是度或弧度。

B.5 坐标系的定义

坐标系必须相对于传感器定义，要有一个坐标轴与传感器的主轴平行，其正方向从测量表面穿过并指向传感器。

B.6 运动极性和标记的定义

直线运动（加速度、速度或位移）的方向为与传感器主轴平行的轴的正方向时，为正符号。

旋转或角运动的方向与正角度方向相同时，为正符号。

该定义与传感器（接触式或非接触式）的安装无关。

B.7 传感器灵敏度（幅值和相移）的定义

传感器将物理参数转换为其他的参数，通常是输出电信号。输出信号可以是电压、电流或电荷。

灵敏度被定义为电信号输出与给定运动的比率。灵敏度包括一个带符号的数值和一个相移，其指标基于前面定义的坐标系、运动和传感器的转换。

附 录 C
（资料性附录）
加速度、速度和位移之间转换的诺谟图表

图 C.1 表示在离散频率下，振动的加速度、速度和位移幅值（有效值、峰值或峰-峰值）之间转换的诺谟图表。如果使用不同的参数，应使用$\sqrt{2}$（有效值转换为峰值）或 $2\sqrt{2}$（有效值转换为峰-峰值）。使用两个已知参数，可以得到其他两个。

例如，如果频率和加速度已知，使用所提供的诺谟图表就可以从各自的标尺读取对应的速度和位移值。

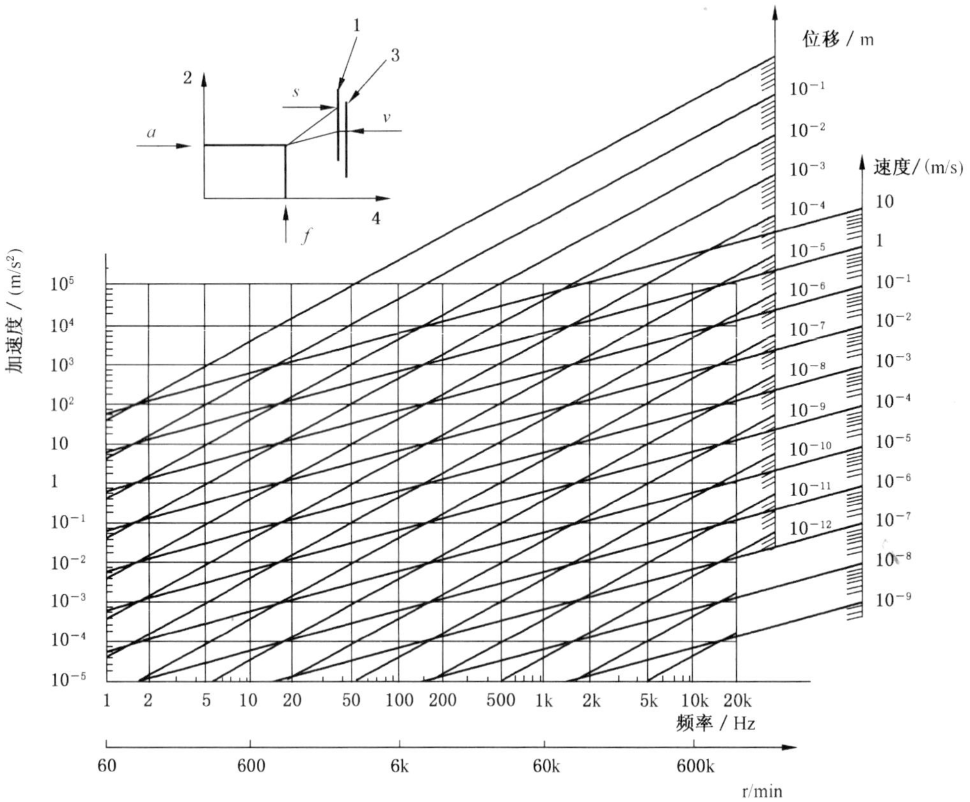

1——位移；

2——加速度；

3——速度；

4——频率。

图 C.1 加速度、速度和位移之间转换的诺谟图表

附 录 D
（资料性附录）
不确定度计算实例

D.1 概要

为了对前面所述原则的应用提供便利，本附录给出图1所示的设置实例。

测量过程如图D.1所示。

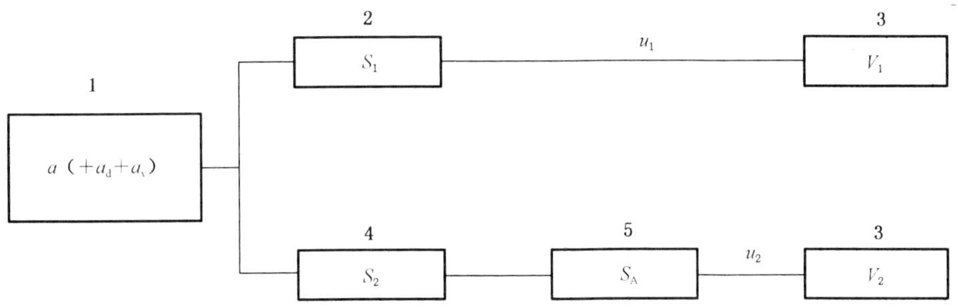

1——机械振动；

2——参考加速度计套组；

3——电压表；

4——被校传感器；

5——放大器。

图 D.1 测量过程示意图

D.2 符号

本附录使用以下符号：

a——主方向加速度；

a_v——相对于主方向的横向加速度；

a_d——主方向的加速度失真度；

S_1——参考传感器套组的灵敏度值；

u_1——参考传感器套组的输出电压；

V_1——电压表读数(参考电压和加速度值是有效值)；

S_2——被校传感器的灵敏度值；

S_A——适调放大器的灵敏度值；

u_2——放大器的输出电压(被校传感器)；

V_2——被校传感器的电压读数。

D.3 灵敏度函数

加速度激励a传给传感器。

被校传感器和与之配套的适调放大器组成校准套组。将该套组的输出与经过校准的参考传感器套组的输出进行比较。参考传感器套组由参考传感器和与之配套的适调放大器组成。

校准套组的输出电压 V_2 与参考传感器套组的输出电压 V_1 的比率 V_R 由连续测量确定。考虑到漂移问题，在测量 V_2 之前和之后均测量 V_1。如果频率响应的斜率不同，加速度失真度 a_d 会影响被校传感器灵敏度的计算；如果斜率相同，它对两个读数（V_1 和 V_2）的影响也同样。在表 D.1 中，假设参考传感器为频率响应没有斜率的石英传感器，假设被校传感器为 PZT（钛酸铅/锆酸盐陶瓷）传感器，它的典型情况是 $-2\%/f$ 的十倍斜率，可以描述为：

$$S_2(f) = S_2(f_{\text{ref}})\left(1 - 0.02\lg\frac{f}{f_{\text{ref}}}\right)$$

适调放大器输出电压由如下式所示：

$$u_2 = aS_2S_A$$

用下式从参考传感器套组的输出电压计算加速度：

$$a = \frac{u_1}{S_1}$$

将 a 代入 u_2 的公式中，可以得到被校传感器的灵敏度：

$$S_2 = \frac{S_1u_2}{u_1S_A}$$

V_R 由下式确定：

$$V_R \equiv \frac{V_2}{V_1}$$

并且假设加速度值稳定不变，则：

$$\frac{V_2}{V_1} = \frac{u_2}{u_1}$$

则 S_2 的函数关系式的模型为：

$$S_2 = \frac{S_1}{S_A}V_R$$

D.4 不确定度计算

按照参考文献[4]，将没有直接包括在上述函数关系式模型中的影响量扩展为：

$$S_2 = \frac{S_1}{S_A}V_R \times I_1 \times \cdots \times I_M$$

式中因子 $I_1 \sim I_M$ 描述影响量产生的误差。

平均值等于 1（有不同的分布形式，正态、矩形等），共有：

$$I_i = \frac{1 - e_{2,i}}{1 - e_{1,i}}$$

式中 e_i 表示用一个适当的分布形式描述影响量所引起的第 i 个误差分量。只有在某些条件下，误差分量 e_i 才可以通过简单的分布形式进行估计，如矩形分布，其平均值为零。

每个影响因子都包括一个量对 V_R（由 V_1、V_2 得到）的影响。

对每一个影响因子 I_i，应考虑误差之间可能具有的相关性。最好选择这样的一些影响因子，以使相关的影响量被包含在导致所有影响因子不相关的一个因子里。

在假设误差 e_i 很小的情况下，泰勒级数的二阶（和高阶）项可以被忽略。

根据参考文献[4]，如果没有显示出很强的相关性，可以假设相关系数为零。

如果 V_R 影响量之间相关因子未知，应该用参考文献[3]中方程式 D.10 处理这些影响因子：

$$u^2(y) \leqslant (|u_1(y)| + |u_2(y)|)^2 + u_r^2(y)$$

式中 $u_1(y)$ 和 $u_2(y)$ 是相关因子不确定度（近似正态分布的标准偏差）；$u_r(y)$ 是不相关因子的合成

不确定度。

不确定度预算根据相对不确定度计算。对于不相关因子，S_2 的相对合成不确定度 $u_{c,rel}(S_2)(k=1)$ 通过下式得到：

$$u_{c,rel}^2(S_2)=\frac{u_c^2(S_2)}{S_2^2}\sum_{i=1}^{N}\left(\frac{u_{rel,i}c_i}{x_i}\right)^2$$

式中 c_i 是灵敏系数，它是对不同参量函数模型求出的偏导数。当函数模型只包含分子和分母形式的因子，它们都是 1 或 −1，这意味着被平方后基本没有任何意义了。

表 D.1 给出了一个有实际数据的实例。相对扩展不确定度(包含因子 $k=2$)为：

$$U_{rel,95}(S_2)=\frac{U_{95}(S_2)}{|S_2|}=0.84\%$$

用包含因子 $k=2$ 计算的扩展不确定度，符合置信概率为 $p=95\%$ 的置信限(假设为正态分布)。

表 D.1　在 160 Hz 和 100 m/s² 时压电加速度计不确定度估算的实例

参数	描　述	相对扩展不确定度或估计误差分量的范围/%	概率分布模型	因子 x_i	灵敏度系数 c_i	相对贡献 $u_{rel,i}(y)/\%$
S_1	参考传感器套组的校准	0.5	正态 ($k=2$)	1/2	1	0.25
$S_{1,S}$	3 年的漂移，制造商的说明书给出<0.05%/每年	0.15	矩形	$1/\sqrt{3}$	1	0.087
$S_{A,Cal}$	说明书给出的适调放大器校准的灵敏度	0.25	矩形	$1/\sqrt{3}$	−1	0.14
V_R	说明书给出的电压比率	0.2	矩形	$1/\sqrt{3}$	1	0.12
$I(V_{R,T})$	温度变化对 V_R 值测量的影响：参考传感器灵敏度在(23±3)℃内变化<0.02%/℃被校准传感器在(23±3)℃内变化<0.1%/℃	0.36	矩形	$1/\sqrt{3}$	1	0.21
$I(V_{R,S})$	测量前后参考标准的最大允许误差，0.2%	0.2	矩形	$1/\sqrt{3}$	1	0.12
$I(V_{R,N})$	安装参数(电缆、插座、扭矩)对被校传感器的影响，最大为 0.05%	0.05	矩形	$1/\sqrt{3}$	1	0.029
$I(V_{R,d})$	加速度失真度对 V_R 值测量的影响：被校传感器(PZT)和参考传感器(石英)之间频率斜率的差，典型值为每 10 倍频率为 −2%。3 次谐波小于 5%，假设矩形分布	0.002 4 参见注 2	矩形	$1/\sqrt{3}$	1	0.001 4

表 D.1(续)

参数	描述	相对扩展不确定度或估计误差分量的范围/%	概率分布模型	因子 x_i	灵敏度系数 c_i	相对贡献 $u_{rel,i}(y)/\%$
$I(V_{R,v})$	横向加速度对 V_R 值测量的影响: 振动台的横向振动 a_T 最大值为 10%; 参考传感器的横向灵敏度 $S_{v,1}$ 最大为 2%; 被校传感器的横向灵敏度 $S_{v,2}$ 最大为 5%	$\sqrt{(S_{v,2}^2+S_{v,1}^2)a_T^2}$ $=0.51$ 公式的说明见注 3 和参考文献[4]、[5]	特殊分布	$\sqrt{1/18}$ 1/18 的说明见注 3 和参考文献[4]、[5]	1	0.12
$I(V_{R,e})$	基座应变对 V_R 值测量的影响:估计值小于	0.05	矩形	$1/\sqrt{3}$	1	0.029
$I(V_{R,r})$	相对运动对 V_R 值测量的影响:估计值小于	0.05	矩形	$1/\sqrt{3}$	1	0.029
$I(V_{R,L})$	传感器非线性对 V_R 值测量的影响:估计值小于	0.03	矩形	$1/\sqrt{3}$	1	0.017
$I(V_{R,l})$	放大器非线性对 V_R 值测量的影响:估计值小于	0.03	矩形	$1/\sqrt{3}$	1	0.017
$I(V_{R,G})$	重力对 V_R 值测量的影响:估计值小于	0.00	矩形	$1/\sqrt{3}$	1	0.00
$I(V_{R,B})$	激振器磁场对 V_R 值测量的影响:估计值小于	0.03	矩形	$1/\sqrt{3}$	1	0.017
$I(V_{R,E})$	其他环境条件对 V_R 值测量的影响:估计值小于	0.03	矩形	$1/\sqrt{3}$	1	0.017
$I(V_{R,RE})$	其他影响量(如重复测量中的随机效应;算术平均值的实验标准偏差)对 V_R 值测量的影响:估计值小于	0.03	矩形	$1/\sqrt{3}$	1	0.017
$u_{rel}(S_2)$	加速度计灵敏度 S_2 的不确定度		标准不确定度($k=1$)			0.42

注 1:列出了比较法测量中包括的不确定度和它们的估计值。使用合适的分布形式(如矩形分布),将不确定度转换成为最后一栏的标准偏差。所有的计算值 $u_{rel,i}(y)$都是标准不确定度($k=1$)。

注 2:按照正文中对参考点不取决于频率的注释,以及按照正文中有关被校传感器公式,用三次谐波处的灵敏度 0.99乘以在参考频率点获得的灵敏度,两个通道的输出可以用 $u_1^2=S_1^2(f_{ref})(a_{ref}^2+a_3^2)$和 $u_2^2=S_A^2[S_2^2(f_{ref})a_{ref}^2+S_2^2(3f_{ref})a_3^2]$描述。使用 $a_3=0.05$,通过对上面两个输出值的平方计算平方根的比可求出误差。假设放大器有一个平的响应(S_A 为常数)。

注 3:如果已知两个传感器的横向灵敏度方向和激振器横向振动方向,但是它们的相对方向未知,在整个 360°内给出合成方差 $\sigma^2=\frac{1}{2}(S_{v,2}^2+S_{v,1}^2)a_T^2$,式中 $S_{v,2}$、$S_{v,1}$和 a_T 分别为横向灵敏度和横向振动。

如果假设其三者均为未知,但是在上述已知数值的区间内呈矩形分布,可以用 $1/\sqrt{3}$进行归一。形成 $\sigma^2=\frac{1}{2}\left(\frac{1}{3}S_{v,2}^2+\frac{1}{3}S_{v,1}^2\right)\times\frac{1}{3}a_T^2=\frac{1}{18}(S_{v,2}^2+S_{v,1}^2)a_T^2$。

参 考 文 献

[1] GB/T 14412—2005/ISO 5348:1998 机械振动与冲击 加速度计机械安装

[2] 国际计量学基本词汇和通用术语(VIM)。BIPM, IEC, IFCC, ISO, IUPAC, IUPAP, OIML,1993.

[3] 校准中测量不确定度的描述。出版书目 EA-4/02,欧洲合作鉴定组织,1999.

[4] GRD 中振动量值单位表示和转换,MARTENS,H.-J. Von 和 ROGAZEWSKI,P.,108 号 OIML 公告,1987,26 页～37 页.

[5] 振动干涉测量的估计,MARTENS,H.-J. Von.,SPIE,4072,2000,82 页～101 页.

ICS 77.140.50
H 46

GB

中华人民共和国国家标准

GB/T 20564.1—2007

汽车用高强度冷连轧钢板及钢带 第1部分:烘烤硬化钢

Continuously cold rolled high strength steel sheet and strip for automobile—Part 1:Bake hardening steel

2007-03-09 发布 2007-10-01 实施

中华人民共和国国家质量监督检验检疫总局
中国国家标准化管理委员会 发布

前　　言

GB/T 20564《汽车用高强度冷连轧钢板及钢带》分为7个部分：

——第1部分：烘烤硬化钢；

——第2部分：双相钢；

——第3部分：高强度无间隙原子钢；

——第4部分：低合金高强度钢[1]；

——第5部分：各向同性钢[1]；

——第6部分：相变诱导塑性钢[1]；

——第7部分：马氏体钢[1]。

本部分为GB/T 20564《汽车用高强度冷连轧钢板及钢带》的第1部分。

本部分的附录A和附录C为资料性附录，附录B为规范性附录。

本部分由中国钢铁工业协会提出。

本部分由全国钢标准化技术委员会归口。

本部分由宝山钢铁股份有限公司负责起草。

本部分主要起草人：李玉光、孙忠明、李和平、徐宏伟、施鸿雁、涂树林、黄锦花。

1）拟制定。

汽车用高强度冷连轧钢板及钢带
第1部分:烘烤硬化钢

1 范围

本部分规定了冷连轧烘烤硬化高强度钢板及钢带(以下简称为钢板及钢带)的术语和定义、分类和代号、尺寸、外形、重量、技术要求、检验和试验、包装、标志和质量证明书。

本部分规定的钢板及钢带主要用于汽车外板、内板和部分结构件,钢板及钢带的厚度为0.60 mm～2.5 mm。

2 规范性引用文件

下列文件中的条款通过本部分的引用而成为本部分的条款。凡是注日期的引用文件,其随后所有的修改单(不包括勘误的内容)或修订版均不适用于本部分,然而,鼓励根据本部分达成协议的各方研究是否可使用这些文件的最新版本。凡是不注日期的引用文件,其最新版本适用于本部分。

GB/T 223.3 钢铁及合金化学分析方法 二安替比林甲烷磷钼酸重量法测定磷量

CB/T 223.5 钢铁及合金化学分析方法 还原型硅钼酸盐光度法测定酸溶硅含量

GB/T 223.9 钢铁及合金化学分析方法 铬天青S光度法测定铝含量

GB/T 223.10 钢铁及合金化学分析方法 铜铁试剂分离-铬天青S光度法测定铝量

GB/T 223.16 钢铁及合金化学分析方法 变色酸光度法测定钛量

GB/T 223.17 钢铁及合金化学分析方法 二安替比林甲烷光度法测定钛量

GB/T 223.40 钢铁及合金化学分析方法 离子交换分离-氯磺酚S光度法测定铌量

GB/T 223.59 钢铁及合金化学分析方法 锑磷钼蓝光度法测定磷量

GB/T 223.60 钢铁及合金化学分析方法 高氯酸脱水重量法测定硅含量

GB/T 223.63 钢铁及合金化学分析方法 高碘酸钠(钾)光度法测定锰量

GB/T 223.64 钢铁及合金化学分析方法 火焰原子吸收光谱法测定锰量

GB/T 228 金属材料 室温拉伸试验(GB/T 228—2002,eqv ISO 6892:1998)

GB/T 247 钢板和钢带检验、包装、标志及质量证明书的一般规定

GB/T 708 冷轧钢板和钢带的尺寸、外形、重量及允许偏差

GB/T 2523 冷轧薄钢板(带)表面粗糙度测量方法

GB/T 2975 钢及钢产品 力学性能试验取样位置及试样制备(GB/T 2975—1998,eqv ISO 377:1997)

GB/T 4336 碳素钢和中低合金钢 火花源原子发射光谱分析方法(常规法)

GB/T 5027 金属薄板和薄带塑性应变比(r值)试验方法(GB/T 5027—1999,eqv ISO 10113:1991)

GB/T 5028 金属薄板和薄带拉伸应变硬化指数(n值)试验方法(GB/T 5028—1999,eqv ISO 10275:1993)

GB/T 8170 数值修约规则

GB/T 17505 钢及钢产品交货一般技术要求(GB/T 17505—1998,eqv ISO 404:1992)

GB/T 20066 钢和铁 化学成分测定用试样的取样和制样方法(GB/T 20066—2006,ISO 14284:1996,IDT)

ASTM E1019 钢铁、镍基和钴基合金中碳、硫、氮和氧的分析方法

3 术语和定义

下列术语和定义适用于本部分。

3.1

烘烤硬化钢 bake hardening steel

在钢中保留一定量的固溶碳、氮原子，同时可通过添加磷、锰等强化元素来提高强度。经加工成形，在一定温度下烘烤后，由于时效硬化使钢的屈服强度进一步升高。

3.2

拉伸应变痕 stretcher strain marks

加工成形时，由于时效的原因导致钢板表面出现滑移线、"橘子皮"等的现象。

4 分类和代号

4.1 牌号命名方法

钢板及钢带的牌号由冷轧的英文"Cold Rolled"的首位字母"CR"、规定的最小屈服强度值、烘烤硬化的英文"Bake Hardening"的首位字母"BH"三个部分组成。

示例：CR180BH

CR——冷轧的英文"Cold Rolled"的首位字母；

180——规定的最小屈服强度值，单位为 MPa；

BH——烘烤硬化的英文"Bake Hardening"的首位字母。

4.2 钢板及钢带按用途分类如表 1 的规定。

表 1

牌号	推荐用途
CR140BH	深冲压用
CR180BH	冲压用或深冲压用
CR220BH	一般用或冲压用
CR260BH	结构用或一般用
CR300BH	结构用

4.3 钢板及钢带按表面质量级别如表 2 的规定。

表 2

级别	代号
较高级表面	FB
高级表面	FC
超高级表面	FD

4.4 钢板及钢带按表面结构分类如表 3 的规定。

表 3

表面结构	代号
麻面	D
光亮表面	B

5 订货所需信息

5.1 用户订货时应提供如下信息：

a) 产品名称(钢板或钢带)；

b) 本部分号；

c) 牌号；

d) 尺寸规格、不平度精度；

e) 表面质量级别；

f) 表面结构；

g) 边缘状态；

h) 包装方式；

i) 重量；

j) 用途。

5.2 如订货合同中未注明尺寸和不平度精度、表面质量级别、表面结构种类、边缘状态及包装等信息，则本部分产品按普通的尺寸和不平度精度、较高级表面、表面结构为麻面的切边钢板或钢带供货，并按供方提供的包装方式包装。

6 尺寸、外形、重量及允许偏差

钢板及钢带的尺寸、外形、重量及允许偏差应符合 GB/T 708 的规定。

7 技术要求

7.1 化学成分

钢的化学成分(熔炼分析)参考值见附录 A。如需方对化学成分有要求，应在订货时协商。

7.2 冶炼方法

钢板及钢带所用的钢采用氧气转炉或电炉冶炼，除非另有规定，冶炼方式由供方选择。

7.3 交货状态

7.3.1 钢板及钢带以退火后平整状态交货。

7.3.2 钢板及钢带通常涂油供货，所涂油膜应能用碱水溶液去除，在通常的包装、运输、装卸和储存条件下，供方应保证自生产完成之日起 6 个月内不生锈。如需方要求不涂油供货，应在订货时协商。

7.4 力学性能

钢板及钢带的力学性能应符合表 4 的规定。力学性能会随储存时间的延长以及环境温度的升高而劣化，建议用户尽快使用。

表 4

牌　号	屈服强度[a] R_{eH}/(N/mm²)	抗拉强度 R_m/(N/mm²) 不小于	断后伸长率[b,c] A_{80}/% (L_0=80 mm,b=20 mm) 不小于	r_{90}[d] 不小于	n_{90}[d] 不小于	烘烤硬化值 BH_2/(N/mm²) 不小于
CR140BH	140～200	270	36	1.8	0.20	30
CR180BH	180～240	300	32	1.6	0.18	30
CR220BH	220～280	320	30	1.4	0.16	30

表 4（续）

牌　号	屈服强度[a] R_{eH}/(N/mm²)	抗拉强度 R_m/(N/mm²) 不小于	断后伸长率[b,c] A_{80}/% (L_0=80 mm，b=20 mm) 不小于	r_{90}[d] 不小于	n_{90}[d] 不小于	烘烤硬化值 BH_2/(N/mm²) 不小于
CR260BH	260～320	360	28	—	—	30
CR300BH	300～360	400	26	—	—	30

a　无明显屈服时采用 $R_{P0.2}$，否则采用 R_{eL}。

b　试样为 GB/T 228 中的 P6 试样，试样方向为横向。

c　厚度不大于 0.7 mm 时，断后伸长率最小值可以降低 2%（绝对值）。

d　厚度不小于 1.6 mm 且小于 2.0 mm 时，r_{90} 值允许降低 0.2；厚度不小于 2.0 mm 时，r_{90} 值和 n_{90} 值不做要求。

7.5　拉伸应变痕

室温储存条件下，钢板及钢带自生产完成之日起 3 个月内使用时不应出现拉伸应变痕。

7.6　表面质量

7.6.1　钢板及钢带表面不应有结疤、裂纹、夹杂等对使用有害的缺陷。钢板及钢带不应有分层。

7.6.2　钢板及钢带各表面质量级别的特征如表 5 的规定。

7.6.3　对于钢带，由于没有机会切除有缺陷部分，因此允许带缺陷交货，但有缺陷部分应不超过每卷总长度的 6%。

表 5

级　别	代　号	特　征
较高级表面	FB	表面允许有少量不影响成形性及涂、镀附着力的缺陷，如轻微的划伤、压痕、麻点、辊印及氧化色等
高级表面	FC	产品二面中较好的一面无目视可见的明显缺陷，另一面应至少达到 FB 的要求
超高级表面	FD	产品二面中较好的一面不应有任何缺陷，即不能影响涂漆后的外观质量或电镀后的外观质量，另一面应至少达到 FB 的要求

7.7　表面结构

表面结构为麻面时，粗糙度 Ra 目标值为大于 0.6 μm 且不大于 1.9 μm。表面结构为光亮表面时，粗糙度 Ra 目标值为不大于 0.9 μm。如需方对粗糙度有特殊要求，应在订货时协商。

8　检验和试验

8.1　钢板及钢带的外观用目视检查。

8.2　钢板及钢带的尺寸、外形用合适的测量工具测量。

8.3　r 值是在 15% 应变时计算得到的，均匀延伸小于 15% 时，以均匀延伸结束时的应变计算。n 值是在 10%～20% 应变范围内计算得到的，均匀延伸小于 20% 时，应变范围为 10% 至均匀延伸结束时的应变。

8.4　每批钢板及钢带的检验项目、试样数量、取样方法和试验方法应符合表 6 的规定。

表 6

序号	检验项目	试验数量/(个)	取样方法	试验方法
1	化学分析	1/每炉	GB/T 20066	GB/T 223、GB/T 4336、ASTM E1019
2	拉伸试验	1	GB/T 2975	GB/T 228
3	塑性应变比(r 值)	1		GB/T 5027 和 8.3
4	应变硬化指数(n 值)	1		GB/T 5028 和 8.3
5	烘烤硬化值(BH_2)	1		附录 B
6	表面粗糙度	—		GB/T 2523

8.5 钢板及钢带应按批验收,每个检验批应由同牌号、同规格、同加工状态的钢板或钢带组成。每批的重量应不大于 30 t,对于卷重大于 30 t 的钢带,每卷作为一个检验批。

8.6 钢板及钢带的复验按 GB/T 17505 的规定。

9 包装、标志及质量证明书

钢板及钢带的包装、标志及质量证明书应符合 GB/T 247 的规定。如需方对包装有特殊要求,应在订货时协商。

10 数值修约

数值修约按 GB/T 8170 的规定。

11 国内外牌号近似对照

本部分牌号与国外标准牌号的近似对照见附录 C。

附 录 A
（资料性附录）
钢的化学成分

钢的化学成分（熔炼分析）参考值见表 A.1。

表 A.1

牌号	化学成分（质量分数）/%						
	C	Si	Mn	P	S	Alt	Nb[a]
CR140BH	≤0.02	≤0.05	≤0.50	≤0.04	≤0.025	≥0.010	≤0.10
CR180BH	≤0.04	≤0.10	≤0.80	≤0.08	≤0.025	≥0.010	—
CR220BH	≤0.06	≤0.30	≤1.00	≤0.10	≤0.025	≥0.010	—
CR260BH	≤0.08	≤0.50	≤1.20	≤0.12	≤0.025	≥0.010	—
CR300BH	≤0.10	≤0.50	≤1.50	≤0.12	≤0.025	≥0.010	—
[a] 可用 Ti 部分或全部代替 Nb，此时 Ti 和/或 Nb 的总含量≤0.10%。							

附 录 B
（规范性附录）
烘烤硬化值(BH_2)的测量方法

B.1 试样

试样的尺寸、取样方向按力学性能试样的规定。

B.2 试验条件

测量烘烤硬化值时，按照 GB/T 228 的规定，首先对试样进行总延伸为 2%的预拉伸，同时测得 $R_{t2.0}$。当预拉伸 2%的试样完成规定的热处理后，再次对试样进行拉伸试验，测得 R_{eL} 或 $R_{p0.2}$。

为了更好地保持试验结果的一致性，宜采用位移或应变的方式控制拉伸速度，并推荐按照 5%/min 的速率设定拉伸速度，从开始拉伸直到测出上述指标过程中不要进行速度切换。

$$R_{t2.0} = F_{t2.0}/A_0$$

$$R_{p0.2} = F_{p0.2}/A_1$$

$$R_{eL} = F_{eL}/A_1$$

式中：

$F_{t2.0}$——试样拉伸变形至总延伸为 2%时的拉伸力，单位为牛(N)；

$F_{p0.2}$——热处理后的试样非比例延伸为 0.2%时的拉伸力(无明显屈服时)，单位为牛(N)；

F_{eL}——热处理后的试样出现下屈服时的拉伸力，单位为牛(N)；

A_0——为试样原始截面积，单位为平方毫米(mm^2)；

A_1——为 2%预应变后的试样截面积，单位为平方毫米(mm^2)。

B.3 热处理条件

加热装置温度达到 170℃后放入已经过 2%预应变的试样，待加热装置重新达到 170℃后，保温(20±0.5)min。温度控制精度保持±2℃，温度测量装置的分辨率最大不超过 1℃。加热后试样在空气中冷却到室温。

B.4 烘烤硬化值(BH_2)的计算

烘烤硬化值(BH_2)为试样烘烤后的下屈服强度或非比例延伸 0.2%(无明显屈服时)对应的屈服强度与烘烤前同一个试样总延伸 2%对应的屈服强度的差值。BH_2 的计算示意图如图 B.1 所示，计算公式如下：

$$BH_2 = R_{eL}(\text{或 } R_{p0.2})(\text{烘烤后}) - R_{t2.0}(\text{烘烤前})$$

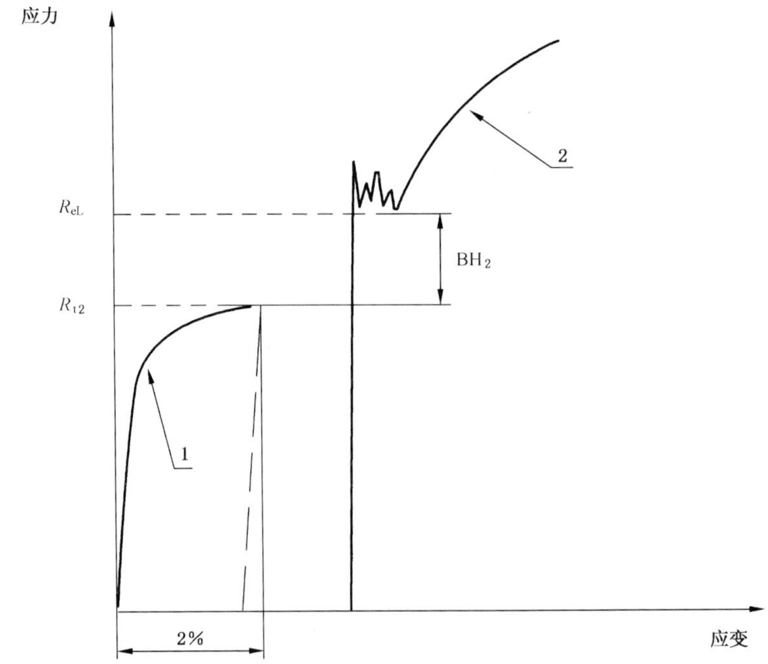

1——2%预应变的应力-应变曲线；
2——同一试样烘烤后的应力-应变曲线。

图 B.1　BH_2 计算示意图

附 录 C
（资料性附录）
国内外牌号近似对照

本部分牌号与国外标准牌号的近似对照见表 C.1。

表 C.1

GB/T 20564.1	prEN 10268:2002	JIS G 3135:1986	ASTM A1008M:05	JFS A 2001:1998
CR140BH	—	—	—	JSC270H
CR180BH	H180B	SPFC340H	BHS Grade 180	JSC340H
CR220BH	H220B	—	BHS Grade210	—
CR260BH	H260B	—	BHS Grade240/BHS Grade280	—
CR300BH	H300B	—	BHS Grade300	—

ICS 77.140.50
H 46

中华人民共和国国家标准

GB/T 20564.3—2007

汽车用高强度冷连轧钢板及钢带 第3部分：高强度无间隙原子钢

Continuously cold rolled high strength steel sheet and strip for automobile —Part 3: High strength interstitial free steel

2007-03-09 发布　　　　2007-10-01 实施

中华人民共和国国家质量监督检验检疫总局
中国国家标准化管理委员会　发布

前　言

GB/T 20564《汽车用高强度冷连轧钢板及钢带》分为7个部分：

——第1部分：烘烤硬化钢；

——第2部分：双相钢；

——第3部分：高强度无间隙原子钢；

——第4部分：低合金高强度钢[1]；

——第5部分：各向同性钢[1]；

——第6部分：相变诱导塑性钢[1]；

——第7部分：马氏体钢[1]。

本部分为GB/T 20564《汽车用高强度冷连轧钢板及钢带》的第3部分。

本部分的附录A和附录B是资料性附录。

本部分由中国钢铁工业协会提出。

本部分由全国钢标准化技术委员会归口。

本部分由宝山钢铁股份有限公司负责起草。

本部分主要起草人：李玉光、徐宏伟、孙忠明、施鸿雁、涂树林、黄锦花、于成峰。

1）拟制定。

汽车用高强度冷连轧钢板及钢带 第3部分：高强度无间隙原子钢

1 范围

本部分规定了冷连轧高强度无间隙原子钢板及钢带（以下简称为钢板及钢带）的术语和定义、分类和代号、尺寸、外形、重量、技术要求、检验和试验、包装、标志及质量证明书。

本部分规定的钢板及钢带主要用于汽车外板、内板和部分结构件，钢板及钢带的厚度为0.60 mm～2.5 mm。

2 规范性引用文件

下列文件中的条款通过本部分的引用而成为本部分的条款。凡是注日期的引用文件，其随后所有的修改单（不包括勘误的内容）或修订版均不适用于本部分，然而，鼓励根据本部分达成协议的各方研究是否可使用这些文件的最新版本。凡是不注日期的引用文件，其最新版本适用于本部分。

GB/T 223.3 钢铁及合金化学分析方法 二安替比林甲烷磷钼酸重量法测定磷量

GB/T 223.5 钢铁及合金化学分析方法 还原型硅钼酸盐光度法测定酸溶硅含量

GB/T 223.9 钢铁及合金化学分析方法 铬天青S光度法测定铝含量

GB/T 223.10 钢铁及合金化学分析方法 铜铁试剂分离-铬天青S光度法测定铝量

GB/T 223.16 钢铁及合金化学分析方法 变色酸光度法测定钛量

GB/T 223.17 钢铁及合金化学分析方法 二安替比林甲烷光度法测定钛量

GB/T 223.40 钢铁及合金化学分析方法 离子交换分离-氯磺酚S光度法测定铌量

GB/T 223.59 钢铁及合金化学分析方法 锑磷钼蓝光度法测定磷量

GB/T 223.60 钢铁及合金化学分析方法 高氯酸脱水重量法测定硅含量

GB/T 223.63 钢铁及合金化学分析方法 高碘酸钠（钾）光度法测定锰量

GB/T 223.64 钢铁及合金化学分析方法 火焰原子吸收光谱法测定锰量

GB/T 228 金属材料 室温拉伸试验（GB/T 228—2002，eqv ISO 6892：1998）

GB/T 247 钢板和钢带检验、包装、标志及质量证明书的一般规定

GB/T 708 冷轧钢板和钢带的尺寸、外形、重量及允许偏差

GB/T 2523 冷轧薄钢板（带）表面粗糙度测量方法

GB/T 2975 钢及钢产品 力学性能试验取样位置及试样制备（GB/T 2975—1998，eqv ISO 377：1997）

GB/T 4336 碳素钢和中低合金钢 火花源原子发射光谱分析方法（常规法）

GB/T 5027 金属薄板和薄带塑性应变比（r 值）试验方法（GB/T 5027—1999，eqv ISO 10113：1991）

GB/T 5028 金属薄板和薄带拉伸应变硬化指数（n 值）试验方法（GB/T 5028—1999，eqv ISO 10275：1993）

GB/T 8170 数值修约规则

GB/T 17505 钢及钢产品交货一般技术要求（GB/T 17505—1998，eqv ISO 404：1992）

GB/T 20066 钢和铁 化学成分测定用试样的取样和制样方法（GB/T 20066—2006，ISO 14284：1996，IDT）

ASTM E1019 钢铁、镍基和钴基合金中碳、硫、氮和氧的分析方法

3 术语和定义

下列术语和定义适用于本部分。

3.1

高强度无间隙原子钢 high strength interstitial free steel

在无间隙原子钢中添加一定量的磷、锰、硅等强化元素，使钢在具有较高强度的同时又保持良好的成形性能。

4 分类和代号

4.1 牌号命名方法

钢板及钢带的牌号由冷轧的英文"cold Rolled"的首位字母"CR"、规定的最小屈服强度值和无间隙原子的英文"Interstitial Free"的首位字母"IF"三个部分组成。

示例：CR180IF

CR——冷轧的英文"Cold Rolled"的首位字母；

180——规定的最小屈服强度值，单位为 MPa；

IF——无间隙原子的英文"Interstitial free"的首位字母。

4.2 钢板及钢带按用途分类如表 1 的规定。

表 1

牌　　号	推荐用途
CR180IF	冲压用或深冲压用
CR220IF	一般用或冲压用
CR260IF	结构用或一般用

4.3 钢板及钢带按表面质量分类如表 2 的规定。

表 2

级　　别	代　　号
较高级表面	FB
高级表面	FC
超高级表面	FD

4.4 钢板及钢带按表面结构分类如表 3 的规定。

表 3

表面结构	代　　号
麻面	D
光亮表面	B

5 订货所需信息

5.1 用户订货时应提供如下信息：

a) 产品名称（钢板或钢带）；

b) 本部分号；

c) 牌号；

d) 尺寸规格、不平度精度；

e) 表面质量级别；

f) 表面结构；

g) 边缘状态；

h) 包装方式；

i) 重量；

j) 用途。

5.2 如订货合同中未注明尺寸和不平度精度、表面质量级别、表面结构种类、边缘状态及包装等信息，则本部分产品按普通的尺寸和不平度精度、较高级表面、表面结构为麻面的切边钢板或钢带供货，并按供方提供的包装方式包装。

6 尺寸、外形、重量及允许偏差

钢板及钢带的尺寸、外形、重量及允许偏差应符合 GB/T 708 的规定。

7 技术要求

7.1 化学成分

钢的化学成分(熔炼分析)参考值见附录 A。如需方对化学成分有要求，应在订货时协商。

7.2 冶炼方法

钢板及钢带所用的钢采用氧气转炉或电炉冶炼，除非另有规定，冶炼方式由供方选择。

7.3 交货状态

7.3.1 钢板及钢带以退火后平整状态交货。

7.3.2 钢板及钢带通常涂油供货，所涂油膜应能用碱水溶液去除，在通常的包装、运输、装卸和储存条件下，供方应保证自生产完成之日起 6 个月内不生锈。如需方要求不涂油供货，应在订货时协商。

7.4 力学性能

钢板及钢带的力学性能应符合表 4 的规定。

表 4

牌号	屈服强度[a] R_{eH}/(N/mm²)	抗拉强度 R_m/(N/mm²) 不小于	断后伸长率[b,c] A_{80}/% (L_0=80 mm，b=20 mm) 不小于	r_{90}[d] 不小于	n_{90}[d] 不小于
CR180IF	180～240	340	34	1.7	0.19
CR220IF	220～280	360	32	1.5	0.17
CR260IF	260～320	380	28	—	—

a 无明显屈服时采用 $R_{p0.2}$，否则采用 R_{eL}。

b 试样为 GB/T 228 中的 P6 试样，试样方向为横向。

c 厚度不大于 0.7 mm 时，断后伸长率最小值可以降低 2%(绝对值)。

d 厚度不小于 1.6 mm 且小于 2.0 mm 时，r_{90} 值允许降低 0.2；厚度不小于 2.0 mm 时，r_{90} 值和 n_{90} 值不做要求。

7.5 表面质量

7.5.1 钢板及钢带表面不应有结疤、裂纹、夹杂等对使用有害的缺陷。钢板及钢带不应有分层。

7.5.2 钢板及钢带各表面质量级别的特征如表 5 的规定。

7.5.3 对于钢带，由于没有机会切除有缺陷部分，因此允许带缺陷交货，但有缺陷部分应不超过每卷总长度的 6%。

表 5

级　　别	代　　号	特　　　征
较高级表面	FB	表面允许有少量不影响成形性及涂、镀附着力的缺陷，如轻微的划伤、压痕、麻点、辊印及氧化色等
高级表面	FC	产品二面中较好的一面无目视可见的明显缺陷，另一面应至少达到 FB 的要求
超高级表面	FD	产品二面中较好的一面不应有任何缺陷，即不能影响涂漆后的外观质量或电镀后的外观质量，另一面应至少达到 FB 的要求

7.6　表面结构

表面结构为麻面时，粗糙度 Ra 目标值为大于 0.6 μm 且不大于 1.9 μm。表面结构为光亮表面时，粗糙度 Ra 目标值为不大于 0.9 μm。如需方对粗糙度有特殊要求，应在订货时协商。

8　检验和试验

8.1　钢板及钢带的外观用目视检查。

8.2　钢板及钢带的尺寸、外形用合适的测量工具测量。

8.3　r 值是在 15%应变时计算得到的，均匀延伸小于 15%时，以均匀延伸结束时的应变计算。n 值是在 10%～20%应变范围内计算得到的，均匀延伸小于 20%时，应变范围为 10%至均匀延伸结束时的应变。

8.4　每批钢板及钢带的检验项目、试样数量、取样方法和试验方法应符合表 6 的规定。

表 6

序号	检验项目	试样数量(个)	取样方法	试验方法
1	化学分析	1/每炉	GB/T 20066	GB/T 223、GB/T 4336、ASTM E1019
2	拉伸试验	1	GB/T 2975	GB/T 228
3	塑性应变比(r 值)	1		GB/T 5027 和 8.3
4	应变硬化指数(n 值)	1		GB/T 5028 和 8.3
5	表面粗糙度	—		GB/T 2523

8.5　钢板及钢带应按批验收，每个检验批应由同牌号、同规格、同加工状态的钢板或钢带组成。每批的重量应不大于 30 t，对于卷重大于 30 t 的钢带，每卷作为一个检验批。

8.6　钢板及钢带的复验按 GB/T 17505 的规定。

9　包装、标志及质量证明书

钢板及钢带的包装、标志及质量证明书应符合 GB/T 247 的规定，如需方对包装有特殊要求，可在订货时协商。

10　数值修约

数值修约按 GB/T 8170 的规定。

11　国内外牌号近似对照

本部分牌号与国外标准牌号的近似对照见附录 B。

附 录 A
（资料性附录）
钢的化学成分

钢的化学成分（熔炼分析）参考值见表 A.1。

表 A.1

牌号	化学成分（质量分数）/%						
	C	Si	Mn	P	S	Alt	Ti[a]
CR180IF	≤0.01	≤0.30	≤0.80	≤0.08	≤0.025	≥0.010	≤0.12
CR220IF	≤0.01	≤0.50	≤1.40	≤0.10	≤0.025	≥0.010	≤0.12
CR260IF	≤0.01	≤0.80	≤2.00	≤0.12	≤0.025	≥0.010	≤0.12

[a] 可以用 Nb 部分或全部代替 Ti，此时 Nb 和/或 Ti 的总含量≤0.12%。

附 录 B
（资料性附录）
国内外牌号近似对照

本部分牌号与国外标准牌号的近似对照见表 B.1。

表 B.1

GB/T 20564	prEN 10268:2002	SAE J2340:1999	JFS A 2001:1998
CR180IF	H180Y	180AT	JSC340P
CR220IF	H220Y	210AT	JSC390P
CR260IF	H260Y	250AT	JSC440P

ICS 83.140.99
G 47

中华人民共和国国家标准

GB/T 20688.1—2007

橡胶支座
第1部分：隔震橡胶支座试验方法

Rubber bearings—
Part 1：Seismic-protection isolators test methods

(ISO 22762-1：2005 Elastomeric seismic-protection isolators—Part 1：Test methods，MOD)

2007-05-14 发布　　2007-10-01 实施

中华人民共和国国家质量监督检验检疫总局
中国国家标准化管理委员会　发布

前　言

《橡胶支座》分为四个部分：

——第1部分：隔震橡胶支座试验方法；

——第2部分：桥梁隔震橡胶支座；

——第3部分：建筑隔震橡胶支座；

——第4部分：普通橡胶支座。

本部分为《橡胶支座》的第1部分。

本部分修改采用国际标准ISO 22762-1:2005《橡胶隔震支座　第1部分：试验方法》(英文版)。

本部分根据ISO 22762-1:2005重新起草。考虑到我国国情，在采用ISO 22762-1:2005时，本部分做了一些修改。章条编号对照参见附录A；有关技术性差异在附录B中列出。主要差异如下：

——按照汉语习惯对一些编排格式进行了修改；

——将一些适用于国际标准的表述改为适用于我国标准的表述；

——删除了国际标准ISO 22762-1:2005中的资料性附录E“确认目录”、附录G“徐变试验”、附录I“在桥梁上使用十年的橡胶支座耐久性研究”和附录J“在建筑物使用七年的橡胶支座耐久性研究”。

本部分的附录A～附录H均为资料性附录。

本部分由中国石油和化学工业协会提出。

本部分由全国橡胶与橡胶制品标准化技术委员会橡胶杂品分会(SAC/TC 35/SC 7)归口。

本部分起草单位：广州大学工程抗震研究中心、北京市化工产品质量监督检验站、交通部公路科学研究院。

本部分主要起草人：周福霖、沈朝勇、刘文光、罗学海、武晓星、高俊元、国天逵。

橡胶支座
第1部分:隔震橡胶支座试验方法

1 范围

本部分规定了隔震橡胶支座性能和橡胶材料性能的试验方法。

本部分适用于桥梁隔震橡胶支座和建筑隔震橡胶支座。

2 规范性引用文件

下列文件中的条款,通过本部分的引用而成为本部分的条款。凡是注日期的引用文件,其随后所有的修改单(不包括勘误的内容)或修订版均不适用于本部分,然而,鼓励根据本部分达成协议的各方研究是否可使用这些文件的最新版本,凡是不注日期的引用文件,其最新版本适用于本部分。

GB/T 528—1998 硫化橡胶或热塑性橡胶 拉伸应力应变性能的测定(eqv ISO 37:1994)

GB/T 531—1999 橡胶袖珍硬度计压入硬度试验方法(idt ISO 7619:1986)

GB/T 2941—2006 橡胶物理试验方法试样制备和调节通用程序(ISO 23529:2004,IDT)

GB/T 3512—2001 硫化橡胶或热塑性橡胶 热空气加速老化和耐热试验(eqv ISO 188:1998)

GB/T 3672.1 橡胶制品的公差 第1部分:尺寸公差(GB/T 3672.1—2002,ISO 3302-1:1996,IDT)

GB/T 6031—1998 硫化橡胶或热塑性橡胶硬度的测定(10～100 IRHD)(idt ISO 48:1994)

GB/T 7759—1996 硫化橡胶、热塑性橡胶 常温、高温和低温下压缩永久变形测定(eqv ISO 815:1991)

GB/T 7760—2003 硫化橡胶或热塑性橡胶与硬质板材粘合强度的测定 90°剥离法(ISO 813:1997,MOD)

GB/T 7762—2003 硫化橡胶或热塑性橡胶 耐臭氧龟裂 静态拉伸试验(ISO 1431-1:1989,MOD)

GB/T 9870.1—2006 硫化橡胶或热塑性橡胶 动态性能的测定 第1部分:通则(ISO 4664-1:2005,IDT)

GB/T 12830—1991 硫化橡胶与金属粘合剪切强度测定方法 四板法(eqv ISO 1747:1976)

GB/T 12832—1991 橡胶结晶效应的测定 硬度测量法(eqv ISO 3387:1978)

GB/T 15256—1994 硫化橡胶低温脆性的测定(多试样法)(eqv ISO 812:1991)

GB 20688.2 橡胶支座 第2部分:桥梁隔震橡胶支座(GB 20688.2—2006,ISO 22762-2:2005,MOD)

GB 20688.3 橡胶支座 第3部分:建筑隔震橡胶支座(GB 20688.3—2006,ISO 22762-3:2005,MOD)

3 术语和定义

下列术语和定义适用于本部分。

注:除特别说明外,本部分所指的支座均为隔震橡胶支座。

3.1

破坏　breaking

由压(或拉)-剪荷载引起的支座的断裂破坏。

3.2

屈曲　buckling

在压-剪荷载作用下支座失去稳定性时的状态。

3.3

压缩性能　compressive properties

各类型支座的压缩刚度(K_V)。

3.4

压-剪试验装置　compressive-shear testing machine

用于测试支座性能的装置,具有在恒定压力下施加剪切荷载的能力。

3.5

橡胶保护层　cover rubber

包裹在内部橡胶和内部钢板外侧面的橡胶层。

3.6

设计压应力　design compressive stress

设计采用的作用于支座上的压应力。

3.7

有效承压面积　effective loaded area

支座承受竖向荷载的面积,等于内部橡胶的平面面积。

3.8

有效宽度　effective width

矩形支座中内部橡胶层的短边长度。

3.9

隔震橡胶支座　elastomeric isolator

在地震区,用于房屋、桥梁或其他结构隔震的橡胶支座,包括天然橡胶支座(LNR)、铅芯橡胶支座(LRB)和高阻尼橡胶支座(HDR)。

3.10

普通橡胶支座　normal rubber bearing

用于房屋、桥梁或其他结构,主要起承压、减振作用的橡胶支座,包括板式支座和盆式支座。

3.11

第一形状系数　1st shape factor

支座中单层橡胶层的有效承压面积与其自由侧面表面积之比。

3.12

第二形状系数　2nd shape factor

对于圆形支座,为内部橡胶层直径与内部橡胶总厚度之比。

对于矩形或方形支座,为内部橡胶层有效宽度与内部橡胶总厚度之比。

3.13

天然橡胶支座(LNR)　linear natural rubber bearing

用天然橡胶制成的支座。

3.14

铅芯橡胶支座(LRB) lead rubber bearing

内部含有竖向铅芯的支座。

3.15

高阻尼橡胶支座(HDR) high damping rubber bearing

用复合橡胶制成的具有较高阻尼性能的支座。

3.16

内部橡胶 inner rubber

支座内部多层钢板之间的橡胶层。

3.17

最大压应力 maximum compressive stress

地震时作用于隔震橡胶支座上的最大压应力。

3.18

名义压应力 nominal compressive stress

制造厂提供的隔震橡胶支座允许承受的压应力。

3.19

滚翻 roll-out

用暗销或凹槽连接的支座发生水平位移时出现滚动翻倒的失稳现象。

3.20

剪切性能 shear properties

天然橡胶支座的水平等效刚度(K_h)和等效阻尼比(h_{eq})。

铅芯橡胶支座的水平等效刚度(K_h)、等效阻尼比(h_{eq})、屈服后刚度(K_d)和屈服力(Q_d)。

高阻尼橡胶支座的水平等效刚度(K_h)和等效阻尼比(h_{eq})。

3.21

极限性能 ultimate properties

在压-剪荷载作用下隔震橡胶支座产生破坏、屈曲或滚翻时的性能。

3.22

极限性能曲线(UPD) ultimate properties diagram

支座达到极限性能时的剪力与剪切位移的关系曲线。

4 符号

A——有效面积,支座内部橡胶的平面面积;

A_b——螺栓的有效面积;

A_e——支座顶面和底面之间的有效重叠面积;

A_{free}——支座的自由表面积;

A_p——铅芯橡胶支座中的铅芯面积;

a——正方形支座内部橡胶的边长,或矩形支座内部橡胶的长边长度;

a'——矩形支座包括保护层厚度的长边长度;

B——连接板受弯部分的有效宽度;

b——矩形支座内部橡胶的短边长度;

b'——矩形支座包括保护层厚度的短边长度；
$C_r(\gamma)$——K_r 的修正系数；
$C_p(\gamma)$——K_p 的修正系数；
c——连接板螺栓孔中心到支座外边缘的距离；
D'——圆形支座包括保护层厚度的直径；
D_f——圆形连接板的直径；
d_i——内部钢板的开孔直径；
d_k——螺栓孔直径；
d_o——内部钢板的外径；
E_{ap}——橡胶的表观弹性模量；
E_c——橡胶的修正压缩弹性模量；
E_c^s——与形状系数(S_1)相关的修正压缩弹性模量；
E_∞——橡胶的体积弹性模量；
E_0——橡胶的弹性模量；
F_u——支座承受的提离拉力；
f——试验加载频率；
f_t——钢材的抗拉、抗压和抗弯强度设计值；
f_u——钢材的极限抗拉强度；
f_y——钢材的屈服强度；
G——橡胶的剪切模量；
$G_{eq}(\gamma)$——剪应变为 γ 时的等效剪切模量；
H——橡胶支座包括连接板的总高度；
H_n——橡胶支座不包括连接板的高度；
h_{eq}——等效阻尼比；
$h_{eq}(\gamma)$——剪应变为 γ 时的等效阻尼比；
K_d——铅芯橡胶支座的屈服后刚度；
K_h——水平等效刚度；
K_i——初始水平等效刚度；
K_p——铅芯橡胶支座中铅芯的水平等效刚度；
K_r——铅芯橡胶支座嵌入铅芯前的水平等效刚度；
K_t——水平切线刚度；
K_V——竖向压缩刚度；
L_f——正方形连接板的边长；
M——抗转动弯矩；
M_F——作用在连接板有效截面上的弯矩；
M_f——作用在螺栓上的弯矩；
M_r——作用在支座上的弯矩；
n——内部橡胶层数；
n_b——连接螺栓数量；
P——压力；

P_0——设计压力；
P_{max}——最大设计压力；
P_{min}——最小设计压力；
Q——剪力；
Q_b——破坏剪力；
Q_{buk}——屈曲剪力；
Q_d——屈服力；
S_1——第一形状系数；
S_2——第二形状系数；
T——连接螺栓的拉力；
T_r——内部橡胶总厚度，$T_r = n \times t_r$；
t_r——单层内部橡胶的厚度；
t_{r1}，t_{r2}——支座上、下表面橡胶层厚度；
t_s——单层内部钢板的厚度；
t_0——橡胶支座保护层厚度；
$U(\gamma)$——屈服力与剪应变为 γ 时对应剪力之比；
V——提离力；
v——加载速度；
W_d——每加载循环所消耗的能量，即滞回曲线的包络面积；
X——剪切位移；
X_0——设计剪切位移；
X_b——破坏时的剪切位移；
X_{buk}——屈曲时的剪切位移；
X_s——反复加载试验时支座的剪切位移；
X_{max}——最大设计剪切位移；
X_d——动力剪切位移；
Y——压缩位移；
Z——连接板的截面抵抗矩；
α——线性热膨胀系数；
γ——剪应变；
γ_0——设计剪应变；
γ_a——最大容许剪应变；
γ_b——破坏时的剪应变；
γ_c——压力引起的剪应变；
γ_d——动力剪应变；
γ_{max}——最大剪应变；
γ_t——转动引起的剪应变；
γ_s——反复加载试验时支座的剪应变；
γ_u——极限剪应变；
δ_H——支座水平偏差；

δ_V——支座平整度偏差；

ε——支座压应变；

ε_{cr}——徐变应变；

ε_T——支座拉应变；

ε_{Tb}——支座破坏时的拉应变；

ε_{Ty}——支座屈服时的拉应变；

ζ_r——支座总高度 H_n 与内部橡胶总厚度之比；

θ——对圆形支座直径或矩形支座轴线的支座转角；

θ_a——支座沿长边方向(a)的转角；

θ_b——支座沿短边方向(b)的转角；

λ——钢板应力修正系数；

η——临界应力修正系数；

κ——与硬度有关的弹性模量修正系数；

$\sum\gamma$——总剪应变；

σ——压应力；

σ_0——设计压应力；

σ_B——螺栓拉应力；

σ_b——连接板弯曲应力；

σ_{cr}——支座的临界应力；

σ_{max}——最大设计压应力；

σ_{min}——最小设计压应力；

σ_{nom}——对于房屋建筑，指制造厂提供的名义压应力；

σ_s——钢板拉应力；

σ_{Tb}——支座受拉破坏时的拉应力；

σ_{Ty}——支座受拉屈服时的拉应力；

σ_t——拉应力；

σ_{te}——容许拉应力；

σ_{yi}——钢板的屈服应力；

τ_B——螺栓的剪应力；

τ_f——钢材的容许剪应力；

ϕ——支座受压屈曲稳定系数；

ψ——支座受压屈曲检验系数；

ξ——临界应力计算系数。

支座示意图如图 1 所示。

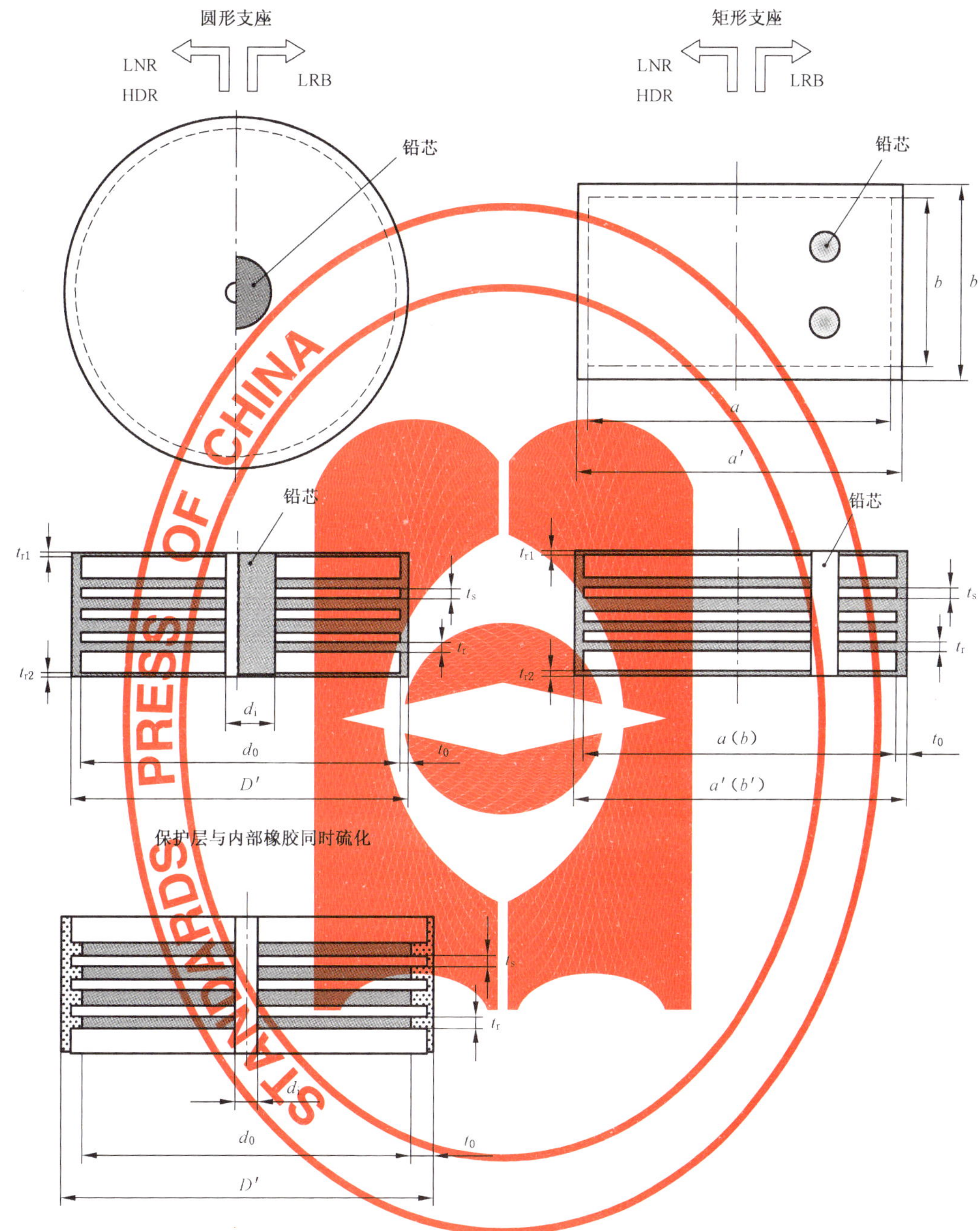

图 1　支座示意图

5　橡胶材料物理性能试验

5.1　试验项目

橡胶材料物理性能的试验项目应符合表 1 的规定。

表 1 橡胶材料试验项目

性　能	试 验 项 目	相关标准
拉伸性能	拉伸强度	GB/T 528—1998
	扯断伸长率	
	100%拉应变时的弹性模量	
老化性能	拉伸强度变化率	GB/T 3512—2001 GB/T 528—1998
	扯断伸长率变化率	
	100%拉应变时的弹性模量变化率	
硬度	硬度	GB/T 6031—1998 GB/T 531—1999
黏合性能	橡胶与金属黏合强度 破坏类型	GB/T 7760—2003
压缩永久变形	压缩永久变形	GB/T 7759—1996
剪切性能	剪切模量	GB/T 9870.1—2006
	等效阻尼比	
	剪切模量和等效阻尼比的温度相关性	
	剪切模量和等效阻尼比的反复加载次数相关性	
	破坏剪应力	GB/T 12830—1991
	破坏剪应变	
脆性性能	脆性温度	GB/T 15256—1994
抗臭氧性能	性能变化率	GB/T 7762—2003
低温结晶性能	硬度变化率	GB/T 12832—1991

5.2 试验条件和试件

实验室的温度和湿度条件、试件的准备、试件的厚度和宽度的测量方法等应符合 GB/T 2941—2006 的规定。

5.3 拉伸性能试验

可采用表 2 规定的试件，按 GB/T 528—1998 规定的方法进行拉伸试验。

表 2 试 件 尺 寸

单位为毫米

宽度	长度	厚度	标距
5±0.1	20	2.0±0.2	20

5.4 老化性能试验

5.4.1 内部橡胶老化性能

5.4.1.1 隔离空气老化

内部橡胶老化性能试验应参见附录 C 的规定在隔离空气条件下完成。可参见附录 C 中规定的方法计算活化能，根据活化能决定相当于在 23℃时的期望寿命(60 年或更长的时间)的试验温度和时间。

5.4.1.2 热空气老化

内部橡胶热空气老化试验应按照 GB/T 3512—2001 规定的方法进行。试验温度和时间应符合 GB 20688.2和 GB 20688.3 的规定。

5.4.2 保护层橡胶老化性能

保护层橡胶老化试验应按照 GB/T 3512—2001 规定的方法进行。试验温度和时间应符合 GB 20688.2和 GB 20688.3 的规定。

5.5 硬度

硬度应按 GB/T 6031—1998 或 GB/T 531—1999 中规定的方法测定。

5.6 黏合性能

黏合性能试验应按 GB/T 7760—2003 中规定的方法执行。

5.7 压缩永久变形试验

压缩永久变形试验应采用 GB/T 7759—1996 中的 A 型试件和规定的方法进行。试验条件和要求应符合 GB 20688.2 和 GB 20688.3 的规定。

5.8 剪切性能试验

5.8.1 通则

剪切性能试验应按 GB/T 9870.1—2006 的规定进行。

5.8.2 试验装置

剪切性能试验应采用 GB/T 9870.1—2006 中规定的试验装置。

5.8.3 试件

宜选用下列剪切型橡胶试件进行试验。

a) 二片剪切型

试件由 2 片橡胶板和 3 块金属板组成，如图 2 所示。橡胶板可采用厚 3.0 mm～6.0 mm、边长 25 mm～30 mm 的正方体，或厚 3.0 mm～6.0 mm、直径 25 mm～30 mm 的圆柱体。

图 2 二片剪切型

b) 四片剪切型

试件由 4 片橡胶板和 4 块金属板组成，如图 3 所示。橡胶板可采用厚 3.0 mm～6.0 mm、边长 25 mm～30 mm 的正方体，或厚 3.0 mm～6.0 mm、直径 25 mm～30 mm 的圆柱体。

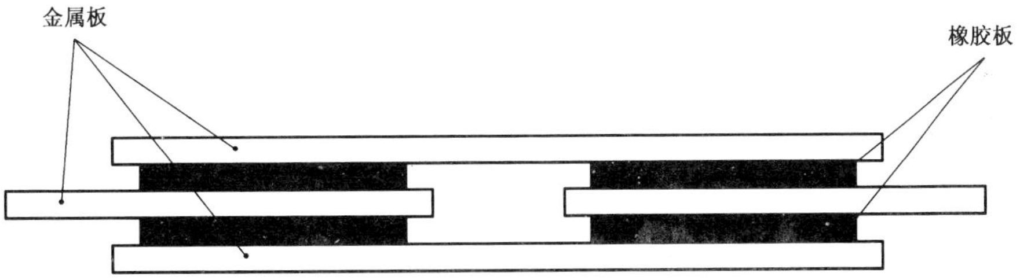

图 3 四片剪切型

5.8.4 试验条件

5.8.4.1 温度

试验温度应满足支座使用的温度范围，可参考表 3。采用一个频率(0.2 Hz、0.3 Hz、0.5 Hz 或隔震频率)和一个剪应变(100%、175%或设计剪应变)，对同一个试件进行不同温度的试验。试验时的温度按递减顺序进行，温度的允许偏差为±2℃。

表 3 试验温度

试验温度/℃	−20	−10	0	23	40

5.8.4.2 频率

加载频率应选用表 4 规定的一组频率。采用一个温度(23℃)和一个剪应变(100%、175%或设计剪应变),对同一个试件进行不同频率的试验。试验时的频率按递增顺序进行。

表 4 加载频率

加载频率/Hz	1 组	0.05	0.2	1.0
	2 组	0.05	0.3	1.5
	3 组	0.1	0.5	2.0

5.8.4.3 剪应变

剪应变试验应选用表 5 中规定的应变进行。采用一个温度(23℃)和一个频率(0.2 Hz、0.3 Hz、0.5 Hz 或隔震频率),对同一个试件进行不同剪应变的试验。剪应变的范围至少为 5%~150%,应变间隔至少为 50%或较小应变的 2 倍。试验时的剪应变按递增顺序进行。

表 5 剪应变

剪应变/%	±5	±10	±25	±50	±75	±100	±150	±175	±200	±250	±300	±350	±400

5.8.4.4 循环次数

循环加载的次数为 3 次或 11 次,宜与支座试验的循环加载次数一致。

5.8.5 试验报告

剪切模量和等效阻尼比试验结果的报告应与 6.2.5 中规定的试验报告相似。

5.9 断裂性能

破坏试验应按 GB/T 12830—1991 中的规定执行,而试件应按 5.8.3 中的规定采用。

5.10 脆性点

脆性温度试验应按 GB/T 15256—1994 中的规定执行。

5.11 抗臭氧老化

抗臭氧老化试验应按 GB/T 7762—2003 中的规定执行。

5.12 低温结晶性能试验

天然橡胶的环境温度 $T_L<0℃$,氯丁橡胶的环境温度 $T_L<5℃$ 时,需进行低温结晶性能试验,检测橡胶硬度的变化。

除有特殊要求外,天然橡胶的试验温度不低于−25℃,氯丁橡胶的试验温度不低于−10℃,试验可参照 GB/T 12832—1991 的规定进行。天然橡胶的试验时间和温度可按表 6 确定,氯丁橡胶可按表 7 确定。

表 6 天然橡胶的试验条件

环境最低温度/℃	$-10\leqslant T_L<0$	$-20\leqslant T_L<-10$	$T_L<-20$
时间/d	t_0	t_{-10}	t_{-20}
试验温度/℃	−10	−20	−25
试验期/d	$1.5t_0$	$1.5t_{-10}+0.1t_0$	$1.5t_{-20}+0.5t_{-10}+0.05t_0$
注:表中时间为橡胶在所对应最低温度范围累计使用时间的总和。			

表 7　氯丁橡胶的试验条件

环境最低温度/℃	$0 \leqslant T_L < 5$	$-5 \leqslant T_L < 0$	$T_L < -5$
时间/d	t_5	t_0	t_{-5}
试验温度/℃	0	−5	−10
试验期/d	$1.5t_5$	$1.5t_0 + 0.5t_5$	$1.5t_{-5} + 0.5t_0 + 0.25t_5$
注：表中时间为橡胶在所对应最低温度范围累计使用时间的总和。			

6　隔震橡胶支座力学性能试验

6.1　试验项目

隔震橡胶支座的力学性能试验项目应按表 8 的规定执行。

隔震橡胶支座型式检验可采用表 9 和表 10 规定的标准试件。

表 8　隔震橡胶支座力学性能试验项目

性　能	试 验 项 目	相关条款
压缩性能	竖向压缩刚度	6.3.1
	压缩位移	
剪切性能	水平等效刚度	6.3.2
	等效阻尼比	
	屈服后刚度	
	屈服力	
剪切性能相关性	剪应变相关性	6.4.1
	压应力相关性	6.4.2
	加载频率相关性	6.4.3
	反复加载次数相关性	6.4.4
	温度相关性	6.4.5
压缩性能相关性	剪应变相关性	6.4.6
	压应力相关性	6.4.7
极限剪切性能	破坏剪应变、破坏剪力	6.5
	屈曲剪应变、屈曲剪力	
	滚翻剪应变、滚翻剪力	
拉伸性能	破坏拉力	6.6
	屈服拉力	
	拉伸破坏和屈服时对应的剪应变	
耐久性能	老化性能	6.7.1
	徐变性能	6.7.2
	疲劳性能	6.7.3
低速率变形的反力性能	低速率变形时的剪切模量	6.8

表 9 标准试件（正方形）

项　目		天然橡胶支座			铅芯橡胶支座		
		No. 1	No. 2	No. 3	No. 1	No. 2	No. 3
内部钢板边长/mm	$a \times b$	100×100	240×240	400×400	100×100	240×240	400×400
铅芯个数	—	—	—	—	4	4	4
铅芯直径/mm	—	—	—	—	14.5	34.5	57.5
单层内部钢板厚度/mm	t_s	1～2	2～3	3～4	1～2	2～3	3～4
单层内部橡胶厚度/mm	t_r	2	5	9	2	5	9
内部橡胶层数	n	6	6	6	6	6	6
橡胶支座保护层厚度/mm	t_0	5	5	10	5	5	10

表 10 标准试件（圆形）

项　目		天然橡胶支座			铅芯橡胶支座		
内部钢板的外径/mm	d_0	150	250	500	150	250	500
内部钢板开孔直径/mm （对铅芯橡胶支座为铅芯直径）	d_i	7.5	12.5	25	30	50	100
单层内部钢板厚度/mm	t_s	1～2	2～3	3～4	1～2	2～3	3～4
单层内部橡胶厚度/mm	t_r	1.5	2.0	4.0	1.5	1.8	3.5
内部橡胶层数	n	20	25	25	20	28	28
橡胶支座保护层厚度/mm	t_0	4	6	8	4	6	8

6.2 试验条件和试验报告

6.2.1 试件放置时间

硫化后，总高度 H_n<250 mm 的试件应至少放置 24 h，其他试件应至少放置 48 h。

试验前，试件应在试验环境中再放置不少于 6 h ～24 h，并应记录试件的表面温度。

6.2.2 加载波形

加载波形可为正弦波或三角波，对于铅芯橡胶支座和高阻尼橡胶支座，应注意不同加载波形的影响。

6.2.3 加载频率

最小加载频率为 0.001 Hz。

6.2.4 试验装置

试验装置应具有检测试验项目的能力，力和位移的测量误差应小于最大值的 1%。试验装置应定期标定。

6.2.5 试验报告

试验报告应包括下列内容：

a) 试件编号；

b) 试件的类型、形状尺寸、形状系数；

c) 试验装置介绍；

d) 试件表面温度；

e) 加载波形和加载频率；

f) 试验内容；

g) 试件外观；

h) 试验日期；

i) 试验结果；

j) 试验曲线。

6.3 压缩性能和剪切性能试验

6.3.1 压缩性能

6.3.1.1 通则

压缩性能试验装置见图 4。

应对称布置不少于 2 个位移传感器(见图 5)。

竖向压缩位移为传感器测量值的平均值。

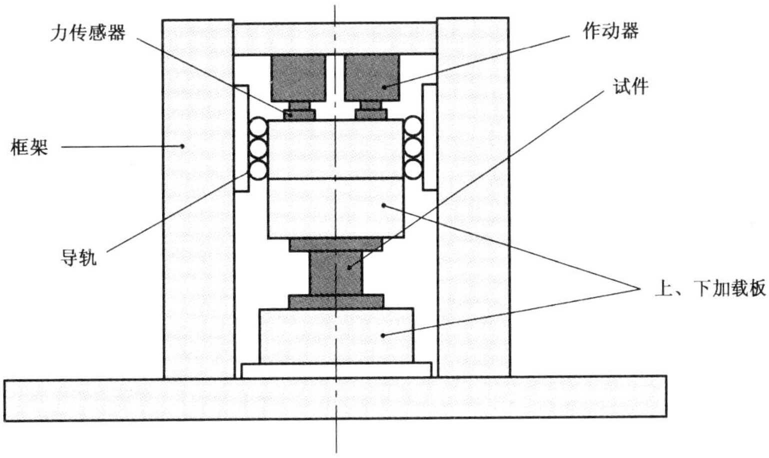

图 4 压缩试验装置示意图

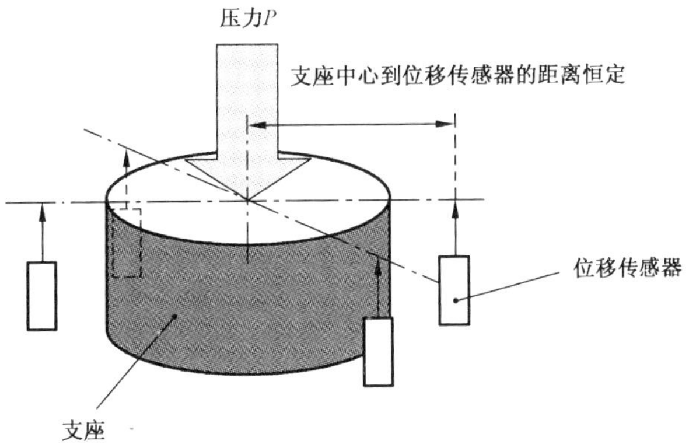

图 5 位移传感器布置示意图

6.3.1.2 压力

加载压力应与 GB 20688.2 和 GB 20688.3 规定的设计压应力 σ_0 相对应。压力和压应力的关系如下：

$P = A \cdot \sigma$

压应力允许偏差应为±5%。

6.3.1.3 加载

加载方法有以下两种,试验时可选择其中一种方法进行。

a) 方法 1(见图 6)

按 0—P_{max}—0 往复循环加载 3 次。P_{max}为最大设计压力。

图 6 中 P_2 为 $1.3P_0$,P_1 为 $0.7P_0$,P_0 为设计压力。

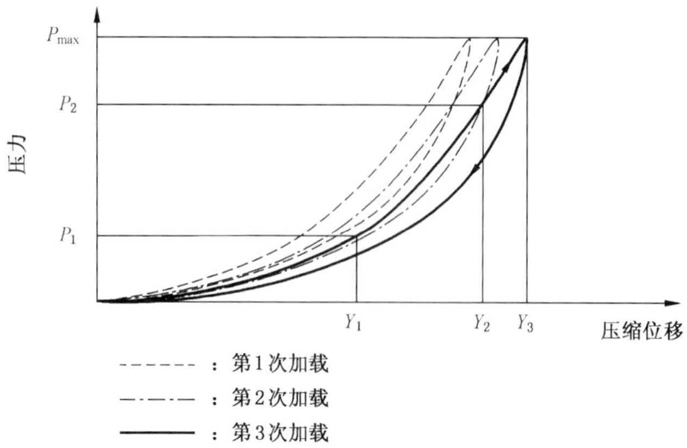

图 6 加载方法 1

b) 方法 2(见图 7)

按 0—P_0—P_2—P_0—P_1(第 1 次加载),P_1—P_0—P_2—P_0—P_1(第 2 次加载),P_1—P_0—P_2—P_0—P_1(第 3 次加载)。

P_2 为 $1.3P_0$,P_1 为 $0.7P_0$,P_0 为设计压力。

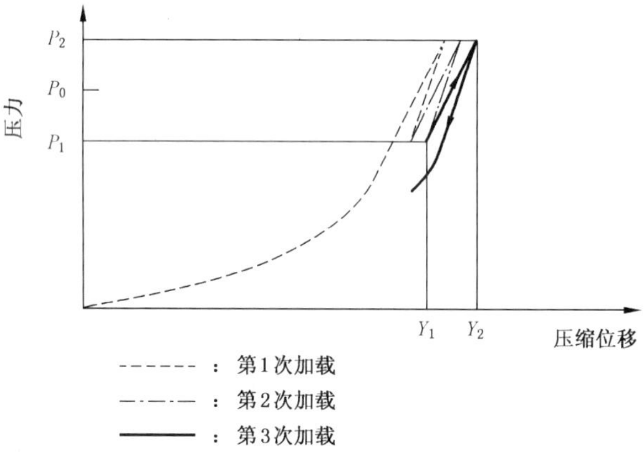

图 7 加载方法 2

6.3.1.4 竖向压缩刚度计算

竖向压缩刚度 K_V 按式(1)计算:

$$K_V = \frac{P_2 - P_1}{Y_2 - Y_1} \quad \cdots\cdots(1)$$

式中:

P_1——第 3 次循环时的较小压力;

P_2——第 3 次循环时的较大压力;

Y_1——第 3 次循环时的较小位移;

Y_2——第 3 次循环时的较大位移(见图 6、图 7)。

6.3.2 剪切性能

6.3.2.1 通则

应在恒定压力下施加剪切位移测定支座的剪切性能。试验过程中,恒定压力允许偏差为±10%,剪切位移允许偏差为±5%。

惯性力对剪力的修正参见附录 D。

宜优先采用单剪试验方法[见图 8a)]。摩擦力对剪力的修正参见附录 E，摩擦力应小于剪力的 3%。

当采用双剪试验方法时[见图 8b)]，2 个试件的竖向压缩刚度相差应在 20%以内，测得的剪切性能为 2 个试件的平均值。当需要判断每个试件的性能时，应采用 3 个试件(A，B，C)混合成 3 对(A+B，B+C，C+A)进行判断。

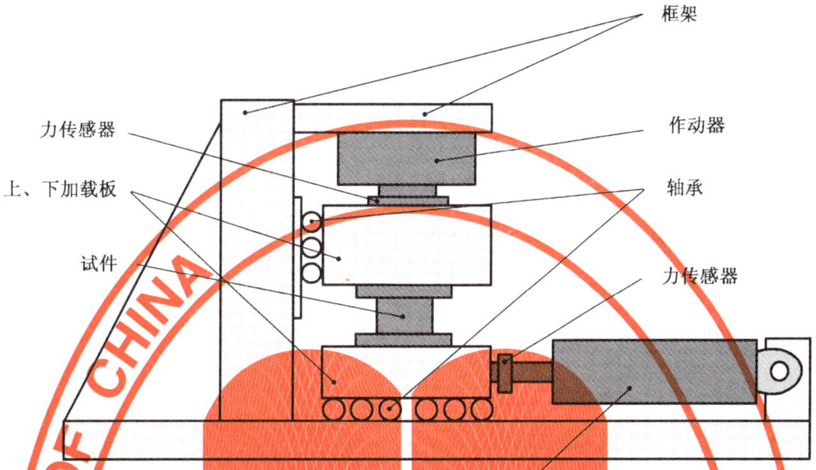

a)

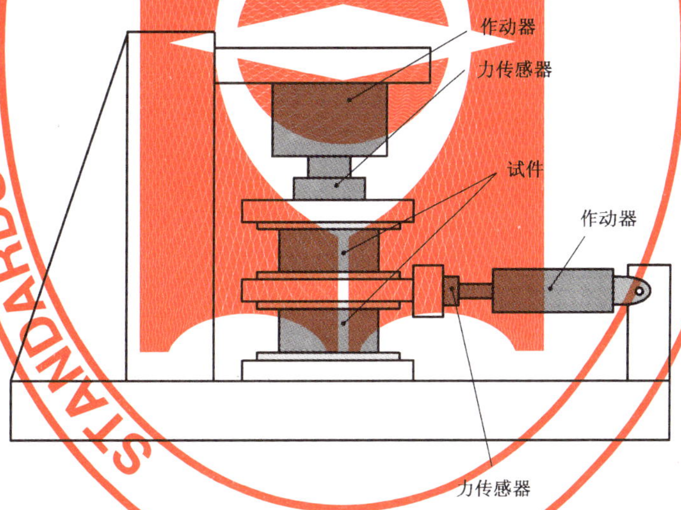

b)

图 8　压剪试验装置示意图

6.3.2.2　加载

试验可采用 3 次或 11 次加载循环，剪切性能应取第 3 次循环的测试值，或取第 2～11 次循环的测试平均值。

6.3.2.3　剪切性能计算

水平等效刚度 K_h、等效阻尼比 h_{eq}、屈服后刚度 K_d 和屈服力 Q_d 应按式(2)～式(5)计算(参见图 9、图 10)：

$$K_h = \frac{Q_1 - Q_2}{X_1 - X_2} \quad \cdots\cdots (2)$$

$$h_{eq}=\frac{2\Delta W}{\pi K_h(X_1-X_2)^2} \qquad \cdots\cdots(3)$$

$$K_d=\frac{1}{2}\left(\frac{Q_1-Q_{d1}}{X_1}+\frac{Q_2-Q_{d2}}{X_2}\right) \qquad \cdots\cdots(4)$$

$$Q_d=\frac{1}{2}(Q_{d1}-Q_{d2}) \qquad \cdots\cdots(5)$$

式中：

Q_1——最大剪力；

Q_2——最小剪力；

X_1——最大位移，$X_1=T_r\gamma$；

X_2——最小位移，$X_2=T_r(-\gamma)$；

Q_{d1}，Q_{d2}——滞回曲线正向和负向与剪力轴的交叉点；

ΔW——滞回曲线的包络面积。

当试验曲线不是图10的理想曲线时，K_d、Q_d 的计算可参见附录G的方法计算。

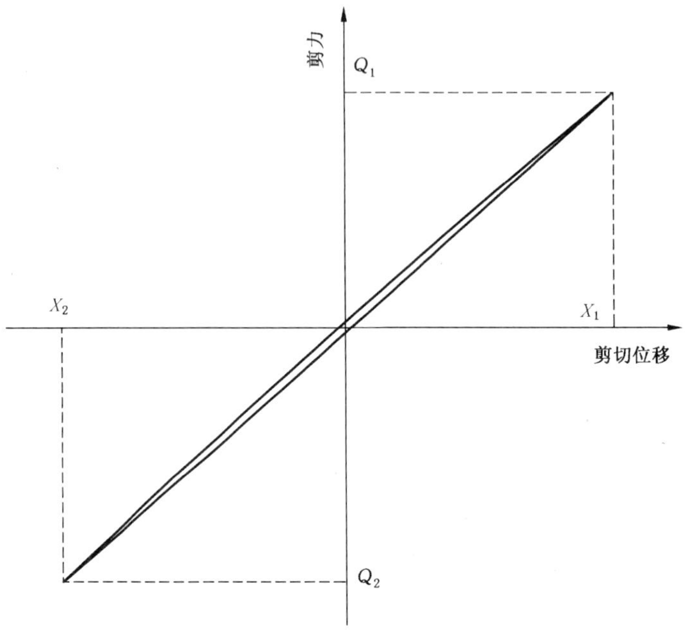

图9 天然橡胶支座(LNR)剪切性能的测定

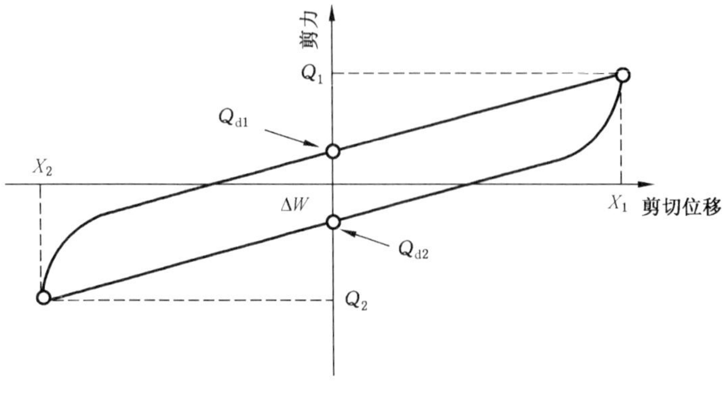

图10 铅芯橡胶支座(LRB)和高阻尼橡胶支座(HDR)剪切性能的测定

6.4 相关性试验

6.4.1 剪切性能的剪应变相关性

测定剪应变对剪切性能的相关影响时，剪应变允许偏差为±5%。试验加载宜按剪应变递增的顺序进行。基准剪应变宜为设计剪应变 γ_0。

6.4.2 剪切性能的压应力相关性

测定压应力对剪切性能的相关影响时，压应力的允许偏差为±5%。试验过程中，压力波动的允许范围为±10%。试验加载宜按压力递增的顺序进行。基准压应力宜为设计压应力 σ_0。

6.4.3 剪切性能的加载频率相关性

测定加载频率对剪切性能的相关影响时，加载频率宜采用表 11 中的频率值。加载频率应按递增的顺序改变。基准加载频率宜为 0.5 Hz。

表 11 加载频率

频率/Hz	0.001	0.005	0.01	0.1	0.5	1.0	2.0

6.4.4 剪切性能的反复加载次数相关性

测定反复加载次数对剪切性能的相关影响时，反复加载次数为 50 次。应测定第 1、3、5、10、30 和 50 次循环的剪切性能。基准值宜取第 3 次循环的测试值，或取第 2～11 次循环的测试平均值。

试件应在反复 50 次后冷却至室温，然后再次测定试件的剪切性能。

6.4.5 剪切性能的温度相关性

测定温度对剪切性能的相关影响时，宜采用表 12 规定的试验温度。试验前，可将试件放在温度控制箱中，待达到指定温度后，在 30 min 内转移至试验装置中并完成试验。除铅芯橡胶支座外，温度相关性试验也可用 2 片、4 片剪切型橡胶材料试件替代。

基准温度应为(23±2)℃。在特别寒冷地区，环境温度低于−20℃时，可采用支座的使用环境温度。

温度变化按递增或递减的顺序进行。

表 12 试验温度

温度/℃	−20	−10	0	23	40

6.4.6 压缩性能的剪应变相关性

测定剪应变对压缩性能的相关影响时，宜在表 13 中选取 3 个剪应变水准进行试验。剪应变的允许偏差为±5%。基准剪应变为 0。

表 13 剪 应 变

剪应变/%	0	$0.5\gamma_0$	γ_0	$1.5\gamma_0$

6.4.7 压缩性能的压应力相关性

测定压应力对压缩性能的相关影响时，宜采用表 14 中规定的竖向加载压应力，剪切位移为零。

表中，σ_0 为设计压应力。加载压应力的允许偏差为±5%。基准加载条件为 $\sigma_0 \pm 0.3\sigma_0$。

表 14 加载应力

压应力/MPa	$\sigma_0 \pm 0.3\sigma_0$	$\sigma_0 \pm 0.5\sigma_0$	$\sigma_0 \pm 1.0\sigma_0$

6.5 极限剪切性能试验

应测定支座在最大设计压力下的极限剪切位移能力。对于用凹槽、暗销连接的支座和可能承受拉力的支座，还应测定支座在最小设计压力下的极限剪切位移能力。

极限剪切位移状态指支座出现破坏、屈曲或滚翻。

连接板与封板用螺栓连接或连接板与内部橡胶直接黏结的支座，其极限剪切性能曲线见图 11。

当剪切位移达到指定极限剪切位移时，若没有明显的破坏迹象，且剪力和位移的关系曲线单调增加，则可停止试验，并根据最大剪力和剪切位移确定支座的极限剪切性能。

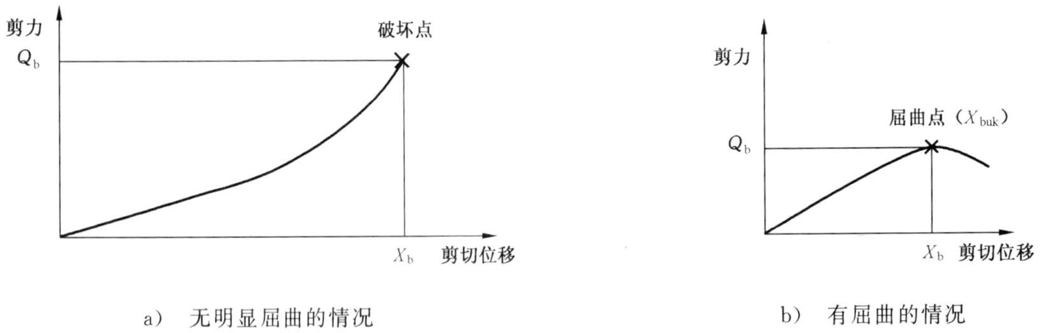

图 11 极限剪切性能曲线

6.6 拉伸性能试验

拉伸性能试验应在恒定的剪切位移下，施加拉力直到试件发生屈服或破坏（见图 12），确定其屈服或破坏时的拉力和剪切位移。

应在试件周围对称布置不少于 2 个位移传感器，取所测的平均数据作为测量值。

试验剪应变可为 0，或选取表 5 中规定的 1 个应变水准值。剪应变允许偏差为±5%。

试验时施加拉力应在低速下进行。

拉力与变形关系曲线如图 12 所示。

屈服拉力可由以下方法求出：

a) 通过原点和曲线上与剪切模量 G 对应的拉力作一条直线（G 为设计压应力、设计剪应变作用下的剪切模量）；

b) 将上述直线水平偏移 1%的内部橡胶总厚度；

c) 偏移线和试验曲线相交点对应的力即为屈服拉力。

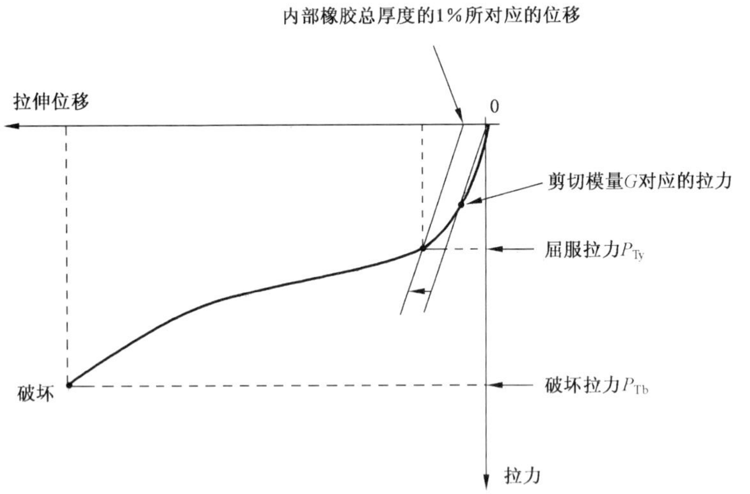

图 12 拉伸性能试验的力与位移关系曲线

6.7 耐久性性能试验

6.7.1 老化性能

试件可为足尺隔震橡胶支座、缩尺模型隔震橡胶支座或剪切型橡胶试件。

试件应为同型（批）号产品，数目应不少于 3 对，每对包含试件 A 和试件 B。

老化性能试验步骤如下：

a) 测定试件 A 的剪切性能和极限剪切性能；

b) 对试件 B 按规定的温度和时间完成老化试验；

c) 试件 B 冷却不少于 24 h 后，使其达到环境温度；

d) 测定试件 B 的剪切性能和极限剪切性能；

e) 确定试件 A 和试件 B 老化前后的性能变化率。

老化试验温度允许偏差为±2℃。

老化条件应相当于在(23±2)℃环境温度下使用 60 年，老化试验温度可为 80℃或以下。

剪切性能和极限剪切性能变化率可由式(6)计算：

$$A_C = (B_1 - B_0)/B_0 \times 100 \quad \cdots\cdots(6)$$

式中：

A_C——老化前后性能变化率(%)；

B_0——老化前的性能；

B_1——老化后的性能。

6.7.2 徐变性能

试件可为足尺隔震橡胶支座、缩尺模型隔震橡胶支座。

试件应在无水平位移的情况下按指定的时间和温度施加恒定压力，测量其压缩位移，推算出支座使用多年后的徐变量。

徐变性能试验装置见图 13。施加的压力允许偏差为±5%。试验过程中，压力波动允许偏差为±2%。位移测量仪器的精度为 0.01 mm。

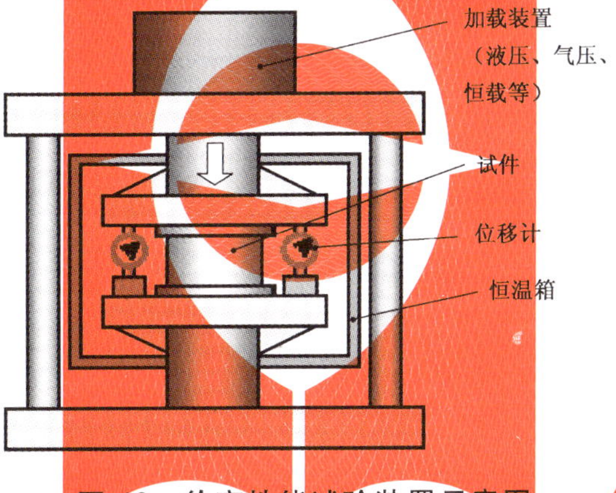

图 13 徐变性能试验装置示意图

试验温度应为(23±2)℃。测量时间应不少于 1 000 h，按 10^0 h 到 10^1 h、10^1 h 到 10^2 h 和 10^2 h 到 10^3 h 分为 3 个时间段，每时间段内的测量值应不少于 10 个。

施加的压应力应为设计压应力 σ_0，加载时间应小于 1 min。将压力达到指定值 1 min 后的压缩位移取为零点。压缩位移的测点应对称布置，且不少于 2 个。压缩位移值应为各测点测量值的平均值。

当试验温度不是(23±2)℃时，竖向压缩位移值应按式(7)换算为相当于 23℃时的值：

$$\Delta H_{23} = \Delta H_T + n t_r (T - 23)\alpha \quad \cdots\cdots(7)$$

式中：

ΔH_{23}——23℃时竖向压缩位移的变化值；

ΔH_T——温度 T 时竖向压缩位移的变化值；

T——试件的表面温度(℃)；

α——线性热膨胀系数(T 到 23℃)，参见附录 F 公式计算确定。

每时间段的徐变应变按式(8)计算：

$$\varepsilon_{cr} = \frac{\Delta H_{23}}{n t_r} \times 100 \quad \cdots\cdots(8)$$

式中：

ε_{cr}——23℃时的徐变应变(%)。

徐变应变与时间的关系见图 14。

从 100 h 到 1 000 h 的测试数据，可采用最小二乘法绘制时间与徐变应变的对数图，确定式(9)中的系数 a 和 b。

$$\lg\varepsilon_{cr} = \lg a + b\lg t \qquad (9)$$

式中：

t——时间。

t 时刻的徐变量可由式(10)计算：

$$\varepsilon_{cr} = a \cdot t^{b} \qquad (10)$$

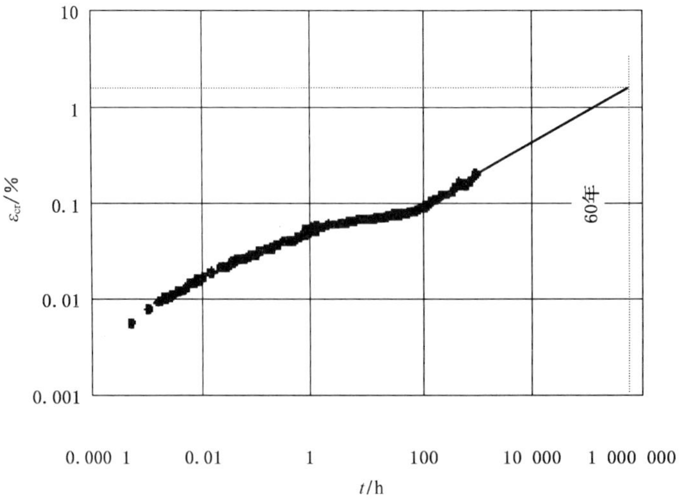

图 14 徐变性能曲线

6.7.3 疲劳性能

试验步骤为：

a) 测出试件的初始外形(外轮廓尺寸)和性能(竖向压缩刚度和剪切性能)；

b) 使试件产生指定的剪切位移(可为 0)；

c) 按指定的次数反复施加竖向压力，最大和最小压力应为最大和最小设计压力；

d) 测出外形(外轮廓尺寸)和性能的变化率以评定其抗疲劳性能。

剪切位移和竖向压力的允许偏差为±5%。

加载波形可为正弦波或三角波。加载频率范围为 2 Hz～5 Hz。反复加载次数为 200 万次。

6.8 低速率变形的反力性能

6.8.1 通则

桥梁在温度变化或材料收缩等情况下，支座产生低速率变形(如 0.003% s^{-1})，其反力性能可用下述方法测定：

a) 连续加载法

本方法适用于各种橡胶支座。

试件在指定恒定压力下，按 5.0% s^{-1}或更低速率产生剪应变，使其达到指定的 3 个或多个剪应变水准，反复循环 3 次，按第 3 次循环确定剪切模量。剪切模量和加载速率的关系曲线参见附录 H 中 H.1。

连续加载法适用于加载速率小于 0.003% s^{-1}的情况。

b) 间歇加载法

本方法仅适用于高阻尼橡胶支座。

试件在指定恒定压力下，按一般加载速率分 4 次均匀加载至指定剪应变值，每次加载的应变增量为 1/4 指定剪应变值，并持荷 1.5 h。该过程总持荷为 6 h。

反力特性由 5 个值(包括零)估算，参见附录 H 中 H.2。

6.8.2 竖向压力

竖向压力应为设计压力。

试验过程中，压力允许波动范围为±10%。

6.8.3 剪应变

连续加载法的指定剪应变可为 50%。

间歇加载法的指定剪应变可为 50%，则每次增量为 12.5%。

6.8.4 加载速率

连续加载法的加载速率可选用下述速率值之一：

0.02 mm/s，0.05 mm/s，0.1 mm/s，0.5 mm/s，1 mm/s，5 mm/s，10 mm/s 和 50 mm/s。

间歇加载法的加载速率可采用 1 mm/s。

6.8.5 计算方法

剪切模量计算按式(11)、式(12)计算：

a) 连续加载法

$$G_s = \frac{K_h T_r}{A} \qquad (11)$$

b) 间歇加载法

$$G_s = \frac{Q T_r}{A X} \qquad (12)$$

式中：

G_s——低速率变形的剪切模量；

K_h——由第 3 次循环确定的水平等效刚度；

Q——各剪应变水准持时后的剪力；

X——各剪应变水准对应的水平位移。

7 支座尺寸测量

7.1 通则

支座产品尺寸测量的标准温度应为(23±5)℃。产品硫化后应在(23±5)℃的温度中放置至少 24 h，放置时间应根据产品的尺寸进行调整，应以产品内部温度为调整依据。

7.2 测量工具

测量尺寸所用的工具如下，其测量尺寸的公差应满足 GB/T 3672.1 的要求。

a) 游标卡尺；

b) 极限规：用已检验的满足上、下限偏差要求的标尺来校准；

c) 钢直尺；

d) 其他工具。

7.3 支座平面尺寸测量

圆形支座：应在 2 个不同位置测量直径值，见图 15a)。

矩形支座：应在每边的 2 个不同位置测量边长值，见图 15b)。

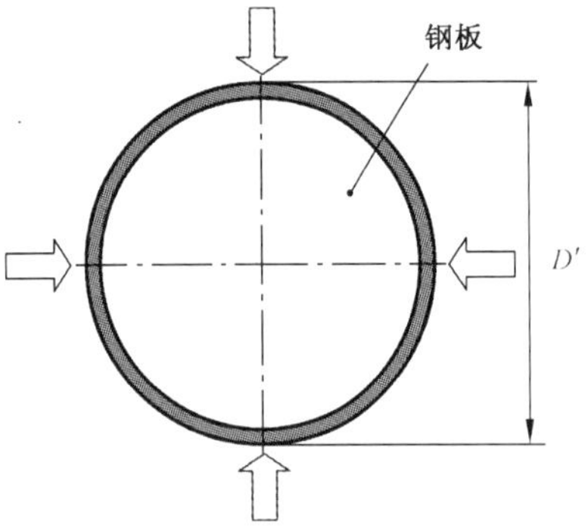

a) 圆形支座

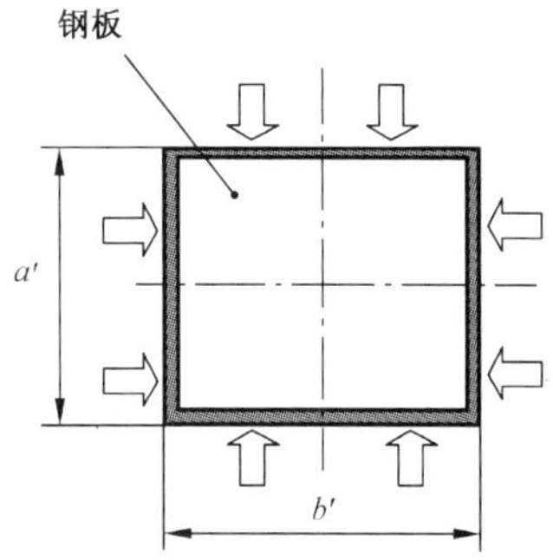

b) 矩形支座

图 15 平面尺寸的测量

7.4 支座高度测量

圆形支座:应在圆周上的 4 个不同位置测量高度值,此 4 点的 2 条连线应互相垂直并通过圆心(参见图 16)。

矩形支座:应在截面的 4 个角点位置测量高度值(见图 17)。

支座高度值为 4 个测量值的平均值。

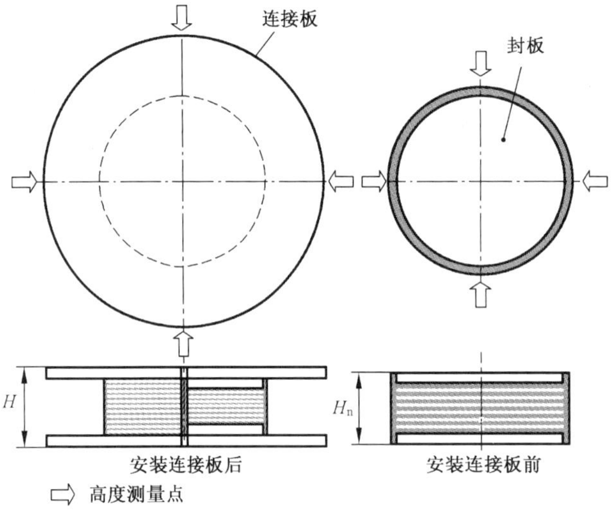

图 16 圆形支座高度测量

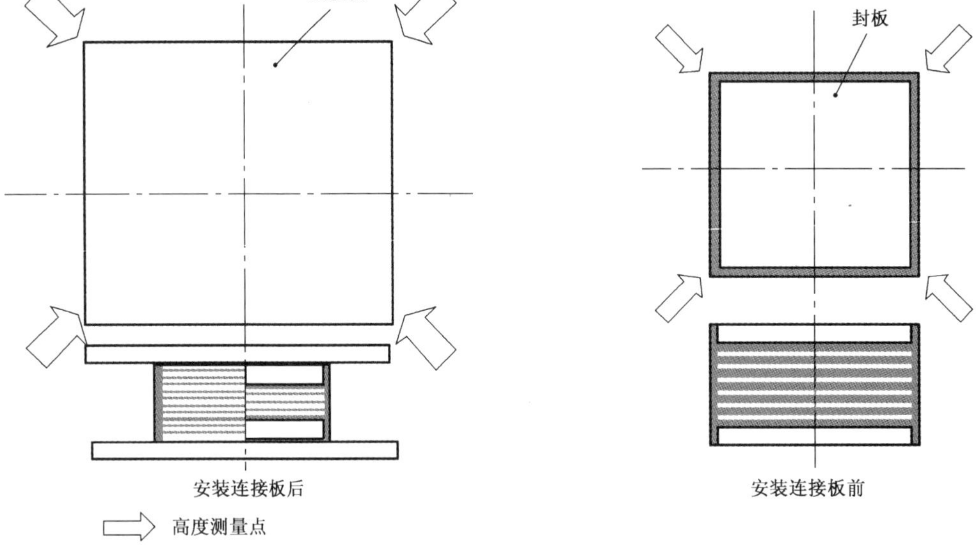

图 17 矩形支座高度测量

7.5　**支座平整度测量**

平整度等于支座周边 4 个不同位置所测得的 2 个高度差的最大值。高度差为连线通过圆心的 2 点的高度之差。测量位置应与产品高度 H_n 的测量位置相同。

7.6　**支座水平偏差测量**

圆形支座：应在圆周上的 4 个不同位置测量顶边和底边之间的水平偏差（参见图 18），此 4 点的2 条连线应互相垂直并通过圆心。

矩形支座：应在截面的 4 条边的中点位置测量顶边和底边之间的水平偏差（参见图 18）。

支座水平偏差为 4 个测量值中的最大值。

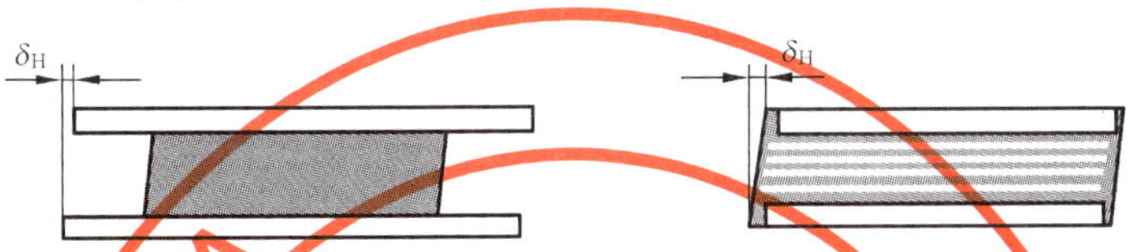

图 18　水平偏差的测量

7.7　**连接板平面尺寸测量**

连接板平面尺寸测量见图 19。

图 19　连接板平面尺寸的测量

7.8　**连接板厚度测量**

连接板厚度采用 7.2 所列工具进行测量。

7.9　**连接板螺栓孔位置测量**

连接板螺栓孔位置采用 7.2 所列工具进行测量。

附　录　A
（资料性附录）
本部分章条编号与 ISO 22762-1:2005 章条编号对照

表 A.1 给出了本部分章条编号与 ISO 22762-1:2005 章条编号对照一览表。

表 A.1　本部分章条编号与 ISO 22762-1:2005 章条编号对照

本部分章条编号	对应的国际标准章条编号
3.10	—
3.11	3.10
—	3.18
3.12	3.19
3.13	3.14
3.14	3.13
3.15	3.11
3.16	3.12
3.17	3.15
3.18	3.16
3.19	3.17
—	3.21
—	3.22
3.21	3.23
3.22	3.24
6.2	6.2～6.8 的相应条文
6.3	6.2
6.3.1	6.2.1
6.3.2	6.2.2
6.4	6.3
6.4.1	6.3.1
6.4.2	6.3.2
6.4.3	6.3.3
6.4.4	6.3.4
6.4.5	6.3.5
6.4.6	6.3.6
6.4.7	6.3.7
6.5	6.4
6.6	6.5
6.7	6.6

表 A.1(续)

本部分章条编号	对应的国际标准章条编号
6.7.1	6.6.1
6.7.2	6.6.2
6.7.3	6.6.3
6.8	6.7
7	—
附录 A	—
附录 B	—
附录 C	附录 A
附录 D	附录 B
附录 E	附录 C
附录 F	附录 D
—	附录 E
附录 G	附录 F
—	附录 G
—	附录 I
—	附录 J
注：表中的章条以外的本部分其他章条编号与 ISO 22762-1:2005 其他章条编号相同。	

附 录 B
（资料性附录）
本部分与 ISO 22762-1:2005 技术性差异及其原因

表 B.1 给出了本部分与 ISO 22762-1:2005 技术性差异及其原因的一览表。

表 B.1 本部分与 ISO 22762-1:2005 技术性差异及其原因

本部分的章条编号	技术性差异	原　因
2	引用我国标准而非国际标准。	以适合我国国情。
3	1） 删去的术语：结构工程师、常规试验、典型试验； 2） 增加的术语：普通橡胶支座； 3） 术语的差异：断裂——破坏；橡胶支座的压缩性能——压缩性能；压剪试验机——压剪试验装置；有效受荷面积——有效承压面积；橡胶支座——隔震橡胶支座；橡胶支座的剪切性能——剪切性能；极限性能图——极限性能曲线。	以适合我国国情； 以区别于隔震橡胶支座； 表述更加确切和简洁。
4	符号不列为表 1。 1） 增加了下列符号： f_t——钢材的抗拉、抗压和抗弯强度设计值； f_u——钢材的极限抗拉强度； f_y——钢材的屈服强度。 2） 删去了下列符号： A_{load}——loaded area of isolator; a_e——length of the shorter side of the rectangular isolator including cover rubber thickness; F_u——tensile force on isolator by uplift; σ_{bf}——allowable bending stress in steel; σ_f——allowable tensile stress in steel。 3） 符号说明的差异 d_i：加强钢板的内部直径改为内部钢板的开孔直径； f：试验频率改为试验加载频率； G：剪切模量改为橡胶的剪切模量； K_h：剪切刚度改为水平等效刚度； K_i：初始剪切刚度改为初始水平等效刚度； K_p：嵌入铅芯橡胶支座的铅芯的剪切刚度改为铅芯橡胶支座中铅芯的水平等效刚度； K_r：嵌入铅芯前铅芯橡胶支座的剪切刚度改为铅芯橡胶支座嵌入铅芯前的水平等效刚度； K_t：切线剪切刚度改为水平切线刚度； M：抗扭力矩改为抗转动弯矩； n：橡胶层数改为内部橡胶层数； Q_b：断裂剪力改为破坏剪力； Q_d：特征强度改为屈服力； T_r：橡胶总厚度改为内部橡胶总厚度；	符合我国编写规范的习惯。 与我国钢结构有关规范相对应。 与已有符号重复，所以删除。 表述更加确切和简洁； 表述更加确切和简洁； 表述更加确切和简洁； 表述更为明晰而且符合我国习惯； 表述更为明晰而且符合我国习惯； 表述更为明晰而且符合我国习惯； 表述更为明晰而且符合我国习惯； 表述更为明晰而且符合我国习惯； 表述更为明晰； 表述更为明晰而且符合我国习惯； 含义更明晰； 含义更明晰； 含义更明晰；

表 B.1(续)

本部分的章条编号	技术性差异	原　因
4	t_{r1},t_{r2}:叠置于钢板两侧的橡胶层厚度改为支座上、下表面橡胶层厚度; $U(\gamma)$:滞回曲线中最大剪力与特征强度比的函数改为屈服力与应变为 γ 时对应剪力之比; X_s:拟静力剪切运动引起的剪切位移改为反复加载试验时支座的剪切位移; Z:连接板的截面模量改为连接板的截面抵抗矩; γ_a:橡胶支座总设计应变上限值改为最大容许剪应变; γ_c:压力引起的局部剪应变改为压力引起的剪应变; γ_s:拟静力剪切运动引起的剪应变改为反复加载试验时支座的剪应变; ε_{Tb}:支座拉伸-断裂应变改为支座破坏时的拉应变; ε_{Ty}:支座拉伸-屈服应变改为支座屈服时的拉应变; ζ_r:橡胶层总高度与橡胶和钢板总厚度之比改为支座总高度 H_n 与内部橡胶总厚度之比; σ_{bt}:钢容许弯曲应力,删除; σ_f:钢容许拉应力,删除; σ_{sa}:钢板容许拉应力,删除,增加 σ_{rv} 支座容许拉应力; σ_{sy}:连接板和钢板中钢的屈服应力,删除; σ_{su}:连接板和钢板中钢的抗拉强度,删除; 增加 σ_{Tb} 支座受拉破坏时的拉应力; 增加 σ_{Ty} 支座受拉屈服时的拉应力。	含义更明晰; 更符合我国习惯; 含义更明晰; 表述更确切; 含义更明晰; 含义更明晰; 含义更明晰; 表述更简洁; 表述更简洁,更符合我国习惯; 含义更明晰,更符合我国习惯; 避免与新增的符号重复,符合我国规范; 避免与新增的符号重复; 避免与新增的符号重复; 与支座受拉破坏时的拉应变对应; 与支座受拉屈服时的拉应变对应。
5.4.1.1	将厌氧性老化改为隔离空气老化,附录 A 改为附录 C,删除与表 1 重复的内容。	表述更清晰。
6.2	增加此一节,将试验条件和试验报告的规定集中表述。	节省篇幅,便于查阅。
6.4.1	将国际标准 6.3.1 剪切性能应变相关性改为 6.4.1 剪切性能的剪应变相关性; 规定基准剪应变宜为设计剪应变 γ_0。	更为确切; 更符合我国实际情况。
6.4.2	规定基准压应力宜为设计压应力 σ_0。	更符合我国实际情况。
6.4.3	将国际标准 6.3.3 剪切性能频率相关性改为 6.4.3 剪切性能的加载频率相关性; 规定基准加载频率宜为 0.5 Hz。	更为确切; 更符合我国实际情况。
6.4.4	将国际标准 6.3.4 剪切性能的反复变形相关性改为 6.4.4 剪切性能的反复加载次数相关性。	表述更确切。
6.4.6	规定基准剪应变为 0,删去"若 $1.5\gamma_0$ 大于 γ_{max},则可选用 γ_{max} 而不用 $1.5\gamma_0$"。	便于试验操作。
6.4.7	规定基准加载条件为 $\sigma_0 + 0.3\sigma_0$。	符合我国实际情况。
6.8	将国际标准 6.7 低速率变形的反应力性能改为 6.8 低速率变形的反力性能; 外推法、应力松弛法分别改为连续加载法、间歇加载法。	含义更确切; 表述更明确。

表 B.1(续)

本部分的章条编号	技术性差异	原　　因
7	将 ISO 22762-2 和 ISO 22762-3 中对支座尺寸测量的要求集中于此。	支座尺寸测量属于测试方法，应列入本部分以便查阅。
附录 C	将 ISO 22762-1:2005 中的规范性附录 A(等同于在 23℃时期望寿命的加速老化条件的测定)改为资料性附录；	考虑我国的实际情况，此附录只作参考用。
附录 D	将 ISO 22762-1:2005 中的规范性附录 B(惯性力修正)改为资料性附录。	考虑我国的实际情况，此附录只作参考用。
附录 E	将 ISO 22762-1:2005 中的规范性附录 C(摩擦力修正)改为资料性附录。	考虑我国的实际情况，此附录只作参考用。
附录 G	将 ISO 22762-1:2005 中的规范性附录 D(线性热膨胀系数的测定方法)改为资料性附录。	考虑我国的实际情况，此附录只作参考用。

附 录 C
（资料性附录）
老化性能试验条件的确定

C.1 通则

本附录依据 ISO 11346 制定，确定相当于 23℃下的老化性能试验的温度和时间。

C.2 试件要求

试验试件至少 3 对，老化试验温度可为 80℃或以下。

内部橡胶的老化试验应在隔离空气的条件下进行，可在暴露于空气中的橡胶块上切下一部分作为试件，并用金属膜包裹，使其隔离空气。不推荐老化箱中采用氮气或真空进行试验。

C.3 确定方法

每个试验温度（T）下，在整个老化时间过程中，至少进行 4 个老化试验时间段（t_y）的性能测试。

按照本部分 5.8 规定的方法测定 100% 剪应变时的剪切模量和破坏剪应变，按照 GB/T 528—1998 规定的方法测定拉伸性能。

C.4 计算方法

a) 对于每种性能（100% 剪应变时的剪切模量、破坏剪应变、拉伸强度、扯断伸长率、100% 拉应变时的弹性模量），可得出老化时间与材料性能降低百分比之间的关系曲线，如图 C.1。

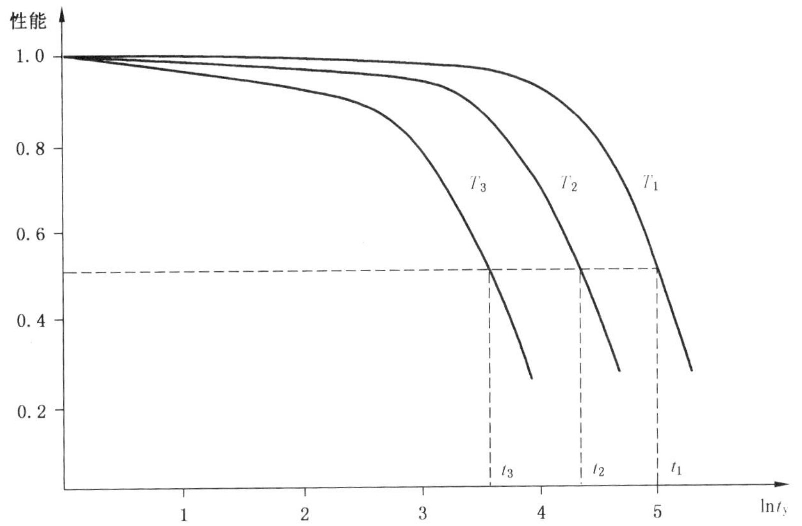

图 C.1 材料物理性能与老化时间的关系

b) 由图 C.1 可得出某种材料性能降至一定百分比所对应的老化温度和老化时间。

c) 根据 b）所得的老化温度和老化时间，可绘制某种性能的 Arrhenius 曲线，如图 C.2，其横坐标代表老化温度（绝对温度）的倒数，纵坐标代表老化时间（d）的自然对数。用该曲线可估算材料的某种性能变化相当于使用寿命（23℃环境温度下）所需的老化温度和对应的老化时间。

d) 将 Arrhenius 曲线中的各点拟合成直线。

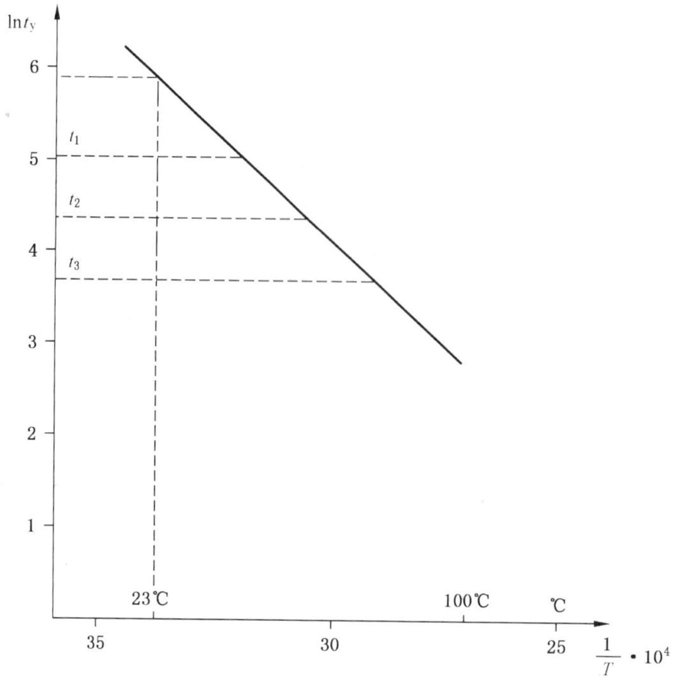

图 C.2 Arrhenius 曲线（老化时间与老化温度的关系）

相当于使用寿命(23℃环境温度下)所需的老化温度和对应的老化时间按式(C.1)计算：

$$\ln t_y = E_a/R(1/T_y - 1/T_0) + \ln t \qquad \cdots\cdots(C.1)$$

式中：

t_y——老化时间(d)；

t——对应于23℃环境温度下的使用寿命(d)；

T_y——老化试验的绝对温度(K)；

T_0——23℃的绝对温度(296 K)；

E_a——活化能(J/mol)，按材料各种性能的活化能最低值选取；

R——摩尔气体常数，R=8.314 J/(mol·K)。

E_a/R 为 Arrhenius 曲线中将各点拟合直线的斜率，可从图 C.2 求出。

附　录　D
（资料性附录）
考虑惯性力对剪力的修正

D.1　通则

高速加载测定隔震橡胶支座性能时将会产生惯性力。惯性力由运动体(不包括试件)质量和加速度产生。水平力传感器所记录的力为惯性力和实际剪力之和(见图 D.1)。

本附录规定的方法适用于测量运动体的惯性力，并对剪力进行修正。

D.2　惯性力的测量方法

D.2.1　直接方法

在不放置试件的条件下，操作压剪装置。此时由水平力传感器记录的剪力即为惯性力(见图 D.1)。

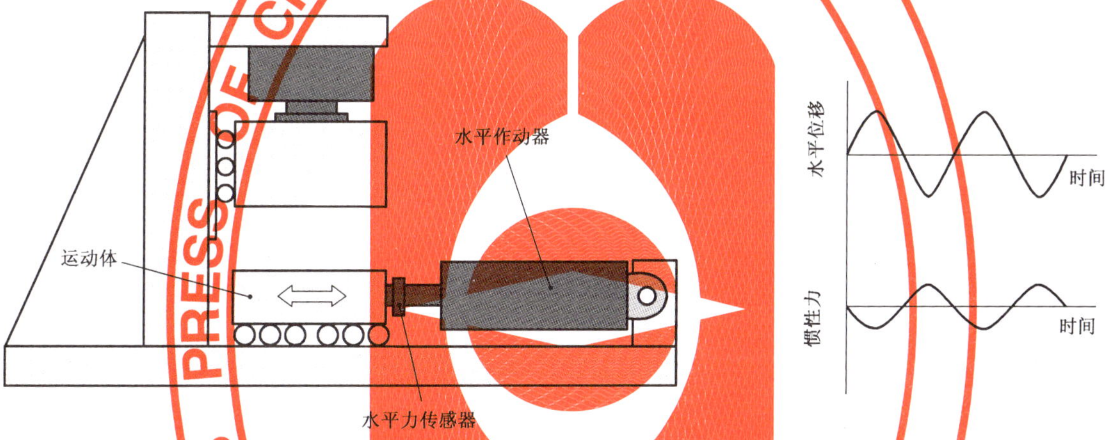

a)　　　　b)

图 D.1　测定惯性力的直接方法

D.2.2　间接方法

在不放置试件的条件下，在运动体上放置加速度传感器，操作压剪装置。此时加速度传感器显示的加速度和运动体质量的乘积即为惯性力(见图 D.2)。

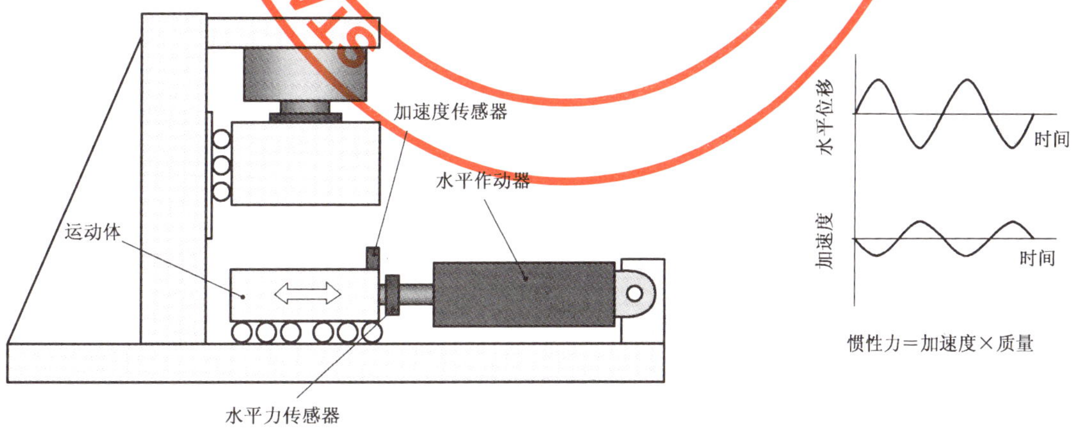

a)　　　　b)

图 D.2　测定惯性力的间接方法

D.3 计算方法

考虑惯性力对剪力的修正按式(D.1)计算：

$$Q = Q_a - Q_i \quad \cdots\cdots (D.1)$$

式中：

Q——实际剪力(N)；

Q_a——记录剪力(N)(含惯性力)；

Q_i——惯性力(N)。

若惯性力小于记录剪力(含惯性力)的1%，则无需修正。

附　录　E
（资料性附录）
考虑摩擦力对剪力的修正

E.1　通则

测定隔震橡胶支座性能时，由于运动体带有滑动或滚动装置，将会产生摩擦力。水平力传感器所记录的力为摩擦力和实际剪力之和(见图 E.1)。

本附录规定的方法适用于测量滑动或滚动装置的摩擦力，并对剪力进行修正。

E.2　测试装置

在压剪试验装置中设置附加作动器和摩擦力传感器(见图 E.1)。

标准试件上下的滑动或滚动装置的摩擦性能应相同。

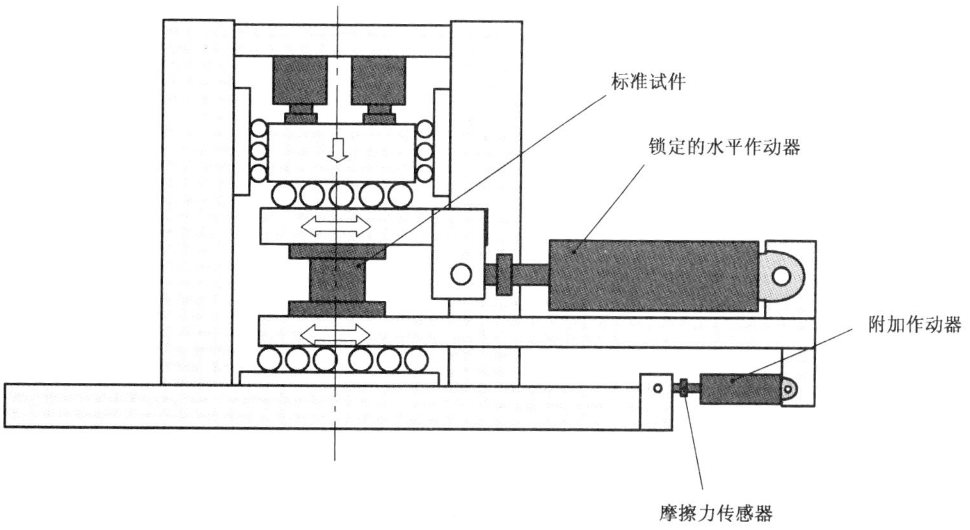

图 E.1　测定摩擦力的试验装置示意图

E.3　摩擦力的测试方法

用某种标准试件(如缩尺模型支座)代替橡胶支座进行试验，测定步骤如下：

a)　锁定压剪装置的水平作动器；

b)　对试件施加指定的竖向压力；

c)　驱动附加作动器。

摩擦力传感器记录的力则为 2 倍的滑动或滚动摩擦力。

应对试件施加不同的竖向压力。对于每种压力，绘出水平位移与摩擦力之间的关系曲线，见图 E.2。并绘出不同压力与摩擦系数之间的关系曲线，见图 E.3。

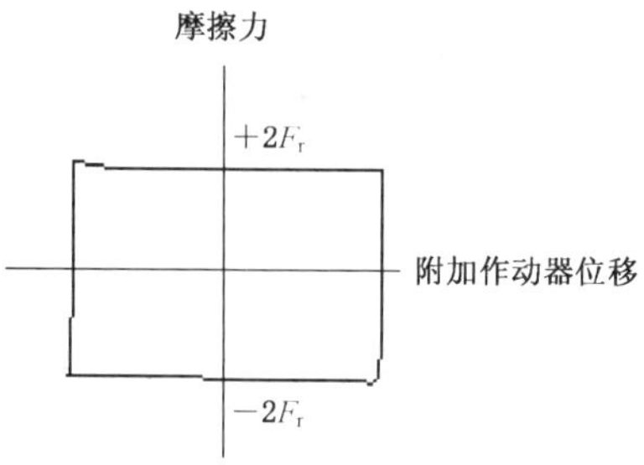

图 E.2 水平位移与摩擦力的关系

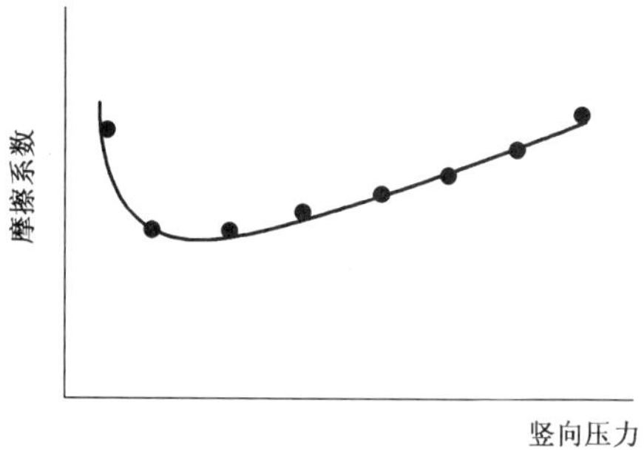

图 E.3 竖向压力和摩擦系数的关系

E.4 计算方法

考虑摩擦力对剪力的修正按式(E.1)计算：

$$Q = Q_a - F_r \quad \cdots\cdots\cdots\cdots (E.1)$$

式中：

Q——实际剪力(N)；

Q_a——记录剪力(N)(含摩擦力)；

F_r——摩擦力(N)。

若摩擦力小于记录剪力(含摩擦力)的1%,则无需修正。

附　录　F
（资料性附录）
线性热膨胀系数的测定方法

F.1　通则

徐变性能试验原则上应在(23±2)℃ 温度下进行。由于试验周期较长，试验中环境温度常有变化，应对徐变量进行修正。

本附录规定的方法用于测定支座高度方向的线性热膨胀系数，以修正徐变量。

F.2　试件

应采用与徐变试验中规格相同的橡胶支座。

F.3　试验温度

标准温度为 23℃。测试时应在 0℃～40℃范围内再选取 3 个温度 T_1、T_2 和 T_3，每个温度之间的最小温差为 10℃。

F.4　试件放置时间

试件放置时间应按 6.2.1 的规定执行。

F.5　测定方法

试件达到规定的放置时间后测定试件高度，测量精度为 0.01 mm。

F.6　计算方法

每种温度下的线性热膨胀系数按式(F.1)计算：

$$\alpha = \frac{H_T - H_{23}}{h_{23}(T - 23)} \quad \cdots\cdots\cdots\cdots (F.1)$$

式中：

T——试验温度(℃)；

α——线性热膨胀系数(T～23℃)；

H_{23}——23℃时试件的高度；

H_T——温度为 T 时试件的高度；

h_{23}——23℃时内部橡胶的总厚度。

线性热膨胀系数 α 为在 T_1、T_2 和 T_3 下测得的线性热膨胀系数的平均值。

附 录 G
(资料性附录)
剪切性能的确定方法

G.1 通则

在滞回曲线的上、下部分，分别取剪切位移最大值 X_1 和最小值 X_2 的 1/2 位移处(即 $X_1/2$ 和 $X_2/2$)所对应的剪力(即 Q_1、Q_2、Q_3、Q_4)，得到上连线和下连线(见图 G.1、图 G.2)。水平切线刚度 K_t 为上、下连线斜率的平均值。屈服力为上、下连线与纵轴交点对应剪力绝对值的平均值。

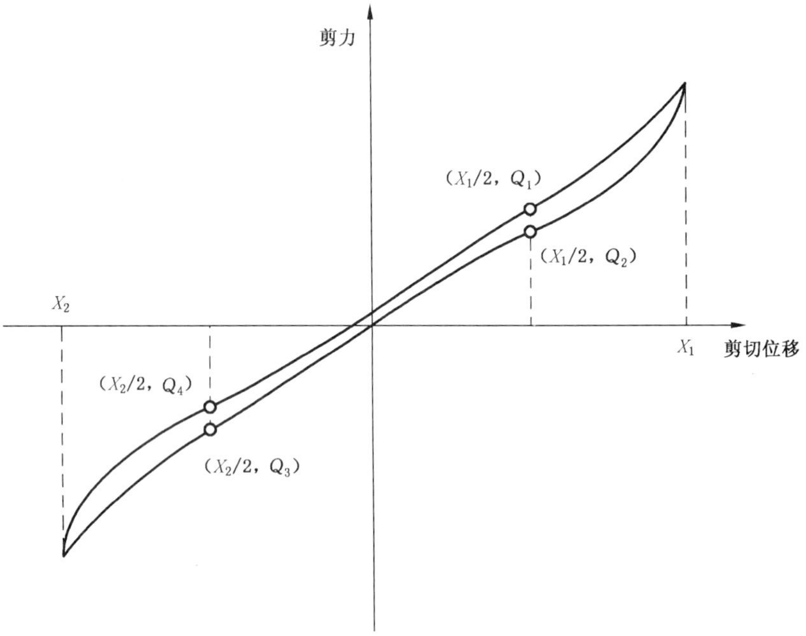

图 G.1 天然橡胶支座的滞回曲线

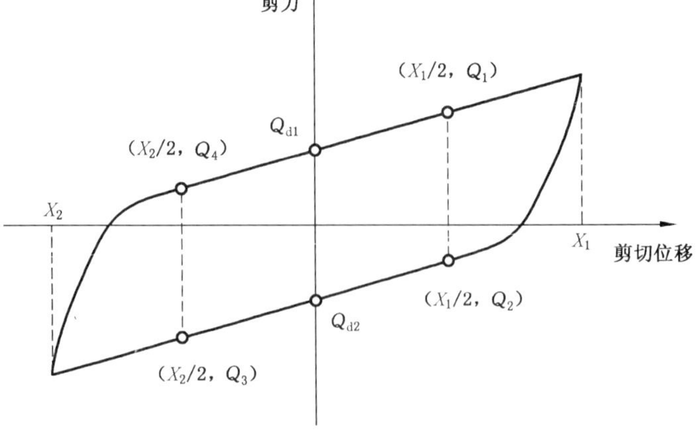

图 G.2 铅芯橡胶支座的滞回曲线

G.2 水平切线刚度

对天然橡胶支座(LNR)，水平切线刚度 K_t 按式(G.1)计算：

$$K_t = \left[\frac{Q_1 - Q_4}{(X_1 - X_2)/2} + \frac{Q_2 - Q_3}{(X_1 - X_2)/2}\right]\Big/2 \quad \cdots\cdots\cdots\cdots(G.1)$$

对铅芯橡胶支座(LRB)，水平切线刚度 K_t 即为屈服后刚度 K_d，其按式(D.2)计算：

$$K_t = K_d = \left[\frac{Q_1 - Q_4}{(X_1 - X_2)/2} + \frac{Q_2 - Q_3}{(X_1 - X_2)/2}\right]\Big/2 \quad \cdots\cdots\cdots\cdots(G.2)$$

G.3 屈服力

铅芯橡胶支座屈服力 Q_d 按式(G.3)计算：

$$Q_d = \left[\frac{X_2 Q_1 - X_1 Q_4}{X_2 - X_1} - \frac{X_2 Q_2 - X_1 Q_3}{X_2 - X_1}\right]\Big/2 \quad \cdots\cdots\cdots\cdots(G.3)$$

附 录 H
（资料性附录）
低速率变形的反力性能

H.1 连续加载法

高阻尼橡胶支座的剪切模量和加载速率之间的关系见图 H.1。

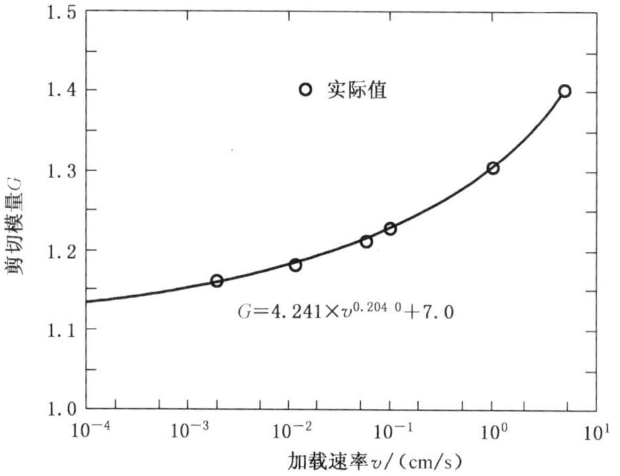

图 H.1 高阻尼橡胶支座低速率变形的反力性能示例

H.2 间歇加载法

根据一天 24 h 温度变化情况，高阻尼橡胶支座低速率变形的反力性能试验总持时定为 6 h，如图 H.2 所示。

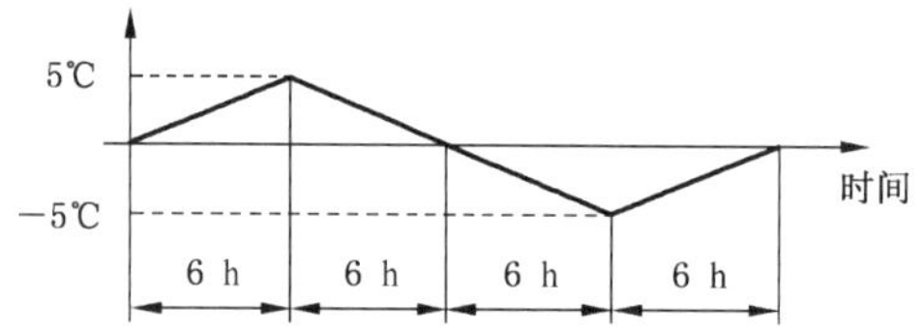

图 H.2 一天中温度的变化示意图

高阻尼橡胶支座低速率变形下的剪力和剪切位移的关系曲线见图 H.3。曲线 O-A-A′-B-B′-C-C′-D-D′为实测滞回曲线。点 A′、B′、C′和 D′分别表示持时 1.5 h 后发生应力松弛后的剪力（剪应变为 12.5%、25%、37.5%和 50%的剪力值）。曲线 O-A′-B′-C′-D′表示持时 6 h 后的滞回曲线。

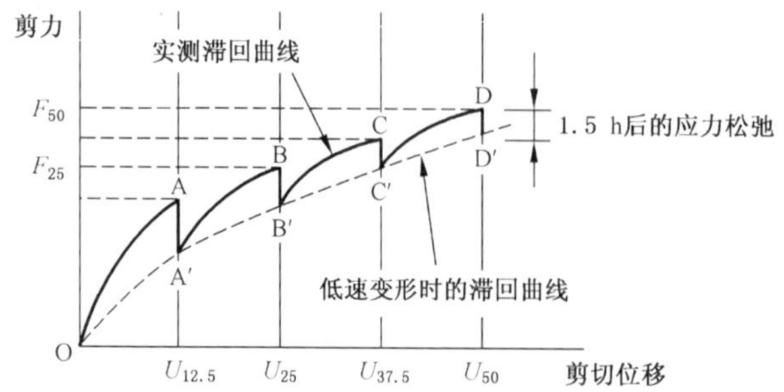

图 H.3 低速率变形的反力性能

ICS 83.140.99
G 47

中华人民共和国国家标准

GB 20688.4—2007

橡胶支座
第4部分:普通橡胶支座

Rubber bearings—
Part 4:Normal rubber bearings

2007-05-14 发布 2007-10-01 实施

中华人民共和国国家质量监督检验检疫总局
中国国家标准化管理委员会 发布

前　言

本部分的5.3、6.3和第9章为强制性条款，其他为推荐性条款。

《橡胶支座》分为四个部分：

——第1部分：隔震橡胶支座试验方法；

——第2部分：桥梁隔震橡胶支座；

——第3部分：建筑隔震橡胶支座；

——第4部分：普通橡胶支座。

本部分为《橡胶支座》第4部分。

本部分的附录A、附录B为规范性附录。

本部分由中国石油和化学工业协会提出。

本部分由全国橡胶与橡胶制品标准化技术委员会橡胶杂品分技术委员会(SAC/TC 35/SC 7)归口。

本部分起草单位：衡水宝力工程橡胶有限公司、衡水橡胶股份有限公司、交通部公路科学研究院、中国铁道科学研究院、海盐县秦山橡胶工程有限公司、成都市新筑路桥机械股份有限公司、上海紫江橡胶制品有限公司、衡水冀军桥闸工程橡胶有限公司、衡水百威工程橡胶有限公司、上海携程工程橡胶有限公司、衡水丰泽工程橡胶科技开发有限公司、衡水中铁建工程橡胶有限责任公司、衡水黄河工程橡塑有限公司、上海彭浦橡胶制品总厂。

本部分主要起草人：陈广进、梁双库、高俊元、何玉珊、张士臣、袁关生、冯克敏。

橡胶支座
第4部分:普通橡胶支座

1 范围

本部分规定了普通橡胶支座的定义、产品分类、标记、要求、试验方法、标志、包装、运输和贮存。

本部分适用于设计竖向承载力3 MN以下的板式橡胶支座(以下简称板式支座)及设计竖向承载力60 MN以下的盆式支座。

2 规范性引用文件

下列文件中的条款通过本部分的引用而成为本部分的条款,凡是注日期的引用文件,其随后所有的修改单(不包括勘误的内容)或修订版均不适用于本部分,然而,鼓励根据本部分达成协议的各方研究是否可使用这些文件的最新版本。凡是不注日期的引用文件,其最新版本适用于本部分。

GB/T 528—1998 硫化橡胶或热塑性橡胶 拉伸应力应变性能的测定(eqv ISO 37:1994)

GB/T 699 优质碳素结构钢

GB/T 700 碳素结构钢

GB/T 912 碳素结构钢和低合金结构钢 热轧薄钢板及钢带

GB/T 1033—1986 塑料密度和相对密度试验方法(eqv ISO/DIS 1183:1984)

GB/T 1040—1992 塑料拉伸性能试验方法

GB/T 1184—1996 形状和位置公差 未注公差值(eqv ISO 2768-2:1989)

GB/T 2040 铜及铜合金板材

GB/T 3280 不锈钢冷轧钢板

GB/T 3398—1982 塑料球压痕硬度试验方法

GB/T 3512—2001 硫化橡胶或热塑性橡胶 热空气加速老化和耐热试验(eqv ISO 188:1998)

GB/T 6031—1998 硫化橡胶或热塑性橡胶硬度的测定(10～100IRHD)(idt ISO 48:1994)

GB/T 7233—1987 铸钢件超声探伤及质量评级方法

GB/T 7759—1996 硫化橡胶、热塑性橡胶 常温、高温和低温下压缩永久变形测定(eqv ISO 815:1991)

GB/T 7760—2003 硫化橡胶或热塑性橡胶与硬质板材粘合强度的测定 90°剥离法(ISO 813:1997,MOD)

GB/T 7762—2003 硫化橡胶或热塑性橡胶 耐臭氧龟裂 静态拉伸试验(ISO 1431-1:1989,MOD)

GB/T 11352—1989 一般工程用铸造碳钢件(neq ISO 3755:1975)

GB/T 15256—1994 硫化橡胶低温脆性的测定(多试样法)(eqv ISO 812:1991)

GB/T 18684 锌铬涂层 技术条件

GJB 3026 聚四氟乙烯大型板材规范

HG/T 2198 硫化橡胶物理试验方法一般要求

HG/T 2502 5201硅脂

JB/T 5943 工程机械 焊接件通用技术条件

JJG 157 非金属拉力、压力和万能试验机检定规程

3 术语和定义

下列术语和定义适用于本部分。

3.1

普通橡胶支座 normal rubber bearing

用于房屋、桥梁或其他结构，主要起承压、减振作用的橡胶支座，包括板式支座和盆式支座。

3.2

普通板式橡胶支座 plate type elastomeric pad bearing

普通板式橡胶支座应由两层以上加劲钢板，且钢板全部包在橡胶弹性材料内形成的支座。

3.3

四氟滑板式橡胶支座 normal elastomeric pad bearing with PTFE sheet bonded to the rubber

四氟滑板式橡胶支座是在普通板式橡胶支座顶面粘结一块一定厚度的聚四氟乙烯板材形成的支座。

3.4

盆式支座 pot rubber bearing

一个可以支持垂直和水平方向的荷载，并且允许竖向一定程度旋转的盆状支撑体。旋转部分由放置在钢质圆形盆腔中的橡胶承压板、内部密封环和中间钢衬板三部分组成。

3.5

固定盆式支座 fixed pot bearing

具有竖向承载和竖向转动性能的盆式支座。

3.6

双向活动盆式支座 bidirectional motion pot bearing

具有竖向承载和竖向转动性能并可双向水平滑移的盆式支座。

3.7

单向活动盆式支座 single-directional motion pot bearing

具有竖向承载、竖向转动性能并可单一方向水平滑移的盆式支座。

3.8

主位移方向 main direction of displacement

由设计确定的最大直线水平可移动方向。

4 符号

a——矩形板式支座短边尺寸；

a'——矩形板式支座加劲钢板短边尺寸；

b——矩形板式支座长边尺寸；

b'——矩形板式支座加劲钢板长边尺寸；

d——圆形板式支座直径；

d'——圆形板式支座加劲钢板直径；

E——板式支座抗压弹性模量；

G——板式支座抗剪弹性模量，标准室温下为 1.0 MPa；

G_1——板式支座实测抗剪弹性模量；

G_2——板式支座实测老化后抗剪弹性模量；

H——聚四氟乙烯板外露厚度尺寸；

R_u——板式支座实测极限抗压强度；

S——板式支座形状系数；

T_r——橡胶层总厚度；

t——板式支座总厚度；

t_1——板式支座中间单层橡胶片厚度；

t_a——与四氟滑板式支座配套使用的不锈钢板厚度；

t_f——聚四氟乙烯板材的厚度；

t'——加劲钢板厚度；

μ_f——四氟滑板式支座加5201硅脂润滑后，实测聚四氟乙烯滑板与不锈钢板表面摩擦系数；

μ——活动盆式支座加5201硅脂润滑后，实测聚四氟乙烯滑板与不锈钢板表面的摩擦系数；

ϕ——盆式支座橡胶承压板或密封圈直径。

5 板式支座

5.1 产品分类与标记

5.1.1 产品分类

板式支座按结构型式分类见表1。

表1 板式支座按结构型式分类

类型		名称代号	型式代号	结构示意
普通板式橡胶支座	矩形板式橡胶支座	JBZ		见图1
	圆形板式橡胶支座	YBZ		见图2
四氟滑板式橡胶支座	矩形四氟滑板式橡胶支座	JBZ	F_4	见图3
	圆形四氟滑板式橡胶支座	YBZ	F_4	见图4

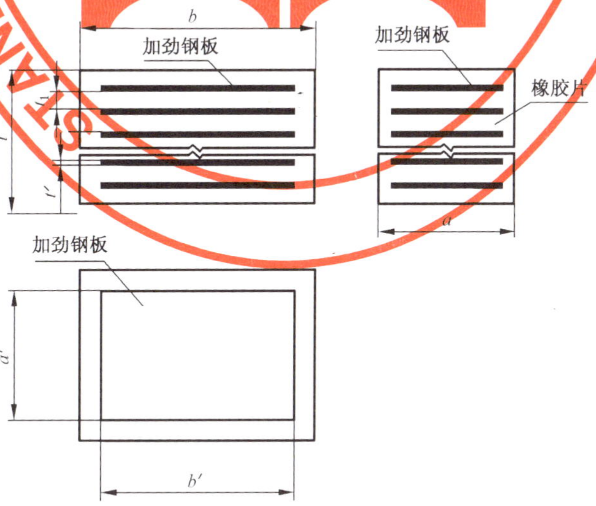

图1 矩形板式橡胶支座

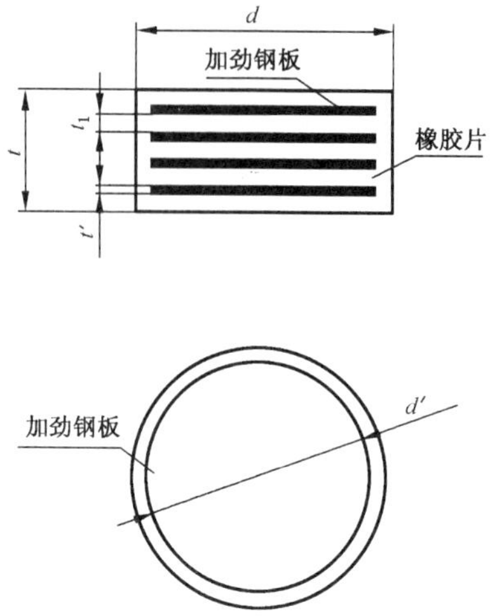

图 2　圆形板式橡胶支座

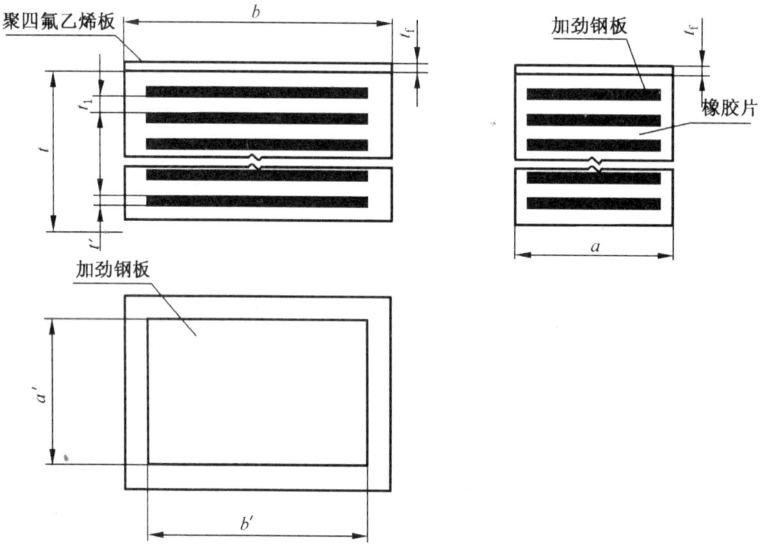

图 3　矩形四氟滑板式橡胶支座

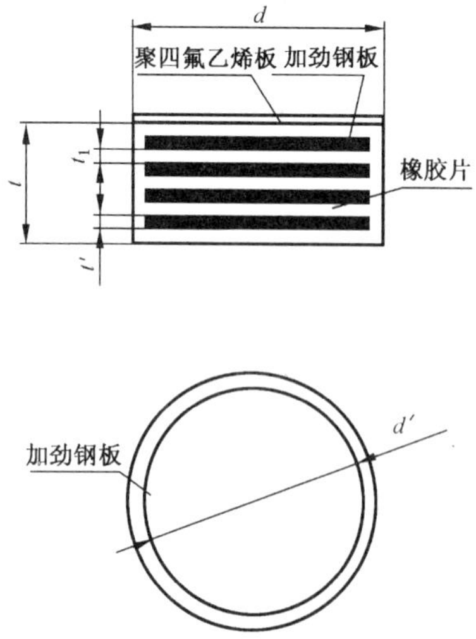

图 4　圆形四氟滑板式橡胶支座

5.1.2 标记

5.1.2.1 标记方法

板式支座产品应按下述顺序标记，并可根据需要增加标记内容：

□ □ □ □

- 第四个□——橡胶种类(氯丁胶：CR；天然胶：NR；三元乙丙胶：EPDM)
- 第三个□——外形尺寸(矩形：短边×长边×厚度；圆形：直径×厚度)
- 第二个□——型式代号
- 第一个□——名称代号

注：氯丁橡胶(CR)适应工作温度：−25℃～60℃，天然橡胶(NR)和三元乙丙橡胶(EPDM)适应工作温度：−40℃～60℃。

5.1.2.2 标记示例

示例 1：采用氯丁橡胶制成的普通板式橡胶支座：短边尺寸为 150 mm，长边尺寸为 200 mm，厚度为 30 mm 的支座标记为：JBZ150×200×30(CR)。

示例 2：采用天然橡胶制成的四氟滑板式橡胶支座：直径为 300 mm，厚度为 54 mm 的支座标记为：$YBZF_4$300×54(NR)。

5.2 结构设计

5.2.1 板式支座的设计参数、设计要求及验算方法应按桥梁、建筑用支座相关设计规范的规定执行。

5.2.2 板式支座内部加劲钢板公称厚度不应小于 2 mm，不得使用拼接钢板。同一块支座中不得使用不同厚度的钢板。

5.2.3 板式支座侧面橡胶保护层公称厚度不应小于 5 mm，上、下橡胶保护层的公称厚度不应小于 2.5 mm。

5.2.4 四氟滑板式橡胶支座上粘贴的聚四氟乙烯板材表面应压制 5201 硅脂储脂槽，储脂槽的深度为聚四氟乙烯滑板厚度的 1/2，储脂槽的总平面面积应为产品总平面面积的 20%～30%。其排列方式见图 7。

5.3 要求

5.3.1 成品力学性能

板式支座成品力学性能要求见表 2。

表 2 板式支座成品力学性能要求

项目		指标
实测极限抗压强度 R_u/MPa		≥70
实测抗压弹性模量 E_1/MPa		$E \pm E \times 30\%$
实测抗剪弹性模量 G_1/MPa		$G \pm G \times 15\%$
实测老化后抗剪弹性模量 G_2/MPa		$G_1 \pm G_1 \times 15\%$
实测转角正切值 $\tan\theta$	混凝土桥	≥1/300
	钢桥	≥1/500
实测聚四氟乙烯板与不锈钢板表面摩擦系数 μ_f(加硅脂时)		≤0.03
注：四氟滑板式橡胶支座不考核抗剪弹性模量和老化后抗剪弹性模量。		

板式支座抗压弹性模量 E 和支座形状系数 S 应按式(1)计算：

$$E = 5.4GS^2 \qquad \cdots\cdots(1)$$

式中：

E——板式支座抗压弹性模量，单位为兆帕(MPa)；

G——板式支座抗剪弹性模量，单位为兆帕(MPa)；

S——板式支座形状系数；

矩形板式橡胶支座 $$S=\frac{a'b'}{2t_1(a'+b')}$$

圆形板式橡胶支座 $$S=\frac{d'}{4t_1}$$

a'——矩形板式橡胶支座加劲钢板短边尺寸，单位为毫米(mm)；

b'——矩形板式橡胶支座加劲钢板长边尺寸，单位为毫米(mm)；

t_1——板式支座中间单层橡胶片厚度，单位为毫米(mm)；

d'——圆形板式橡胶支座加劲钢板直径，单位为毫米(mm)。

5.3.2 材料性能

5.3.2.1 橡胶

板式支座用胶料的物理性能应满足表3的要求。

表3 板式支座用胶料的物理机械性能

项目		指标		
		氯丁橡胶(CR)	天然橡胶(NR)	三元乙丙橡胶(EPDM)
硬度(IRHD)		60±5	60±5	60±5
拉伸强度/MPa ≥		17.0	18.0	15.0
扯断伸长率/% ≥		400	450	350
脆性温度/℃ ≤		−40	−50	−60
恒定压缩永久变形(70℃×24 h)/% ≤		15	30	25
耐臭氧老化(试验条件，20%伸长率，40℃×96 h)		100×10^{-8}	25×10^{-8}	100×10^{-8}
		无龟裂	无龟裂	无龟裂
热空气老化试验	试验条件(℃×h)	100×70	70×168	100×70
	拉伸强度变化率/% ≤	15	15	15
	扯断伸长率变化率/% ≤	40	20	40
	硬度变化(IRHD)	0～+10	−5～+10	0～+10
橡胶与钢板粘结剥离强度/(kN/m) ≥		10	10	10
聚四氟乙烯板与橡胶剥离强度/(kN/m) ≥		7	7	7

5.3.2.2 聚四氟乙烯板材

a) 板式支座使用的聚四氟乙烯板材应用模压工艺制成，物理机械性能应符合表4的要求。

表4 聚四氟乙烯板材的物理性能

项目	指标
相对密度/(kg/m^3)	2 130～2 200
拉伸强度/MPa	≥30
断裂伸长率/%	≥300
球压痕硬度(H132/60)/MPa	23～33

b) 四氟滑板式橡胶支座粘贴的聚四氟乙烯板材最小公称厚度应符合表5的规定。

表5 聚四氟乙烯板材最小公称厚度要求

单位为毫米

平面尺寸(b和d)	厚度(t_f)
≤500	2.0
>500	3.0

5.3.2.3 加劲钢板

a) 加劲钢板的强度不应低于Q235钢板强度，其质量应满足GB/T 912的有关要求。

b) 钢板加工时，应除锈、去油污，钢板周边应仔细加工，去除毛刺。平面尺寸偏差为±1 mm，钢板的不平整度或翘曲量不大于矩形长边或圆形直径的0.4%。

5.3.2.4 不锈钢板

a) 与四氟滑板式橡胶支座配套使用的不锈钢板，应采用0Cr17Ni12Mo2、0Cr19Ni13Mo3或1Cr18Ni9Ti不锈钢，其技术条件应符合GB/T 3280的规定。表面粗糙度Ra的值应小于0.8 μm，表面硬度应为HV150～HV200，表面平面度最大偏差不应大于0.000 3(b或d)。沿海桥和跨海桥用板式支座应采用0Cr17Ni12Mo2或0Cr19Ni13Mo3不锈钢板。

b) 与四氟滑板式橡胶支座配套使用的不锈钢板的厚度应符合表6的规定。

表6 与四氟滑板式橡胶支座配套使用的不锈钢板厚度要求

单位为毫米

平面尺寸(b'和d')	厚度(t_s)
≤500	2.0
>500	3.0

5.3.2.5 硅脂

硅脂应采用5201-2硅脂润滑油。硅脂的技术条件应符合HG/T 2502的有关规定。

5.3.2.6 粘结剂

粘结剂应是不可溶的和热固性的，其质量应稳定，粘结橡胶与钢板、聚四氟乙烯板与橡胶的剥离强度应满足表3的要求。

5.3.3 内在质量

板式支座解剖后应满足表7的要求。

表7 板式支座内部质量要求

名　　称	解剖检验标准
锯开后胶层厚度	胶层厚度应均匀，当5 mm≤t_1≤8 mm时，其偏差为±0.4 mm；8 mm<t_1≤11 mm时，其偏差不得大于±0.7 mm；t_1>11 mm时，其偏差不得大于±1.0 mm； 上、下保护层偏差为(+0.5,0) mm。
钢板与橡胶粘结	钢板与橡胶粘结应牢固，且无离层现象，锯开后钢板平面尺寸偏差为±1 mm。
剥离胶层	剥离胶层后，测定的橡胶性能与表3的规定相比，硬度变化率不应大于10%，拉伸强度下降率不应大于15%，扯断伸长率下降率不应大于20%，耐臭氧老化、耐热空气老化性能应满足表3的要求。

5.3.4 外观质量

板式支座外观质量应符合表8规定的要求。

表 8　板式支座外观质量要求

名　　称	成品质量标准
气泡、杂质	气泡、杂质总面积不得超过支座平面面积的 0.1%，且每一处气泡、杂质面积不能大于 50 mm^2，最大深度不超过 1 mm。
凹凸不平	当支座平面面积小于 0.15 m^2 时，不多于两处；大于 0.15 m^2 时，不多于 4 处，且每处凹凸高度不超过 0.5 mm，面积不超过 6 mm^2。
四侧面裂纹、钢板外露	不允许
掉块、崩裂、机械损伤	不允许
钢板与橡胶粘结处开裂或剥离	不允许
支座表面平整度	不大于平面最大尺寸的 0.4%
聚四氟乙烯板表面划痕、碰伤、敲击	不允许
聚四氟乙烯板与橡胶支座粘贴错位	不得超过橡胶支座短边或直径尺寸的 0.5%

5.3.5　尺寸偏差

5.3.5.1　平面尺寸偏差应符合表 9 的规定。

表 9　平面尺寸偏差　　单位为毫米

公称平面尺寸（a、b 和 d）	允 许 偏 差
≤500	+5.0
>500	+1%

5.3.5.2　厚度偏差应符合表 10 的规定。

表 10　厚度尺寸偏差　　单位为毫米

厚度范围/t	允 许 偏 差
t≤50	+1
50<t≤100	+2
100<t≤150	+3

6　盆式支座

6.1　产品分类与标记

6.1.1　产品分类

6.1.1.1　盆式支座按使用性能分类见表 11。

表 11　盆式支座按使用性能分类

类　　型	名称代号	使用性能分类代号	结构示意
固定支座	PZ	GD	见图 5c)
双向活动支座	PZ	SX	见图 5a)
单向活动支座	PZ	DX	见图 5b)
抗震型固定支座	PZ	KGD	见图 5d)

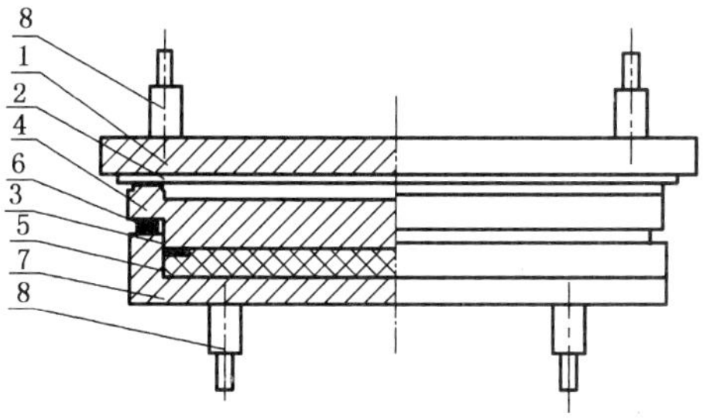

a） 双向活动支座

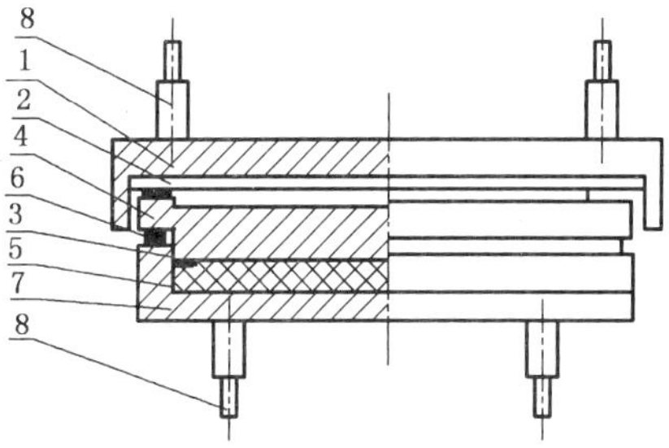

b） 单向活动支座

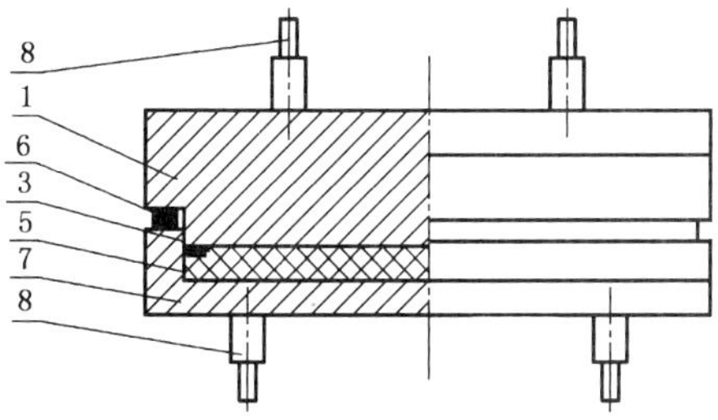

c） 固定支座

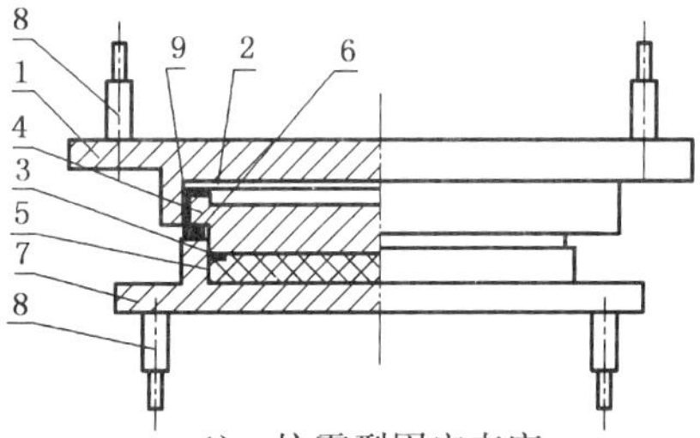

d） 抗震型固定支座

1——上支座板；

2——聚四氟乙烯板；

3——黄铜紧箍圈；

4——中间钢衬板；

5——橡胶承压板；

6——橡胶密封圈；

7——下支座板；

8——锚栓；

9——高阻尼橡胶减震条。

图 5 盆式支座

6.1.1.2 盆式支座按适用温度范围分类

常温型盆式支座：适用于－25℃～60℃；

耐寒型盆式支座：－40℃～60℃，代号为 F。

注：氯丁橡胶(CR)适应工作温度：－25℃～60℃，天然橡胶(NR)和三元乙丙橡胶(EPDM)适应工作温度：－40℃～60℃。

6.1.2 标记

6.1.2.1 标记方法

盆式支座应按下列顺序标记，并可根据需要增加标记内容：

PZ □ □ □ □

- □——适用温度代号(常温型不加代号)
- □——主位移方向位移量，mm
- □——使用性能分类代号
- □——设计承载力，MN
- PZ——名称代号

6.1.2.2 标记示例

示例 1：设计承载力为 5 MN，主位移方向位移量为±100 mm，工作温度为－40℃～60℃的双向活动盆式支座，标记为：PZ5SX100F。

示例2：设计承载力2.5 MN，主位移方向位移量为±50 mm，工作温度为−25℃～60℃的单向活动支座，标记为：PZ2.5DX50。

示例3：适用于7度以上地震区，设计承载力为10 MN，工作温度为−40℃～60℃的抗震型固定支座，标记为：PZ10KGDF。

6.2 结构设计

6.2.1 应设计足以能够防止尘沙进入钢质圆形盆腔内的外部密封结构。

6.2.2 钢质圆形盆腔应有足够的深度，以满足在没有荷载的条件下，中间钢衬板竖向转角0.02 rad时，中间钢衬板进入盆腔的最小深度不应小于5 mm(见图6)。

单位为毫米

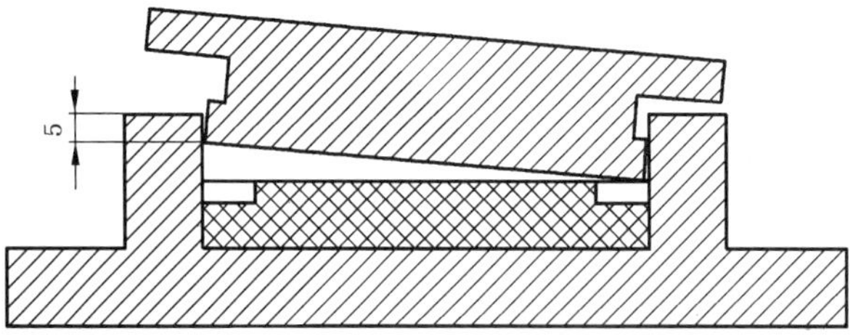

图6

6.2.3 钢质圆形盆腔底部厚度应满足额定承载力的要求。

6.2.4 上支座板的厚度不应小于钢质圆形盆腔底部的厚度。

6.2.5 橡胶承压板的压应力设计值不应大于25 MPa。聚四氟乙烯板的压应力设计值不应大于30 MPa。

6.2.6 橡胶承压板的最小厚度不应小于其直径的1/15，但也不应大于其直径的1/10。

6.2.7 单向活动支座应设计导向结构，导向结构除满足盆式支座上部结构水平方向直线位移外，还应满足相应的转角和水平载荷。

6.2.8 具有水平方向位移功能的单向、双向活动支座，应设置聚四氟乙烯板和不锈钢板滑动面，聚四氟乙烯板应设置储油槽，储油槽的深度为(2±0.5) mm，排列方向见图7。

单位为毫米

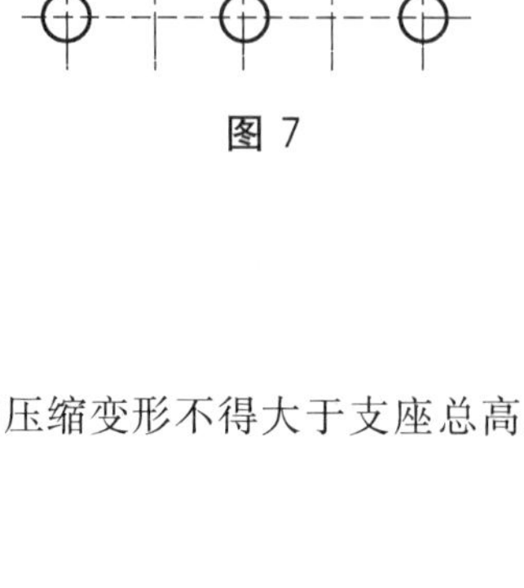

图7

6.3 要求

6.3.1 盆式支座性能

6.3.1.1 竖向承载力

在设计竖向承载力的情况下，竖向压缩变形不得大于支座总高度的2%，钢质圆形盆腔径向变形不得大于钢盆外径的0.05%。

6.3.1.2 水平承载力

盆式支座的水平承载力常规设计值不应小于竖向承载力的10%，应用在7度以上地震区的抗震型支座的水平承载力不应小于竖向承载力的20%。

6.3.1.3　**转角**

支座设计竖向转动角度不小于0.02 rad。

6.3.1.4　**活动支座摩擦系数**

聚四氟乙烯滑板与不锈钢板的摩擦系数，在加5201硅脂润滑后，常温状态下$\mu \leqslant 0.03$，低于－25℃时μ值增大30%。

6.3.2　**材料性能**

6.3.2.1　**橡胶材料**

橡胶承压板和其他橡胶构件所用胶料的物理机械性能应符合表12的要求。

表12　盆式支座用胶料物理机械性能

项目			橡胶承压板			橡胶密封圈		
			氯丁橡胶（CR）	天然橡胶（NR）	三元乙丙橡胶（EPDM）	氯丁橡胶（CR）	天然橡胶（NR）	三元乙丙橡胶（EPDM）
硬度（IRHD）			60±5	60±5	60±5	50±5	50±5	50±5
拉伸强度/MPa		≥	17.5	18.0	15.0	14.5	12.0	12.0
扯断伸长率/%		≥	400	450	350	400	450	350
脆性温度/℃		≤	－40	－50	－60	－40	－50	－60
恒定压缩永久变形（70℃×24 h）/%		≤	25	25	25	25	25	25
耐臭氧老化（试验条件：20%伸长率，40℃×96 h）			100×10^{-8}	25×10^{-8}	100×10^{-8}	100×10^{-8}	25×10^{-8}	100×10^{-8}
			无龟裂	无龟裂	无龟裂	无龟裂	无龟裂	无龟裂
热空气老化	试验条件（℃×h）		100×70	70×168	100×70	100×70	70×168	100×70
	硬度变化（IRHD）		0～＋10	±10	0～＋10	±10	±10	±10
	拉伸强度变化率/%	≤	15	15	15	15	15	15
	扯断伸长率变化率/%	≤	40	20	40	40	20	40

6.3.2.2　**聚四氟乙烯板材**

盆式支座采用的聚四氟乙烯板材应用模压工艺制成，物理机械性能应符合表4的要求。

6.3.2.3　**铸钢件**

盆式支座采用的铸钢应符合GB/T 11352—1989中ZG230-450或ZG270-500的相关规定。铸钢件外观质量检查合格后，还应逐个进行超声检验，合格后方可使用。

6.3.2.4　**钢板**

盆式支座采用的热轧钢板或圆钢应符合GB/T 699或GB/T 700的相关规定。

6.3.2.5　**不锈钢板**

盆式支座采用的不锈钢板为0Cr19Ni13Mo3、0Cr17Ni12Mo2或1Cr18Ni9Ti牌号的精轧不锈钢板，钢板表面应满足No4级的加工要求，表面硬度应为HV150～HV200，其化学成分及力学性能应符合GB/T 3280的有关规定。沿海桥和跨海桥用支座应采用0Cr17Ni12Mo2或0Cr19Ni13Mo3不锈钢板。

6.3.2.6　**黄铜**

盆式支座紧箍圈应采用H62黄铜板或黄铜带，其化学成分及机械性能应符合GB/T 2040的有关规定。

6.3.2.7　**硅脂**

盆式支座采用的5201-2硅脂，其理化性能指标应符合HG/T 2502的相关规定。

6.3.3 外观质量

6.3.3.1 橡胶承压板和橡胶密封圈的外观质量应符合表13的要求。

表13 橡胶承压板和橡胶密封圈的外观质量

缺陷名称	质量要求
气泡	面积小于100 mm^2,深度小于2 mm,不多于3处
凹凸不平	面积小于100 mm^2,深度小于1 mm,不多于3处
明疤	面积小于100 mm^2,深度小于1 mm,不多于3处
压偏	小于橡胶承压板直径或橡胶密封圈外径的0.2%
裂纹	不允许

6.3.3.2 聚四氟乙烯板材的外观质量应符合GJB 3026的有关规定。

6.3.3.3 盆式支座钢件

6.3.3.3.1 各焊接件应牢固,焊接技术要求应符合JB/T 5943的要求。钢盆必须整体铸造,严禁使用焊接件。

6.3.3.3.2 允许对机械加工后的铸钢件表面不影响其使用寿命和使用性能的铸造缺陷进行修补,修补后的缺陷不能超过表14的规定。

表14

部位	气孔、缩孔、砂眼、渣孔			
	缺陷大小/mm	缺陷深度/mm	缺陷个数	缺陷间距/mm
盆环、盆腔外径以内的底板,中间钢衬板、上支座板	直径≤2	不大于所在部位厚度的10%	在100 mm×100 mm范围内,不多于2个	≥80
盆腔外径以外的底板	直径≤3			

6.3.4 尺寸偏差

6.3.4.1 橡胶承压板的直径与厚度偏差应符合表15的规定。

表15 橡胶承压板的直径与厚度偏差　　单位为毫米

橡胶承压板直径 ϕ	直径允许偏差	厚度允许偏差
$\phi \leqslant 500$	$^{+0.5}_{0}$	±1.0
$500 < \phi \leqslant 1\,000$	$^{+1.0}_{0}$	±1.5
$\phi > 1\,000$	$^{+1.5}_{0}$	±2.0

6.3.4.2 聚四氟乙烯板的最小公称厚度为7 mm,尺寸偏差应符合表16的规定。外露厚度尺寸 $H \geqslant 3^{+1.0}_{0}$ mm。

表16 聚四氟乙烯板尺寸偏差　　单位为毫米

直径 ϕ 或对角线	直径或长度偏差	厚度偏差
$\phi \leqslant 600$	$^{+1.5}_{0}$	$^{+0.5}_{0}$
$600 < \phi \leqslant 1\,200$	$^{+2.0}_{0}$	$^{+0.75}_{0}$
$\phi > 1\,200$	$^{+2.0}_{0}$	$^{+1.0}_{0}$

6.3.4.3 盆式支座组装后整体高度偏差：

盆式支座竖向承载力小于 20 MN 时，偏差不应大于±2 mm。

盆式支座竖向承载力大于等于 20 MN 小于 50 MN 时，偏差不应大于±3 mm。

盆式支座竖向承载力大于等于 50 MN 时，偏差不应大于±5 mm。

6.3.4.4 钢质圆形盆腔内和中间钢衬板下表面的粗糙度不应超过 6.3 μm。

6.3.4.5 黄铜紧箍圈外径与钢质圆形盆腔内径应匹配，黄铜紧箍圈的 45°开口最大间隙不得超过 1 mm。

6.3.4.6 中间钢衬板与钢质圆形盆腔径向接触的部位间隙不应大于 1 mm，在额定荷载下做最大设计值转角时，间隙极限不能为 0。然而，具有抗震功能的盆式支座对这一要求则可能不适应。对这种不适应应在设计文件中标明。

6.3.4.7 用于盆式支座锚固的螺栓孔距偏差按图纸要求执行。

6.3.4.8 其他部位或部件的制造偏差和缺陷，在满足本部分的条件下应在设计文件中标明。

6.3.5 防腐

6.3.5.1 放置在钢质圆形盆腔内的金属构件(不包括铜材和不锈钢)，应按图纸要求进行防腐蚀处理。

6.3.5.2 盆式支座的外露(除不锈钢板表面外)金属表面应按相关行业的涂装防护体系进行防护。

6.3.5.3 锚固螺栓应采用镀锌处理，其技术要求应符合 GB/T 18684 的规定。

6.3.6 组装

6.3.6.1 橡胶承压板侧面、钢质圆形盆腔内径和底面应涂刷 5201-2 硅脂润滑。

6.3.6.2 聚四氟乙烯板的储油槽内应注满 5201-2 硅脂。

6.3.6.3 盆式支座上、下结构应与使用方向相一致进行定位。

6.3.6.4 单向、双向活动支座在进行定位时，上、下结构的中心线应相对垂直，如有特殊要求应在相关文件上说明。

7 试验方法

7.1 橡胶材料

7.1.1 硬度的测定应按 GB/T 6031—1998 的规定进行。

7.1.2 拉伸强度、扯断伸长率的测定应按 GB/T 528—1998 的规定进行，采用I型试样。

7.1.3 脆性温度的测定应按 GB/T 15256—1994 的规定进行。

7.1.4 恒定压缩永久变形的测定应按 GB/T 7759—1996 的规定进行，采用 A 型试样。

7.1.5 耐臭氧老化性能的测定应按 GB/T 7762—2003 的规定进行。

7.1.6 热空气老化试验应按 GB/T 3512—2001 的规定进行。

7.1.7 橡胶与钢板或聚四氟乙烯板粘结的剥离强度的测定应按 GB/T 7760—2003 的规定进行。

7.2 聚四氟乙烯板

7.2.1 密度的测定应按 GB/T 1033—1986 的规定进行。

7.2.2 拉伸强度、扯断伸长率的测定应按 GB/T 1040—1992 的规定进行。

7.2.3 球压痕硬度的测定应按 GB/T 3398—1982 的规定进行。

7.3 硅脂

硅脂性能试验应按 HG/T 2502 的规定进行。

7.4 铸钢件

由铸钢制成的部件应按照 GB/T 7233—1987 进行超声波探伤，其质量符合Ⅰ级。

7.5 尺寸

7.5.1 平面尺寸

普通橡胶支座及组件的平面尺寸应用游标卡尺测量。

圆形板式橡胶支座和盆式支座的橡胶承压板、橡胶密封圈：应在二个垂直交叉的位置测量直径值，见图 8a)。

矩形板式橡胶支座和盆式支座的上支座板、下支座板等:应在每边的二个不同位置测量边长值,见图 8b)。

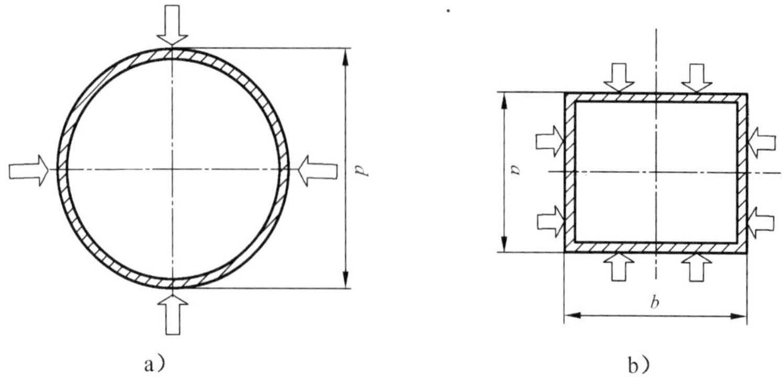

图 8 平面尺寸的测量

7.5.2 厚度和整体高度

板式支座厚度和盆式支座组装后的整体高度应用游标卡尺或量规测量。

圆形板式橡胶支座和盆式支座:应在圆周上的 4 个不同位置测量厚度(高度)值,此 4 点的 2 条连线应互相垂直并通过圆心。

矩形板式橡胶支座:应在 4 个角点位置测量厚度值。

测量结果取其实测值的平均值,不应超出偏差范围。

7.6 外观质量

普通橡胶支座外观质量,用目测及相应量具逐块进行检查。

7.7 内在质量

板式支座解剖检验,应取一块橡胶层数大于等于 3 层的支座,将其沿垂直方向锯开,进行规定项目检验。剥离胶层按 HG/T 2198 规定制备试样。

7.8 成品性能

7.8.1 板式支座

板式支座成品力学性能的测定应按附录 A 的规定进行。

7.8.2 盆式支座

盆式支座的成品性能的测定应按附录 B 的规定进行。

8 检验规则

8.1 检验分类

普通橡胶支座检验分为原辅材料及外购件检验、出厂检验和型式检验。

8.2 检验项目及要求

8.2.1 原辅材料和外购件以每个订单量为一批,同种胶料以 1 t 为一批,不足 1 t 时以 1 个月的用量为一批按表 17 的要求进行检验,并附有每批进料材质证明。

表 17 普通橡胶支座原辅材料检验要求

项　目	检验内容	检验周期
胶料	物理机械性能	脆性温度、热空气老化试验、恒定压缩永久变形每季度进行一次,耐臭氧老化每年一次;其余按批检验
聚四氟乙烯板	物理机械性能、储油槽尺寸和厚度	每批原料(不大于 200 kg)一次

表 17（续）

项　　目	检 验 内 容	检 验 周 期
钢板	机械性能、外观	每批钢板
不锈钢板	机械性能、厚度、粗糙度	每批钢板
硅脂油	物理性能	每批原料(不大于 50 kg)一次
粘结剂	与钢板、橡胶、四氟板粘结剥离强度	每批
铸钢件	裂纹及缺陷、机械性能	每批
黄铜	机械性能、化学成分	每批

8.2.2　出厂检验

8.2.2.1　板式支座应满足表 18 的要求。

表 18　板式支座出厂检验要求

检 验 项 目	样 品 数 量	要　　求
平面尺寸、厚度偏差	抽检 25%	5.3.5
外观质量	每块支座	5.3.4
内部缺陷、偏差	每 200 块取一块	5.3.3
抗压弹性模量、抗剪弹性模量	每种规格产品的 4%且不少于 3 块	5.3.1
极限抗压强度	不少于 3 块	5.3.1

8.2.2.2　盆式支座应满足表 19 的要求。

表 19　盆式支座出厂检验要求

检 验 项 目	样 品 数 量	要　　求
各部件尺寸	每个支座	按图纸要求
橡胶承压板的直径和厚度公差		6.3.4.1
聚四氟乙烯板储脂槽尺寸及排列方向		6.3.4.2
聚四氟乙烯板凸出衬板的外露厚度尺寸偏差		6.3.4.2
组装后盆式支座的高度偏差		6.3.4.3
腐蚀防护		6.3.5

8.2.3　型式检验

本部分 5.3 所列的全部项目为板式支座的型式检验项目，6.3 所列的全部项目为盆式支座的型式检验项目。

通常在下列情况之一时应进行型式检验：

a)　新产品的试制定型鉴定；

b)　产品的结构、设计、工艺、材料、生产设备等方面有重大改变；

c)　转产、转厂、长期停产(超过 12 个月)后恢复生产；

d)　合同规定；

e)　出厂检验结果与上次型式检验结果有较大差异；

f)　仲裁检验或国家质量监督检验机构提出要求时。

8.3　判定规则

8.3.1　原辅材料检验应全部项目合格后方可使用，不合格材料不得用于生产。

胶料物理机械性能检验结果如有一项不合格，则应取双倍试样进行该项复试，复试结果如仍不合格，则该批胶料不合格。

8.3.2 板式支座

当5.3规定的全部项目满足要求时为合格。平面尺寸、厚度偏差、外观质量、内部缺陷和偏差等若有一项不合格，则应从该种规格产品中随机再取双倍支座，对不合格项目进行复检，若仍不合格，则判定该种规格产品不合格。力学性能试验时，在抽检的样品中，若有一块(或一对)各一项指标不能满足要求；则应从该种规格产品中随机再抽取双倍支座对不合格项目进行复检，若仍有一项不合格，则判定该种规格产品不合格。

8.3.3 盆式支座

当6.3规定的全部项目满足要求时为合格。

竖向承载力、转角、单向活动支座和双向活动支座摩擦系数、整体支座及所有部件的关键尺寸，试验结果其中有一项不合格则视为该件产品不合格，对于这种不合格应另抽取双倍的试样进行复试一次，复试后仍有不合格项，则应判该种规格产品不合格。

9 标志、包装、运输和贮存

9.1 在每个普通橡胶支座的明显位置上应有永久性标志或标牌，内容包括：生产制造商的商标或产品标记、生产许可证编号、生产日期和制造编号以及生产制造商的全称。

9.2 普通橡胶支座应根据分类、规格分别进行包装，包装应牢固可靠，随包装应附有产品合格证和产品使用说明书等文件，产品说明书中应包括支座的安装工艺和养护要求。包装内技术文件须装入封口的塑料袋中以防受潮。

9.3 普通橡胶支座在运输中，应避免阳光直接曝晒、雨淋、雪浸，并应保持清洁，不能与影响橡胶质量的物质相接触，并不得磕碰。

9.4 储存普通橡胶支座的库房应干燥通风，支座应整齐放置，保持清洁，严禁与酸、碱、油类、有机溶剂等相接触，并远离热源。存放环境温度−20℃～40℃。

9.5 普通橡胶支座储存期超过2年时，在应用时应按本部分要求进行有关检验。

附 录 A
（规范性附录）
板式支座成品力学性能试验方法

A.1 通则

在地震区使用的板式支座力学性能可采用GB/T 20688.1规定的方法进行试验，对于非地震区使用的普通板式支座成品力学性能试验应采用本附录规定的试验方法进行试验。

A.2 范围

本附录规定了板式支座抗压弹性模量、抗剪弹性模量、抗剪老化、摩擦系数、转角、极限抗压强度的试验方法和判定规则。

A.3 试验设备

A.3.1 试验机宜具有下列功能：微机控制，能自动、平稳连续加载、卸载，且无冲击和颤动现象，自动持荷，自动采集数据，自动绘制应力-应变图，自动储存试验原始记录及曲线图和自动打印结果。试验用承载板应具有足够的刚度，平面尺寸必须大于被测试试样的平面尺寸，在最大荷载下不应发生挠曲。

A.3.2 进行剪切试验时，其剪切试验机的水平油缸、负荷传感器的轴线应和中间钢拉板的对称轴相重合，确保被测试件水平轴向受力。

A.3.3 试验机的级别为Ⅰ级，示值相对误差最大允许值为±1.0%，试验机正压力使用可在最大力值的0.4%～90%范围内。水平力的使用可在最大力值的1%～90%范围内，其示值的准确度和相关的技术要求应满足JJG 157的规定。

A.3.4 测量板式支座试件变形量的仪表量程应满足测量支座试件变形量的需要，测量转角变形量的分度值为0.01 mm，测量竖向压缩变形量和水平变形量的分度值为0.01 mm，其示值误差和相关技术要求应按相关的检验规程进行检定。

A.4 试验条件和试样

A.4.1 试验条件

实验室的标准温度为(23±5)℃，且不能有腐蚀性气体及影响检测的震动源。

A.4.2 试样

试样应满足以下要求：

a) 正常情况下，试样为实体板式支座。当受试验机吨位限制时，可由抽检单位或用户与检测单位协商用特制试样代替实样；

b) 试样的外形尺寸(长边、短边、直径)及内部钢板的外形尺寸(长边、短边、直径)、中间层橡胶片厚度、总厚度等，均以该种试样的公称值为准；

c) 摩擦系数试验使用的试样：

不锈钢板试样，应满足本部分5.3.2.4a)规定的要求，试样为矩形，且每一边应超出板式支座试件相应边长100 mm，厚度不应小于2 mm。

A.4.3 试样数量

每次检验抽取试样的规格和数量应符合本部分表18的规定，各种试验试样通用。

A.4.4 试样抽取

试验用试样应在仓库内随机抽取，其储存条件应满足本部分9.4的规定要求。凡与油及其他化学药品接触过的板式支座不得用作试样使用。

A.4.5 试样停放

应将试样直接暴露在标准温度(23±5)℃下 24 h 后方可进行试验。

A.5 试验方法

A.5.1 抗压弹性模量试验

A.5.1.1 抗压弹性模量应按下列步骤进行试验(见图 A.1):

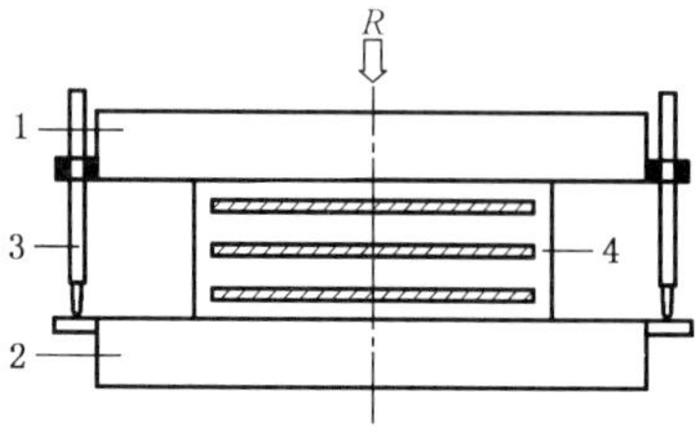

1——上承载板;

2——下承载板;

3——位移传感器;

4——支座试样。

图 A.1 压缩试验装置示意图

a) 将试样置于试验机的承载板上,上、下承载板与板式支座接触面不得有油渍;对准中心,偏差应小于1%的试样短边尺寸或直径。缓缓加载至压应力为 1.0 MPa 且稳压后,核对承载板四角对称安置的 4 只位移传感器,确认无误后,开始预压。

b) 预压。按板式支座加劲钢板尺寸计算压应力。将压应力以(0.03～0.04)MPa/s 速率连续地增至平均压应力 σ=10 MPa,持荷 2 min,然后以连续均匀的速度将压应力卸至 1.0 MPa,持荷 5 min,记录初始值,预压 3 次。

c) 正式加载。每一加载循环自 1.0 MPa 开始,将压应力以(0.03～0.04)MPa/s 速率均匀加载至 4 MPa,持荷 2 min 后,采集支座的变形值,然后以同样速率每 2 MPa 为一级逐级加载,每级持荷 2 min 后,采集板式支座变形数据直至平均压应力 σ 为止,再以连续均匀的速度卸载至压应力为 1.0 MPa。10 min 后进行下一加载循环。加载过程应连续进行 3 次。

d) 以承载板四角所测得的变化值的平均值,作为各级荷载下试样的累计竖向压缩变形 Δ_c,按试样橡胶层的总厚度 T_r 求出在各级试验荷载作用下,试样的累计压缩应变 $\varepsilon_i=\Delta_{ci}/T_r$。

A.5.1.2 试样实测抗压弹性模量应按式(A.1)计算:

$$E_1=\frac{\sigma_{10}-\sigma_4}{\varepsilon_{10}-\varepsilon_4} \qquad \cdots\cdots(A.1)$$

式中:

E_1——试样实测的抗压弹性模量计算值,精确至 1 MPa;

σ_4、ε_4——第 4 MPa 级试验荷载下的压应力和累计压缩应变值;

σ_{10}、ε_{10}——第 10 MPa 级试验荷载下的压应力和累计压缩应变值。

A.5.1.3 结果

每一块试样的抗压弹性模量 E_1 为 3 次加载过程所得的 3 个实测结果的算术平均值。但单项结果和算术平均值之间的偏差不应大于算术平均值的 3%,否则应对该试样重新复核试验一次。

A.5.2 抗剪弹性模量试验

A.5.2.1 抗剪弹性模量应按下列步骤进行试验(见图 A.2):

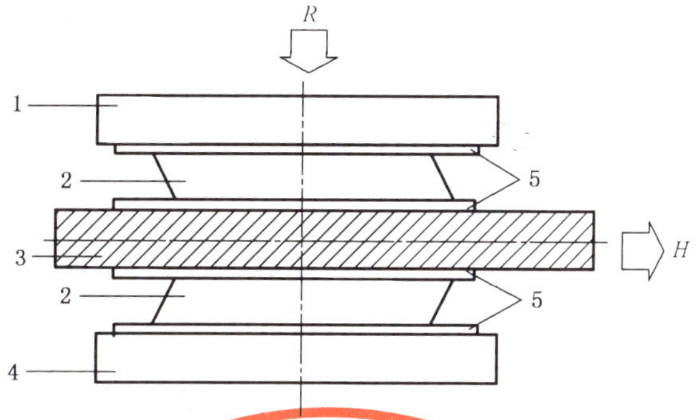

1——上承载板；

2——板式支座试件；

3——中间钢板；

4——下承载板；

5——防滑摩擦板。

图 A.2 剪切试验装置示意图

a) 在试验机的承载板上，应使板式支座顺其短边方向受剪，将试样及中间钢拉板按双剪组合配置好，使试件和中间钢拉板的对称轴和试验机承载板中心轴处在同一垂直面上，偏差应小于1%的试件短边尺寸。为防止出现打滑现象，应在上、下承载板和中间钢拉板上粘贴高摩擦板，以确保试验的准确性。

b) 将压应力以(0.03～0.04)MPa/s的速率连续地增至平均压应力 σ=10 MPa，并在整个抗剪试验过程中保持不变。

c) 调整试验机的剪切试验机构，使水平油缸、负荷传感器的轴线和中间钢拉板的对称轴重合。

d) 预加水平力。按板式支座平面公称尺寸计算剪应力。以(0.002～0.003)MPa/s的速率连续施加水平剪应力至剪应力 τ=1.0 MPa，持荷5 min，然后以连续均匀的速率卸载至剪应力 τ=0.1 MPa，持荷5 min，记录初始值，预载3次。

e) 正式加载。每一加载循环自 τ_1=0.1 MPa开始，每级剪应力增加0.1 MPa，持荷1 min，采集板式支座变形数据，至 τ=1.0 MPa为止，然后以连续均匀的速度卸载至剪应力 τ=0.1 MPa。10 min后进行下一循环试验。加载过程应连续进行3次。

f) 将各级水平荷载下位移传感器所测得的试件累计水平剪切变形 Δ_s，按试样橡胶层总厚度 T_r 求出在各级试验荷载作用下，试件的累积剪切应变 $\gamma_i=\Delta_s/T_r$。

A.5.2.2 试件的实测抗剪弹性模量应按式(A.2)计算：

$$G_1=\frac{\tau_{1.0}-\tau_{0.3}}{\gamma_{1.0}-\gamma_{0.3}} \qquad \cdots\cdots(A.2)$$

式中：

G_1——试件的实测抗剪弹性模量计算值，精确至0.01 MPa；

$\tau_{1.0}$——第1.0 MPa级试验荷载下剪应力值，MPa；

$\gamma_{1.0}$——第1.0 MPa级试验荷载下累计剪切应变值；

$\tau_{0.3}$——第0.3 MPa级试验荷载下剪应力值，MPa；

$\gamma_{0.3}$——第0.3 MPa级试验荷载下累计剪切应变值。

A.5.2.3 结果

每对板式支座所组成试样的综合抗剪弹性模量 G_1，为该对试样3次加载所得到的3个结果的算术平均值。但各单项结果与算术平均值之间的偏差应不大于算术平均值的3%，否则应对该试件重新复核试验一次。

A.5.3 抗剪老化试验

将试样置于老化箱内，在(70±2)℃温度下经 72 h 后取出，将试件在标准温度(23±5)℃下停放48 h后，在标准实验室温度下进行剪切试验，试验与标准抗剪弹性模量试验方法步骤相同。老化后抗剪弹性模量 G_2 的计算方法与标准抗剪弹性模量计算方法相同。

A.5.4 摩擦系数试验

A.5.4.1 摩擦系数应按下列步骤进行试验(见图 A.3)：

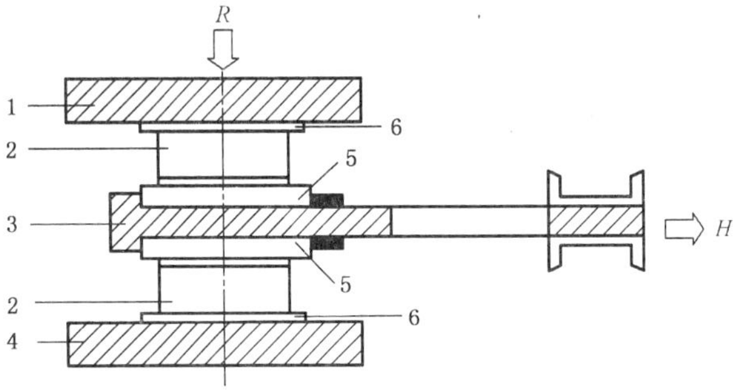

1——试验机上承载板；
2——四氟滑板式橡胶支座试件；
3——中间钢拉板；
4——试验机下承载板；
5——不锈钢板试件；
6——防滑摩擦板。

图 A.3 摩擦系数试验装置示意图

a) 将四氟滑板式橡胶支座与不锈钢板试件按规定摆放，对准试验机承载板中心位置，偏差应小于试件短边尺寸的 1%。试验时应将四氟滑板式橡胶支座试件的储油槽内注满 5201-2 硅脂油。

b) 将压应力以(0.03～0.04)MPa/s 的速率连续地增至平均压应力 σ=10 MPa，并在整个摩擦系数试验过程中保持不变。其预压时间为 1 h。

c) 以(0.002～0.003)MPa/s 的速率连续施加水平力，直至不锈钢板与四氟滑板式橡胶试件的聚四氟乙烯接触面间发生滑动为止，记录此时的水平剪应力作为初始值。试验过程应连续进行 3 次。

A.5.4.2 摩擦系数应按式(A.3)计算：

$$\mu_f = H/2R \qquad \cdots\cdots(A.3)$$

式中：

H——每对四氟滑板式橡胶支座承受的最大水平力，kN；

R——四氟滑板式橡胶支座最大承压力，kN(计算 R 时应用支座的有效承压面积)。

A.5.4.3 结果

每对试样的摩擦系数为 3 次试验结果的算术平均值。

A.5.5 转角试验

A.5.5.1 试验原理

施加压应力至平均压应力 σ，则试件产生垂直压缩变形；用千斤顶对中间工字梁施加一个向上的力 P，工字梁产生转动，上、下试件边缘产生压缩及回弹两个相反变形。由转动产生的板式支座边缘的变形必须小于由垂直荷载和强制转动共同影响下产生的压缩变形(见图 A.4 和图 A.5)。

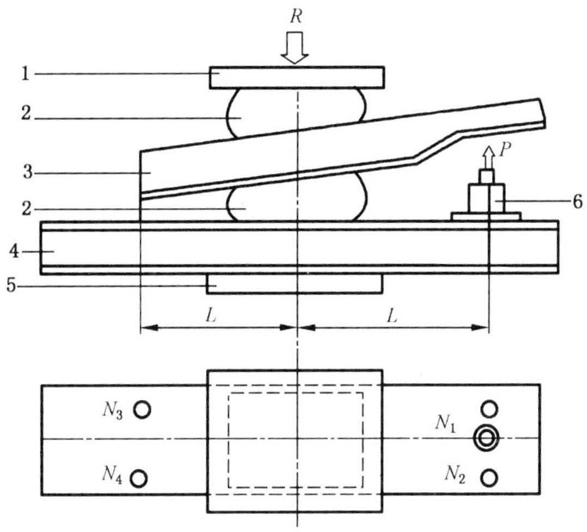

1——试验机上承板；

2——试样；

3——中间工字梁(假想梁体)；

4——承载梁(板)；

5——试验机下承载板；

6——千斤顶。

图 A.4 转角试验装置示意图

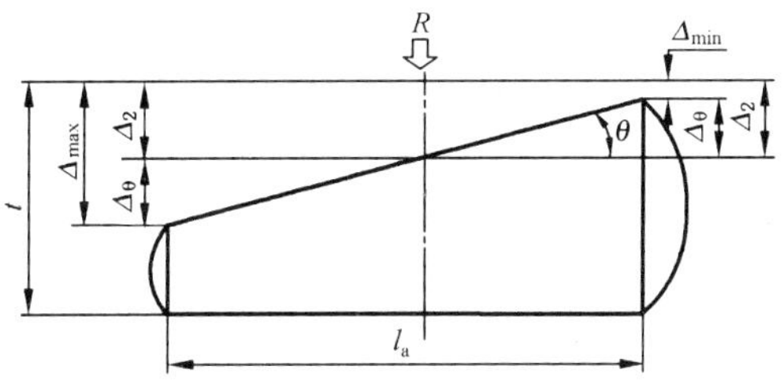

图 A.5 转角计算图

A.5.5.2 试验步骤

转角试验应按下列步骤进行：

a) 将试件按图 A.4 规定摆放，对准中心位置，偏差应小于 1% 的试件短边尺寸。在距试件中心 L 处，安装使梁产生转动用的千斤顶和测力计，并在承载梁(或板)四角对称安置 4 只位移传感器(精度 0.01 mm)。

b) 预压。将压应力以(0.03～0.04)MPa/s 的速率连续地增至平均压应力 σ，维持 5 min，然后以连续均匀的速度卸载至压应力 1.0 MPa，如此反复 3 遍。检查传感器是否灵敏准确。

c) 加载。将压应力按照竖向平均压缩变形试验要求增至 σ，采集支座变形数据，并在整个试验过程中维持 σ 不变。用千斤顶对中间工字梁施加一个向上的力 P，使其达到预期转角的正切值(偏差不大于 5%)，停 5 min 后，记录千斤顶力 P 及传感器的数值。

A.5.5.3 计算

a) 实测转角的正切值应按式(A.4)计算：

$$\tan\theta = \frac{\Delta_1^2 + \Delta_3^4}{2L} \qquad \cdots\cdots (A.4)$$

式中：

$\tan\theta$——试样实测转角的正切值；

Δ_1^2——传感器 N_1、N_2 处的变形平均值，mm；

Δ_3^4——传感器 N_3、N_4 处的变形平均值，mm；

L——转动力臂。

b) 各种转角下，由于垂直承压力和转动共同影响产生的压缩变形值应按式(A.5)、式(A.6)计算：

$$\Delta_2 = \Delta_c - \Delta_1 \quad \cdots\cdots\cdots\cdots(\text{A.5})$$

$$\Delta_1 = (\Delta_1^2 - \Delta_3^4)/2 \quad \cdots\cdots\cdots\cdots(\text{A.6})$$

式中：

Δ_c——板式支座最大承压力 R 时试样累计压缩变形值，mm；

Δ_1——转角试验时，试样中心平均回弹变形值，mm；

Δ_2——垂直压力和转动共同影响下试样中心处产生的压缩变形值，mm。

c) 在各种转角下，试样边缘换算变形值应按式(A.7)计算：

$$\Delta_\theta = a/2\tan\theta \quad \cdots\cdots\cdots\cdots(\text{A.7})$$

式中：

Δ_θ——实测转角产生的变形值，mm；

a——矩形板式橡胶支座试样的短边尺寸，mm；圆形板式橡胶支座采用直径 d，mm。

d) 在各种转角下，试样边缘最大、最小变形应按式(A.8)、式(A.9)计算：

$$\Delta_{\max} = \Delta_2 + \Delta_\theta \quad \cdots\cdots\cdots\cdots(\text{A.8})$$

$$\Delta_{\min} = \Delta_2 - \Delta_\theta \quad \cdots\cdots\cdots\cdots(\text{A.9})$$

A.5.6 极限抗压强度试验

极限抗压强度试验应按下列步骤进行：

a) 将试样放置在试验机的承载板上，上、下承载板与板式支座接触面不得有油污，对准中心位置，偏差应小于1%的试件短边尺寸；

b) 以0.1 MPa/s的速率连续地加载至试件极限抗压强度 R_u 不小于70 MPa为止，并随时观察试件受力状态及变化情况，试件是否完好无损。

附 录 B
（规范性附录）
盆式支座成品力学性能试验方法

B.1 范围

本附录规定了盆式支座竖向承载力、摩擦系数、转角的试验方法。

B.2 试验条件和试样

B.2.1 试验条件

试验宜在环境温度(23±5)℃条件下进行。

B.2.2 试样

成品力学性能试验应采用实体盆式支座，当试验能力受到限制时，可经双方协商选用同批材料、同种工艺制作的额定承载力较小的盆式支座进行试验。

B.3 试验方法

B.3.1 竖向承载力试验方法

B.3.1.1 盆式支座竖向承载力试验应测定垂直荷载作用下，盆式支座竖向压缩变形和钢质圆形盆腔径向变形。检验荷载为盆式支座竖向设计承载力的1.5倍。在被试验盆式支座的四周对称放置4个百分表测定竖向压缩变形，另对称放置4个千分表测定钢质圆形盆腔径向变形。应确保试样不从试验装置中滑出。试验时先预压3次，预压荷载为支座设计承载力。荷载由零至检验荷载均分10级，试验时以盆式支座竖向设计承载力的1%作为初始压力，然后逐级加压，每级荷载稳压2 min后读取百分表及千分表数据，并在支座设计荷载时加测读数，直至检验荷载，稳压3 min后卸载，往复加载3次。

B.3.1.2 变形分别取4个百分表及千分表读数的算术平均值，盆式支座的竖向变形值和下支座板的圆形盆腔径向变形值为往复3次试验结果的算术平均值。

B.3.2 摩擦系数试验方法

B.3.2.1 盆式支座摩擦系数测定试验应在专用的双剪摩擦试验装置上进行。应确保试验过程中试件整体或部分不从试验装置中抛出。

B.3.2.2 试验时先对支座施加垂直设计荷载，然后用千斤顶施加水平力，由专用的压力传感器记录水平力值，盆式支座一发生滑动，即停止施加水平力。然后再次对盆式支座第二次施加水平力使其滑动，可测定第2次摩擦系数。反复上述水平力加载过程，直至盆式支座第5次施加水平力使其滑动。实测盆式支座第2次至第5次滑动摩擦系数的算术平均值，作为盆式支座的实测摩擦系数。试验装置见图B.1。

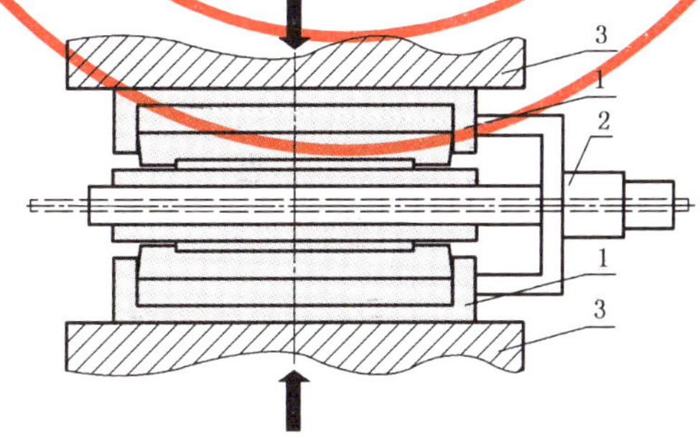

1——试件；
2——水平加载装置；
3——试验机。

图 B.1 盆式支座摩擦系数试验

B.3.3 转角试验方法

B.3.3.1 盆式支座转角试验在专用的试验装置上进行，试验装置见图B.2。

B.3.3.2 试验时先将两个盆式支座试样按图B.2所示置于装置上，试验机先对支座顶施加1.5倍的垂直设计荷载，然后用千斤顶顶起加载横梁，使支座产生设计转角值，保持荷载1 h后卸载。盆式支座在测试中以及测试后拆解时，均应进行目测检查，要求中间钢衬板、聚四氟乙烯板及黄铜紧箍圈无明显损伤，且橡胶承压板无裂缝或被挤出。

B.3.3.3 对单向、双向活动支座进行转角试验时，应确保试验过程中试件整体或部分不从试验装置中抛出。

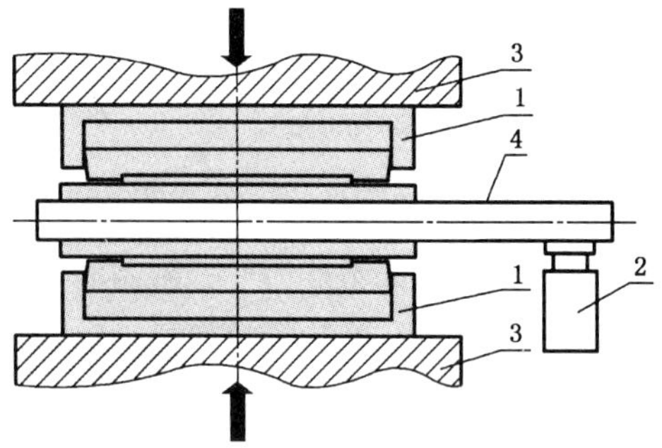

1——试件；
2——千斤顶；
3——试验机；
4——加载横梁。

图B.2 盆式支座转角试验装置示意图

ICS 83.140.99
G 47

中华人民共和国国家标准

GB/T 20779.2—2007

电力防护用橡胶材料
第2部分：电缆附件用橡胶材料

Rubber for electric power safety—
Part 2:Rubber for cable accessories

2007-11-28 发布　　2008-06-01 实施

中华人民共和国国家质量监督检验检疫总局
中国国家标准化管理委员会　发布

前　　言

GB/T 20779《电力防护用橡胶材料》预计分为如下几个部分：

——第1部分：通则；

——第2部分：电缆附件用橡胶材料；

——第3部分：绝缘子用橡胶材料。

本部分为GB/T 20779的第2部分。

本部分由中国石油和化学工业协会提出。

本部分由全国橡胶与橡胶制品标准化技术委员会橡胶杂品分会(SAC/TC 35/SC 7)归口。

本部分负责起草单位：上海电缆研究所。

本部分参加起草单位：通用电气(中国)有限公司、上海三原电缆附件有限公司、上海回天化工新材料有限公司。

本部分主要起草人：刘旌平、陈信民、林卫宇、沈卫东、陈辉。

本部分为首次发布。

电力防护用橡胶材料
第2部分:电缆附件用橡胶材料

1 范围

GB/T 20779的本部分规定了用于电缆附件中绝缘和半导电组件的以硅橡胶或(三元)乙丙橡胶为基础的混合物的技术要求。

本部分适用于电力设备中承受工作电场以及电气安全防护的绝缘和半导电橡胶制品或组件用橡胶制品,但不包括电线电缆绝缘和半导电层用橡胶材料。

2 规范性引用文件

下列文件中的条款通过GB/T 20779的本部分的引用而成为本部分的条款。凡是注日期的引用文件,其随后所有的修改单(不包括勘误的内容)或修订版均不适用于本部分,然而,鼓励根据本部分达成协议的各方研究是否可使用这些文件的最新版本。凡是不注日期的引用文件,其最新版本适用于本部分。

GB/T 20779.1—2006　电力防护用橡胶材料　第1部分:通则

3 分类代号

冷收缩式电缆附件用橡胶材料　　L

预制式电缆附件用橡胶材料　　Y

4 性能

4.1 试样制备

预制式电缆附件用橡胶试样采用一段硫化,冷收缩式电缆附件用硅橡胶试样采用两段硫化。硫化温度和时间采用制造方推荐参数。

4.2 要求

电缆附件用橡胶材料的性能应符合表1中的规定。

表1　电缆附件用橡胶材料技术要求

序号	试验项目	单位	技术要求					
			FJ1L	FB1L	FJ1Y	FB1Y	FJ2Y	FB2Y
1	原始拉伸性能							
	拉伸强度	N/mm²	≥5.0	≥5.0	≥4.0	≥4.0	≥5.0	≥10.0
	拉断伸长率	%	≥420	≥420	≥300	≥300	≥300	≥300
2	撕裂强度	N/mm	≥17	≥6	≥6	≥6	≥10	≥10
3	热空气老化(135℃×168 h)后拉伸性能							
	拉伸强度变化率	%	—	—	—	—	−30～+30	−30～+30
	拉断伸长率变化率	%					−30～+30	−30～+30
4	1 008 h人工气候(氙灯)老化后拉伸性能							
	拉伸强度变化率	%	—	—	—	—	−30～+30	−30～+30
	拉断伸长率变化率	%					−30～+30	−30～+30

表 1(续)

序号	试验项目	单位	技术要求					
			FJ1L	FB1L	FJ1Y	FB1Y	FJ2Y	FB2Y
5	100℃×24 h浸硅油后拉伸性能 拉伸强度变化率 拉断伸长率变化率	 % %	—	—	—	—	 −30～+30 −30～+30	 −30～+30 −30～+30
6	20℃体积电阻率	Ω·m	≥1×10¹³	≤10	≥1×10¹³	≤10	≥1×10¹³	≤10
7	工频介质损耗角正切		≤0.004	—	≤0.004	—	≤0.005	—
8	工频介电常数		2.5～3.5	—	2.5～3.5	—	2.5～3.5	—
9	工频击穿介电强度	MV/m	≥22	—	≥22	—	≥25	—
10	耐电痕化和蚀损		≥1A3.5	—	≥1A3.5	—	≥1A3.5	—
11	(90℃×120 h),300%定伸永久变形率	%	≤15	≤15	—	—	—	—

5 试验

电缆附件用橡胶材料应按表 2 的试验项目进行试验。

表 2 电缆附件用橡胶材料试验项目

序号	试验项目	试验方法 GB/T 20779.1 中条款	试验种类
1	原始拉伸性能	5.3	S,T
2	撕裂强度	5.4	S,T
3	热空气老化后拉伸性能	5.5	T
4	人工气候(氙灯)老化后拉伸性能	5.6	T
5	浸硅油后拉伸性能[a]	5.10	T
6	20℃体积电阻率	5.7	S,T
7	工频介质损耗角正切	5.8	S,T
8	工频介电常数	5.8	S,T
9	工频击穿介电强度	5.9	S,T
10	耐电痕化和蚀损[b]	5.11	T
11	定伸永久变形	5.12	T
S——出厂检验;T——型式检验。			
a 浸硅油试验采用 25℃黏度为(0.007～0.01)m^2/s 的硅油; b 耐电痕化和蚀损试验适用于室内和室外运行的电缆终端。			

ICS 01.080.30
A 79

中华人民共和国国家标准

GB/T 20257.1—2007
代替 GB/T 7929—1995

国家基本比例尺地图图式 第1部分:1∶500 1∶1 000 1∶2 000 地形图图式

Cartographic symbols for national fundamental scale maps—
Part 1:Specifications for cartographic symbols
1∶500 1∶1 000 & 1∶2 000 topographic maps

2007-08-30 发布 2007-12-01 实施

中华人民共和国国家质量监督检验检疫总局
中国国家标准化管理委员会 发布

前 言

GB/T 20257《国家基本比例尺地图图式》现分为4个部分：

——第1部分：1∶500 1∶1 000 1∶2 000地形图图式；

——第2部分：1∶5 000 1∶10 000地形图图式；

——第3部分：1∶25 000 1∶50 000 1∶100 000地形图图式；

——第4部分：1∶250 000 1∶500 000 1∶1 000 000地形图图式。

本部分为GB/T 20257的第1部分。本部分代替GB/T 7929—1995《1∶500、1∶1 000、1∶2 000地形图图式》。本部分与GB/T 7929—1995相比主要变化如下：

——地形图颜色除单色外，也可用四色(CMYK)，按规定色值进行分色；

——地图要素分类中将"居民地和栅栏"与"工矿建(构)筑物及其他设施"合并为"居民地及设施"，"地貌和土质"、"植被"调整为"地貌"、"植被与土质"；

——GPS控制点、卫生所、轻便轨道等名称分别更名为卫星定位等级点、医疗点、简易轨道等；

——导线点符号与图根点符号互换；

——公路等级按行政等级区分符号，并加注公路技术等级代码和行政等级代码及编号；

——增加了地热井、船闸、扬水站、有地下室的房屋、突出房屋、邮局、电信局、宾馆饭店、超市、剧院、电影院、电视台、体育馆、科技馆、博物馆、展览馆、地震台、天文台、科学试验站、放空火炬、海上平台、垃圾场、古迹、遗址、文物碑石、磁浮铁轨、轻轨线路、地铁、匝道、快速路、高架快速路、主干路、次干路、支路、公路零公里标志、长途汽车站(场)、水运港客运站、特别行政区界线、开发区、保税区界线、比高点及注记、其他经济林、特殊树等符号；

——对危险岸、加固岸、棚房、窑洞、山洞、油气井、盐井、温室、贮水池、传送带、学校、彩门、牌坊、塑像、钟楼、鼓楼、电视发射塔、高速公路、高架路、铁索桥、铁路平交道口、缆车道、输水渡槽、浮码头、收费站、变电室、特殊地区界线、陡石山、果园、成林等符号进行了修改，并对一些符号的尺寸进行了调整；

——删除挡土墙、立体交叉路等符号；

——附录中的地图分幅与编号增加了按经纬度分幅的规定；

——符号简要说明中增加了符号的解释性定义。

本部分的附录A、附录C、附录D为规范性附录，附录B为资料性附录。

本部分由国家测绘局提出并归口。

本部分由国家测绘局测绘标准化研究所、北京测绘设计研究院、建设综合勘察研究设计院负责起草。

本部分主要起草人：马晓萍、肖国雄、兀伟、肖学年、段怡红、张坤、陈倬、王丹、黄坚、孙乐兵、吕玉霞。

本部分所代替标准的历次版本发布情况为：

——GB 7929—1987、GB/T 7929—1995。

引　言

地形图图式国家标准或测绘行业标准 GB/T 7929《1∶500，1∶1 000，1∶2 000 地形图图式》、GB/T 5791《1∶5 000、1∶10 000地形图图式》、GB 12342《1∶25 000、1∶50 000、1∶100 000 地形图图式》、GB 15944《1∶250 000 地形图编绘规范及图式》、GB 14512《1∶1 000 000 地形图编绘规范及图式》、CH/T 4011《1∶500 000 地形图编绘规范及图式》已实施多年，它们在我国国民经济建设和测绘生产工作中起到了重要的作用。为了满足数字测绘生产的需要，方便使用者使用，有必要调整地形图图式标准结构。调整后的结构如前言所述。

本部分是 GB/T 7929 调整后修订完成的。

国家基本比例尺地图图式 第1部分：1∶500 1∶1 000 1∶2 000 地形图图式

1 范围

GB/T 20257的本部分规定了1∶500、1∶1 000、1∶2 000地形图上表示的各种自然和人工地物、地貌要素的符号和注记的等级、规格和颜色标准、图幅整饰规格，以及使用这些符号的原则、要求和基本方法。

本部分适用于1∶500、1∶1 000、1∶2 000地形图的测绘，也是各部门使用地形图进行规划、设计、科学研究的基本依据。编制其他图种的地理底图或测绘相应比例尺的地图可参照使用。

2 符号使用的一般规定

2.1 符号的分类

2.1.1 依比例尺符号：地物依比例尺缩小后，其长度和宽度能依比例尺表示的地物符号。

2.1.2 半依比例尺符号：地物依比例尺缩小后，其长度能依比例尺而宽度不能依比例尺表示的地物符号。在本部分中符号旁只标注宽度尺寸值。

2.1.3 不依比例尺符号：地物依比例尺缩小后，其长度和宽度不能依比例尺表示。在本部分中符号旁标注符号长、宽尺寸值。

2.2 符号的尺寸

2.2.1 符号旁以数字标注的尺寸值，均以毫米(mm)为单位。

2.2.2 符号旁只注一个尺寸值的，表示圆或外接圆的直径、等边三角形或正方形的边长；两个尺寸值并列的，第一个数字表示符号主要部分的高度，第二个数字表示符号主要部分的宽度；线状符号一端的数字，单线是指其粗度，两平行线是指含线划粗的宽度(街道是指其空白部分的宽度)。符号上需要特别标注的尺寸值，则用点线引示。

2.2.3 符号线划的粗细、线段的长短和交叉线段的夹角等，没有标明的均以本图式的符号为准。一般情况下，线划粗为0.15 mm，点的直径为0.3 mm，符号非主要部分的线划长为0.5 mm，非垂直交叉线段的夹角为45°或60°。

2.3 定位符号的定位点和定位线

2.3.1 符号图形中有一个点的，该点为地物的实地中心位置。

2.3.2 圆形、正方形、长方形等符号，定位点在其几何图形中心。

2.3.3 宽底符号(蒙古包、烟囱、水塔等)定位点在其底线中心。

2.3.4 底部为直角的符号(风车、路标、独立树等)定位点在其直角的顶点。

2.3.5 几种图形组成的符号(敖包、教堂、气象站等)定位点在其下方图形的中心点或交叉点。

2.3.6 下方没有底线的符号(窑、亭、山洞等)定位点在其下方两端点连线的中心点。

2.3.7 不依比例尺表示的其他符号(桥梁、水闸、拦水坝、岩溶漏斗等)定位点在其符号的中心点。

2.3.8 线状符号(道路、河流等)定位线在其符号的中轴线；依比例尺表示时，在两侧线的中轴线。

2.4 符号的方向和配置

2.4.1 符号除简要说明中规定按真实方向表示者外，均垂直于南图廓线。

2.4.2 土质和植被符号，根据其排列的形式可分成三种情况：

a) 整列式：按一定行列配置，如苗圃、草地、经济林等；

b) 散列式：不按一定行列配置，如小草丘地、灌木林、石块地等；

c) 相应式：按实地的疏密或位置表示符号，如疏林、零星树木等。表示符号时应注意显示其分布特征。

整列式排列一般按图式表示的间隔配置符号，面积较大时，符号间隔可放大1～3倍。在能表示清楚的原则下，可采用注记的方法表示。还可将图中最多的一种不表示符号，图外加附注说明，但一幅图或一批图应统一。

注：配置是指所使用的符号为说明性符号，不具有定位意义。在地物分布范围内散列或整列式布列符号，用于表示面状地物的类别。

2.5 符号使用方法与要求

2.5.1 图式中除特殊标注外，一般实线表示建筑物、构筑物的外轮廓与地面的交线（除桥梁、坝、水闸、架空管线外），虚线表示地下部分或架空部分在地面上的投影，点线表示地类范围线、地物分界线。

2.5.2 依比例尺表示的地物分以下表现形式：

a) 地物轮廓依比例尺表示，在其轮廓内加面色，如河流、湖泊等；或在其轮廓内适中位置配置不依比例尺符号和说明注记（或说明注记简注）作为说明，如水井、收费站等。说明注记简注见附录A。

b) 面状分布的同一性质地物，在其范围内按整列式、散列式或相应式配置说明性符号和注记，如果界线明显的用地类界表示其范围（如经济林地等），界线不明显的不表示界线（如疏林地、盐碱地等）。

c) 相同地物毗连成群分布，其范围用地类界表示，在其范围内适中位置配置不依比例尺符号，如露天设备等。

2.5.3 两地物相重叠或立体交叉时，按投影原则下层被上层遮盖的部分断开，上层保持完整。

2.5.4 各种符号尺寸是按地形图内容为中等密度的图幅规定的。为了使地形图清晰易读，除允许符号交叉和结合表示者外，各符号之间的间隔（包括轮廓线与所配置的不依比例尺符号之间的间隔）一般不应小于0.3 mm。如果某些地区地物的密度过大，图上不能容纳时，允许将符号的尺寸略为缩小（缩小率不大于0.8）或移动次要地物符号。双线表示的线状地物其符号相距很近时，可采用共线表示。

2.5.5 实地上有些建筑物、构筑物，图式中未规定符号，又不便归类表示者，可表示该物体的轮廓图形或范围，并加注说明。地物轮廓图形线用0.15 mm实线表示，地物分布范围线、地类界线用地类界符号表示。

2.5.6 本图式中土质和植被符号栏中，以点线框者，指示应以地类界符号表示实地范围线；以实线框者，指示不表示范围线，只在范围内配置符号。

2.5.7 符号旁的宽度、深度、比高等数字注记，一般标注至0.1 m。

各种数字说明，除特别说明外，凡为“大于”者含数字本身（如大于3 m，含3 m），“小于”者不含数字本身。各种符号等级说明中的“以上”和“以下”，其含意与上述相同。

2.5.8 符号表示与配合的示例见附录B。

3 地形图分幅和颜色

3.1 地形图分幅与编号

地形图分幅与编号按附录C规定执行。

3.2 地形图图廓整饰

图廓整饰见附录 D。

3.3 地形图颜色

1∶500、1∶1 000、1∶2 000 地形图视用图需要可采用多色或单色，多色图采用青、品红、黄、黑(CMYK)四色，按规定色值进行分色。

4 符号与注记

编号	符号名称	符号式样			符号细部图	多色图色值
		1∶500	1∶1 000	1∶2 000		
4.1	**测量控制点**					
4.1.1	三角点 a. 土堆上的 张湾岭、黄土岗——点名 156.718、203.623——高程 5.0——比高	3.0 △ 张湾岭/156.718 a 5.0 △ 黄土岗/203.623				K100
4.1.2	小三角点 a. 土堆上的 摩天岭、张庄——点名 294.91、156.71——高程 4.0——比高	3.0 ▽ 摩天岭/294.91 a 4.0 ▽ 张庄/156.71			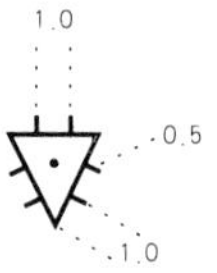	K100
4.1.3	导线点 a. 土堆上的 I16、I23——等级、点号 84.46、94.40——高程 2.4——比高	2.0 ⊙ I16/84.46 a 2.4 ⊙ I23/94.40				K100
4.1.4	埋石图根点 a. 土堆上的 12、16——点号 275.46、175.64——高程 2.5——比高	2.0 12/275.46 a 2.5 16/175.64			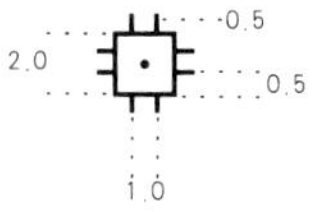	K100
4.1.5	不埋石图根点 19——点号 84.47——高程	2.0 ⊡ 19/84.47				K100
4.1.6	水准点 Ⅱ——等级 京石 5——点名点号 32.805——高程	2.0 ⊗ Ⅱ京石5/32.805				K100
4.1.7	卫星定位等级点 B——等级 14——点号 495.263——高程	3.0 △ B14/495.263				K100

简　要　说　明
4.1　**测量控制点** 图上各测量控制点符号的几何中心，表示地面上测量控制点标志的中心位置；符号旁的高程注记，表示实地标志顶面或木桩顶面的高程。 标志完整的测量控制点，图上除表示控制点符号外，还应注出控制点的点名（或点号）和高程。点名和高程以分数形式表示，分子为点名（或点号），分母为高程。点名和高程一般注在符号右方（有比高时，比高注在符号的左方）。水准点和经水准联测的三角点、小三角点，其高程一般注至0.001 m，用三角高程测定的高程一般注至0.01 m。 用烟囱、水塔等独立地物作测量控制点时，当地物依比例尺用轮廓图形表示时，且在轮廓图形内能容纳控制点符号时，可在图形内真实位置上绘出控制点符号，不表示相应的地物符号，但需注出控制点点名（或点号）以及地物名称，如 △ 建院(烟囱)/156.71；当地物不能依比例尺表示时，图上除表示相应的地物符号、注出测量控制点的点名和高程外，还应注出测量控制点的类别，如 建院(三角点)/156.71 。位于房屋上的测量控制点，应在房屋符号的真实位置上表示控制点符号，并注出点名。
4.1.1　利用三角测量方法或精密导线测量方法测定的国家等级的三角点和精密导线点。 设在土堆上的且土堆不能依比例尺表示的用符号 a 表示。
4.1.2　测角精度为 5″或 10″小三角点和同等精度的其他控制点。 设在土堆上的且土堆不能依比例尺表示的用符号 a 表示。
4.1.3　利用导线测量方法测定的控制点。 一、二、三级导线点均用此符号表示。设在土堆上的且土堆不能依比例尺表示的用符号 a 表示。
4.1.4　埋石的或天然岩石上凿有标志的、精度低于小三角点的图根点。 设在土堆上的且土堆不能依比例尺表示的用符号 a 表示。
4.1.5　不埋石的图根点根据用图需要表示。
4.1.6　利用水准测量方法测定的国家等级的高程控制点。
4.1.7　利用卫星定位技术测定的国家等级控制点，包括 A～E 级。

编号	符号名称	符号式样			符号细部图	多色图色值
		1∶500	1∶1 000	1∶2 000		
4.1.8	独立天文点 照壁山——点名 24.54——高程					K100
4.2	**水系**					
4.2.1	地面河流 a. 岸线 b. 高水位岸线 清江——河流名称	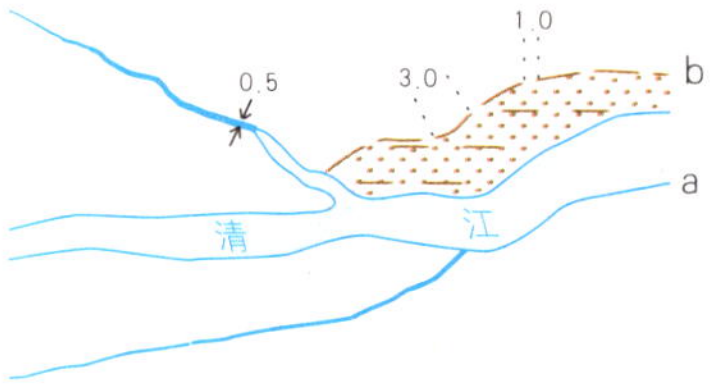				a. C100 面色 C10 b. M40Y100K30
4.2.2	地下河段及出入口 a. 不明流路的 b. 已明流路的	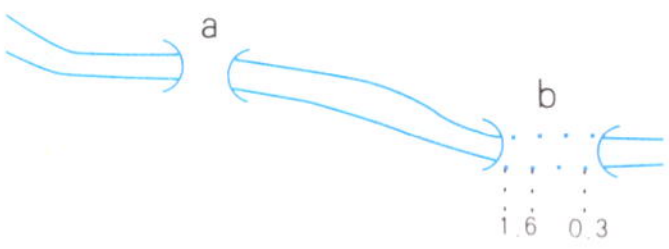			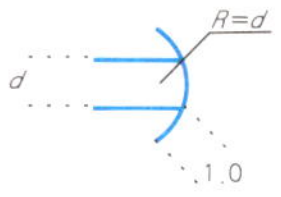	C100 面色 C10
4.2.3	消失河段	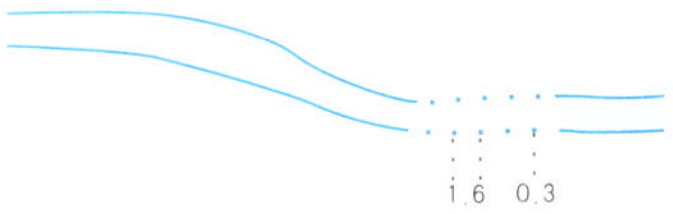				C100 面色 C10
4.2.4	时令河 a. 不固定水涯线 (7—9)——有水月份	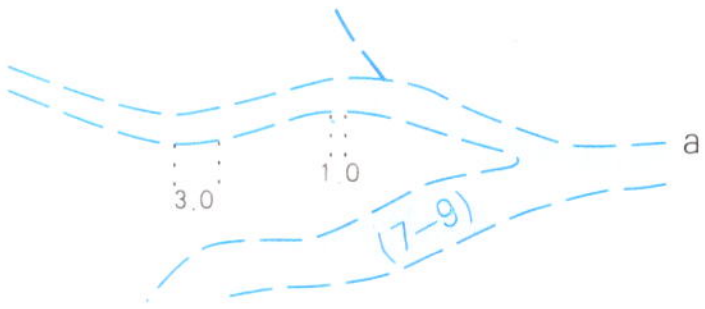				C100 面色 C10
4.2.5	干河床(干涸河)	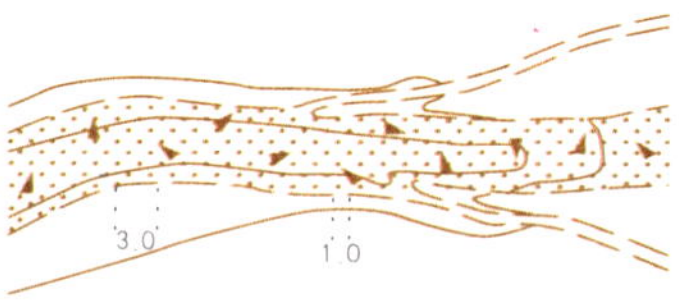				M40Y100K30
4.2.6	运河、沟渠 a. 运河 b. 沟渠 b1. 渠首					C100 面色 C10

简 要 说 明
4.1.8 利用天文观测的方法直接测定其地理坐标和方位角的控制点。 测有大地坐标的天文点用三角点符号表示。
4.2 **水系** 江、河、湖、海、井、泉、水库、池塘、沟渠等自然和人工水体及连通体系的总称。
4.2.1 地面上的终年有水的自然河流。 岸线是水面与陆地的交界线，又称水涯线。河流、湖泊和水库的岸线，航测成图一般按摄影时的水位测定；实地测图一般按测图时的水位测定，并加注航摄日期及测图日期。若摄影或测图时间为枯水或洪水期，所测定的水位与常水位（常年中大部分时间的平稳水位）相差很大时，应以常水位岸线测定。 当水涯线与陡坎线在图上投影距离小于 1 mm 时以陡坎符号表示。 高水位岸线系常年雨季的高水面与陆地的交界线，又称高水界。视用图需要表示。 高水界与水涯线之间有岸滩的，用相应的岸滩符号表示。 河流宽度在图上小于 0.5 mm 的用线粗为 0.1 mm～0.5 mm 的单线渐变表示。
4.2.2 河流流经地下的河段，以及水流在地面上的出入口。 其圆弧符号表示在水流进出口的位置。当出入口处河宽在图上小于 3.0 mm 时，出入口符号的半径用河宽 d 表示，若出入口处河宽大于 3.0 mm 的，进出口的形状依比例尺表示。河流流经山洞时，用山洞符号表示。
4.2.3 河流流经沼泽、沙地等地区，没有明显河床或表面水流消失的地段。
4.2.4 季节性有水的自然河流。 以其新沉积物（淤泥）的上边界为时令河岸线（不固定水涯线），加注有水月份。时令河宽度在图上小于 0.5 mm 的用线粗为 0.1 mm～0.5 mm 的单虚线渐变表示，其符号实部长度可根据河流的长度渐变为 0.5 mm～3.0 mm，空白部分渐变为 0.3 mm～1.0 mm。
4.2.5 降水或融雪后短暂时间内有水的河床或河流改道后遗留的河道。 干河床用虚线表示；宽度在图上大于 3 mm 的河床内应表示相应的土质符号，大于 5 mm 时应表示等高线。
4.2.6 人工修建的供灌溉、引水、排水、航运的水道。 运河、沟渠应根据实地上边沿间的距离确定图上的表示。图上宽度大于 0.5 mm 用双线表示，小于 0.5 mm 用单线表示。运河及干渠应注出名称注记。每条沟渠应加注流向符号。南水北调水利工程用运河符号表示并加注相应的名称注记或加注“南水北调工程”注记。 排碱、排水的沟渠应加注“排”字。 沟渠两边的堤岸用堤或加固岸表示。沟渠与堤、堑的配合参见附录 B。 灌溉渠系的源头，抬高水道并有抽水设备的渠首用符号 b1 表示。

编号	符号名称	符号式样 1∶500	符号式样 1∶1 000	符号式样 1∶2 000	符号细部图	多色图色值
4.2.7	沟堑 a. 已加固的 b. 未加固的 2.6——比高	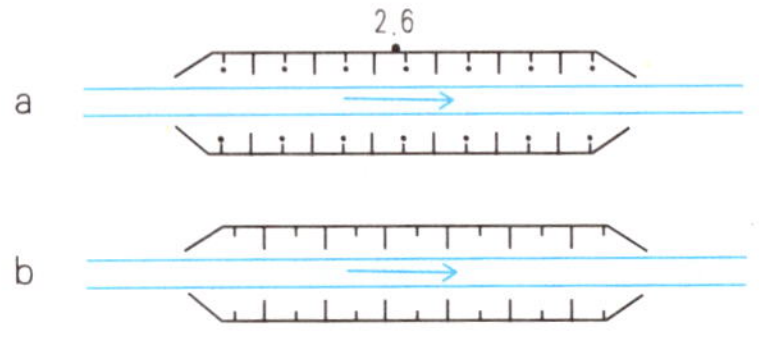				K100
4.2.8	坎儿井 a. 竖井				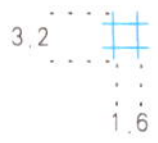	C100
4.2.9	地下渠道、暗渠 a. 出水口					C100
4.2.10	输水渡槽(高架渠)	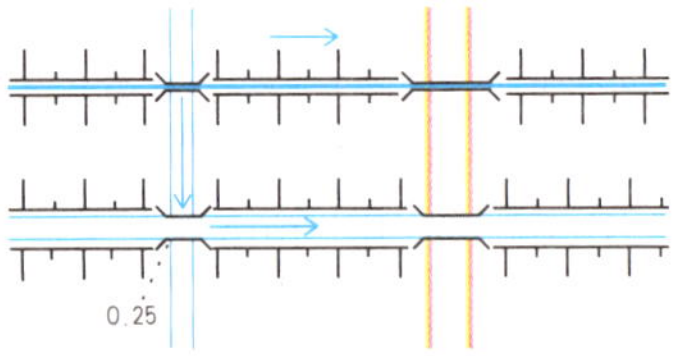				K100
4.2.11	输水隧道	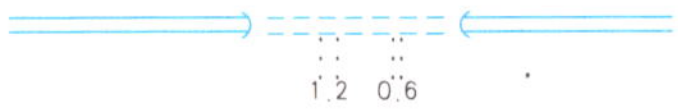				C100
4.2.12	倒虹吸	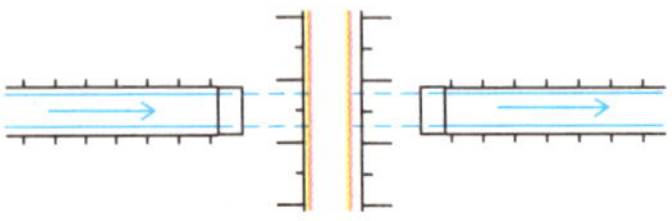				K100
4.2.13	涵洞 a. 依比例尺的 b. 半依比例尺的	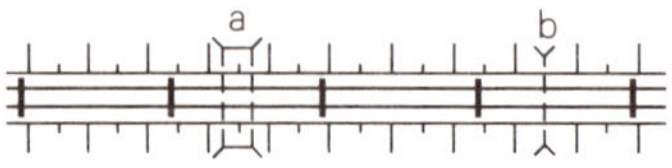			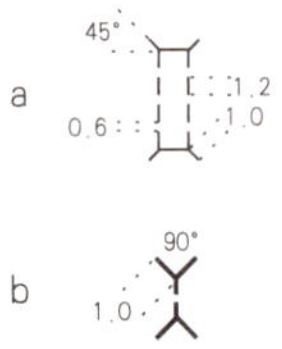	K100
4.2.14	干沟 2.5——深度	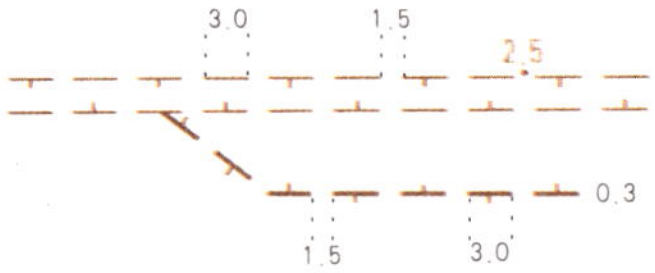				M40Y100K30
4.2.15	湖泊 龙湖——湖泊名称 (咸)——水质					C100 面色 C10
4.2.16	池塘					C100 面色 C10

简 要 说 明
4.2.7　沟渠通过高地或山隘处经人工开挖形成两侧坡面很陡的地段。 坡度大于70°的用陡坎符号表示。沟堑比高大于2 m的应标注比高。
4.2.8　干旱地区引用地下水及雪水，并有竖井与之相通的地下暗渠。 图上竖井位置实测表示。废坎儿井加注“废”字。
4.2.9　修筑在地面下、相隔一定距离有出水口的水道。 图上出水口位置实测表示。
4.2.10　跨越山谷、道路或沟渠时的桥梁式输水设施，如水槽或水管。 有专有名称的加注名称，废弃的输水渡槽加注“废”字。
4.2.11　修建在山体中或地下的过水渠道设施。
4.2.12　渠道与铁路、公路、河流等平面交叉时，在路下或水下设置的虹吸式过水通道。 进、出水口按实际情况表示。
4.2.13　修建在道路、堤坝等构筑物下面的过水或通行通道。 当图上宽度小于1 mm用半依比例尺符号表示。 坝体上的出水孔也用此符号表示。
4.2.14　经常无水、只在雨后短暂时期内有积水的、未挖成而搁置或废弃的沟渠。 图上宽度小于1 mm的用单线表示，大于1 mm的用双线依比例尺表示。宽度大于5 mm时其内应表示等高线。深度大于2 m的应标注沟深。
4.2.15　陆地上洼地积水形成的水域宽阔、水量变化缓慢的水体。 水涯线以常水位位置确定，有名称的应加注名称。湖泊水是咸水(矿化度在1 g /L～35 g /L)或盐水(矿化度＞35 g/L)时，应加注“(咸)”或“(盐)”字。单色表示时，湖泊加注“水”字。
4.2.16　人工挖掘的积水水体或自然形成的面积较小的洼地积水水体。 池塘的水涯线沿上边沿表示。用以人工养鱼或繁殖鱼苗的需加注“(鱼)”字。单色表示时，池塘水域部分加注“塘”字。

编号	符号名称	符号式样 1:500	符号式样 1:1 000	符号式样 1:2 000	符号细部图	多色图色值
4.2.17	时令湖 (8)——有水月份	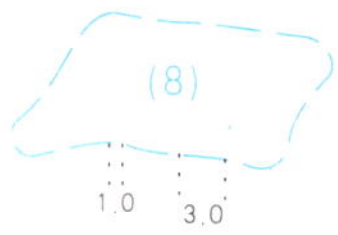				C100 面色 C10
4.2.18	干涸湖	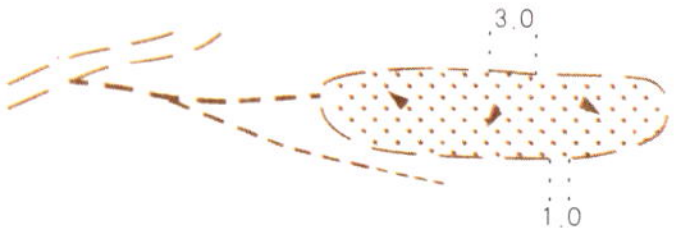				M40Y100K30
4.2.19	水库 a. 毛湾水库——水库名称 b. 溢洪道 54.7——溢洪道堰底面高程 c. 泄洪洞口、出水口 d. 拦水坝、堤坝 d1. 拦水坝 d2. 堤坝 水泥——建筑材料 75.2——坝顶高程 59——坝长(m) e. 建筑中水库	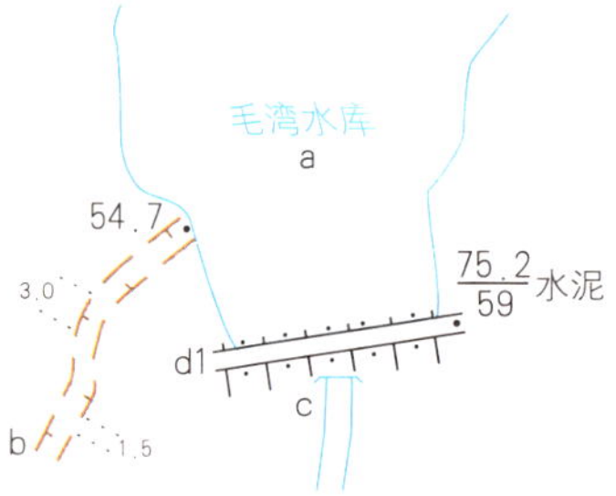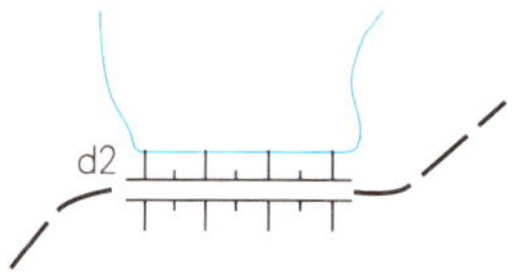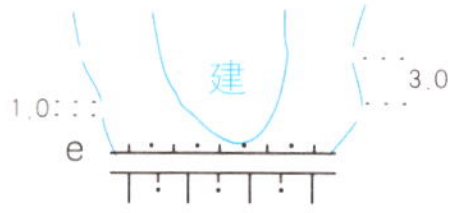			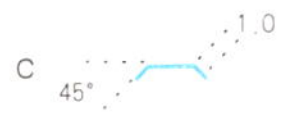	a. C100 面色 C10 b. M40Y100K30 c. C100 d. K100 e. C100 面色 C10
4.2.20	海岸线、干出线 a. 海岸线 b. 干出线	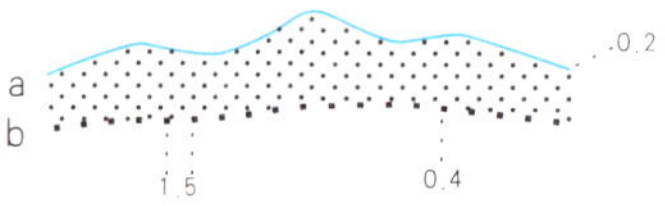				a. C100 b. K100
4.2.21	干出滩(滩涂) a. 沙滩 b. 沙砾滩、砾石滩 c. 沙泥滩 d. 淤泥滩	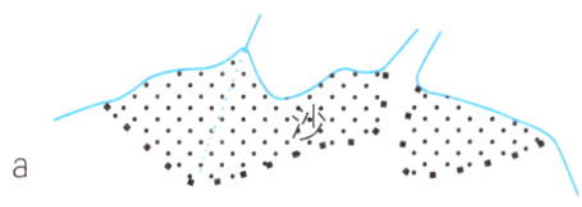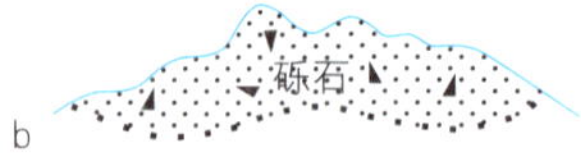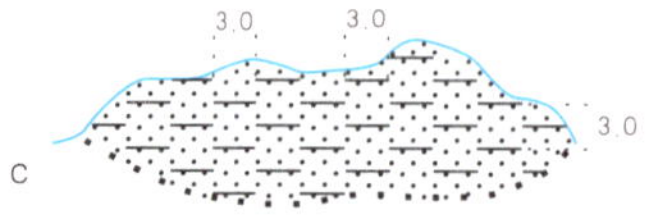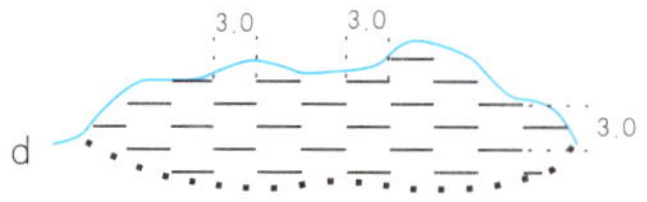				a.～f. K100 面色 C10

简 要 说 明
4.2.17 季节性有水的湖泊。 用不固定水涯线符号表示。以其新沉积物(淤泥)的上边界为水涯线,并加注有水月份。在沼泽地区的湖泊、水潭等,如没有明显和固定的水涯线时,也用此符号表示。
4.2.18 降雨或融雪后短暂时间内有水的湖盆。 湖内应表示相应的土质符号,有名称的加注名称。
4.2.19 因建造坝、闸、堤、堰等水利工程拦蓄河川径流而形成的水体及建筑物。 a. 水库岸线以常水位岸线表示,并需加注名称注记。 b. 溢洪道是水库的泄洪水道,用以排泄水库设计蓄水高度以上的洪水。水库的溢洪道用干沟符号按其实际宽度依比例尺表示。溢洪道口底部要标注高程,高程标在溢洪道底部的最高处。溢洪道的闸门用水闸符号表示。 c. 泄洪洞口是水库坝体上修建的排水洞口。符号按实际方向表示在洞口位置上。引水孔、取水孔、灌溉孔、排沙洞等出水口,也用此符号表示。 d. 水库坝体是横截河流或围挡水体以提高水位的堤坝式构筑物,用拦水坝符号表示;简易修筑的挡水坝体用堤符号表示。水库坝体应注堤顶或坝顶高程、坝长和建筑材料。水库与堤、坝的配合参见附录 B。坝、堤内侧堤坡脚线与水涯线间的距离图上大于 0.5 mm 时,应表示水涯线;小于 0.5 mm 的,可不表示水涯线。 e. 建筑中的水库表示水库坝址,范围线可用设计洪水位时的水涯线表示。
4.2.20 海岸线指海面平均大潮高潮时的水陆分界线;干出线指海面最低低潮时的水陆分界线(最低低潮线)。 一般可根据当地的海蚀阶地、海滩堆积物或海滨植物确定。受潮汐影响的河口地段其水涯线按海岸线表示。
4.2.21 干出滩又称海滩,是海岸线与干出线之间的潮浸地带,高潮时被海水淹没,低潮时露出。 干出滩范围内配置相应的土质及植被符号。 a. 以沙质为主的干出滩。 b. 沙与砾石混合的或以砾石为主的干出滩。砾石滩加注“砾石”。 c. 沙泥混合的干出滩。 d. 泥泞下陷、通行困难的干出滩。 e. 由坚硬的岩石组成的干出滩。符号沿干出线表示。 f. 由珊瑚虫遗体及其分泌出的石灰质堆积而成的干出滩。 g. 生长红树林群落(常绿的乔木或灌木)的干出滩,一般不能通行,符号散列配置。 长有芦苇以及其他植被的干出滩以相应的植被符号表示。 h. 人工养殖贝类的干出滩。 表示相应类别的干出滩符号,并散列配置贝类符号。 i. 陆地河流延伸至干出滩中而形成的河道。 河道按其宽度分别用双排或单排点线表示至干出线。 j. 潮水冲击干出滩所形成的水沟。

编号	符号名称	符号式样 1∶500	符号式样 1∶1 000	符号式样 1∶2 000	符号细部图	多色图色值
	e. 岩石滩 f. 珊瑚滩 g. 红树林滩 h. 贝类养殖滩 i. 干出滩中河道 j. 潮水沟	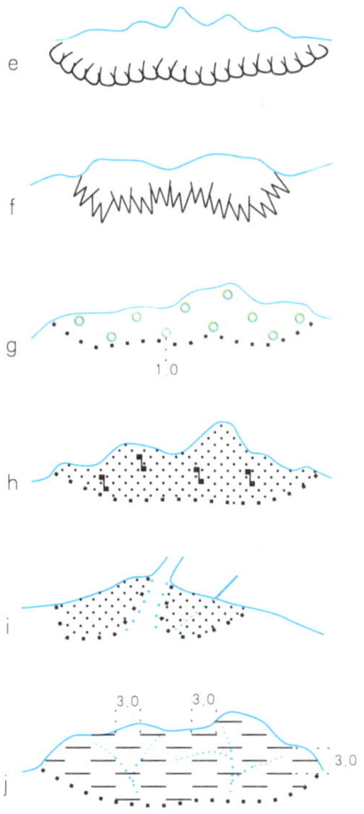			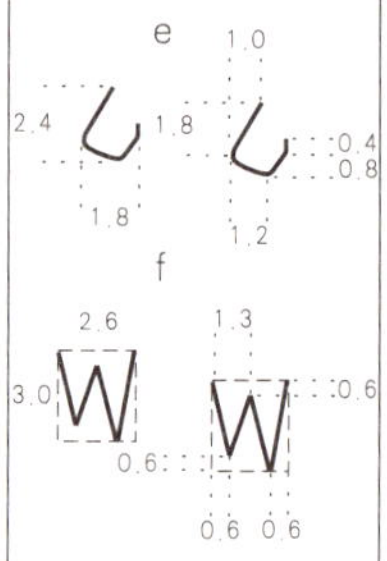 	g. C100Y100 h. K100 i.～j. C100
4.2.22	危险岸区					M100Y100
4.2.23 4.2.23.1 4.2.23.2 4.2.23.3 4.2.23.4 4.2.23.5 4.2.23.6	礁石 明礁 a. 单个明礁 a1. 依比例尺的 a2. 不依比例尺的 b. 丛礁 暗礁 a. 单个暗礁 a1. 依比例尺的 a2. 不依比例尺的 b. 丛礁 干出礁 a. 单个干出礁 a1. 依比例尺的 a2. 不依比例尺的 b. 丛礁 适淹礁 a. 单个适淹礁 a1. 依比例尺的 a2. 不依比例尺的 b. 丛礁 珊瑚礁 危险海区	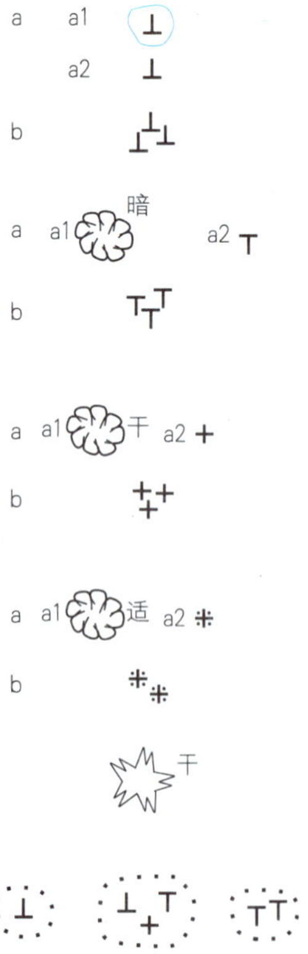				K100

简 要 说 明
图上只表示固定和较大的。表示潮水沟上、下游的点线符号时，应随水沟消失而逐渐变细(0.5 mm～0.2 mm)。
4.2.22 船只不能靠近的海岸多礁石地段。 表示时按实地范围散列配置符号，并加注“危险岸”。
4.2.23 礁石是孤立水中隐现于水面的岩石，按隐现于水面的程度分为明礁、干出礁、适淹礁和暗礁。不依比例尺表示的礁石，成丛分布的在其范围内按测定位置用相应的符号表示。 4.2.23.1 明礁是平均大潮高潮时露出的礁石。 图上面积大于符号尺寸的其轮廓用海岸线表示，轮廓内配置明礁符号。江、河、湖中有方位和障碍作用的明礁也用此符号表示。 4.2.23.2 暗礁是最低低潮时潮面下的礁石。 图上面积大于 10 mm^2 的依比例尺按轮廓用符号 a1 表示，并加注“暗”字。通航河流中对航行安全有危害的暗礁也用此符号表示。 4.2.23.3 干出礁是平均大潮时高潮淹没、低潮露出的礁石。 图上面积大于 10 mm^2 的依比例尺按轮廓用符号 a1 表示，并加注“干”字。 4.2.23.4 适淹礁是最低低潮时与水面平齐的礁石。 图上面积大于 10 mm^2 的依比例尺按轮廓用符号 a1 表示，并加注“适”字。 4.2.23.5 珊瑚礁依比例尺表示的，相应加注“干”或“暗”字；不依比例尺的分别用相应的不依比例尺礁石符号表示。 4.2.23.6 对航行存在危险的礁石，用地类界表示其危险区域。

编号	符号名称	符号式样 1∶500	符号式样 1∶1 000	符号式样 1∶2 000	符号细部图	多色图色值
4.2.24	海岛、水中岛					C100
4.2.25	水中滩 a. 沙滩 b. 石滩 c. 沙泥滩 d. 沙砾滩	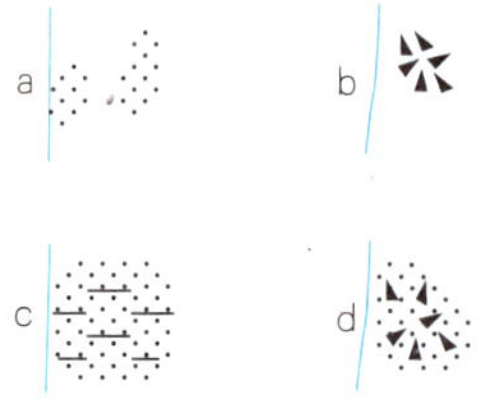				K100
4.2.26	岸滩 a. 沙泥滩 b. 沙砾滩 c. 沙滩 d. 泥滩	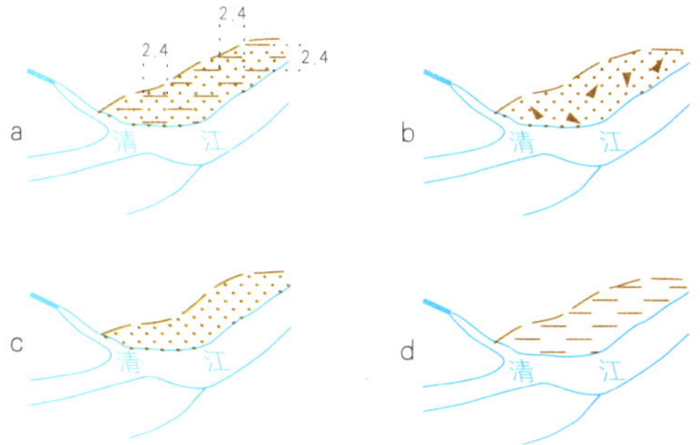				M40Y100K30
4.2.27	沙洲	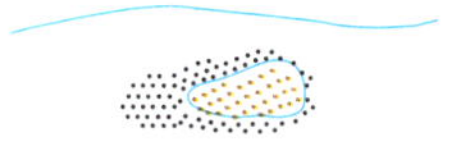				M40Y100K30
4.2.28	泉(矿泉、温泉、毒泉、间流泉、地热泉) 51.2——泉口高程 温——泉水性质				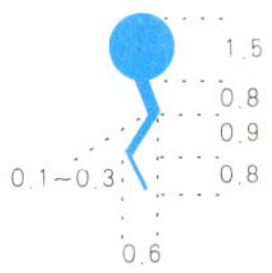	C100
4.2.29	水井、机井 a. 依比例尺的 b. 不依比例尺的 51.2——井口高程 5.2——井口至水面深度 咸——水质				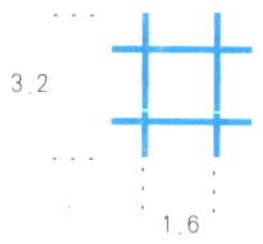	C100
4.2.30	地热井				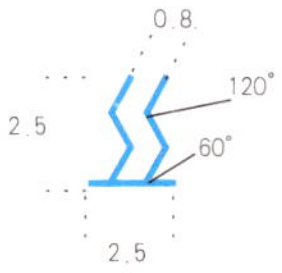	C100

简　要　说　明
4.2.24　海或河流、湖泊、水库中四周环水且常年高出水面的陆地。 陆地内配置相应的土质及植被符号。
4.2.25　河流、湖泊、水库中常水位时被淹没、低水位时露出的沉积沙滩地或砾、泥形成的滩地。 图上按实地范围散列配置相应的土质符号。图上面积小于 10 mm^2 的可不表示。
4.2.26　河流、湖泊岸边高水位时被淹没，常水位时露出的沉积沙质、泥质地或砾石块形成的滩地。 其内配置相应的土质符号，有植被的还应配置植被符号。
4.2.27　河流、湖泊、水库中堆积而成的高水位时淹没，常水位时露出的泥沙质小岛。 其内配置相应的土质符号及植被符号。图上面积小于 10 mm^2 的可不表示。
4.2.28　地下水集中涌出的出水口。 符号的圆点表示水口位置，其弯曲线段表示泉水流向。作为河源的泉应与河流不间断地表示。一般应标注泉口高程。矿泉、温泉、间流泉、毒泉、喷泉等分别加注“矿”、“温”、“间”、“毒”、“喷”等，有专用名称的加注名称。 有大量天然水蒸气或水温 60℃以上的水涌出的地热泉加注“地热”。
4.2.29　人工开凿用于取水的竖井。 井口直径图上大于 3.2 mm 的用符号 a 按实际形状依比例尺表示，在其中配置不依比例尺符号。可饮用的水井应择要注出井口的地面高程和井口至水面的深度。 干旱地区的干井、枯井也用此符号表示，加注“干”、“枯”等字。自流井、温泉井、咸水井、苦水井、毒水井等分别加注“流”、“温”、“咸”、“苦”、“毒”等，有专用名称的加注名称。 用机械或电力为动力取水的水井加注“机”字。水井在房屋内的，以房屋符号表示，旁边加注“机”或“井”字。
4.2.30　有大量天然水蒸气或水温 60℃以上的水井。

编号	符号名称	符号式样 1∶500	1∶1 000	1∶2 000	符号细部图	多色图色值
4.2.31	贮水池、水窖、地热池 a. 高于地面的 b. 低于地面的 净——净化池 c. 有盖的	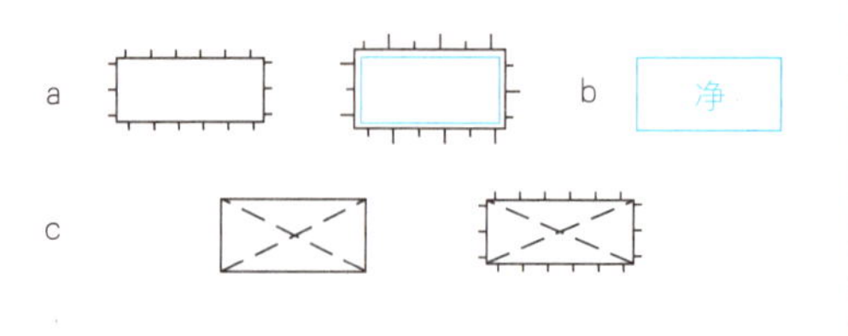				C100 面色 C10
4.2.32	瀑布、跌水 5.0——落差	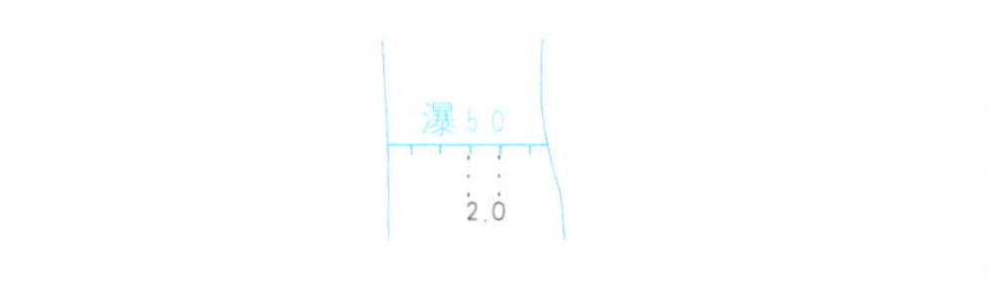				C100
4.2.33	沼泽 a. 能通行的 b. 不能通行的 碱——沼泽性质	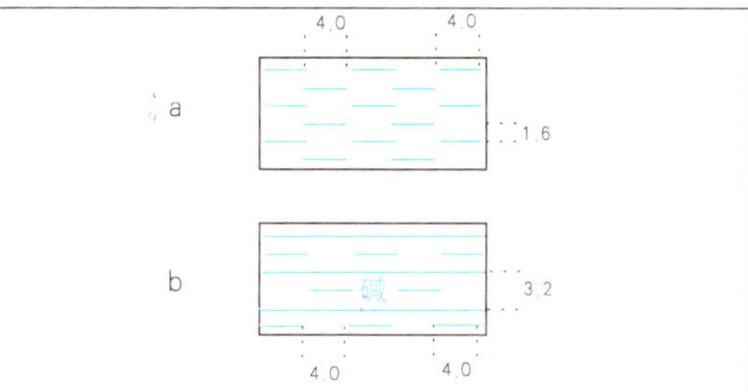				C100
4.2.34	河流流向及流速 0.3——流速(m/s)	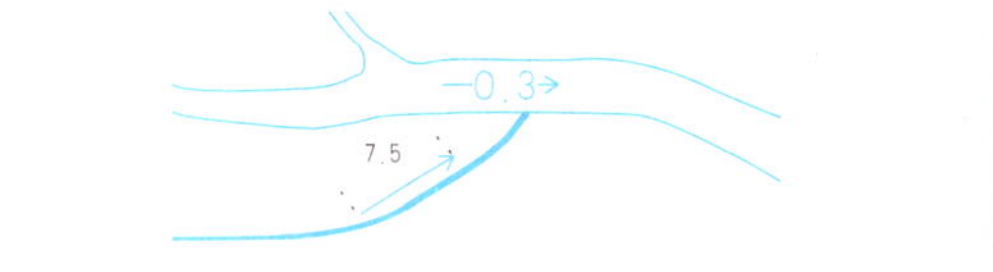			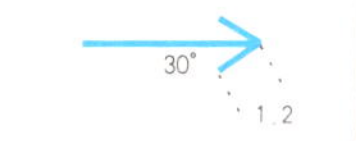	C100
4.2.35	沟渠流向 a. 往复流向 b. 单向流向	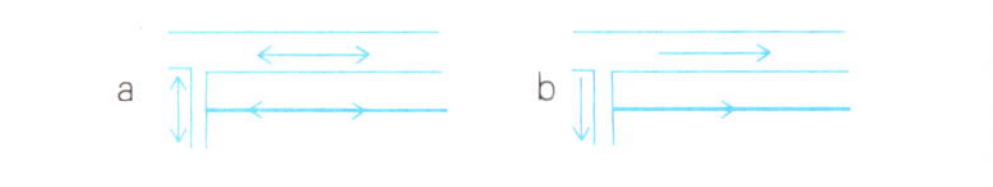			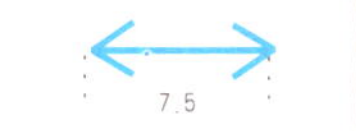	C100
4.2.36	潮汐流向 a. 涨潮流 b. 落潮流				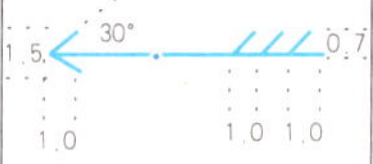	C100
4.2.37	堤 a. 堤顶宽依比例尺 24.5——坝顶高程 b. 堤顶宽不依比例尺 2.5——比高	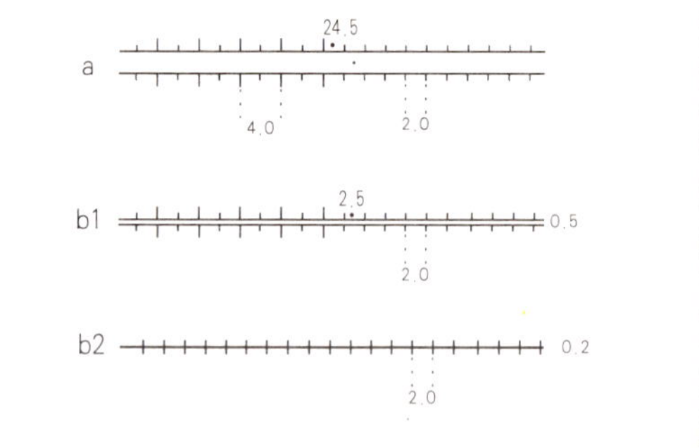				K100
4.2.38	水闸 a. 能通车的 5——闸门孔数 82.4——水底高程 砼——建筑结构 b. 不能通车的 c. 不能走人的 d. 水闸上的房屋 e. 水闸房屋 3——层数	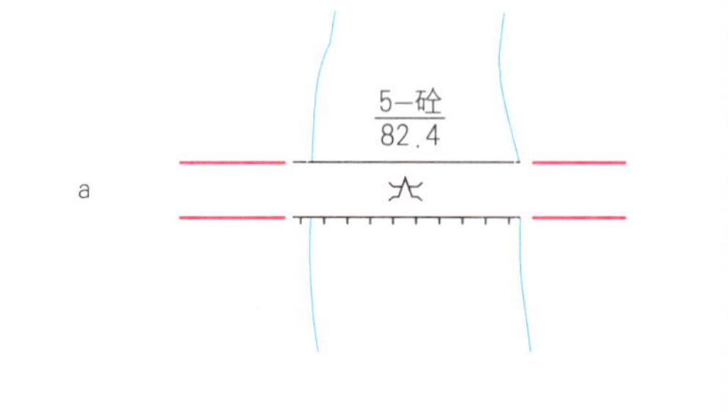			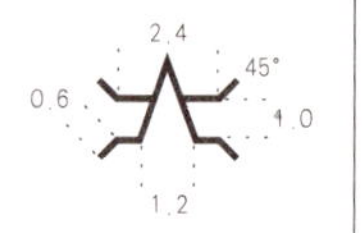	K100

简 要 说 明
4.2.31 用于贮水的人工池或水窖。 图上按实地形状依比例尺表示。贮水池在房屋内的,以房屋符号表示,旁边加注"水"字。单色图上贮水池、水窖符号旁应加注"水"字。 净化池、污水池、洗煤池、废液池及开采地热资源的地热池也用此符号表示,并加注"净"、"污"、"洗煤"、" 废液"、"地热"等字。
4.2.32 瀑布是从河床纵断面陡坡或山壁上倾泻而下的水流。瀑布应标注落差,有名称的加注名称,无名称的加注"瀑"字。 跌水是河渠坡度变化急剧处,用砖、石、水泥构筑的台阶,使水流集中跌落的地段。跌水亦用此符号表示,并加注"跌"字。
4.2.33 地面长期湿润、泥泞或有水潮浸的区域(包括季节性的湿草地)。 按其通行情况分别用相应符号表示。盐碱沼泽、泥炭沼泽应加注"碱"、"泥炭"注记。沼泽地上的植被用相应的植被符号表示。
4.2.34 河流的水流方向及速度。 有固定流向的江、河、运河应表示流向。通航河段应表示流速,图上每隔 15 cm 标注一个。
4.2.35 沟渠的水流方向。 有固定流向的沟渠应表示流向。在往复流的地方应标示往复流向。
4.2.36 水面受潮汐影响而形成涨潮、落潮的水流方向。 有羽尾的表示涨潮流,无羽尾的表示落潮流。受潮汐影响的河段,涨潮、落潮符号应成对表示。 海水潮流方向也用此符号表示。
4.2.37 人工修建的用于防洪、防潮的挡水构筑物。 堤高 0.5 m 以上的堤一般应表示。 堤顶宽度在图上大于 1 mm 的依比例尺表示,0.5 mm~1 mm 的用符号 b1 表示,小于 0.5 mm 的用符号 b2 表示。 堤坡的投影宽度在图上大于 1 mm 的用依比例尺长短线表示,小于 1 mm 的均用 0.5 mm 短线表示。 堤上地物按相应符号表示。连接公路的,堤作为路堤表示;连接机耕路和乡村路时,路表示至堤端。 依比例尺表示的堤应标注堤顶高程,一般每隔 10 cm ~ 15 cm 标注一点。堤高大于 2 m 时,应标注比高。重要的大型防洪堤、防潮堤应加注名称注记。
4.2.38 建在河流、水库和沟渠中,有闸门启闭,用以调节水位和控制流量的构筑物。 水闸根据其上部的通行情况区分能通车的、不能通车的、不能走人的。 进水闸、分水闸、节制闸、排洪闸、拦潮闸等均用此符号表示,符号中的尖角指向上游。孔径大于 1 m的分水设备也用此符号表示。图上闸体长度大于 3.5 mm 时,用双线(闸体宽度大于 0.5 mm 的)和单线(闸体宽度小于 0.5 mm 的)依比例尺表示,其中配置水闸符号;当闸体长度小于 3.5 mm 时,用水闸符号表示。多孔水闸不能逐个表示时,可在适当位置配置符号,加注孔数和建筑结构。 闸上如有其他建筑物(如房屋建筑物)时,用相应的符号表示。跨河道的水闸房屋以房屋符号表示,在房屋内配置闸门符号。

编号	符号名称	符号式样 1∶500	符号式样 1∶1 000	符号式样 1∶2 000	符号细部图	多色图色值
		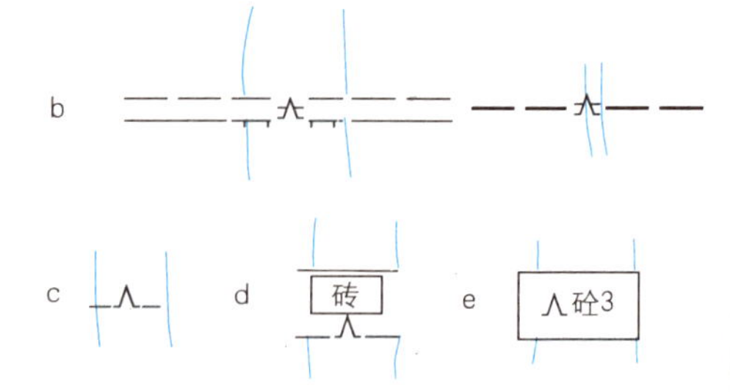				
4.2.39	船闸 a. 能通车的闸门 b. 不能通车、能走人的闸门 c. 不能走人的闸门	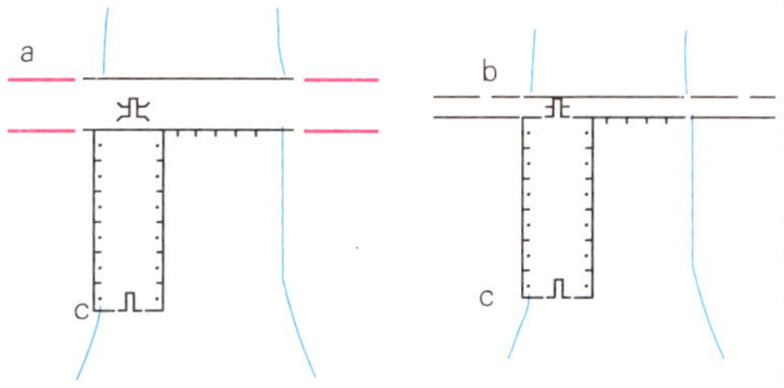			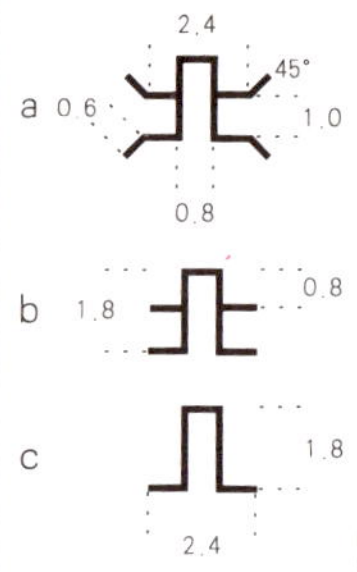	K100
4.2.40	扬水站、水轮泵、抽水站 a. 设置在房屋内的					K100
4.2.41	滚水坝	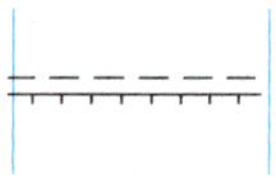			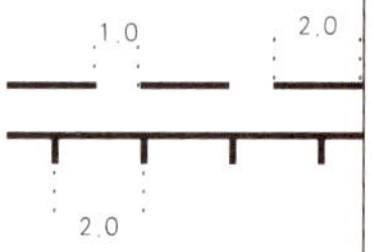	K100
4.2.42	拦水坝 a. 能通车的 72.4——坝顶高程 95——坝长 砼——建筑材料 b. 不能通车的	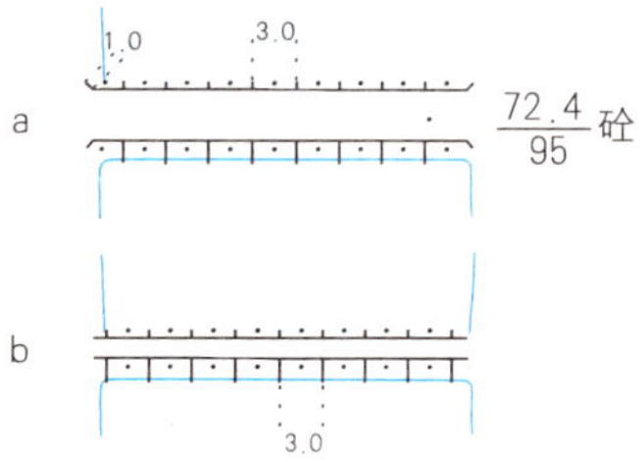				K100
4.2.43	加固岸 a. 一般加固岸 b. 有栅栏的 c. 有防洪墙体的 d. 防洪墙上有栏杆的	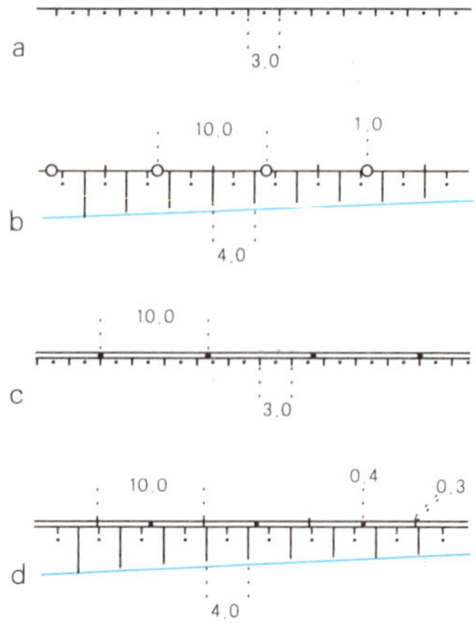				K100

简 要 说 明
4.2.39　两端有闸门封闭，两闸门之间建有人工水道，将水位升高或降低，使船能在不同高低水位间通行的设施。 闸门上部根据其通行情况区分能通车的、不能通车的、不能走人的。图上长度大于2.4 mm的，用闸门符号加依比例尺的双线或单线延伸表示。 船闸应注出其专有名称。
4.2.40　独立安置在水源处，利用水的冲力自动扬水或利用水泵取水的机电设备或设施。 不论其大小，均用此符号表示。扬水站、水轮泵、抽水站有房屋，给、排水管道等设施的用相应符号表示。设备安置在房屋内的抽水站和扬水站以房屋符号表示，其内配置符号，并加注“扬”、“抽”等字。
4.2.41　横截河流，使河水经常或季节性地从上面溢过的坝式构筑物。 不分建筑材料均用此符号表示。符号的短线朝向下游方向。
4.2.42　拦截山谷、横截河流以抬高水位的坝式构筑物。 应标注坝顶高程、坝长及建筑材料。
4.2.43　用木桩、砖、石、水泥等材料建成的护岸建筑。加固岸分为一般的、有栅栏的、有防洪墙的和防洪墙上有栏杆的。防洪墙是一种墙体和加固岸坡重叠组合的设施。 加固岸的岸坡直接伸入水面，其间无通行地段的为无滩加固岸，水涯线可中断至加固岸符号处，如符号a、c；加固岸下缘与水涯线之间有滩的为有滩加固岸，其岸顶线与水涯线均按实地位置表示，如符号b、d。加固岸与水体的配合示例见附录B。

编号	符号名称	符号式样			符号细部图	多色图色值
		1∶500	1∶1 000	1∶2 000		
4.2.44	陡岸 a. 有滩陡岸 a1. 土质的 a2. 石质的 2.2、3.8——比高 b. 无滩陡岸 b1. 土质的 b2. 石质的 2.7、3.1——比高	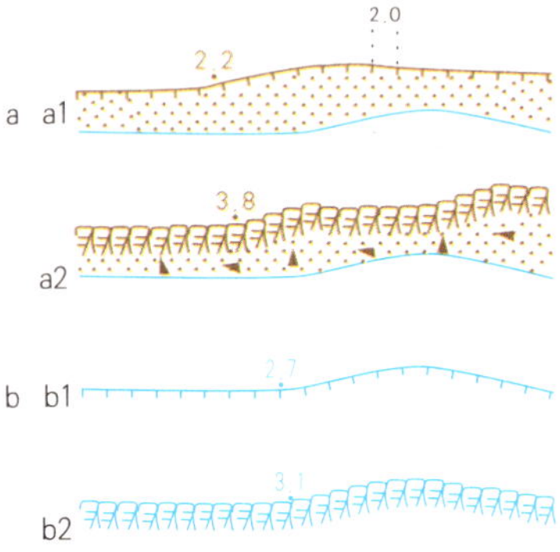 			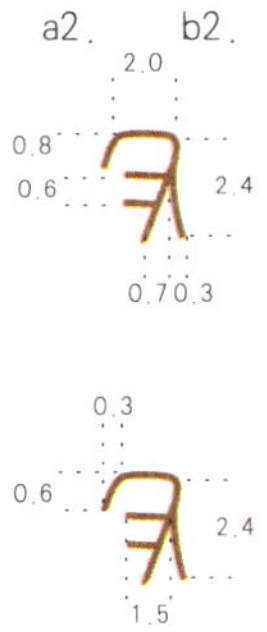 	a. M40Y100K30 b. C100
4.2.45	防波堤、制水坝 a. 斜坡式 b. 直立式 c. 石垄式	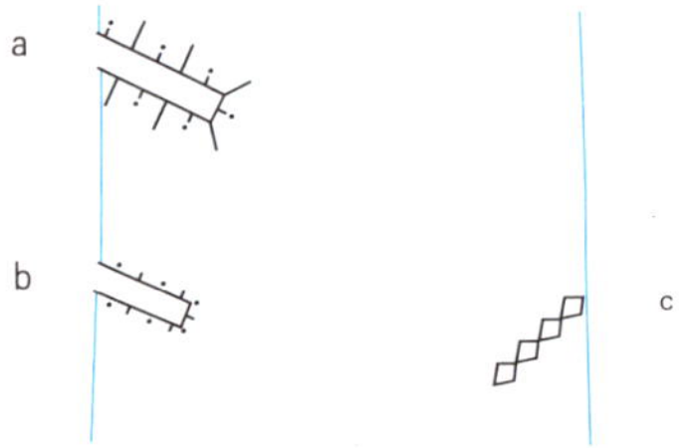 			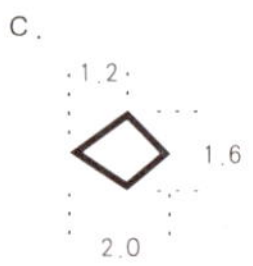 	K100
4.3	**居民地及设施**					
4.3.1	单幢房屋 a. 一般房屋 b. 有地下室的房屋 c. 突出房屋 d. 简易房屋 混、钢——房屋结构 1、3、28——房屋层数 —2——地下房屋层数	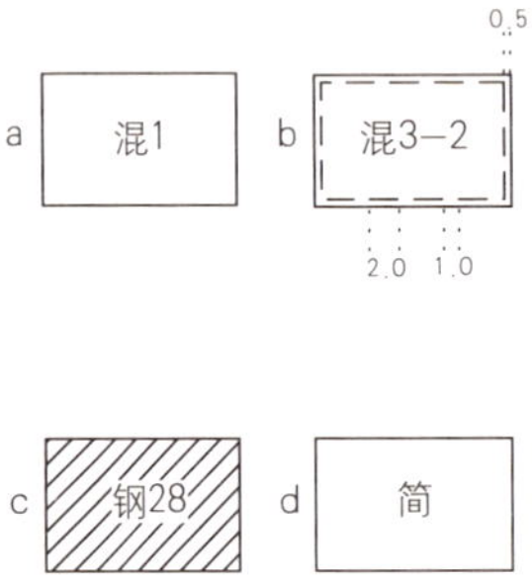 		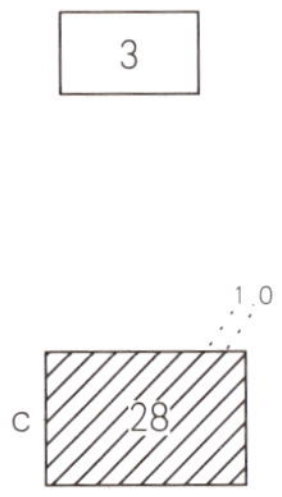 		K100
4.3.2	建筑中房屋	 				K100
4.3.3	棚房 a. 四边有墙的 b. 一边有墙的 c. 无墙的	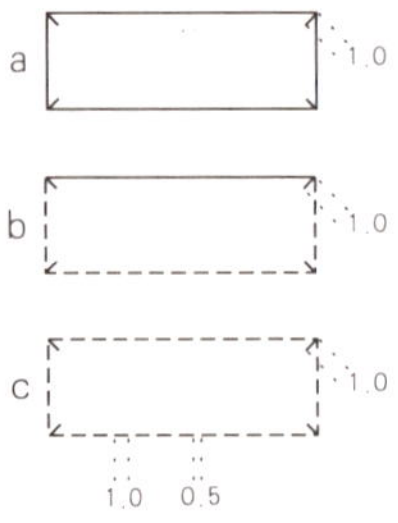 				K100
4.3.4	破坏房屋	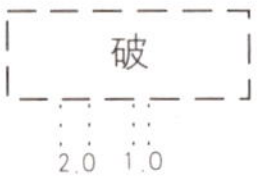 				K100

简　要　说　明
4.2.44　岸坡比较陡峻、坡度在50°以上的地段。 陡岸下缘与水涯线之间有滩的称为有滩陡岸，其岸顶线与水涯线均按实地位置表示。有滩陡岸与水涯线之间宽度在图上大于3 mm时，应配置相应的土质、植被符号。 陡岸的岸坡直接伸入水面，其间无通行地段的称为无滩陡岸。双线表示的河上的无滩陡岸，其岸顶线与水涯线均按实地位置表示，水涯线可中断至陡岸符号处。单线表示的河不表示无滩陡岸。比高大于2 m的陡岸应加注比高。
4.2.45　调节水流方向或减缓水流流速，防护港口、海湾的护岸式堤坝。 根据建筑形式用相应符号表示。
4.3　居民地及设施
4.3.1　在外形结构上自成一体的各种类型的独立房屋。 一般房屋指以钢、钢筋混凝土、混合结构为主要建筑结构的坚固房屋和以砖(石)木为主要建筑结构的房屋。房屋应按真实方向逐个表示，并加注房屋结构简注及层数；房屋建筑结构简注详见附录A。有地下室的房屋用符号b表示，并应加注地下层数(地下只有一层的可以不注)。 形态或颜色与周围房屋有明显区别并具有方位意义的突出房屋用符号c表示，藏族地区有方位意义的经房也用此符号表示，并加注“经”字。晕线与南图廓成45°角，但当房屋边线与晕线平行时，允许将晕线偏转一个小角度绘出。 简易房屋指以木、竹、土坯、铁皮、秫秸为材料建造的房屋，用符号d表示。新疆用于晾晒葡萄干的晾房用简易房屋符号表示，并加注“晾”字。 1∶2 000地形图上不注房屋结构简注，只注房屋层数；根据需要也可表示突出房屋。房屋基础加固成陡坎的部分，还应表示陡坎或将其轮廓线用陡坎符号表示。
4.3.2　已建房基或基本成型但未建成的房屋。 正在施工或暂停施工的均用此符号表示。
4.3.3　有顶棚，四周无墙或仅有简陋墙壁的建筑物。 符号中的短线绘在棚房拐角的角平分线上。 建筑物间的顶盖、固定的天棚、地下出入口上的雨棚均用此符号表示，季节性使用的棚房和渔村也用此符号表示，并加注使用月份，有名称的注出名称。临时性的棚房不表示。
4.3.4　受损坏无法正常使用的房屋或废墟。 不分建筑结构，均用此符号表示。

编号	符号名称	符号式样 1∶500	符号式样 1∶1 000	符号式样 1∶2 000	符号细部图	多色图色值
4.3.5	架空房 3、4——楼层 /1、/2——空层层数	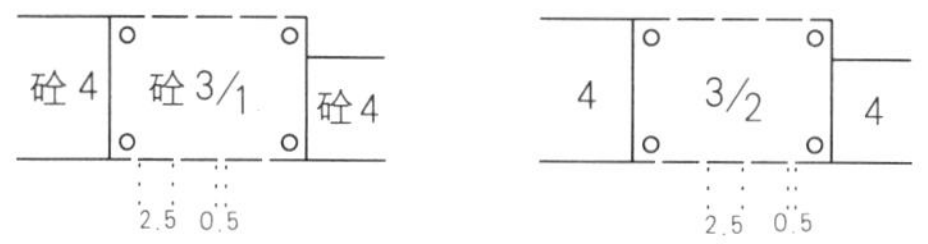				K100
4.3.6	廊房 a. 廊房 b. 飘楼	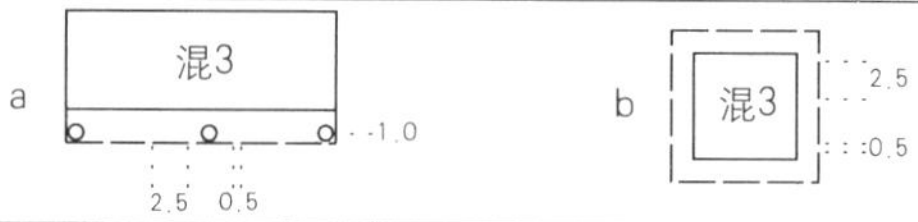				K100
4.3.7	窑洞 a. 地面上的 a1. 依比例尺的 a2. 不依比例尺的 a3. 房屋式的窑洞 b. 地面下的 b1. 依比例尺的 b2. 不依比例尺的	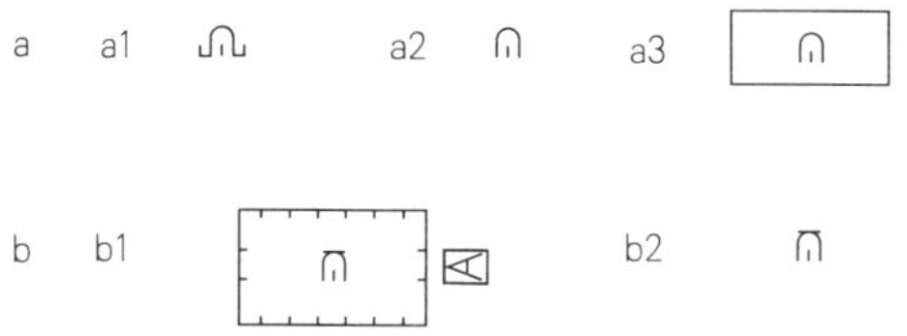			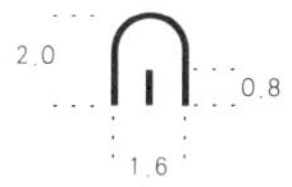	K100
4.3.8	蒙古包、放牧点 a. 依比例尺的 b. 不依比例尺的 (3—6)——居住月份				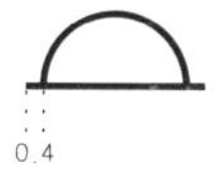	K100
4.3.9	矿井井口 a. 开采的 a1. 竖井井口 a2. 斜井井口 a3. 平峒洞口 a4. 小矿井 b. 废弃的 b1. 竖井井口 b2. 斜井井口 b3. 平峒洞口 b4. 小矿井 硫、铜、磷、煤、铁——矿物品种	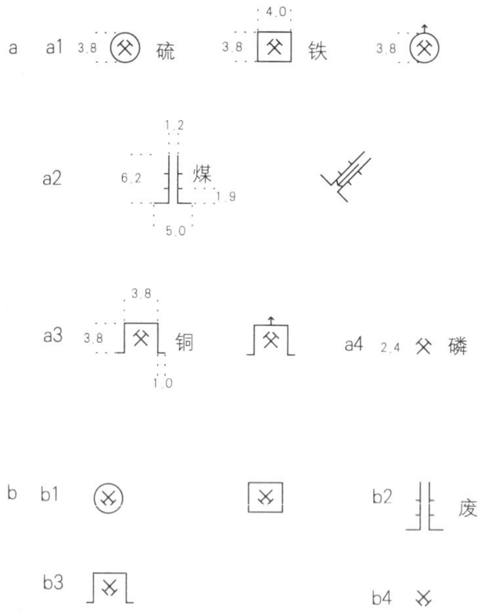			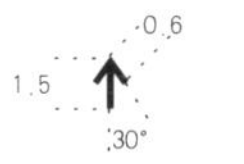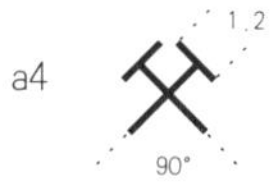	K100
4.3.10	露天采掘场、乱掘地 石、土——矿物品种					K100

简 要 说 明
4.3.5 两楼间架空的楼层及下面有支柱的架空房屋。 一般按最外的建筑范围表示，两楼间的架空楼层，应注意表示与紧连房屋的相关位置。架空房下方有支柱的按实际柱位表示。吊楼也用此符号表示。 架空房下空层层数用斜杠引出。
4.3.6 下面可通行的走廊式楼房。 支柱按实际柱位表示。
4.3.7 在坡壁或坑壁挖成的洞穴式居所。分为地上的(在坡壁上挖成)和地下的(在地面向下挖成平底大坑，再从坑壁挖成)两种。 地面上窑洞按真实方向表示。符号 a1 两端短线表示洞口宽度，当洞口宽度小于 2 mm 时用符号 a2 表示；用砖或石块在地面上建成的窑洞式房屋，用房屋符号表示，其内配置窑洞符号，如符号 a3。 地面下窑洞用符号 b 表示，其坑壁边缘范围表示陡坎或围墙，中间配置窑洞符号(符号垂直于南图廓)。地下窑洞的出入口按相应符号表示。 岩石陡壁上的窑洞加注“石”字，著名的应加注名称。废弃窑洞加注“废”字。
4.3.8 牧民游牧时居住的常年或季节性的活动毡房或帐篷。 大于符号尺寸的依比例尺表示其轮廓线，其内配置符号；小于符号尺寸的，用符号 b 表示，符号表示在驻扎地的中心位置。有名称的应加注名称，季节性的加注居住月份。
4.3.9 地下开采矿物的坑道的出入口。 竖井指垂直地面的主坑道，斜井指斜交地面的主坑道，平峒指平入矿层的主坑道。井口大于符号尺寸的，符号外轮廓依比例尺表示。 斜井符号的两个直角顶点的中心表示井口的位置，表示坑道的两条平行线按真实方向表示，符号尾部朝向井坑道内部；平峒符号按真实方向表示在出入口的闸门位置上。 通风井应加箭头，入风口其箭头向下，出风口其箭头向上。 小型的机械化程度低的矿井，不分形式均以小矿井符号表示。 开采的矿井应加注相应的产品名称，如“铁”、“煤”、“铜”、“硫”、“磷”等。进水井、出水井亦用此符号表示，并加注“水”、“出水”等字。 废弃的矿井用相应的符号表示。 矿场其他地面建筑物用相应符号表示。
4.3.10 露天开采矿物及挖掘沙、石、粘土等的场地(包括乱掘地)。 有明显坎、坡的用陡坎或斜坡符号表示，无明显坎、坡的用地类界表示其范围，并加注开采品种说明，如“铁”、“沙”、“石”、“土”等字。特别零乱的乱掘地用地类界表示范围，其中适当表示陡坎符号。图上面积较大的可表示等高线。 有专有名称的采掘场应加注名称。

编号	符号名称	符号式样 1∶500	符号式样 1∶1 000	符号式样 1∶2 000	符号细部图	多色图色值
4.3.11	管道井(油、气井) 油——产品名称					K100
4.3.12	盐井				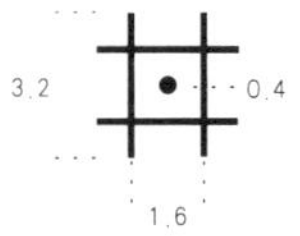	K100
4.3.13	海上平台					K100
4.3.14	探井(试坑) a.依比例尺的 b.不依比例尺的					K100
4.3.15	探槽					K100
4.3.16	钻孔 涌——钻孔说明	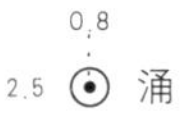				K100
4.3.17	液、气贮存设备 a.依比例尺的 b.不依比例尺的 油、煤气——贮存物名称					K100
4.3.18	散热塔、跳伞塔、蒸馏塔、瞭望塔 a.依比例尺的 b.不依比例尺的					K100
4.3.19	水塔 a.依比例尺的 b.不依比例尺的				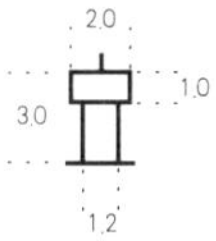	K100
4.3.20	水塔烟囱 a.依比例尺的 b.不依比例尺的				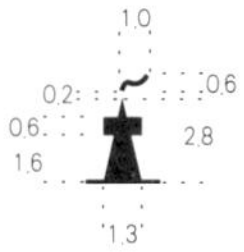	K100
4.3.21	烟囱及烟道 a.烟囱 b.烟道 c.架空烟道	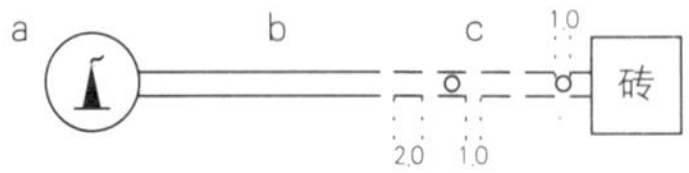			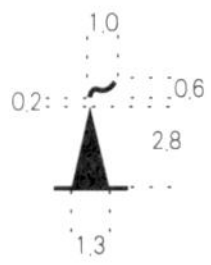	K100
4.3.22	放空火炬				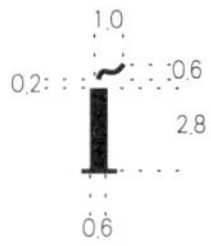	K100

简　要　说　明
4.3.11　开采石油、天然气等矿产的工业井。 符号表示在井口处，并加注相应的产品名称，如“油”、“气”等字。 用来向油层注水(气)的注水(气)井亦用此符号表示，并加注“水”(“气”)字。
4.3.12　开采盐矿、卤水的井。 符号表示在井口处。废弃的加注“废”字。
4.3.13　海上固定的长期作为开采石油、天然气等矿产的钻井架及作业平台。 用实线表示轮廓，在井架位置配置符号，并加注相应的产品名称，如“油”、“气”等字。
4.3.14　为勘探各种矿床、地层岩性和地质构造等情况，由地面垂直向下挖掘的井和坑。 不分外形，均用此符号表示。图上超过符号尺寸的用实线表示轮廓，其内配置符号。
4.3.15　专用于地质勘探的由人工挖掘的沟槽。 图上应加注“探”字。汽车检修槽亦用此符号表示，并加注“车”字。
4.3.16　钻机钻探的孔位。 特殊钻孔加注说明，如涌水孔加注“涌”字。
4.3.17　贮存液体、气体的大型容器或建筑物以及有方位意义的其他类似物体，如石油罐、煤气罐、氨水库、贮氧器等。 图上应简注贮存物的名称，如“油”、“气”等字。依比例尺表示的贮存建筑物用实线表示轮廓，中心位置配置不依比例尺符号。
4.3.18　各种用于散热、跳伞、蒸馏、瞭望等的塔形建筑物。 图上应加注相应的“散热”、“伞”、“蒸馏”、“瞭”等注记。依比例尺表示的用实线表示轮廓，其内配置符号。
4.3.19　提供供水水压的塔形建筑物。 依比例尺表示的用实线表示轮廓，其内配置符号。
4.3.20　水塔和烟囱合为一体的建筑物。 依比例尺表示的用实线表示轮廓，其内配置符号。
4.3.21　排放燃烧废气的中空塔形建筑物。 依比例尺表示的用实线表示轮廓，其内配置符号。 烟道是用支架或/和利用地形修筑的废气通道。烟道支架按真实位置表示。1∶2 000 地形图上可不表示支架。
4.3.22　燃烧石油及化工生产中产生的可燃烧气体的塔形或管形设施。

编号	符号名称	符号式样			符号细部图	多色图色值
		1∶500	1∶1 000	1∶2 000		
4.3.23	盐田(盐场)	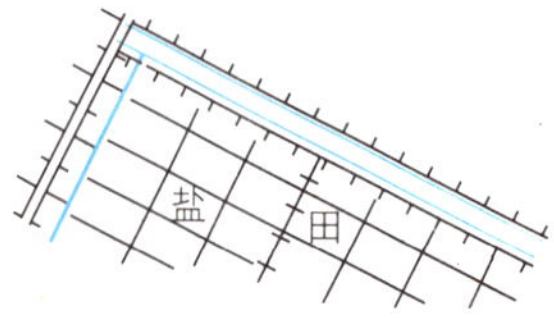				堤、埂 K100
4.3.24	窑 a. 堆式窑 b. 台式窑、屋式窑 瓦、陶——产品名称				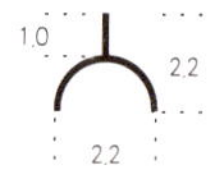	K100
4.3.25	露天设备 a. 单个的 a1. 依比例尺的 a2. 不依比例尺的 b. 毗连成群的				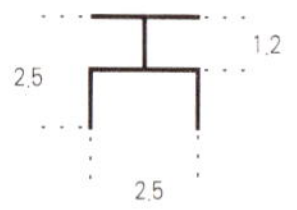	K100
4.3.26	传送带 a. 地面上的 b. 架空的 c. 地面下的	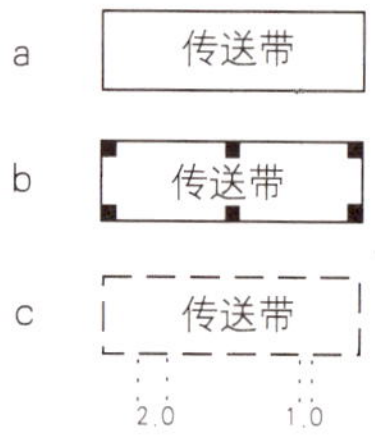		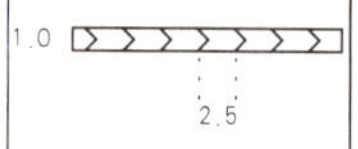		K100
4.3.27	吊车 a. 龙门吊 b. 天吊	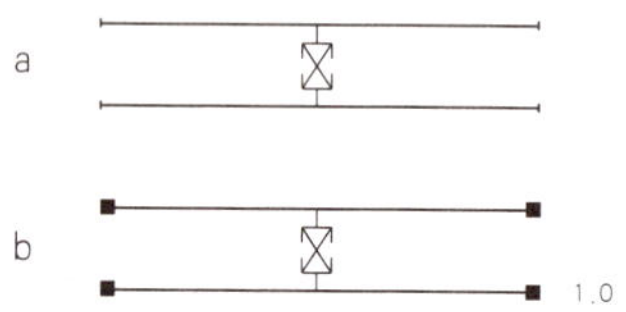			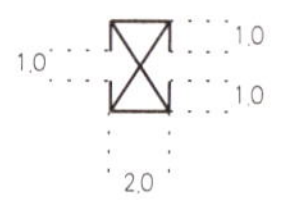	K100
4.3.28	装卸漏斗 a. 漏口在中间的 b. 漏口在一侧的 c. 斗在墙上的 d. 斗在坑内的	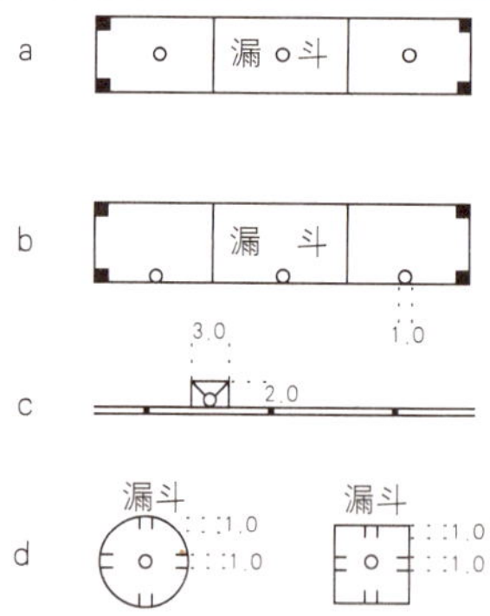				K100
4.3.29	起重机 a. 固定的 b. 有轨道的	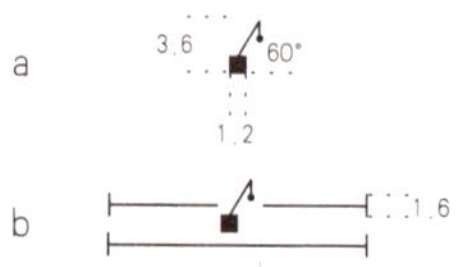			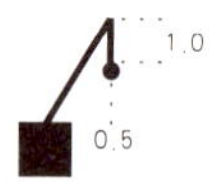	K100
4.3.30	滑槽(滑道) a. 依比例尺的 b. 不依比例尺的	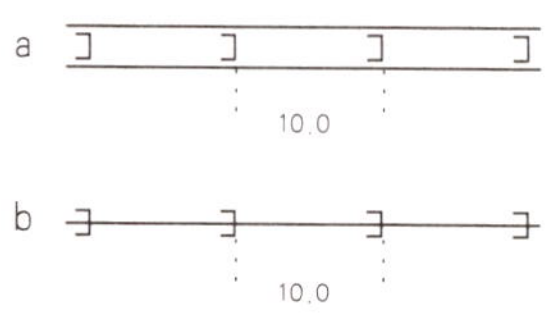			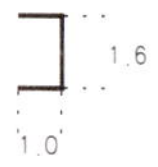	K100

简　要　说　明
4.3.23　在海边利用海水晒盐和在内陆挖凿盐池、盐坑提取卤水制盐的场所。 　　盐田内的沟渠、堤、田埂等地物按实地位置用相应符号表示。有名称的加注名称，无名称的加注“盐田”。内陆盐池、盐坑无堤或无沟的用地类界表示其范围，加注“盐田”二字。
4.3.24　烧制砖瓦、陶器、木炭、炭黑、焦炭、水泥、石灰等产品的场所。 　　根据窑的建筑特征分别以相应形式的符号表示，并应加注产品名称，如“砖”、“陶”、“炭”、“灰”等，有专有名称的应加注专名，废窑加注“废”字。 　　窑场有房屋、烟囱等设施的用相应符号表示。
4.3.25　装置在室外的生产设备，如反应锅、化工的催化裂化装置、铂重整装置等。 　　单个露天设备表示轮廓线，并配置符号；毗连成群的可用地类界表示范围，中间配置符号。有名称的加注名称。
4.3.26　工矿区用于输送货物、有固定支柱(架)的带式传送设备。 　　符号按真实方向表示，区分为架空的、地面上的、地面下的。传送带或数条传送带可依比例尺表示其范围，内注“传送带”；架空的其支柱按实际位置表示。矿区的其他设施以相应的符号表示。
4.3.27　工矿区、车站、码头等具有轨道的固定的起重设备(包括龙门吊和天吊)。龙门吊指地面上有轨道的桥式起重设备，天吊指轨道架空的桥式起重设备。 　　轨道及两端柱架按实际位置表示，中间柱架一般不表示，吊车符号配置在轨道中央。
4.3.28　工矿区、车站等装卸矿物的固定设备。 　　漏口按实际位置表示，有支柱的只表示两端的支柱。1∶2 000 地形图上只测外形，加注“漏斗”二字。
4.3.29　用于起吊重物的大型机械设备。 　　一般仅表示车站、码头、工厂等固定的起重机。有轨道的用实线按实地位置表示。
4.3.30　在山谷或山地斜坡上架设或挖凿的供滑行运输用的槽子。 　　符号中的“⊔”形缺口朝上坡方向，底线垂直于路线。当滑槽宽度在图上小于 2.0 mm 时，用符号 b 表示。

编号	符号名称	符号式样 1:500	符号式样 1:1 000	符号式样 1:2 000	符号细部图	多色图色值
4.3.31	地磅 a. 房屋、棚房内的 b. 雨罩下的 c. 露天的	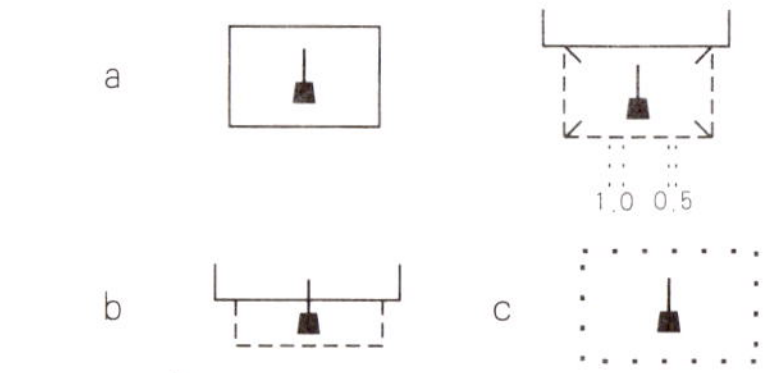			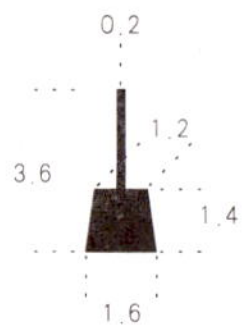	K100
4.3.32	露天货栈 a. 有平台的 b. 无平台的	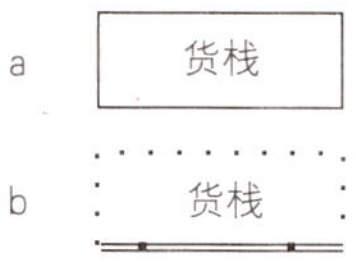				K100
4.3.33	饲养场、打谷场、贮草场、贮煤场、水泥预制场 牲、谷、砼预——场地说明					K100
4.3.34	水产养殖场 紫菜——产品名称					C100
4.3.35	温室、大棚 a. 依比例尺的 b. 不依比例尺的 菜、花——植物种类说明					K100
4.3.36	粮仓(库) a. 依比例尺的 b. 不依比例尺的 c. 粮仓群 6——个数	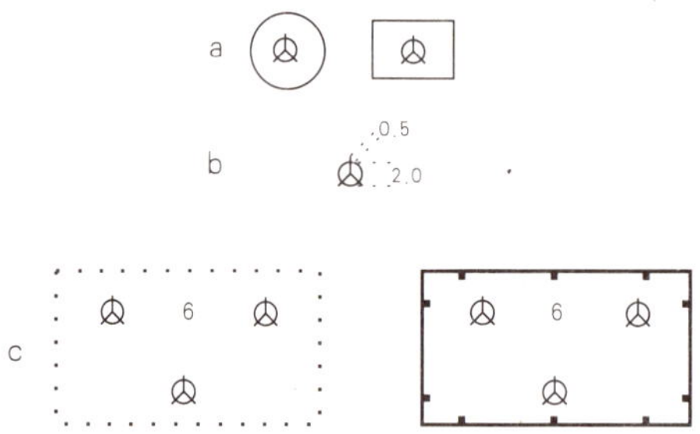				K100
4.3.37	水磨房、水车				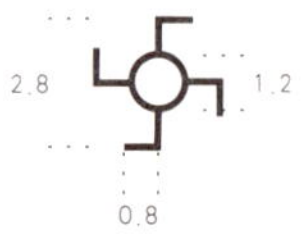	K100
4.3.38	风磨房、风车				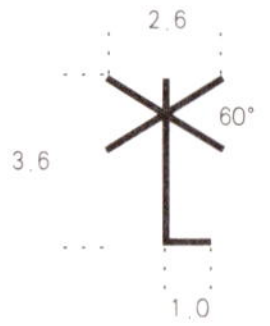	K100
4.3.39	药浴池				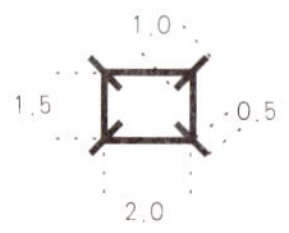	K100

简 要 说 明
4.3.31 安置在地下、台面与路面齐平的称重设备。 设在房屋、棚房或雨罩内的分别以房屋和棚房符号表示，在其内配置地磅符号。设在露天的用地类界表示其范围，其内配置地磅符号。
4.3.32 露天堆放木材、钢材等物资的专用场地。 用水泥、石块砌有正规的高出地面的平台，用实线表示其轮廓线，加注“货栈”；无平台的用地类界表示范围，加注“货栈”。周围如有围墙、栅栏的，用相应的符号表示。
4.3.33 较固定的分别用于饲养、打谷、贮草、贮煤等的场地以及水泥预制场等。 用相应的符号表示范围及内部建筑物及设施，并分别加注“牲”、“谷”、“草”、“煤”、“砼预”等。当球场和打谷场兼用时，以球场表示。临时性的不表示。 饲养场也可根据需要加注饲养种类简注，如“牛”、“马”、“羊”、“猪”、“鸡”等。
4.3.34 基于海水环境中的动植物养殖场。 以地类界表示范围，内注水产品名称，如“紫菜”、“珍珠”、“海带”等。
4.3.35 有防寒、加温和透光等功能的，供种植蔬菜、瓜果、花卉等喜温植物的房屋或棚房。 依比例尺表示时，根据温室或大棚的大致走向，其配置的不依比例尺符号可垂直或平行于南图廓线表示；图上面积小于 8 mm 的用不依比例尺符号表示。温室、花房、塑料大棚等可加注植物种类说明，如“菜”、“果”、“花”等，临时性的塑料大棚不表示。
4.3.36 固定的储备粮食的建筑物。 依比例尺表示的用实线表示轮廓，其内配置符号。群体分布又不能逐个表示的，用相应的符号（如围墙、铁丝网）表示范围，其内配置符号，并加注粮仓个数。以房屋作粮库时，用房屋符号表示，并加注名称注记。
4.3.37 以流水为动力用以磨粮、抽水的固定装置。 符号表示在水车的位置上。当水磨房在图上大于水车符号尺寸时，以房屋符号表示，并配置符号。
4.3.38 以风力为动力，用以磨粮、抽水或发电的固定装置。 符号表示在风车的位置上。风力发电塔（杆）也用此符号表示，并加注“电”字。有专有名称的加注名称。
4.3.39 在草原地区专供牲畜涉过的消毒液池。 符号按真实方向表示。

编号	符号名称	符号式样			符号细部图	多色图色值
		1∶500	1∶1 000	1∶2 000		
4.3.40	积肥池 a. 依比例尺的 b. 不依比例尺的					K100
4.3.41	学校				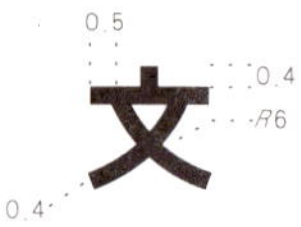	K100
4.3.42	医疗点				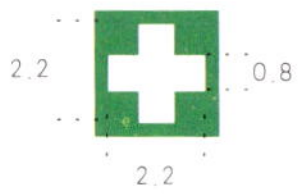	C100Y100
4.3.43	体育馆、科技馆、博物馆、展览馆					K100
4.3.44	宾馆、饭店	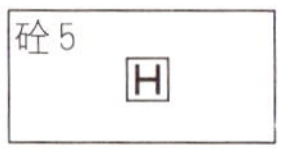			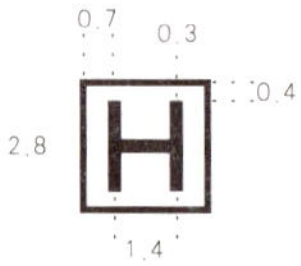	K100
4.3.45	商场、超市	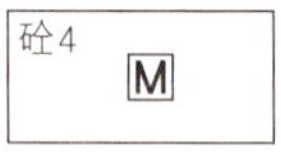			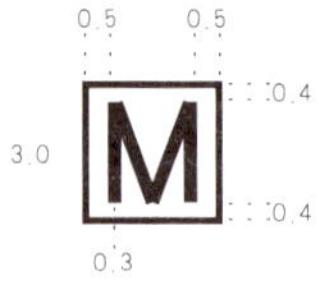	K100
4.3.46	剧院、电影院				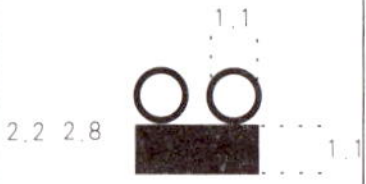	K100
4.3.47	露天体育场、网球场、运动场、球场 a. 有看台的 a1. 主席台 a2. 门洞 b. 无看台的	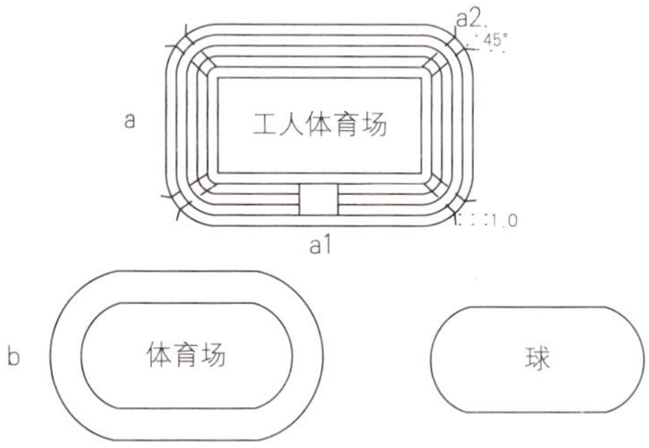				K100
4.3.48	露天舞台、观礼台					K100
4.3.49	游泳场(池)					C100
4.3.50	电视台	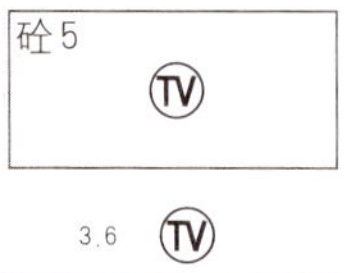			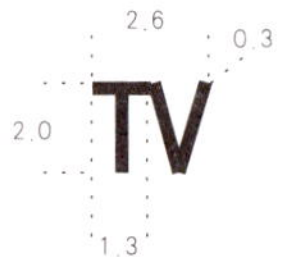	K100

简 要 说 明
4.3.40 用于积肥的池子，如粪池、沤池等。 氨气池、沼气池分别加注“氨”、“沼”字。
4.3.41 专指进行中、小学教育及职业教育的机构与场所，不包括大学。 1∶2 000 地形图上当图内容纳不下名称注记时，可用符号代替名称注记，符号表示在主要建筑物上。
4.3.42 指提供简单医疗服务的场所，如医务室、医疗站、急救站等，不包括医院。 1∶2 000 地形图上当图内容纳不下名称注记时，可用符号代替名称注记。
4.3.43 可用作各种室内体育运动并备有体育设施的，或征集、保藏、陈列和研究代表自然和人类活动的实物，并为公众提供知识、教育和欣赏的，或专供举办各种展览活动的馆所。 各种综合性的体育馆、科技馆、博物馆、展览馆均用此符号表示，并注出名称。名称注记注不下时，应注出简注“体”、“科”、“博”、“展”等。
4.3.44 提供旅客居住餐饮的场所。 图上只表示三星级以上或县乡中规模较大的宾馆饭店，符号表示在主要建筑物上，五星级以上的宾馆饭店应加名称注记。
4.3.45 大型多部门的、实行顾客“自我服务”方式的零售商场。 符号表示在主要建筑物上。
4.3.46 供戏剧、歌舞、曲艺等演出和电影放映的场所。 符号表示在主要建筑物上。
4.3.47 各种无顶盖体育运动场所，分有看台和无看台两种。 有看台的其上下轮廓按实地位置表示，中间等分表示看台(1∶2 000 地形图上可不等分)；跑道按其实际轮廓线表示。符号中的虚线表示出入口的位置。 大型体育场内的其他设施如主席台、栏杆、照射灯、绿化带等用相应的符号表示。体育场有名称的应加注名称。 无看台的按跑道的实际位置表示并加注体育场。网球场、小型运动场、溜冰场、球场在其轮廓线内加注“网球”、“运动场”、“溜冰”、“球”字。
4.3.48 便于观众观看的高出地面的场所。 观礼台、检阅台加注“台”字。
4.3.49 固定的专供露天游泳的场所。 加注“泳”字。游泳场地的其他设施以相应符号表示。大型游泳池亦可注出名称注记。 海(湖)边划定的游泳场用地类界表示范围，并加注名称或简注“泳”字。
4.3.50 编制和发送电视节目的场所。 符号表示在主要建筑物上。电视台应加注名称注记。

编号	符号名称	符号式样			符号细部图	多色图色值
		1∶500	1∶1 000	1∶2 000		
4.3.51	电信局				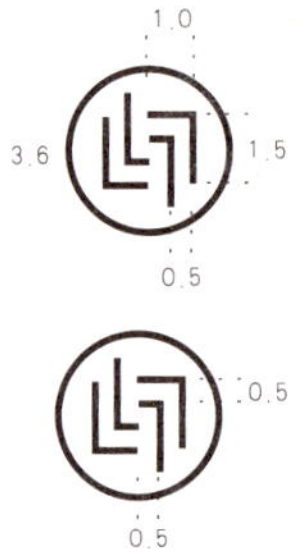	K100
4.3.52	邮局				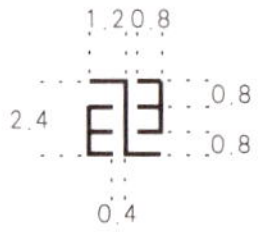	K100
4.3.53	电视发射塔 23——塔高	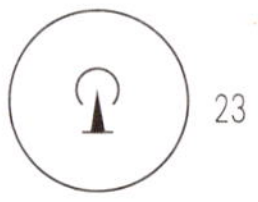			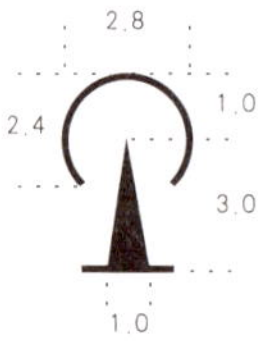	K100
4.3.54	移动通信塔、微波传送塔、无线电杆 a.在建筑物上 b.依比例尺的 c.不依比例尺的				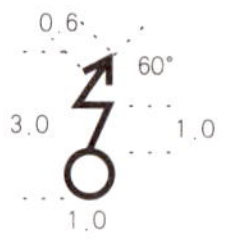	K100
4.3.55	电话亭				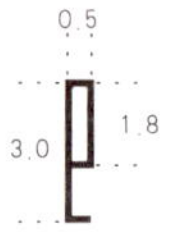	K100
4.3.56	厕所					K100
4.3.57	垃圾场					K100
4.3.58	垃圾台 a.依比例尺的 b.不依比例尺的				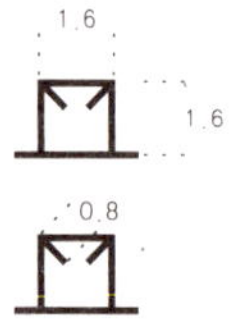	K100
4.3.59	坟地、公墓 a.依比例尺的 b.不依比例尺的					K100
4.3.60	独立大坟 a.依比例尺的 b.不依比例尺的				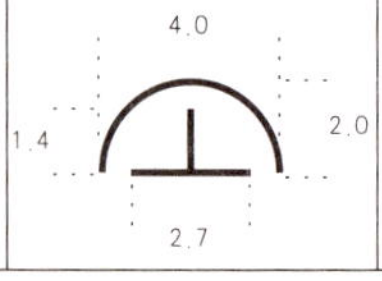	K100

简 要 说 明
4.3.51 办理电信业务的场所。 符号表示在主要建筑物上。
4.3.52 办理邮政业务的场所。 符号表示在主要建筑物上。
4.3.53 架设广播电视天线的塔形建筑物。 表示电视发射塔的轮廓线，并配置符号，加注塔高，有名称的加注名称。
4.3.54 发射或接收无线电、微波信号的天线杆、架、塔设备。 依比例尺表示时，钢架在地面上的位置用黑方块表示，中间配置符号，如符号 b。移动通信塔、微波传送塔应分别加注“通信”、“微波”等字。 杆式的以不依比例尺符号表示，符号表示在主杆位置上，拉线杆不表示，如符号 c。
4.3.55 户外路旁及公共场所用 IC(或 IP)拨打电话的公共设施。
4.3.56 独立的、完整的、固定的及有方位意义的厕所。 房屋符号加注“厕”字。简陋的不表示。
4.3.57 固定的集中进行清理或堆放、填埋垃圾的场所。 用相应的符号表示范围及内部建筑物及设施，并加注名称注记，无名称的加注“垃圾场”。
4.3.58 城镇中固定的公共垃圾台。 依比例尺表示时，用实线表示轮廓线，其内配置符号。
4.3.59 坟地指山坡、村庄外的坟墓比较集中的坟墓占地。公墓指具有一定规模的经营性质的公共墓地。 用地类界表示其范围，在其范围内适当表示坟地符号。公墓内有建筑物及其他设施的用相应符号表示，并加注名称，藏族地区的“天葬场”、傣族的“龙山”也用此符号表示，并加注“天葬”、“龙山”等字。形体较小的单个坟，按实地位置用符号 b 表示。
4.3.60 有明显方位意义、形体比较高大的独立坟墓。 较大的陵墓应表示其范围线，加绘等高线，有建筑物及名称的需表示相应的符号和名称。

编号	符号名称	符号式样 1∶500	符号式样 1∶1 000	符号式样 1∶2 000	符号细部图	多色图色值
4.3.61	古迹、遗址 a. 古迹 b. 遗址					K100
4.3.62	烽火台 5.0——比高	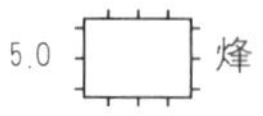				K100
4.3.63	旧碉堡、旧地堡 a. 依比例尺的 b. 不依比例尺的					K100
4.3.64	碑、柱、墩				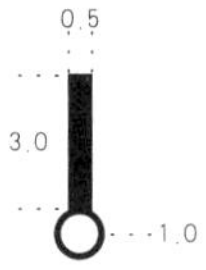	K100
4.3.65	纪念碑、北回归线标志塔 a. 依比例尺的 b. 不依比例尺的				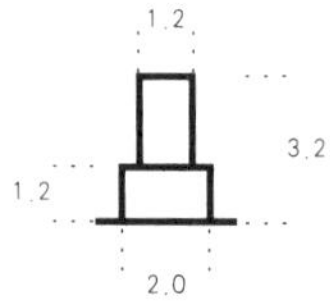	K100
4.3.66	彩门、牌坊、牌楼 a. 依比例尺的 b. 不依比例尺的				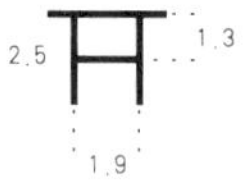	K100
4.3.67	钟楼、鼓楼、城楼、古关塞 a. 依比例尺的 b. 不依比例尺的				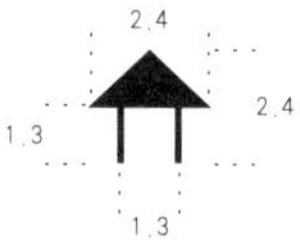	K100
4.3.68	亭 a. 依比例尺的 b. 不依比例尺的	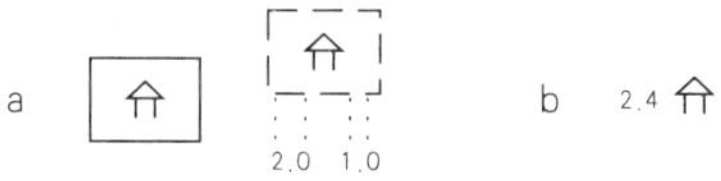			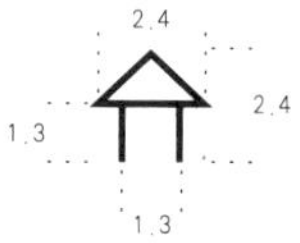	K100
4.3.69	文物碑石 a. 依比例尺的 b. 不依比例尺的				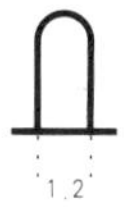	K100
4.3.70	旗杆	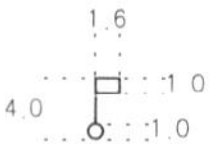				K100
4.3.71	塑像、雕塑 a. 依比例尺的 b. 不依比例尺的				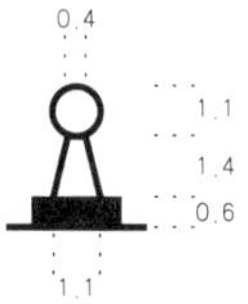	K100
4.3.72	庙宇				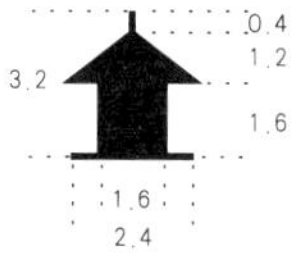	K100

简 要 说 明
4.3.61 古代各种建筑物和残留地。 有房屋建筑的用实线表示轮廓，有名称的加注名称，如“唐华清池”；范围比较大的古遗址用地类界表示，其内配置符号，并加注遗址名称，如“秦阿房宫遗址”。
4.3.62 古代用烟火传递信号的高台。 烽火台地面轮廓线实测表示，加注“烽”字，并应加注比高。
4.3.63 近代战争中留下的，用砖、石、水泥等砌成的近似封闭的矮柱状建筑，四周留有射击孔，通常部分埋在地下的防御工事。 依比例尺表示时，以实线表示轮廓，其内配置符号。
4.3.64 各种独立的碑、柱、墩和其他类似物体。
4.3.65 比较高大、有纪念意义的碑和其他类似物体。 有名称的加注名称，如“人民英雄纪念碑”。北回归线标志塔是在北回归线上建造的标志性塔形构筑物，也用此符号表示，并加注“北”字。 依比例尺表示时，以实线表示轮廓，其内配置符号。
4.3.66 起装饰作用或具有纪念意义的单门或多门的框架式建筑物。 图上按真实方向表示。依比例尺表示的其两端的支柱按实地位置表示，中间支柱不表示，只配置符号。
4.3.67 钟楼、鼓楼是放置大钟(鼓)的古式楼宇；城楼是建造在城门上供远望用的楼宇；古关塞是古时的关口要塞。 钟楼、鼓楼、城楼、古关塞能依比例尺表示时，以实线表示轮廓，其内配置符号。有专名的要加注名称。
4.3.68 花园、公园或娱乐场所中，供游乐、休息或装饰性的，有顶无墙的建筑物。 各种形式的亭状建筑物均用此符号表示。依比例尺表示时，以实线表示底座轮廓，或以虚线表示亭顶的轮廓，其内配置不依比例尺符号。
4.3.69 大型的、具有保护价值的各种碑石及其他类似物体。 依比例尺表示时，以实线表示轮廓，其内配置不依比例尺符号。
4.3.70 有固定基座的高大旗杆。
4.3.71 具有纪念意义或为美化环境而修建的大型艺术性的雕塑或造形及古代遗留下来的石雕等类似物体。 依比例尺表示的以实线表示轮廓，其内配置符号。
4.3.72 佛教、道教活动的寺、庙、庵、洞、宫、观以及孔庙、神庙等宗教建筑物。 依比例尺表示的以实线表示轮廓，符号表示在大殿位置上。有名称的加注名称。

编号	符号名称	符号式样			符号细部图	多色图色值
		1∶500	1∶1 000	1∶2 000		
4.3.73	清真寺				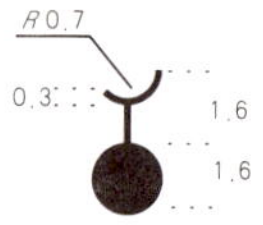	K100
4.3.74	教堂				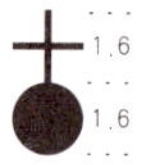	K100
4.3.75	宝塔、经塔、纪念塔 a. 依比例尺的 b. 不依比例尺的				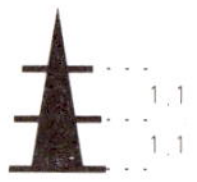	K100
4.3.76	敖包、经堆、麻尼堆 a. 依比例尺的 b. 不依比例尺的				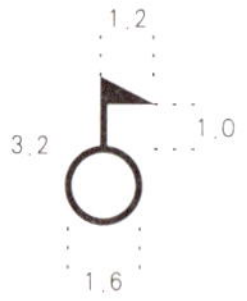	K100
4.3.77	土地庙 a. 依比例尺的 b. 不依比例尺的				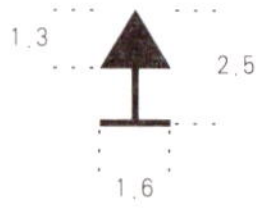	K100
4.3.78	气象台(站)				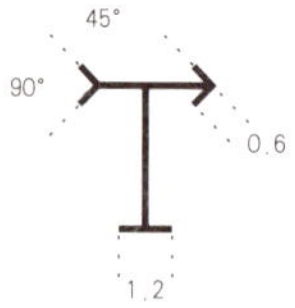	K100
4.3.79	水文站 位——测站类别					K100
4.3.80	地震台				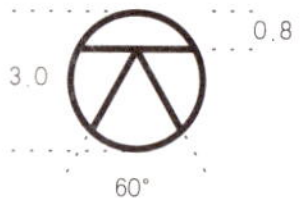	K100
4.3.81	天文台		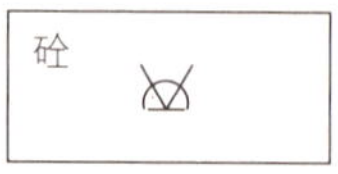		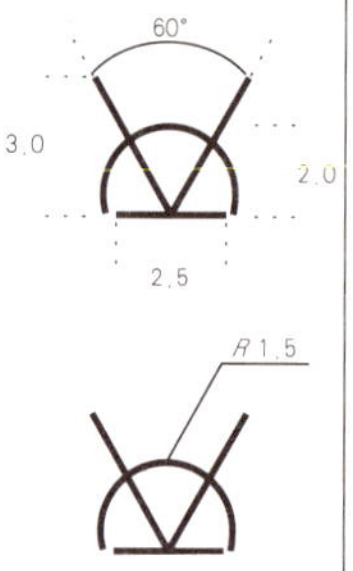	K100
4.3.82	环保监测站 a. 监测点 噪声——测站(点)类别				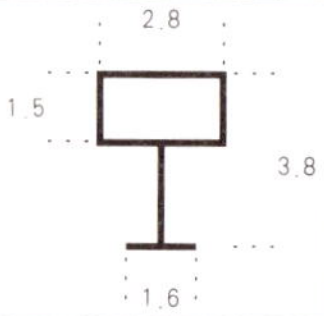	K100

简 要 说 明
4.3.73 伊斯兰教举行宗教仪式及礼拜的场所，屋顶上一般设有月牙标志。 依比例尺表示的其房屋用实线表示，符号表示在主要建筑物上。著名的加注名称。
4.3.74 基督教举行宗教仪式及礼拜的场所。 依比例尺表示的其房屋用实线表示，符号表示在屋顶十字架的位置上。著名的加注名称。
4.3.75 宗教或纪念性塔形建筑物。 依比例尺表示的用实线表示轮廓，其内配置符号。有名称的加注名称。
4.3.76 少数民族地区简易的进行宗教活动的场所。 用地类界表示其范围，其内配置符号。有名称的加注名称。
4.3.77 有偶像或牌位的各种独立小庙。 依比例尺表示的用实线表示轮廓，其内配置符号。
4.3.78 进行气象观察的场所。 符号表示在实地风向标中心位置上，其他房屋、围墙等设施按相应符号表示。海边的台风警报站及风向标也用此符号表示。有名称的加注名称。
4.3.79 测验河、湖、水库及沿海海域水位、流速、流量及含沙量等水文数据的场所。 其符号表示在水尺或水位井位置上，有名称的加注名称，无名称的注“水文”。水位站、流量站、验潮站分别加注“位”、“量”、“验”字。其基点经等级水准联测的，符号改用以水准点符号加分式注记表示；用其他方法测定高程的，用特殊高程点符号加分式注记，如($\frac{\text{水文}}{78.3}$)表示。
4.3.80 进行监测和处理地震信息的场所。 用相应符号表示内部地物，并加注名称；当图内容纳不下说明注记时，可用符号代替说明注记，符号表示在观测台(站)上。
4.3.81 进行天文观测的场所。 用相应符号表示内部地物，并加注名称；当图内容纳不下说明注记时，可用符号代替说明注记，符号表示在观测台(站)上。
4.3.82 进行环境污染监测、环境保护的测站，包括对地表水、大气、酸雨、噪声、土壤、放射性等项的监测。 凡地表有固定点位，且有监测设施的监测点用符号 a 表示，并加注相应的简注，如“大气”、“酸雨”、“噪声”等字。

编号	符号名称	符 号 式 样			符号细部图	多色图色值
		1∶500	1∶1 000	1∶2 000		
4.3.83	卫星地面站				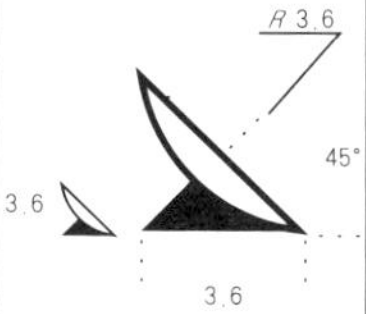	K100
4.3.84	科学实验站				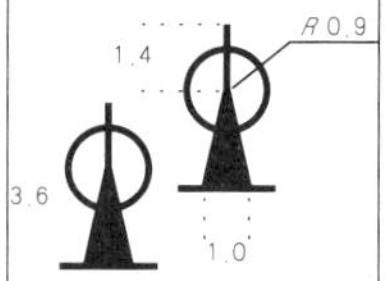	K100
4.3.85	长城、砖石城墙 a. 完整的 a1. 城门 a2. 城楼 a3. 台阶 b. 损坏的 b1. 豁口	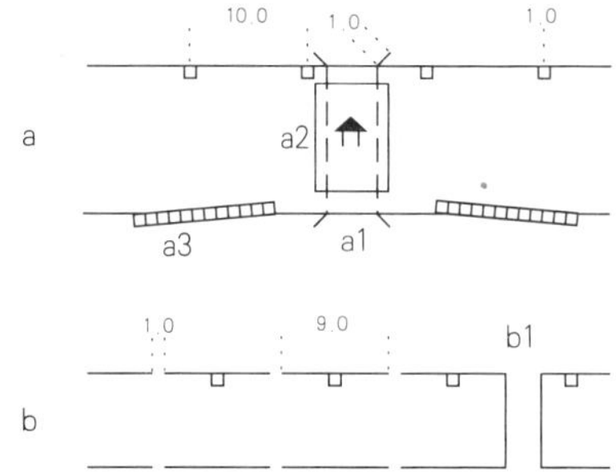				K100
4.3.86	土城墙 a. 城门 b. 豁口 c. 损坏的	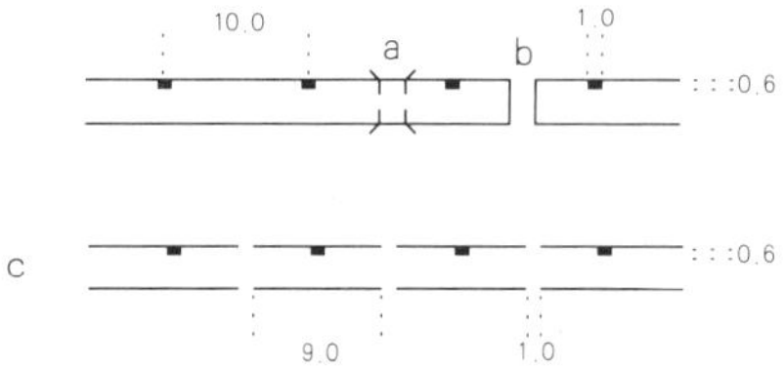				K100
4.3.87	围墙 a. 依比例尺的 b. 不依比例尺的	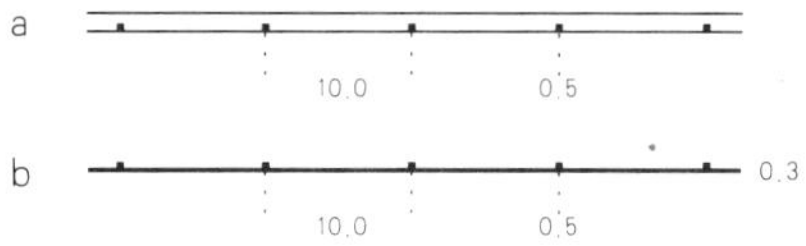			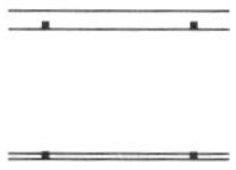	K100
4.3.88	栅栏、栏杆					K100
4.3.89	篱笆	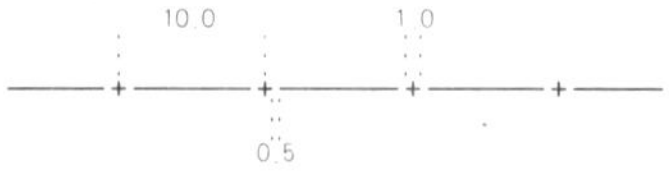				K100
4.3.90	活树篱笆	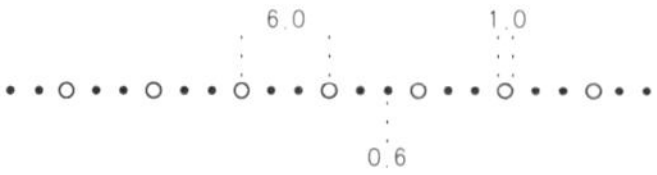				K100
4.3.91	铁丝网、电网	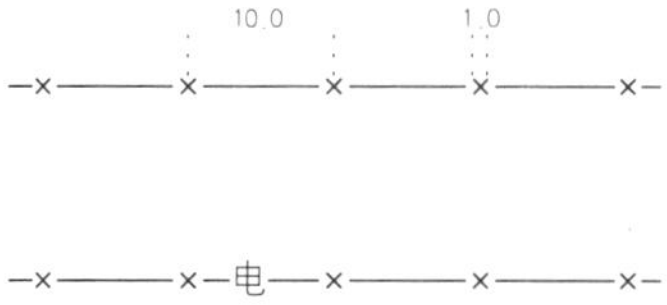				K100

简　要　说　明
4.3.83　地面跟踪卫星轨道或接收卫星发回数据的测站设施。 　　用相应的符号表示内部地物，卫星地面站符号表示在主要建筑物上。 　　其他接收无线电信号的抛物面天线如雷达、射电望远镜等也用此符号表示，并分别加注“雷达”、“射电”等字。
4.3.84　进行各种科学试验的场所。 　　用相应的符号表示内部地物，并加注专有名称注记。当图内容纳不下名称注记时，可用符号代替名称注记，符号表示在主要建筑物上。
4.3.85　古时遗留下来的，用于防卫的绵亘数百米或数千千米的高大城垣。 　　按城基轮廓依比例尺表示，并在外侧轮廓线上向里表示城垛符号。城门、城楼按实地位置表示。城墙上的其他地物用相应符号表示。 　　城墙、长城应加注比高。
4.3.86　古代建筑在城市四周作防守用的土墙。 　　按墙基轮廓依比例尺表示，并在外侧轮廓线上向里表示黑块符号。城门符号顶部朝向城外方向。
4.3.87　用土或砖、石砌成的起封闭阻隔作用的墙体。 　　土墙、砖石墙、土围、垒石围等不分结构性质均用此符号表示。在图上宽度大于 0.6 mm 时，用依比例尺符号表示；小于 0.6 mm 时，用不依比例尺符号表示，其符号的黑块一般朝向院内。如墙上有电网的加注“电”字。围墙与街道边线重合或间距在图上小于 0.3 mm 时，只表示围墙符号。
4.3.88　有支柱或基座的，用铁、木、砖、石、混凝土等材料制成的起封闭阻隔作用的障碍物。 　　符号上的短线一般向里表示。垣栅与街道边线重合时，只表示垣栅符号。
4.3.89　用竹、木等材料编织成的较长时间保留的起封闭阻隔作用的障碍物。 　　篱笆与街道边线重合时，只表示篱笆符号。
4.3.90　由灌木、荆棘等活树形成规整的起封闭阻隔作用的障碍物。 　　篱笆与街道边线重合时，只表示篱笆符号。
4.3.91　由铁丝组成的起封闭阻隔作用的障碍物。 　　临时性的不表示。通电的铁丝网加注“电”字。铁丝网与街道边线重合时，只表示铁丝网符号。

编号	符号名称	符号式样 1∶500	符号式样 1∶1 000	符号式样 1∶2 000	符号细部图	多色图色值
4.3.92	地类界	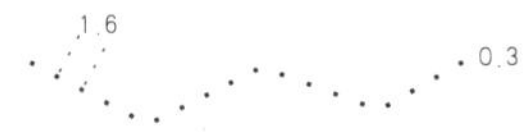				与所表示的地物颜色一致
4.3.93	地下建筑物出入口 a. 地铁站出入口 a1. 依比例尺的 a2. 不依比例尺的 b. 建筑物出入口 b1. 出入口标识 b2. 敞开式的 b2.1 有台阶的 b2.2 无台阶的 b3. 有雨棚的 b4. 屋式的 b5. 不依比例尺的	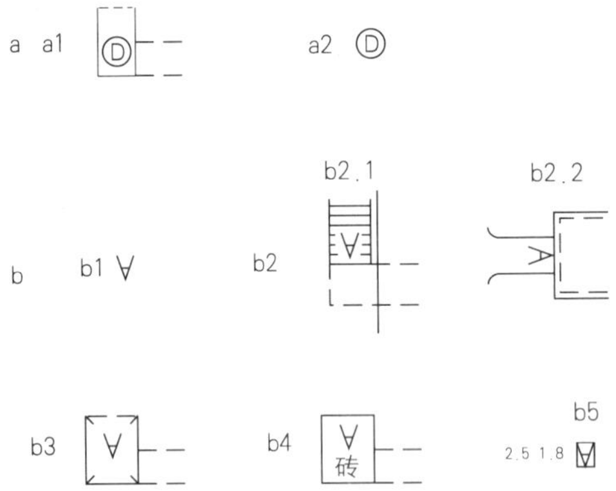			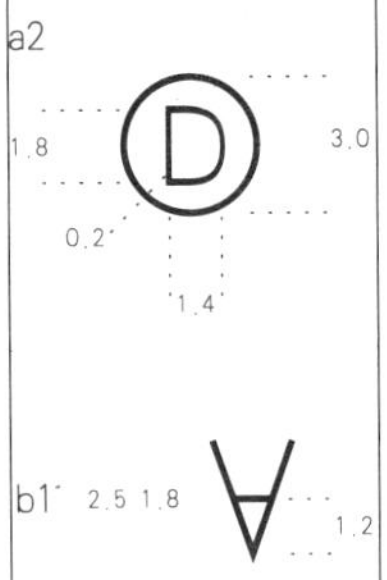	K100
4.3.94	地下建筑物通风口 a. 地下室的天窗 b. 其他通风口	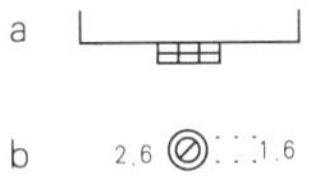			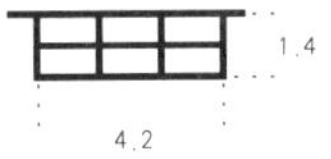	K100
4.3.95	柱廊 a. 无墙壁的 b. 一边有墙壁的	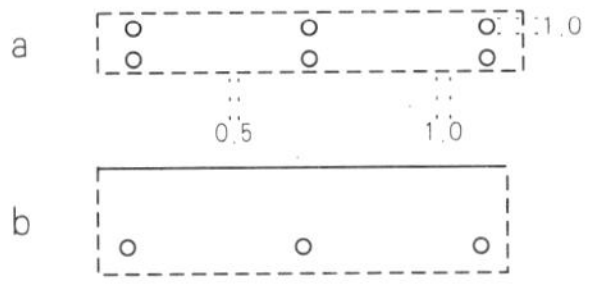				K100
4.3.96	门顶、雨罩 a. 门顶 b. 雨罩	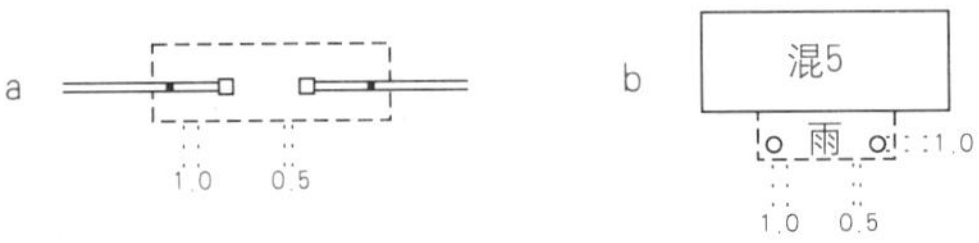				K100
4.3.97	阳台	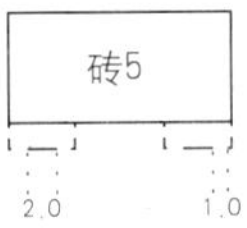				K100
4.3.98	檐廊、挑廊 a. 檐廊 b. 挑廊					K100
4.3.99	悬空通廊	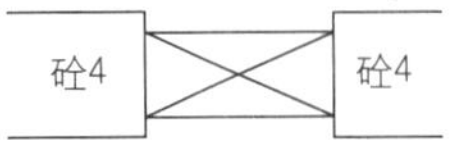				K100
4.3.100	门洞、下跨道				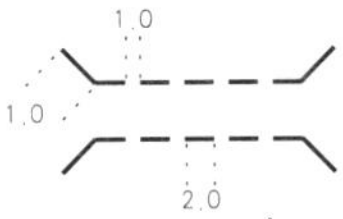	K100

简　要　说　明
4.3.92　各类用地界线和各种地物分布的范围界线。 当地类界与地面上有形的线状符号(如道路、陡崖、河流等)重合时,可省略不表示,但与地面无形的线状符号(如境界、通讯线、电力线等)重合时,地类界需移位;与等高线重合,可压盖等高线。地类界一般应与所表示的地物颜色一致。
4.3.93　地下通道、地铁、防空洞、地下停车场等地下建筑物在地表的出入口。 a. 地铁站出入口按轮廓线依比例尺表示,其内配置符号;小于符号尺寸时用符号 a2 表示。地铁站出入口处应加注站名。 b. 其他建筑物出入口按轮廓线依比例尺表示,其内配置标识符号;小于符号尺寸时用符号 b5 表示。标识符号的尖端表示入口方向。 废弃的防空洞出入口不表示。
4.3.94　地下房屋、防空洞、地下停车场及地道等地面下建筑物的通风口。 地面有房屋式建筑物时,用相应建筑物符号表示,在天窗位置上配置符号;其他地下建筑物的通风口按实地位置表示符号。
4.3.95　由支柱和顶盖组成,供人通行的走廊,如长廊、回廊等。 按顶盖在地面的投影表示,支柱按实地位置表示。 图上宽度小于 1.5 mm 的按 1.5 mm 表示。
4.3.96　大门的顶盖。 按顶盖投影线表示。支柱实测表示。雨罩加注“雨”字。 1∶2 000 地形图上可不表示雨罩。
4.3.97　伸出楼房墙外的悬挂部分。 按外轮廓投影表示。1∶2 000 地形图上可不表示阳台。
4.3.98　檐廊指有顶盖而无支柱,下面可供人通行的通道部位。挑廊指挑出房屋墙体外、有外围护物、无支柱的架空通道。 按外轮廓投影表示。
4.3.99　建筑物间的架空通道。 过街楼、山城房屋通道亦用此符号表示。
4.3.100　建筑物下的通道。

编号	符号名称	符号式样 1∶500	符号式样 1∶1 000	符号式样 1∶2 000	符号细部图	多色图色值
4.3.101	台阶	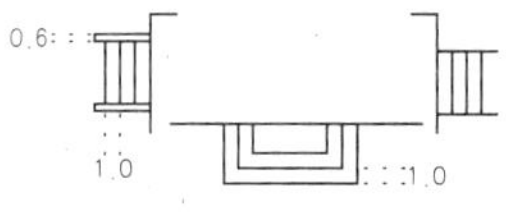				K100
4.3.102	室外楼梯 a. 上楼方向					K100
4.3.103	院门 a. 围墙门 b. 有门房的	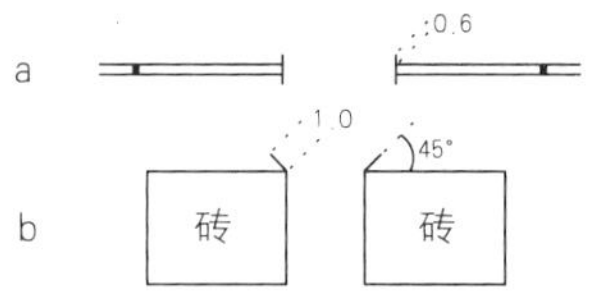				K100
4.3.104	门墩 a. 依比例尺的 b. 不依比例尺的	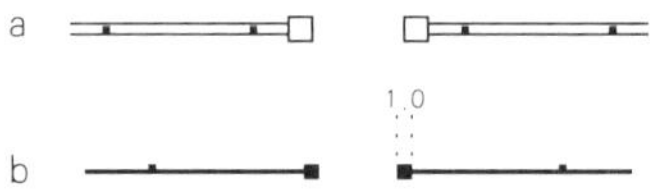				K100
4.3.105	支柱、墩、钢架 a. 依比例尺的 b. 不依比例尺的	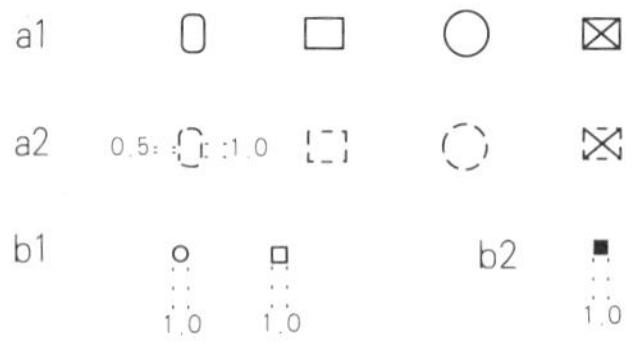				K100
4.3.106	路灯				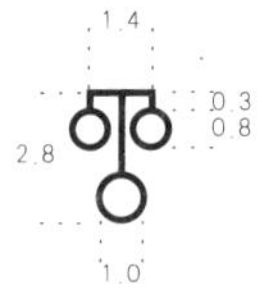	K100
4.3.107	照射灯 a. 杆式 b. 桥式 c. 塔式					K100
4.3.108	岗亭、岗楼 a. 依比例尺的 b. 不依比例尺的				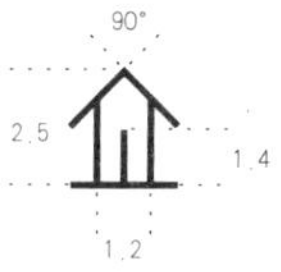	K100
4.3.109	宣传橱窗、广告牌 a. 双柱或多柱的 b. 单柱的	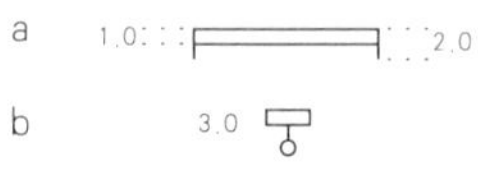			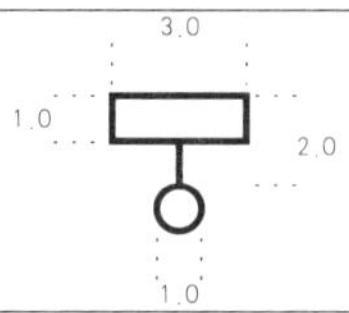	K100
4.3.110	喷水池				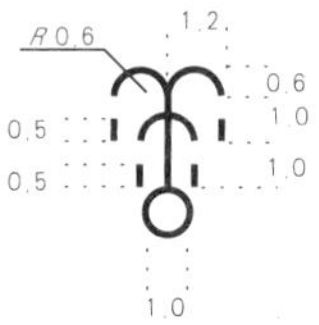	K100 面色 C10

简　要　说　明
4.3.101　砖、石、水泥砌成的阶梯式构筑物。 　　房屋、河岸边、码头及大型桥梁等地的台阶均用此符号表示，图上不足三级台阶的不表示。
4.3.102　依附楼房外墙的非封闭楼梯。 　　楼梯宽度在图上小于1.0 mm的不表示。螺旋式室外楼梯按其投影线表示，支柱不表示。
4.3.103　单位和居民院落没有门墩的大门。 　　按实地位置表示。
4.3.104　各种供铁门、木门竖立的墩柱。 　　图上边长大于1.0 mm的依比例尺表示，小于1.0 mm的按1.0 mm表示。
4.3.105　支撑各种建筑物、构筑物的水泥柱、钢架、石墩等支撑体。 　　各种建筑物、构筑物的支柱、墩、钢架不分建筑材料均按其外形表示。 　　图上能依比例尺表示的按其轮廓线表示；当被支撑物的轮廓用虚线表示时，支柱、墩、钢架用实线表示，如符号a1；如被支撑物的轮廓用实线表示时，支柱、墩、钢架用虚线表示，如符号a2。 　　图上不能依比例尺表示的按其外形选择相似的符号表示；如被支撑物轮廓用实线表示时，各种形状的支柱、墩、钢架均用黑方块符号b2表示。
4.3.106　安装在道路或广场等处提供照明的柱式灯具。
4.3.107　采用聚光光束的方式提供照明的灯具。 　　当塔式照射灯支柱底部宽在图上小于2 mm时，均用2 mm表示。
4.3.108　用于值岗警卫的亭楼。 　　固定的交通岗亭、警卫亭、警卫楼均用此符号表示。岗楼投影面积在图上大于符号尺寸时，用实线表示轮廓，其内配置符号。
4.3.109　独立、固定的宣传橱窗与广告牌。 　　图上按真实方向表示。砖墙银幕亦用此符号表示。
4.3.110　公园及公共场所设置的专门供喷水的地方。 　　用实线表示水池轮廓，其符号表示在主要喷头处。

编号	符号名称	符号式样 1∶500	符号式样 1∶1 000	符号式样 1∶2 000	符号细部图	多色图色值
4.3.111	假石山				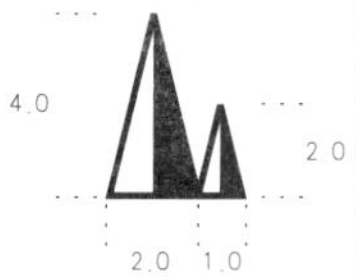	K100
4.3.112	避雷针	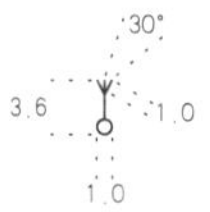				K100
4.4	**交通**					
4.4.1	标准轨铁路 a. 一般的 b. 电气化的 b1. 电杆 c. 建筑中的	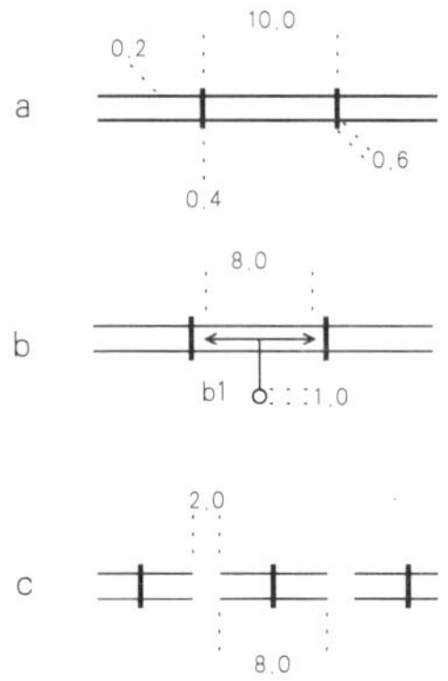		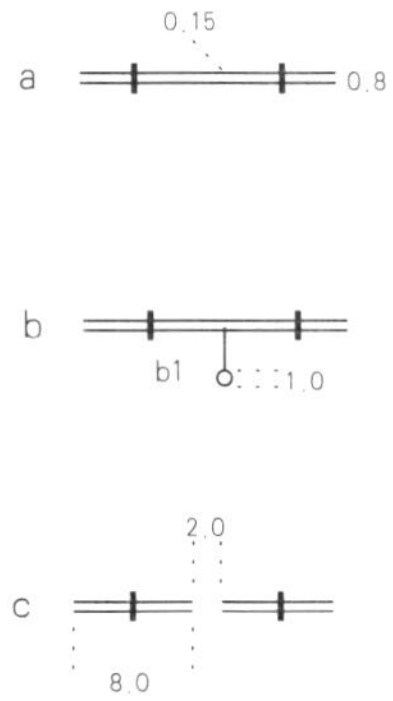		K100
4.4.2	窄轨铁路	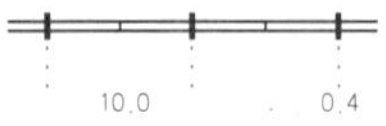		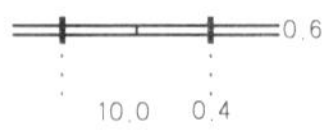		K100
4.4.3	火车站及附属设施 a. 站台 a1. 有雨棚的 a1.1 雨棚支柱 a2. 露天的 b. 地道 c. 天桥 c1. 封闭的 c2. 露天的 d. 信号灯、柱 d1. 矮柱 d2. 高柱 e. 臂板信号灯 f. 水鹤 g. 机车转盘 h. 车挡	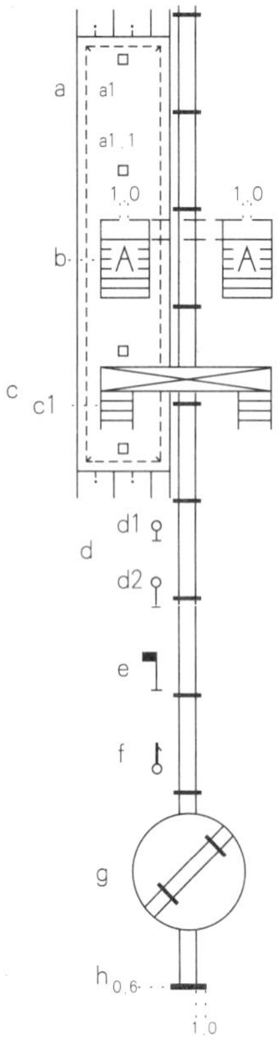		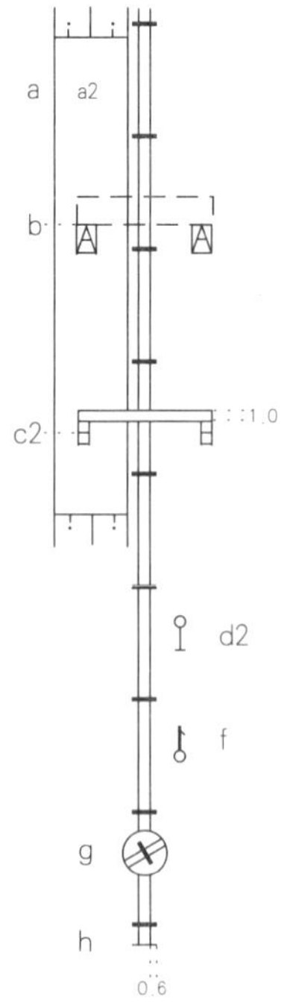	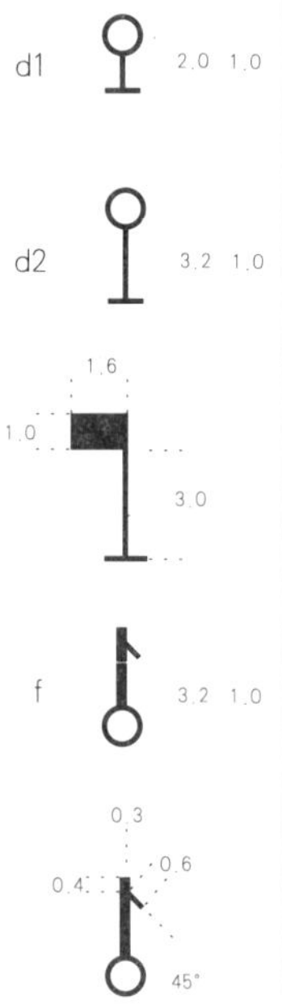	K100

简 要 说 明
4.3.111 在公共场所建造的一种山状装饰性设施。 用地类界表示实际范围，其内配置符号。
4.3.112 独立的、保护室外设备免受雷击的装置。 建筑物上的避雷针不表示。
4.4 **交通** 陆运、水运、海运及相关设施的总称。
4.4.1 轨距为 1.435 m 的铁路线路。 a. 1∶500、1∶1 000 地形图上按轨距以双线依比例尺表示，1∶2 000 地形图上用不依比例尺符号表示。 b. 以电气机车为牵引动力的标准铁路。符号中圆圈表示电杆、铁塔，图上不分电杆形状按实地位置表示。 c. 正在修建中的、其路基已基本形成的铁路线路。其附属建筑物，已定型的用相应符号表示，未定型的不表示。
4.4.2 轨距窄于标准轨的铁路。 临时性的不表示。
4.4.3 火车站是铁路上指挥调度车辆和人员、货物集散的场所。 车站应注记名称。会让站有名称的也应注记。 车站内的候车室、检车室、巡道房、机车库等均按实际情况以房屋符号加注名称表示。 a. 站台和货台不分建筑材料，按有雨棚的和露天的符号表示，站台和货台上的房屋仍应表示。 b. 地道是车站内横贯铁路的地下通道。地道出入口表示方法同地下建筑物出入口。 c. 天桥是车站内横跨轨道供人行走的桥梁。图上按真实方向表示，天桥宽度在图上大于 1 mm 时依比例尺表示。 d. 信号灯、柱是铁路上用灯光指示火车能否通行的设备。1∶2 000 地形图上只表示高柱信号灯、柱。 e. 臂板信号灯是铁路上用臂板的活动为信号指示火车能否通行的设备。1∶2 000 地形图上不表示。 f. 水鹤是供机车注水的设备。油鹤亦用此符号表示，并加注“油”字。 g. 机车转盘是供机车转换方向的设备。 h. 车挡是铁路支线尽头的挡车设备。

编号	符号名称	符号式样			符号细部图	多色图色值
		1∶500	1∶1 000	1∶2 000		
4.4.4	高速公路 a.临时停车点 b.隔离带 c.建筑中的	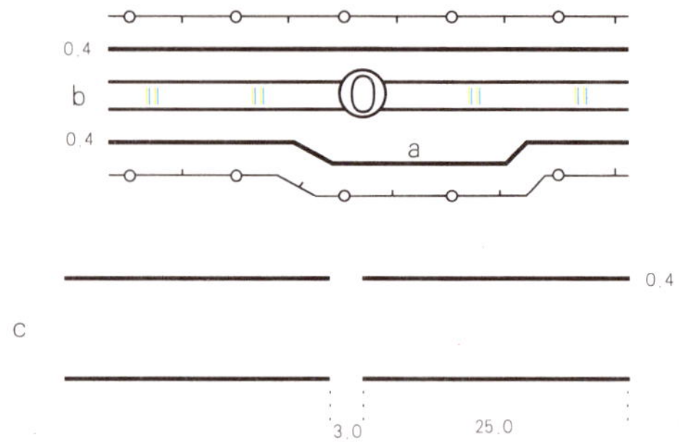				K100
4.4.5	国道 a.一级公路 a1.隔离设施 a2.隔离带 b.二至四级公路 c.建筑中的 ①、②——技术等级代码 (G305)、(G301)——国道代码及编号	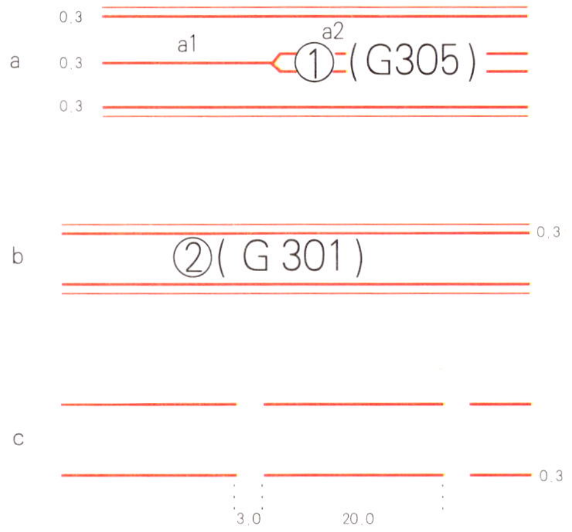				M100Y100
4.4.6	省道 a.一级公路 a1.隔离设施 a2.隔离带 b.二至四级公路 c.建筑中的 ①、②——技术等级代码 (S305)、(S301)——省道代码及编号	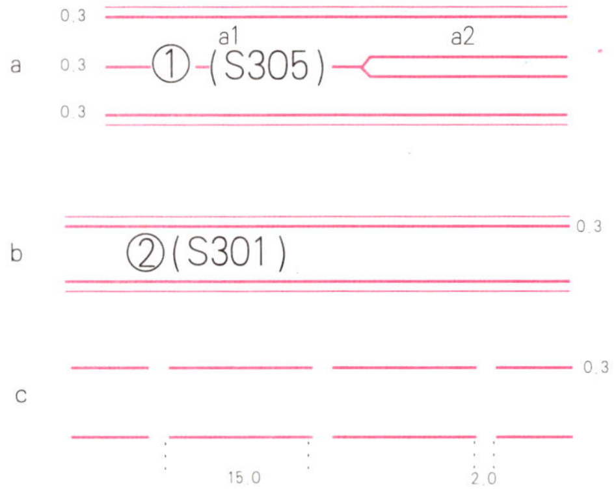				M80
4.4.7	专用公路 a.有路肩的 b.无路肩的 ②——技术等级代码 (Z301)——专用公路代码及编号 c.建筑中的	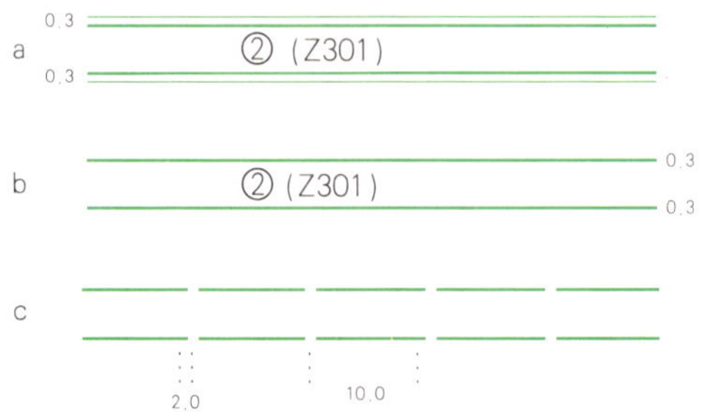				C100Y100

简 要 说 明

4.4.4～4.4.8 公路按其行政等级分别用相应的国道、省道、县道、乡道及其他公路，专用公路符号表示。高速公路作为特殊公路单独列出。

高速公路指具有中央分隔带、多车道、立体交叉、出入口受控制的专供汽车高速度行驶公路；国道指具有全国性的政治、经济、国防意义，并确定为国家级干线的公路；省道指具有全省政治、经济意义，连接省内中心城市和主要经济区的公路，以及不属于国道的省际间的重要公路；专用公路指专供特定用途服务的公路；县道、乡道及其他公路指连接县城和县内乡镇的，或国道、省道以外的县际、乡镇际的，由县、乡财政投资、管理的公路。

图上应每隔 15 cm～20 cm 注出公路技术等级代码及其行政等级代码及编号，有名称的加注名称。

公路技术等级代码及行政等级代码见表 1、表 2。

表 1

公路技术等级	代码
高速公路	0
一级公路	1
二级公路	2
三级公路	3
四级公路	4
等外公路	9

表 2

公路行政等级	代码
国道、国道主干线	G、GZ
省道	S
县道	X
乡道	Y
专用公路	Z
其他公路	Q

高速公路、一级公路的隔离设施(如隔离墩)根据需要表示，隔离带图上宽度小于 1.0 mm 时用 0.3 mm实线表示，栅栏、排水沟、绿化带、铁丝网等以相应符号表示。

各级公路应表示行车道(图上两粗线之间)宽度、路肩(图上相邻细线与粗线之间)宽度。路肩宽度图上大于 1 mm 时依比例尺表示，小于 1 mm 时用 1 mm 表示。

建筑中的各级公路指已定型正在施工的公路。

编号	符号名称	符号式样 1:500	符号式样 1:1 000	符号式样 1:2 000	符号细部图	多色图色值
4.4.8	县道、乡道及其他公路 a.有路肩的 b.无路肩的 ⑨——技术等级代码 (X301)——县道代码及编号 c.建筑中的	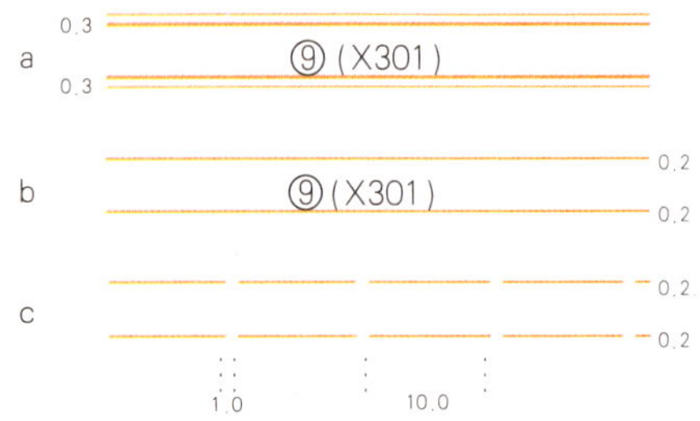				M30Y100
4.4.9	地铁 a.地面下的 b.地面上的	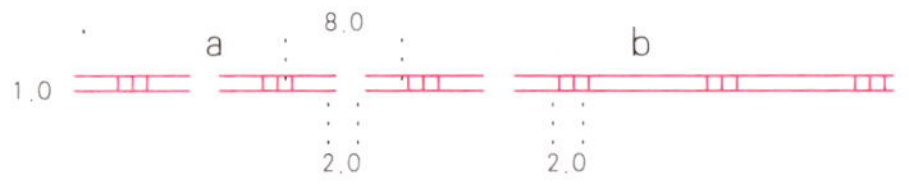				M100
4.4.10	磁浮铁轨、轻轨线路 a.轻轨站标识	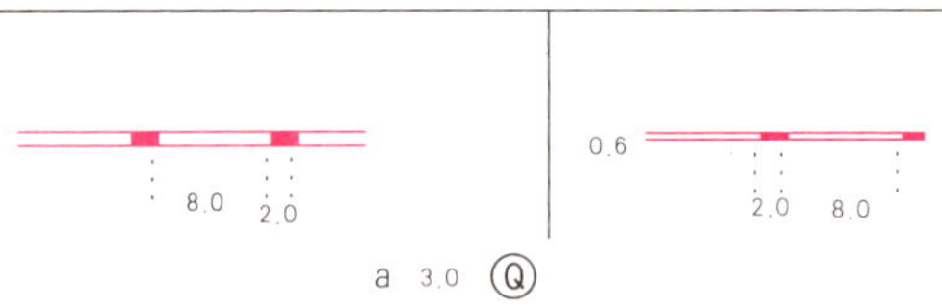			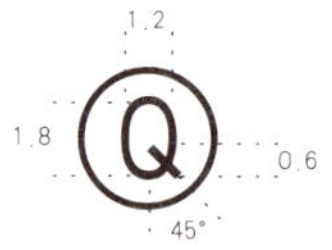	M100
4.4.11	电车轨道 a.电杆杆位	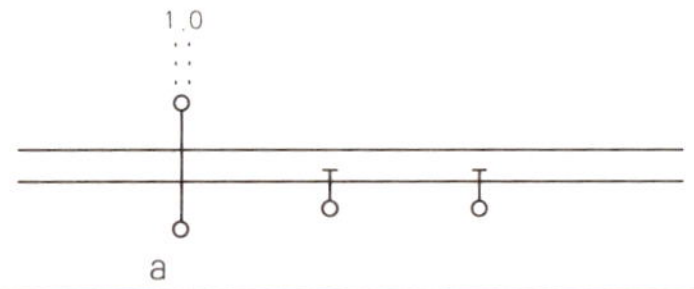				K100
4.4.12	快速路					K100
4.4.13	高架路 a.高架快速路 b.高架路 c.引道	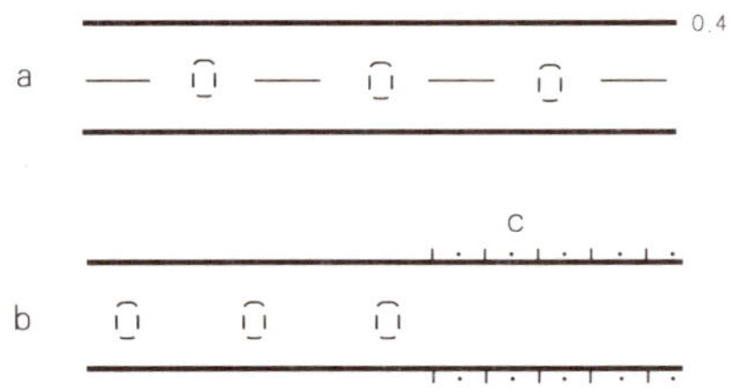				K100
4.4.14	街道 a.主干路 b.次干路 c.支路					K100
4.4.15	内部道路	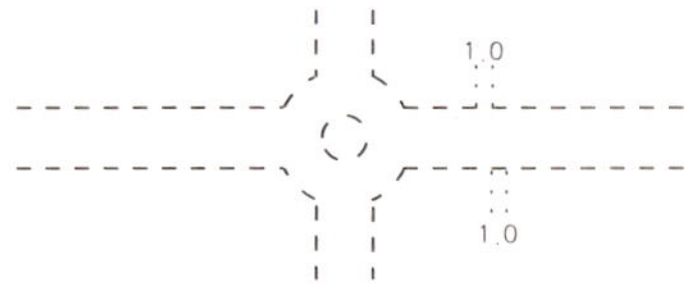				K100

简 要 说 明
4.4.9　城市中铺设在地下隧道中高速、大运量的轨道客运线路，个别地段由地下连接到地面的线路也视为地铁。
4.4.10　均为封闭运行的快速轨道交通。磁浮铁轨是专供采用磁浮原理的高速列车运行的铁路；轻轨指城市中修建的大运量的轨道交通客运线路。均用此符号表示，磁浮铁轨加“磁浮”简注。 轻轨（或磁浮）列车停靠及乘客上下车的场所（轻轨站）用相应地物符号表示，轻轨站标识配置在主体建筑物上，并加注专有名称注记。
4.4.11　有导轨的电车道。 电杆杆位按实际位置表示。
4.4.12　城市道路中设有中央分隔带，具有四条以上车道，全部或部分采用立体交叉与控制出入，供车辆以较高速度行驶的道路。 按实地路宽依比例尺表示。
4.4.13　城市中架空的供汽车行驶的道路。 路面宽度依比例尺表示。连接高架路和地面道路的引道其两侧有斜坡的按路堤表示。 支柱实测表示。
4.4.14　街道指街区中比较宽阔的通道。街道按其路面宽度、通行情况等综合指标区分为主干路、次干路和支路。 主干路指城市道路网中路面较宽、交通流量大、起骨架作用的通道。主干路边线用 0.35 mm 的线粗、按实地路宽依比例尺表示。 次干路指城市道路网中的区域性干道，交通流量较大，与主干路相连接构成完整的城市干道系统。次干道边线用 0.25 mm 的线粗、按实地路宽依比例尺表示。 支路指城市中联系主、次干道或供区域内部使用的街道、巷、胡同等。支路边线用 0.15 mm 的线粗、按实地路宽依比例尺表示。 当街区中的街道边线与房屋或垣栅轮廓线的间距在图上小于 0.3 mm 时，街道边线可省略。
4.4.15　公园、工矿、机关、学校、居民小区等内部有铺装材料的道路。 宽度在图上大于 1 mm 的，依比例尺表示，小于 1 mm 的择要表示。

编号	符号名称	符号式样			符号细部图	多色图色值
		1∶500	1∶1 000	1∶2 000		
4.4.16	阶梯路	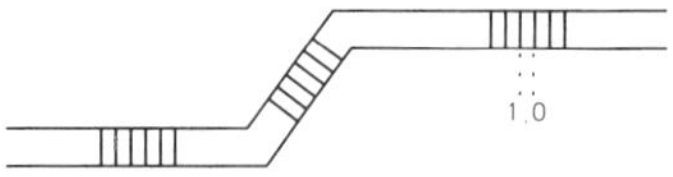				K100
4.4.17	机耕路(大路)	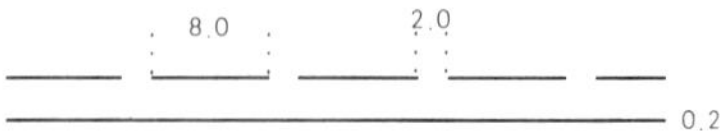				K100
4.4.18	乡村路 a. 依比例尺的 b. 不依比例尺的	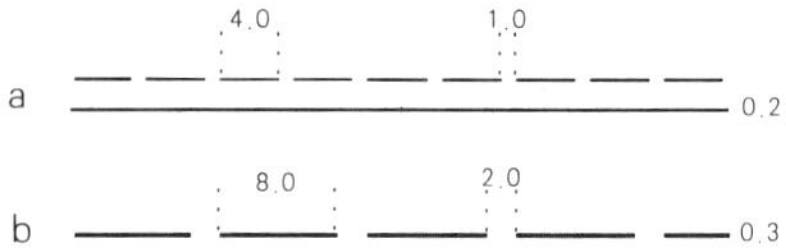				K100
4.4.19	小路、栈道					K100
4.4.20	长途汽车站(场)					K100
4.4.21	汽车停车站	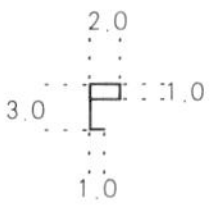				K100
4.4.22	加油站、加气站 油——加油站				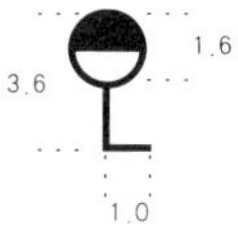	K100
4.4.23	停车场				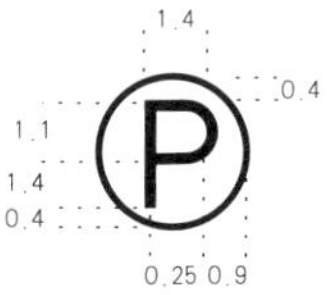	K100
4.4.24	街道信号灯 a. 车道信号灯 b. 人行横道信号灯					K100
4.4.25	收费站、服务区 a. 依比例尺的收费站 b. 服务区 c. 半依比例尺收费站	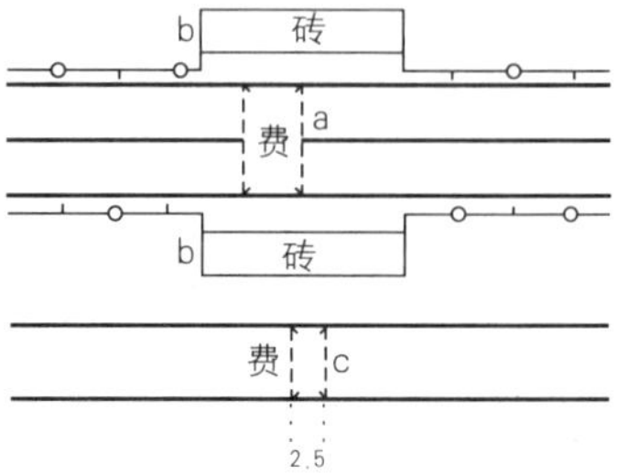				K100

简 要 说 明
4.4.16 用水泥和砖、石砌成阶梯式的人行路。 图上宽度小于 1 mm 时用小路符号表示。
4.4.17 路面经过简易铺修，但没有路基，一般能通行拖拉机、大车等的道路，某些地区也可通行汽车。 机耕路的宽度依比例尺表示；若实地宽窄不一且变化频繁时，可取中等宽度表示为平行线。一般虚线绘在光辉部，实线绘在阴影部。
4.4.18 不能通行大车、拖拉机的道路。路面不宽，有的地区用石块或石板铺成。 山地、谷地、森林地区以及沙漠、半沙漠等荒僻地区的驮运路也用乡村路符号表示。 图上宽度小于 0.7 mm 时用不依比例尺符号表示。 一般虚线绘在光辉部，实线绘在阴影部。
4.4.19 供单人单骑行走的道路。 人行栈道指开凿于悬崖绝壁，用固定支架而架设的悬空小道。也用此符号表示，并加注“栈道”。
4.4.20 乡镇以上的供长途旅客上、下车的场所。 符号配置在主要建筑物或候车大厅位置上。汽车站应加注车站名称。
4.4.21 城市以外无房屋建筑的客车车站。
4.4.22 机动车辆添加动力能源的场所。 用房屋（或棚房）符号表示，并配置加油（气）站符号；符号配置在数个加油（气）柜分布范围的中心上。 加气站应加注“气”字，既是加油站又是加气站的应加注“油气”。
4.4.23 有人值守的，用来停放各种机动车辆的场所。 露天停车场用地类界符号表示车场范围，其内配置符号；面积小于 25 mm^2 的不表示。楼房及地下停车场不表示，只表示其地下出入口。
4.4.24 控制车辆或行人通行的灯光信号设备。
4.4.25 设置在公路上或桥头，向过往车辆收取通行费用的场所。 收费站的房屋建筑、雨棚等地物用相应的符号表示，有专名的加注名称，无专名的加简注“费”字。

编号	符号名称	符号式样			符号细部图	多色图色值
		1∶500	1∶1 000	1∶2 000		
4.4.26	车行桥 a. 单层桥 b. 并行桥 c. 有人行道的 d. 有输水槽的 e. 双层桥 f. 引桥 8——载重吨数 钢——建筑材料	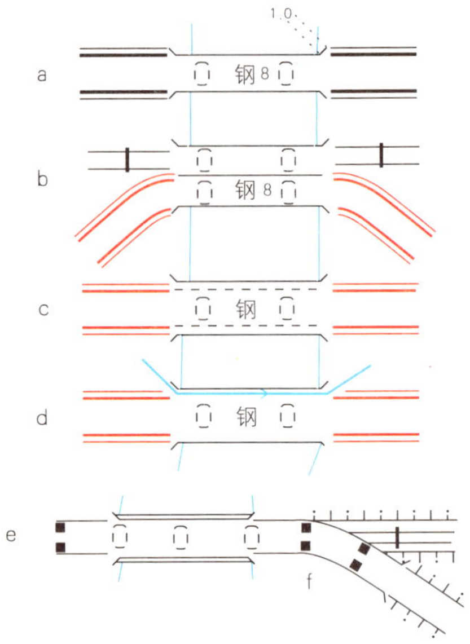				K100
4.4.27	漫水桥、浮桥 漫——漫水桥	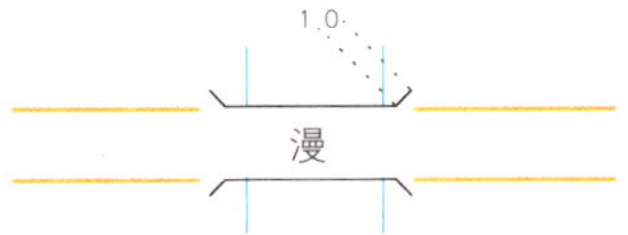				K100
4.4.28	立交桥、匝道 a. 匝道	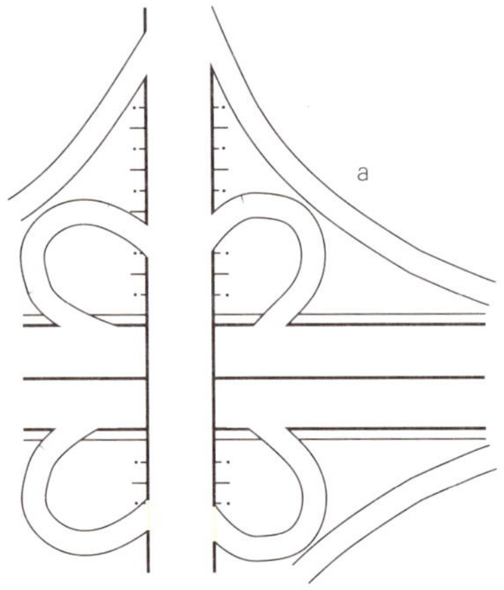				K100
4.4.29	过街天桥、地下通道 a. 天桥 b. 地道	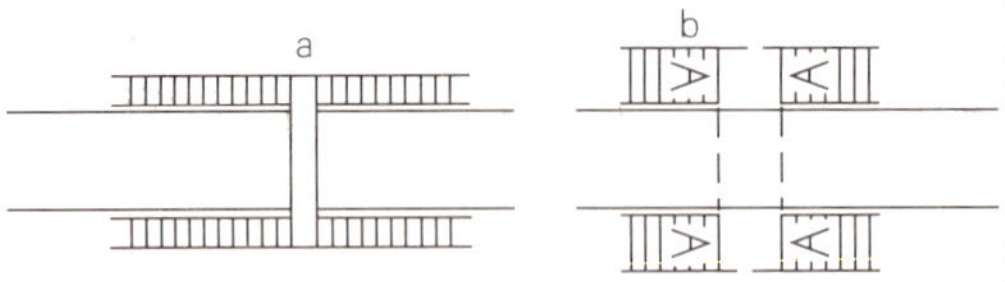				K100
4.4.30	人行桥、时令桥 a. 依比例尺的 b. 不依比例尺的 （12－2）——通行月份	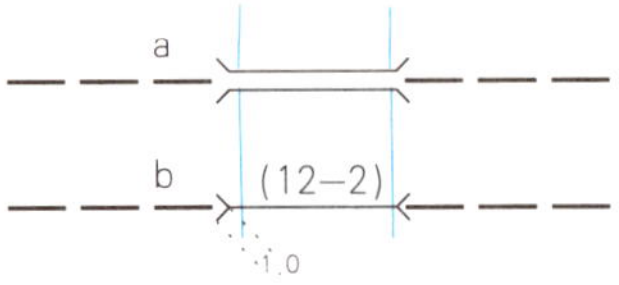				K100
4.4.31	亭桥、廊桥	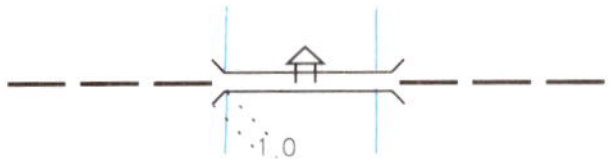				K100

简　要　说　明
4.4.26　跨越水面、沟壑或道路等，供车辆通行的架空通道，分单层桥、铁路公路两用的双层桥和铁路公路并行的桥梁。 　　桥梁应加注建筑材料，如“钢”、“砼”、“石”、“木”等字，四级以上公路的桥梁应加注载重吨数。引桥、桥墩应表示，但在 1∶2 000 地形图上可不表示桥墩。 　　引桥指连接双层桥和路堤的架空部分。引桥分铁路引桥和公路引桥，引桥和连接引桥的铁路、公路按实地情况用相应的符号表示。
4.4.27　漫水桥指桥面建在洪水位之下，洪水位时洪水漫过桥面的桥。浮桥指由船、筏、浮箱等作为桥墩或桥身的桥，必要时桥的一部分可以开启，以便上下游船只通过。 　　能通行车辆的漫水桥、浮桥等用此符号表示，并分别加“漫”、“浮”等简注。
4.4.28　道路与道路在不同高程上的空间立体交叉，上下各层道路之间由匝道互相连通的桥梁。 　　按投影原则，下层被上层遮盖的部分断开，上层保持完整。 　　匝道指互通式立体交叉上下各层道路（公路、快速路、主次干道）之间供转弯车辆行驶的连接道。匝道两侧的斜坡按路堤表示，支柱不表示。匝道色与所相连接的道路颜色一致；当连接不同等级道路时，匝道色取低等级道路颜色。
4.4.29　供行人跨（穿）越街道的桥梁或地下通道。 　　一般按其投影表示，伸入房屋内部的部分不表示。不能依比例尺表示时，按其形状相近的符号表示。
4.4.30　不能通行车辆，仅供人通行的桥梁。 　　图上不分造型种类、建筑材料均用此符号按真实方向表示。桥梁符号的长度略大于河流宽度。桥宽度在图上小于 1 mm 的用不依比例尺符号表示。时令桥也用此符号表示，并加注通行月份。
4.4.31　桥面有亭子或类似建筑物的桥。 　　亭的符号表示在相应位置上。

编号	符号名称	符号式样 1:500	符号式样 1:1 000	符号式样 1:2 000	符号细部图	多色图色值
4.4.32	铁索桥、溜索桥、缆桥、藤桥、绳桥 a.依比例尺的 b.不依比例尺的 绳——种类说明	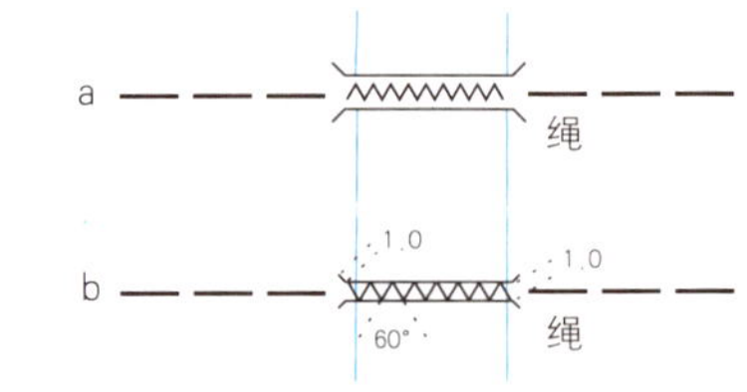				K100
4.4.33	级面桥、人行拱桥 a.依比例尺的 b.不依比例尺的	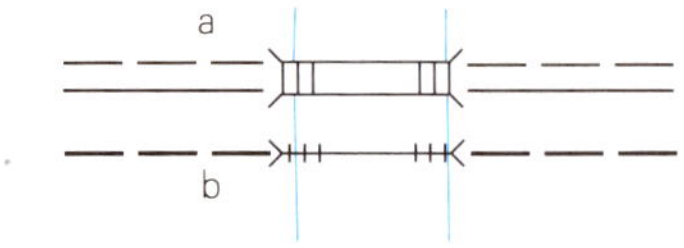			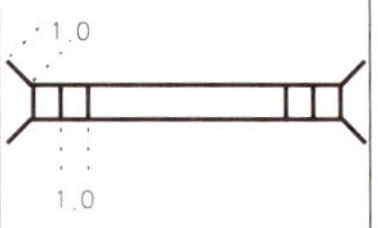	K100
4.4.34	栈桥	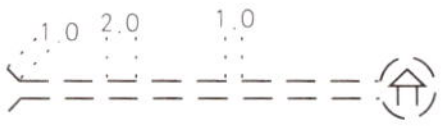				K100
4.4.35	隧道 a.依比例尺的出入口 b.不依比例尺的出入口	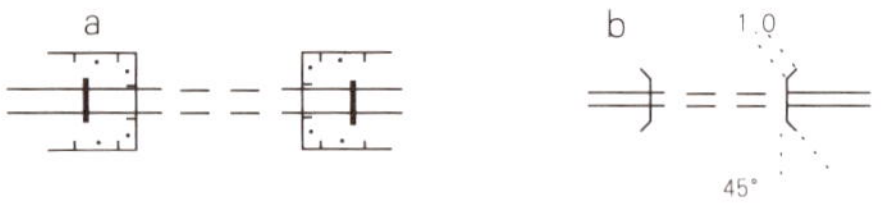				K100
4.4.36	明峒	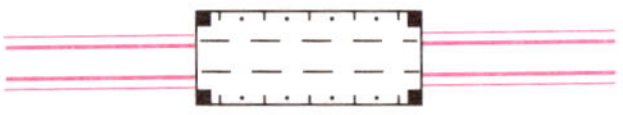				K100
4.4.37	铁路平交道口 a.有栏木的 b.无栏木的	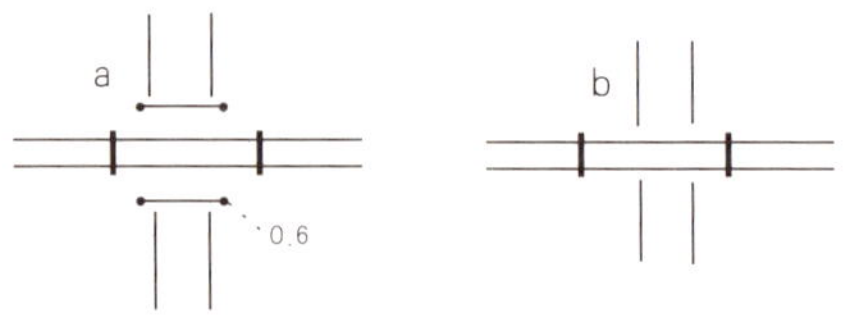				K100
4.4.38	路堑 a.已加固的 b.未加固的	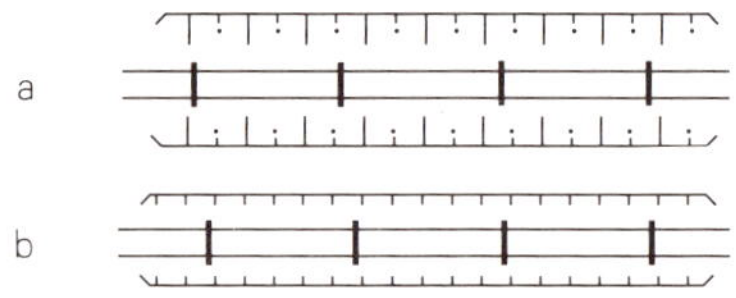				K100
4.4.39	路堤 a.已加固的 b.未加固的					K100
4.4.40	公路零公里标志 a.中国零公里标志 b.省市零公里标志				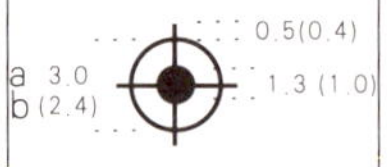	K100
4.4.41	路标	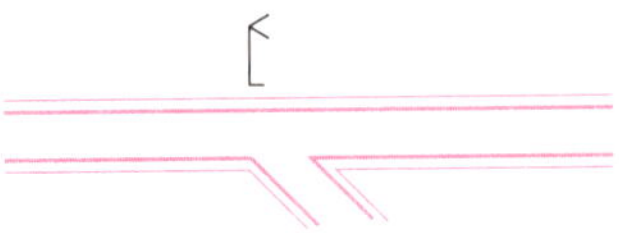			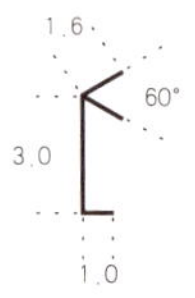	K100
4.4.42	里程碑、坡度标 a.里程碑 25——公里数 b.坡度标	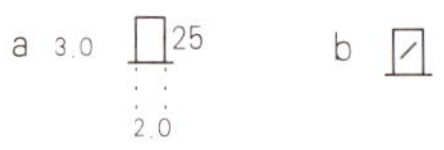		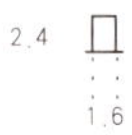	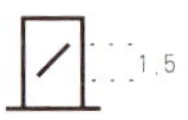	K100

简 要 说 明
4.4.32 铁索桥指在河流的陡岸上,固定数条平行的铁索于两边山崖,上铺木板供行人和非机动车辆通行的桥梁;溜索桥指在河流的陡岸上,用绳索倾斜地固定在两边山崖,绳上挂篮子,人在篮中滑溜而过的桥;缆桥、藤桥、绳桥指在河流的陡岸上,用铁绳、竹缆或藤缆上下两条固定在两边山崖供单人攀踏而过的桥。 溜索桥、绳桥、缆桥、藤桥加注"溜索"、"绳"、"缆"、"藤"等简注。
4.4.33 两端砌有台阶的桥梁。 桥宽度在图上小于 1 mm 的用不依比例尺符号表示。不能通行车辆的拱桥也用此符号表示。
4.4.34 在海边、湖边、水库等处伸入水域的架空桥梁。 栈桥端的地物用相应符号表示。图上宽度大于 0.8 mm 的依比例尺表示。
4.4.35 建造在山岭、河流、海峡及城市等地面下的通道。分火车隧道和汽车隧道。 隧道出入口宽度图上小于 2 mm 时可用符号 b 表示。
4.4.36 为避免塌方、流石等的破坏在其铁路或公路上方修筑的隧道式建筑。
4.4.37 铁路与其他道路平面相交的路口。 符号中的黑点表示栏木端点支柱的位置。
4.4.38 人工开挖的低于地面的路段。 比高在 1 m 以上才表示,比高大于 2 m 的应标注比高。
4.4.39 人工修筑的高于地面的路段。 比高在 1 m 以上才表示,比高大于 2 m 的应标注比高。堤坡的投影宽度在图上大于 0.5 mm 的用依比例尺长短线表示,小于 0.5 mm 的均用 0.5 mm 短线表示。
4.4.40 各条公路同一起始点的标志。 设在北京,作为北京至通达距离起始点的标志用符号 a 表示。 设在各省市级的公路零公里标志用符号 b 表示。
4.4.41 设置在道路边的指示道路通达情况的柱式标志。 有方位意义的才表示。
4.4.42 里程碑指设置在道路边的表示距线路起点距离的里程标志;坡度标指设置在路旁或堤上表示坡度的标志。 1∶2 000 地形图上不表示坡度标。

编号	符号名称	符号式样			符号细部图	多色图色值
		1∶500	1∶1 000	1∶2 000		
4.4.43	水运港客运站				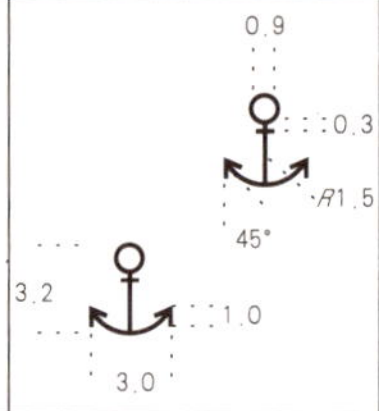	K100
4.4.44	码头 a. 固定顺岸式 b. 固定堤坝式 c. 浮码头(趸船式)	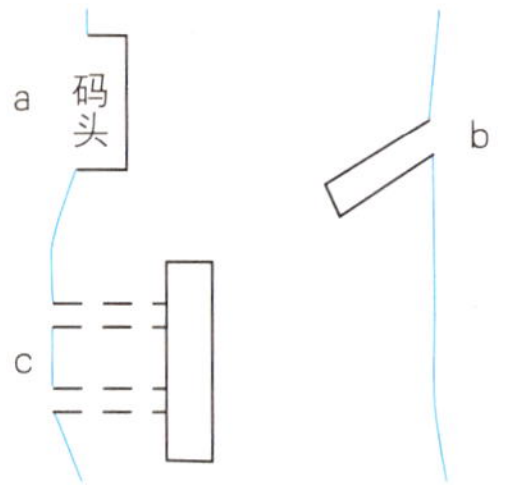				K100
4.4.45	停泊场(锚地)				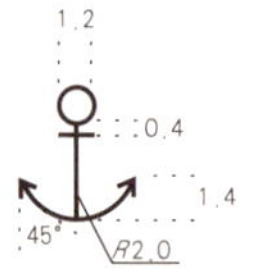	K100
4.4.46	灯塔 a. 依比例尺的 b. 不依比例尺的				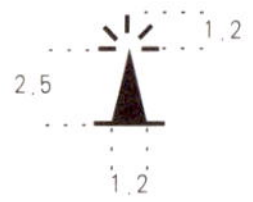	K100
4.4.47	灯桩	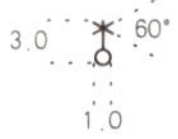				K100
4.4.48	灯船	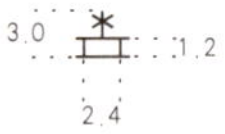			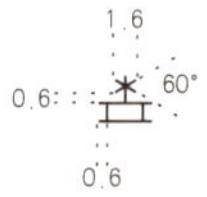	K100
4.4.49	浮标、灯浮标	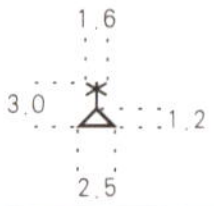				K100
4.4.50	岸标、立标					K100
4.4.51	信号杆	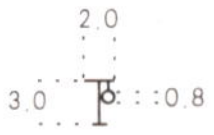				K100
4.4.52	系船浮筒	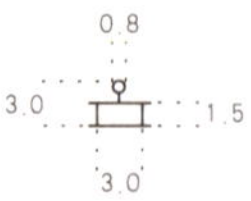				K100
4.4.53	过江管线标	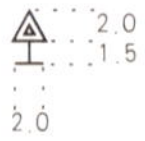			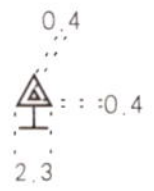	K100
4.4.54	沉船 a. 露出的 b. 淹没的	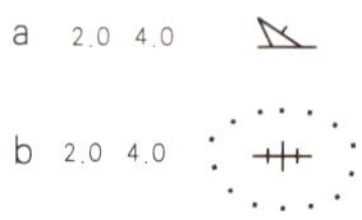			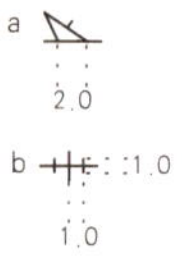	K100

简　要　说　明
4.4.43　供水上乘客出入、办理票务和候船的场所。 有名称的应注名称。注记注不下时，可用符号表示，符号表示在客运站主要建筑物的位置上。
4.4.44　供船舶停靠、上下旅客及装卸货物的场所。顺岸式码头指顺岸边修筑的固定的码头；堤坝式码头指由岸边伸向水域修筑的狭长堤坝式固定码头；浮码头指能随水面的涨落而上下浮动的码头。 按其建筑形式用相应的符号表示。有名称的码头应注出名称，无名称者注"码头"。 兼作码头用的防洪堤用堤坝式码头符号表示。浮在水上用作码头的构筑物(趸船式码头、栈桥式码头)用浮码头符号表示。 码头上的其他地物(如台阶等)用相应的符号表示。
4.4.45　港口水域中，指定的专供船舶抛锚停泊、避风、检疫及船队进行编组的地方。 符号表示在停泊场中心处。
4.4.46　建筑在水运航线附近的岛屿、礁石或港口海岸上等显要位置，安装有发光设备，引导船只航行的塔形导航设施。 符号表示在塔形建筑物中心处。依比例尺表示的用实线表示轮廓，其内配置符号。
4.4.47　设置在铁架、水泥桩、木桩上，设有发光装置的导航设施。 符号表示在桩位处。
4.4.48　装置有发光设备的，作为浮动航标使用的专用船只。通常设置在离岸较远，岸上航标作用达不到而又不便建造灯塔的港口或重要航道上。 符号表示在灯船的灯标位置上。
4.4.49　设置在江、河、港湾中，用来指示安全航道或航道附近碍航物的各种形式的浮动水上标志。 各种形式的浮标和无人看守的灯浮标均用此符号表示，符号表示在浮标位置处。
4.4.50　设在岸边、礁石、浅滩等地方的各种固定助航标志。 各种形式的立标和岸标，如导标、接岸标、过河标等，均用此符号表示。
4.4.51　为指示通行、水深、风讯而设立的一种助航信号标志。 通行信号杆(台)、水深信号杆、风讯信号杆等，均用此符号表示。
4.4.52　设置在水上的用于固定船只的浮筒式装置。 符号表示在浮筒位置处。
4.4.53　设在电缆或管道过江的两岸端的立标。该立标顶端有三角形空心板，写有"禁止抛锚"的警示标板。 按实地位置用此符号表示。
4.4.54　沉船分为露出水面的和水面下的。 根据情况分别用相应的符号表示。沉船区域用地类界表示。

编号	符号名称	符号式样 1∶500	符号式样 1∶1 000	符号式样 1∶2 000	符号细部图	多色图色值
4.4.55	急流区域 a. 大面积的	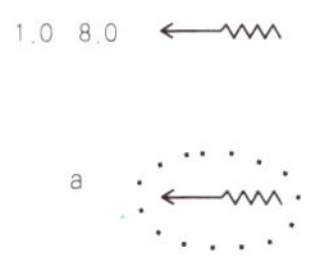			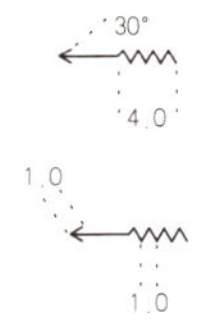	K100
4.4.56	旋涡区域 a. 大面积的					K100
4.4.57	通航河段起止点	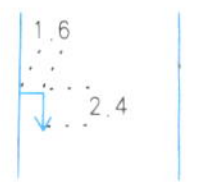				C100
4.4.58	缆车道	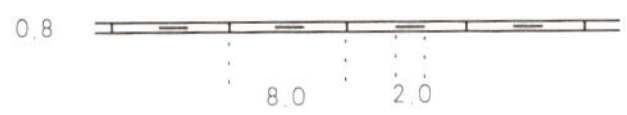				K100
4.4.59	简易轨道	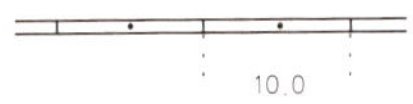		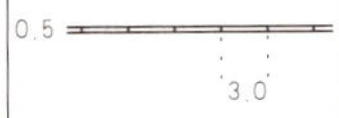	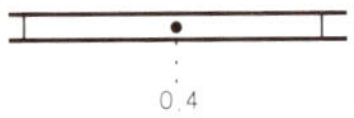	K100
4.4.60	架空索道 a. 端点、支架 a1. 依比例尺的 a2. 不依比例尺的			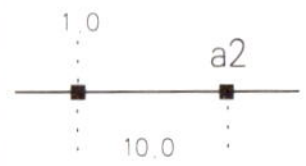		K100
4.4.61	渡口 a. 汽车渡 b. 火车渡 c. 人渡 90、1190——载重吨数	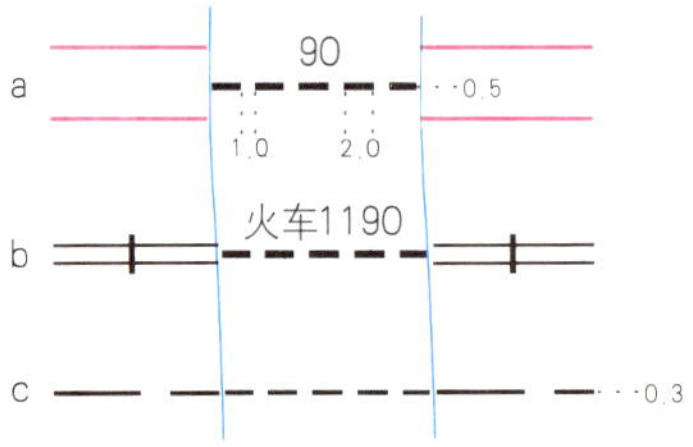				K100
4.4.62	徒涉场 a. 汽车徒涉场 b. 行人徒涉场	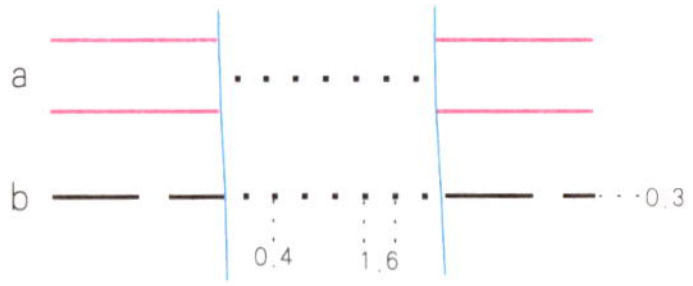				K100
4.4.63	跳墩					K100
4.4.64	漫水路面	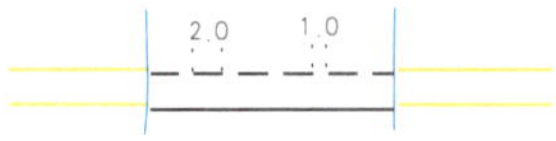				K100
4.4.65	过河缆	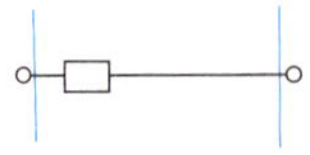			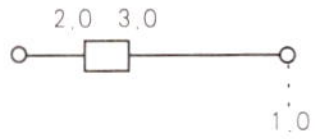	K100

简 要 说 明
4.4.55 在狭窄水道或滩等处水流流速明显增大形成湍急的水域。 大面积的急流应表示其范围线。
4.4.56 受地形的影响或由不同方向、不同流速的几股水流汇合而形成的旋涡。 大面积的旋涡应表示其范围线。
4.4.57 标示通航河段的起点与终点。 各种吨位的通航起止点均用此符号表示。符号的箭头方向朝向通航河段。
4.4.58 在陡坡上铺设铁轨，利用钢缆带动车厢沿轨道上下行驶的车道。 临时性的不表示。
4.4.59 在工矿区供机动牵引车、手压机式手推车行驶的固定小型铁轨。 临时性的不表示。 1∶2 000 地形图上宽度小于 0.5 mm 的用 0.5 mm 表示。
4.4.60 跨越河流、山谷和地面障碍物、用绞车牵引钢缆在支架上架空运输物质或人员的一种钢缆线。 1∶500、1∶1 000 地形图上的支架、杆柱按实地位置表示；1∶2 000 地形图上两端的支架按实地位置表示，中间配置表示。
4.4.61 载运人员、车辆过江、河、湖、海的场所，分人渡、汽车渡和火车渡等。 能载渡汽车和火车的渡口加注载重吨数，火车渡还应加注“火车”二字。
4.4.62 能涉水过河的场所。
4.4.63 浅水河中安置可跨步过河的石墩或石块。
4.4.64 道路通过浅水河流的路段。 符号的虚线表示在河流上游一侧。
4.4.65 在河流两岸间架设钢索，索上悬挂吊斗，可用来载人载物过河的设施。

编号	符号名称	符号式样			符号细部图	多色图色值
		1∶500	1∶1 000	1∶2 000		
4.5	**管线**					
4.5.1 4.5.1.1 4.5.1.2 4.5.1.3	高压输电线 架空的 a.电杆 35——电压(kV) 地面下的 a.电缆标 输电线入地口 a.依比例尺的 b.不依比例尺的	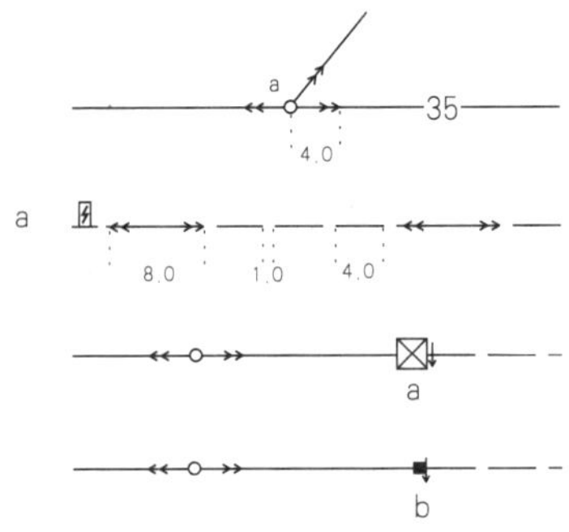			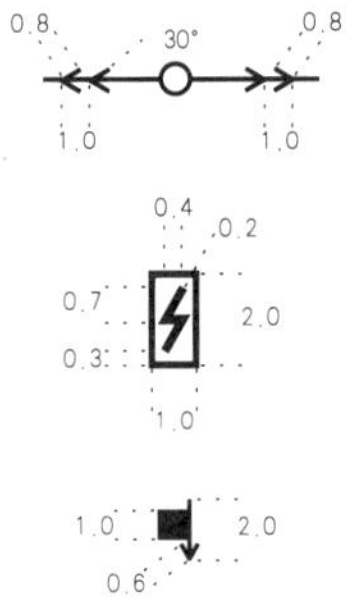	K100
4.5.2 4.5.2.1 4.5.2.2 4.5.2.3	配电线 架空的 a.电杆 地面下的 a.电缆标 配电线入地口	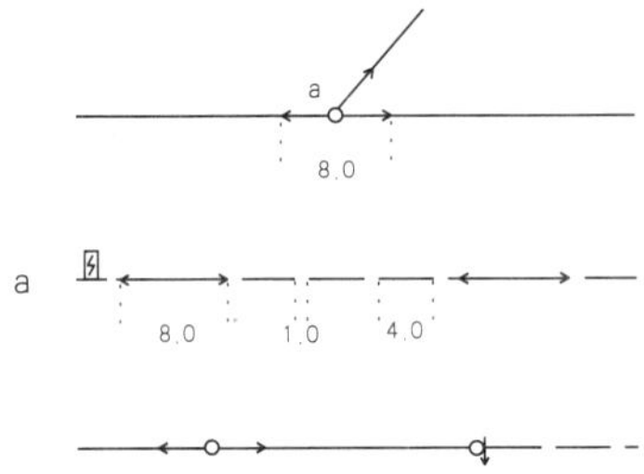				K100
4.5.3 4.5.3.1 4.5.3.2 4.5.3.3 4.5.3.4 4.5.3.5 4.5.3.6	电力线附属设施 电杆 电线架 电线塔(铁塔) a.依比例尺的 b.不依比例尺的 电缆标 电缆交接箱 电力检修井孔	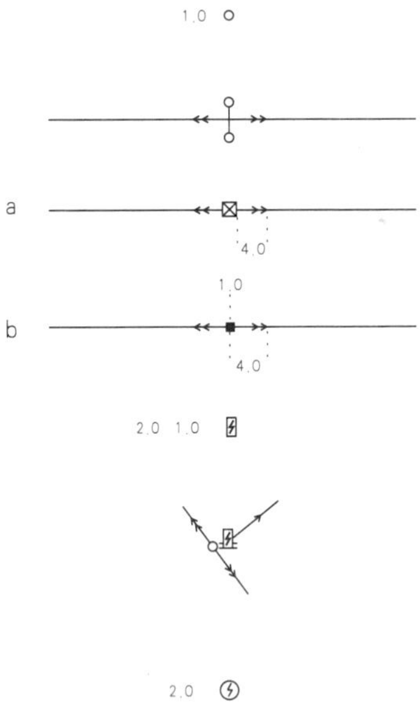			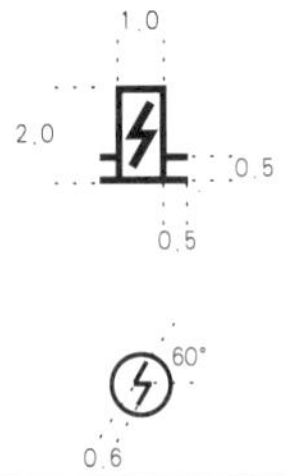	K100
4.5.4	变电室(所) a.室内的 b.露天的				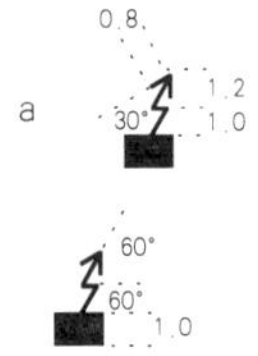	K100
4.5.5	变压器 a.电线杆上的变压器					K100

简 要 说 明
4.5 **管线** 电力线(分为输电线和配电线)、通信线、各种管道及其附属设施的总称。
4.5.1 用以输送6.6 kV以上且固定的高压输电线路。 多种电线在一个杆柱上时只表示主要的。 输电线根据需要可不连线,仅在杆位或转折、分岔处和出图廓时在图内表示一段符号以示走向。 地下输电线根据需要表示。图上每隔3～4节表示一节电压符号。 电缆标按实地位置表示,一般不取舍,但在1∶2 000地形图上电力线直线部分的电缆标可取舍。 地下电力线用虚线表示,入地口紧靠杆位垂直于电力线表示。
4.5.2 用以输送6.6 kV以下且固定的低压配电线路。 配电线的表示方法同输电线。
4.5.3 电力线附属设施 4.5.3.1 支撑电线的立杆。 电杆不区分建筑材料、断面形状,均用同一个符号表示。电杆按实地位置表示。 4.5.3.2 由两根立杆组成,支撑电线的支架。 电线架按实地位置表示。 4.5.3.3 由钢架结构组成,支撑电线的塔架。 电线塔(铁塔)按实地位置表示。 4.5.3.4 指示地下电力线的地面标志。 电缆标符号垂直于电力线表示。电缆标位置按实地表示,但在1∶2 000地形图上除拐弯处外,直线部分可取舍。 4.5.3.5 交流电电缆的分接设备。图上只表示室外的电缆交接箱,并按实地位置表示。 4.5.3.6 进入地下检修电力线的出入口。
4.5.4 改变电压和控制电能输送与分配的场所。 设在房屋内的,其房屋轮廓内配置符号;露天的其范围用相应的地物符号表示,范围内配置符号;其房屋或轮廓范围不能依比例尺表示时,只表示变电室(所)符号,符号表示在大变压器的位置上。
4.5.5 露天的、安装在电线杆、架上的小型变压器。 按实地位置表示。变压器大于符号尺寸的,用轮廓线表示,其内配置符号。

编号	符号名称	符号式样 1∶500	符号式样 1∶1 000	符号式样 1∶2 000	符号细部图	多色图色值
4.5.6	陆地通信线					K100
4.5.6.1	地面上的 a. 电杆					
4.5.6.2	地面下的 a. 电缆标	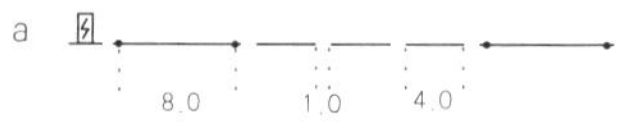				
4.5.6.3	通信线入地口	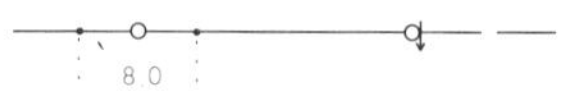				
4.5.6.4	电信交接箱	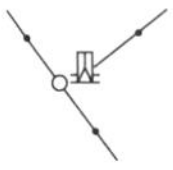			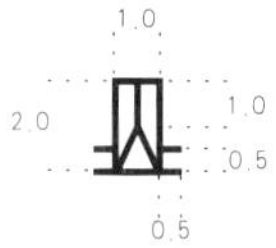	
4.5.6.5	电信检修井孔 a. 电信人孔 b. 电信手孔				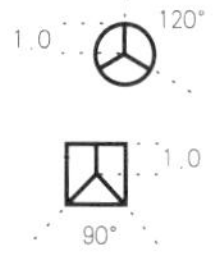	
4.5.7	管道					K100
4.5.7.1	架空的 a. 依比例尺的墩架 b. 不依比例尺的墩架	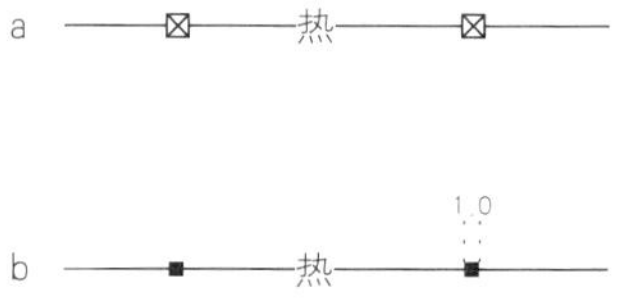				
4.5.7.2	地面上的	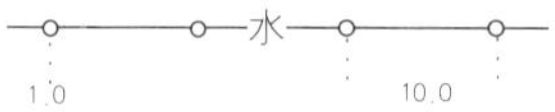				
4.5.7.3	地面下的及入地口	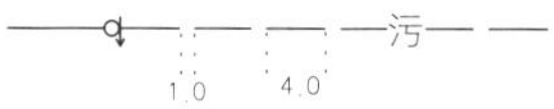				
4.5.7.4	有管堤的 热、水、污——输送物名称	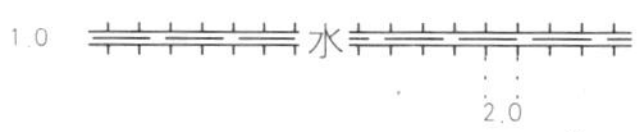				
4.5.8	管道检修井孔					K100
	a. 给水检修井孔					
	b. 排水(污水)检修井孔					
	c. 排水暗井					
	d. 煤气、天然气、液化气检修井孔					
	e. 热力检修井孔					
	f. 工业、石油检修井孔					
	g. 不明用途的井孔					

简　要　说　明
4.5.6　供通信的陆地电缆、光缆线路，如电话线、广播线等。 光缆应加注“光”字，较长时图上每隔 15 cm 重复注出。 电缆标是指示地下通信线的地面标志，按实地位置表示。 电信检修井孔指进入地下检修通信线的出入口。不分井盖形状，只区分人孔和手孔符号。 供市内、城镇电信网主干电(光)缆与配线电(光)缆交接的大容量交接分线设备。图上只表示落地的电信交接箱。 通信线及附属设施的表示方法同输电线。

4.5.7　输送油、汽、气、水等液体和气态物质的管状设施。

管道分为架空的、地面上的、地面下的、有管堤的四种，分别用相应符号表示，并加注输送物名称。根据需要也可注记输送物名称简注。输送物名称简注见表 3。

表 3

类别	给水	排水	煤气	天然气	液化气	热力	电力	电信	工业管道
简注	水	污、雨、合	煤气	气	液化	热	电	信	氧、氢、乙炔、石油、排渣等
注：“合”表示污水、雨水合流。									

架空管道的支架按实际位置表示，当支架密集时，直线部分可取舍。

地下管道在能判别走向的情况下可选择表示。地面下的管道在地面上的标志用过江管线标符号表示。

有管堤的管道是指管道敷设于地面，上面修筑土堤保护管道。图上大于符号尺寸的依比例尺表示。

各种管道通过河流、沟渠时，在水上通过的以“架空的”符号表示，在水下通过的以“地面下的”符号表示。

管道及附属设施表示的详细程度可根据需要而定。

4.5.8　管道检修井孔按实际位置表示，不区分井盖形状，只按检修类别用相应符号表示。重点表示主管和铺装路上的检修井。

a. 进入地下检修给水管道的出入口；

b. 进入地下检修排水管道的出入口；

c. 进行清污、疏通地下排水管道的地下井口；

d. 进入地下检修煤气、天然气、液化气管道的出入口；

e. 进入地下检修热力管道的出入口；

f. 进入地下检修工业管道的出入口；

g. 不明用途的或综合管道的检修井孔。

编号	符号名称	符号式样			符号细部图	多色图色值
		1∶500	1∶1 000	1∶2 000		
4.5.9	管道其他附属设施 a. 水龙头 b. 消火栓 c. 阀门 d. 污水、雨水箅子	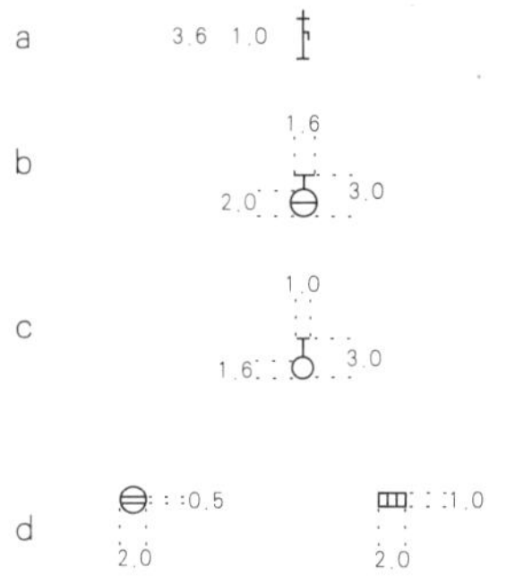			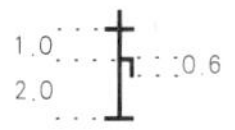	K100
4.6	**境界**					
4.6.1	国界 a. 已定界和界桩、界碑及编号 b. 未定界	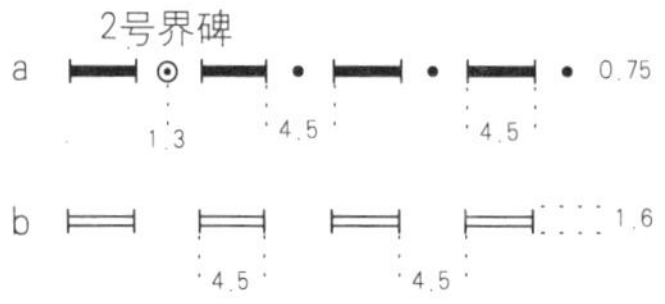			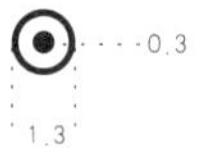	K100
4.6.2	省级行政区界线和界标 a. 已定界 b. 未定界 c. 界标	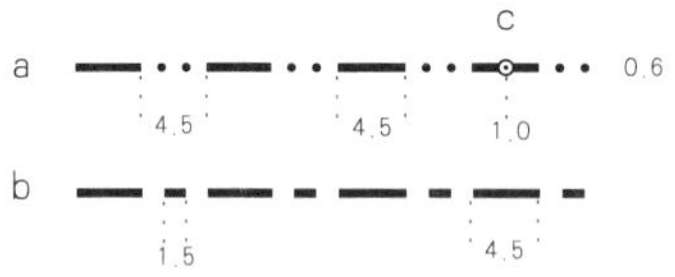				K100
4.6.3	特别行政区界线					K100
4.6.4	地级行政区界线 a. 已定界和界标 b. 未定界	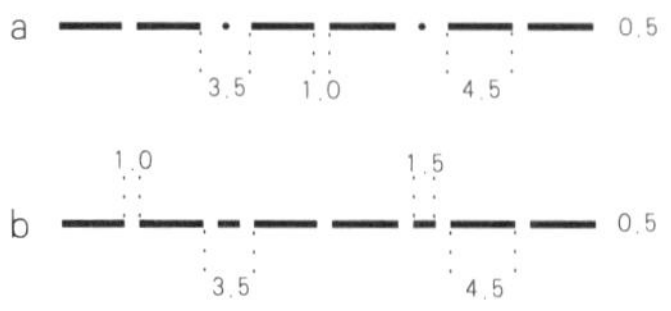				K100
4.6.5	县级行政区界线 a. 已定界和界标 b. 未定界	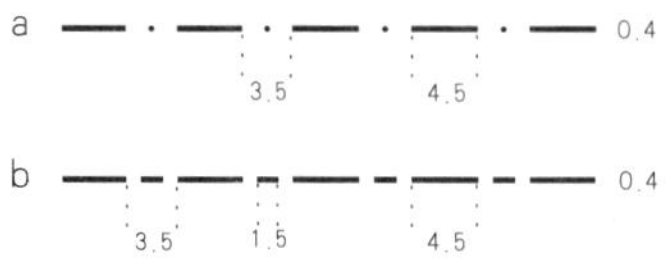				K100

简 要 说 明
4.5.9 管道其他附属设施 a. 室外饮水、供水的出水口的控制开关。 供水站依比例尺表示，其内配置水龙头符号。 b. 消防用水接口。 室外地上和地下的消火栓均用此符号表示。 c. 工业、热力、液化气、天然气、煤气、给水、排水等各种管道的控制开关。 阀门池在图上大于符号尺寸时，依比例尺表示，其内配置阀门符号。 d. 城市街道及内部道路旁污水雨水管道口起箅滤作用的过滤网。 符号按实际情况沿道路边线表示。
4.6 **境界** 境界是区域范围的分界线，分为国界和国家内部境界两种。当两级以上境界重合时，按高一级境界表示。国家内部各种境界，遇有行政隶属不明确地段，用未定界符号表示。
4.6.1 国界是国与国之间的领土分界线。国界应根据国家正式签定的边界条约或边界议定书及附图，按实地位置在图上精确表示。 a. 表示国界时应注意： ——国界符号应连续不间断，界桩、界碑应按坐标值定位，注出其编号，并尽量注出高程。 ——同号双立或同号三立的界桩、界碑，图上不能同时按实地位置表示时，用空心小圆圈按实地的位置关系表示，并注出各自序号。 ——各种注记不要压盖国界符号，并均应注在本国界内。 b. 以河流及线状地物为界的国界表示方法： ——以河流中心线或主航道为界的，河流符号内能表示国界符号时，国界符号在河流中心线位置或主航道线上不间断表示出，并正确表示岛屿、沙洲的归属(即每隔 3 cm～5 cm 交错表示 3～4 节符号)；河流符号内表示不下国界符号时，国界符号在河流两侧不间断交错表示(每段 3～4 节)，岛屿、沙洲用附注标明归属。 ——以共有河流或线状地物为界的，国界符号应在其两侧每隔 3 cm～5 cm 交错表示 3～4 节符号。岛屿用附注标明归属。 ——以河流或线状地物一侧为界的，国界符号在相应的一侧不间断表示出。
4.6.2～4.6.5 国家内部省级行政区之间的、地级行政区之间的、县级行政区之间的分界线和界线标志。 各级行政区划界应以相应的符号准确表示。各级界桩、界标要准确表示。界标若为石碑的则以纪念碑符号表示。 境界以线状地物为界，不能在线状符号中心表示时，可沿两侧每隔 3 cm～5 cm 交错表示出 3～4 节符号，但在境界相交或明显拐弯点以及接近图廓或调绘面积边缘的地方，境界符号不应省略。 应清楚地标明岛屿、沙洲等的隶属关系。 “飞地”界线用其所辖属行政单位的境界符号表示，并在其范围内加注隶属注记。

编号	符号名称	符号式样 1∶500	符号式样 1∶1 000	符号式样 1∶2 000	符号细部图	多色图色值
4.6.6	乡、镇级界线 a. 已定界 b. 未定界	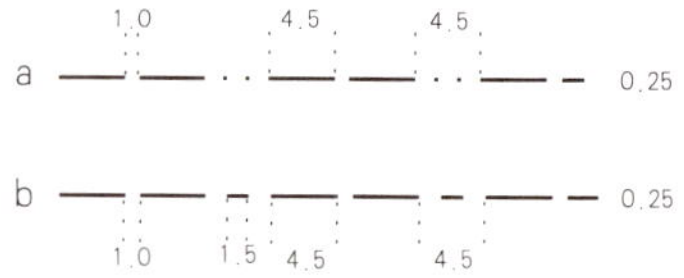				K100
4.6.7	村界					K100
4.6.8	特殊地区界线	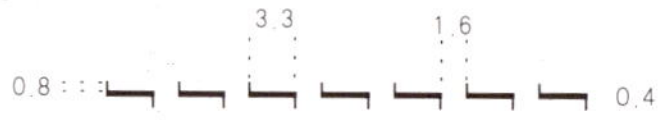				K100
4.6.9	开发区、保税区界线					M100
4.6.10	自然、文化保护区界线	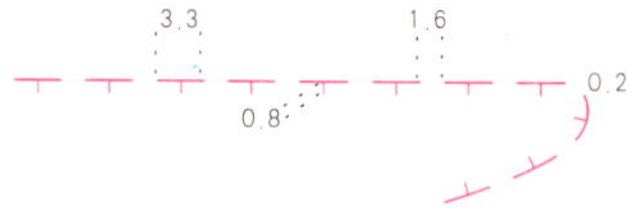				M100
4.7	**地貌**					
4.7.1	等高线及其注记 a. 首曲线 b. 计曲线 c. 间曲线 25——高程	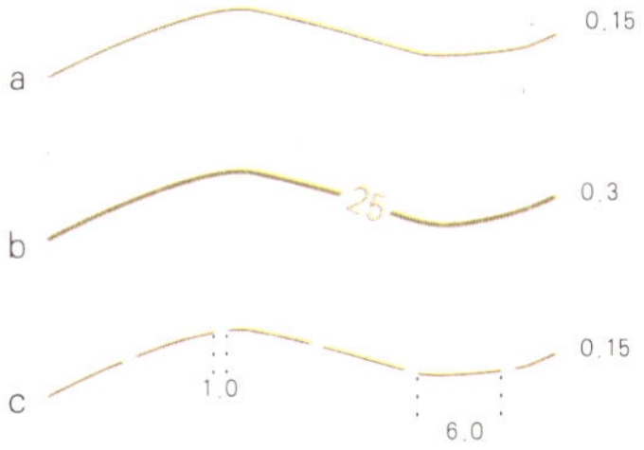				M40Y100K30
4.7.2	示坡线					M40Y100K30
4.7.3	高程点及其注记 1520.3、—15.3——高程					K100
4.7.4	比高点及其注记 6.3、20.1、3.5——比高					与所表示的地物用色一致

简　要　说　明
4.6.6　乡、镇、国有农场、林场、牧场、盐场、养殖场等之间的行政分界线。
4.6.7　村与村之间的行政分界线。
4.6.8　不适用于用上述界线表示的特殊地区，可用特殊地区界表示。 如国外的克什米尔地区用此符号表示。
4.6.9　国内如高新技术开发区、经济开发区、农业开发区、保税区等界用此符号表示，并在其范围内注记名称注记。
4.6.10　经国家或省级人民政府公布的自然保护区、国家森林公园、风景旅游区以及世界自然或文化遗产等的范围界线。 用此符号表示，并在其范围内注记名称。
4.7　**地貌** 地球表面起伏的形态。
4.7.1　等高线是地面上高程相等的各相邻点所连成的闭合曲线。等高线分为首曲线、计曲线、间曲线。 a. 从高程基准面起算，按基本等高距测绘的等高线，又称基本等高线。 b. 从高程基准面起算，每隔四条首曲线加粗一条的等高线，又称加粗等高线。 c. 按二分之一基本等高距测绘的等高线，又称半距等高线。表示时可不闭合，但应表示至基本等高线间隔较小、地貌倾斜相同的地方为止。在表示小山顶、小洼地、小鞍部等地貌形态时，可缩短其实部和虚部的尺寸。 在等高线比较密的等倾斜地段，当两计曲线间的空白小于 2 mm 时，首曲线可省略不表示。 等高线遇到房屋、窑洞、公路、双线表示的河渠、冲沟、陡崖、路堤、路堑等符号时，应表示至符号边线。 单色图上等高线遇到各类注记、独立地物、植被符号时，应间断 0.2 mm。 大面积的盐田、基塘区，视具体情况可不测绘等高线。 等高线高程注记应分布适当，便于用图时迅速判定等高线的高程，其字头朝向高处。根据地形情况图上每 100 cm^2 面积内，应有 1～3 个等高线高程注记。
4.7.2　指示斜坡降落的方向线，它与等高线垂直相交。 一般应表示在谷地、山头、鞍部、图廓边及斜坡方向不易判读的地方。凹地的最高、最低一条等高线上也应表示示坡线。
4.7.3　根据高程基准面测定高程的地面点。 高程点用 0.5 mm 的黑点表示。独立地物如宝塔、烟囱等的高程均为地物基部的地面高，高程点省略，只在符号旁注记其高程。高程点注记一般注至 0.1 m，1∶500、1∶1 000 地形图可根据需要注至 0.01 m；低于 0 m 的高程点，应在其注记前加"－"号。 高程点高程注记用正等线体注出。
4.7.4　地物顶部至地物基部的高差。 在图上用 0.5 mm 的点表示，定位在地物的顶部。对于独立地物如烟囱、宝塔等，比高点省略，只在符号旁注记其比高。 比高注记用长等线体注出。比高点及注记应与所表示的地物用色一致。

编号	符号名称	符号式样 1∶500	符号式样 1∶1 000	符号式样 1∶2 000	符号细部图	多色图色值
4.7.5	特殊高程点及其注记 洪 113.5——最大洪水位高程 1986.6——发生年月	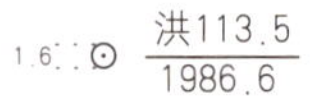				K100
4.7.6	水下高程注记及等高线 a. 水下高程注记 a1. 水下高程 a2. 水深 b. 水下等高线 b1. 首曲线 b2. 计曲线 −3、−5——高程 c. 等深线 c1. 首曲线 c2. 计曲线 3、5——深度	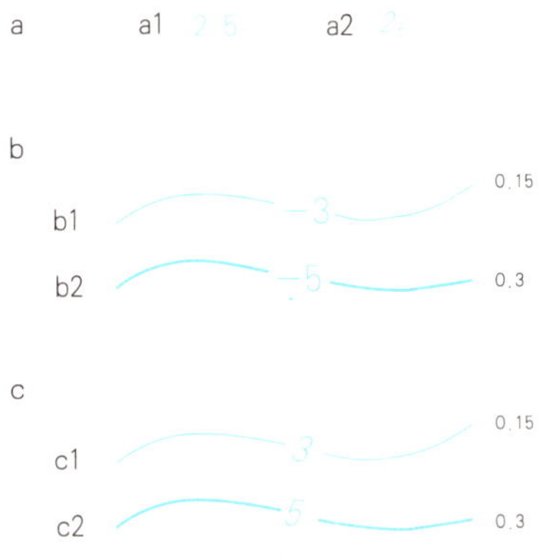				C100
4.7.7	独立石 a. 依比例尺的 b. 不依比例尺的 2.4——比高				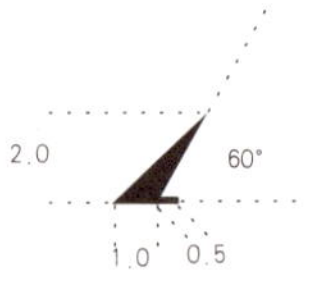	K100
4.7.8	土堆、贝壳堆、矿渣堆 a. 依比例尺的 b. 不依比例尺的 3.5——比高					K100
4.7.9	石堆 a. 依比例尺的 b. 不依比例尺的				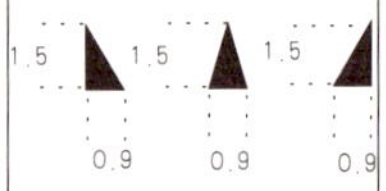	K100
4.7.10	岩溶漏斗、黄土漏斗				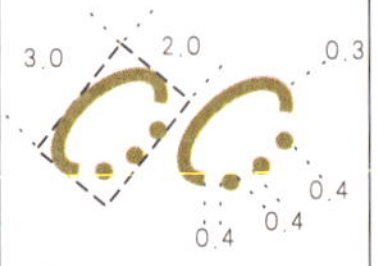	M40Y100K30
4.7.11	坑穴 a. 依比例尺的 b. 不依比例尺的 2.6、2.3——深度	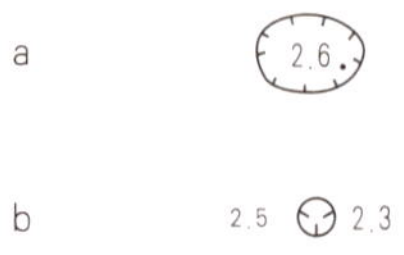				K100
4.7.12	山洞、溶洞 a. 依比例尺的 b. 不依比例尺的					K100

简 要 说 明
4.7.5 具有特殊需要和意义的高程点，如洪水位、大潮潮位等处的高程点。
4.7.6 海岸线以下可采用1985国家高程基准作为起算面测定水下高程及等高线，也可采用深度基准面测定水深及等深线，但同一幅图内只能采用一种起算面。 a. 水下高程或水深注记以米(m)为单位。 a1. 水下高程(实测高程)是参照1985国家高程基准面，由外业施测测定海岸线以下的地面高程。实测高程用正等线体注出，实测点位在小数点的位置上；低于0 m(基准面)的高程点，其高程用负数注出。 a2. 水深(转绘水深)是深度基准面(最低低潮面)向下至水下测点的深度，可根据海图由内业转绘。转绘海图的水深用右斜等线体表示，实测点位在整数中心，小数用拖尾小号数字表示。 b. 水下等高线指海岸线以下高程相等的各相邻点所连成的闭合曲线。水下等高线分为首曲线和计曲线。低于0 m(基准面)的等高线，其高程用负数注出。 水下等高线注记用正等线体注出，注记字头指向浅水处。 c. 等深线指根据深度基准面测定的深度值相等的各相邻点所连成的闭合曲线。根据海图内业转绘。等深线注记用右斜等线体注出，注记字头指向浅水处。
4.7.7 地面上长期存在的具有方位意义的较大的独立石块。 能依比例尺表示的应表示其轮廓线，其内配置符号。独立石应标注比高。
4.7.8 由泥土、贝壳、矿渣堆积而成的堆积物。 沿其顶部概略轮廓表示为实线，斜坡根据其坡度大小用斜坡或陡坎符号表示至坡脚，并标注比高；图上面积小于符号b的用符号b表示。海边的贝壳堆、固定的矿渣堆分别加注“贝壳”、“渣”字。 对于较大的没有明显顶部棱线和坡底轮廓的且独立的堆积体，如“矸石山”，可用地类界表示其范围，内部以等高线表示，并加注名称。
4.7.9 由石块堆积而成的堆积物。 图上面积大于符号尺寸的用地类界表示其范围线，中间配置符号。
4.7.10 在岩溶地区受水的溶蚀或岩层塌陷而在地面形成的漏斗状或碟形的封闭洼地。 面积小的用此符号表示(符号的点线朝东南方向，其定位点在椭圆中心)；面积大的按实际情况用陡崖、陡坎和等高线配合表示，其中心仍应表示漏斗符号。 黄土漏斗也用此符号表示，并加注“土”字。
4.7.11 地表面突然凹下的部分，坑壁较陡，坑口有较明显的边缘。 以陡坎符号表示坑边缘，并标注坑底高程或坑穴深度。坑穴面积很大时可配合等高线表示。
4.7.12 山洞是指山体中的洞穴；溶洞指受水溶蚀或岩层塌陷而形成的地下空洞。 符号在洞口位置上按真实方向表示。符号两端短线表示洞口宽度；当洞口宽度小于3 mm时用符号b表示。山洞、溶洞有名称的加注名称。 人工修筑的防空洞和探洞等亦用此符号表示，并加注相应的说明注记“防”、“探”等字。

编号	符号名称	符号式样 1:500	符号式样 1:1 000	符号式样 1:2 000	符号细部图	多色图色值
4.7.13	冲沟 3.4、4.5——比高	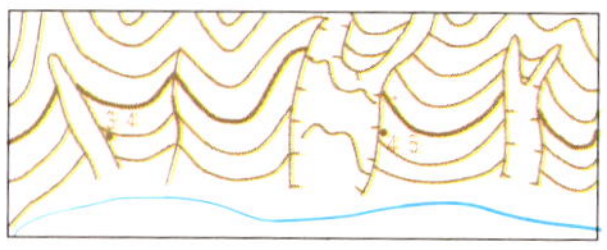				M40Y100K30
4.7.14	地裂缝 a.依比例尺的 2.1——裂缝宽 5.3——裂缝深 b.不依比例尺的	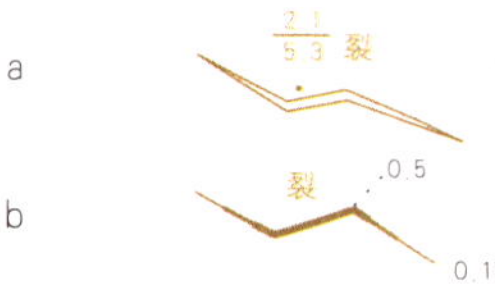				M40Y100K30
4.7.15	陡崖、陡坎 a.土质的 b.石质的 18.6、22.5——比高	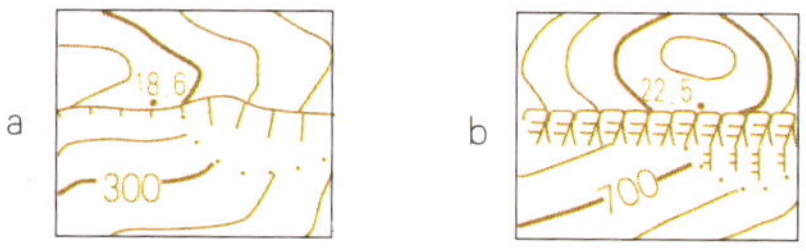			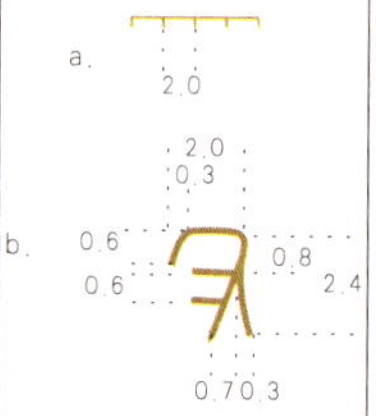	M40Y100K30
4.7.16	人工陡坎 a.未加固的 b.已加固的	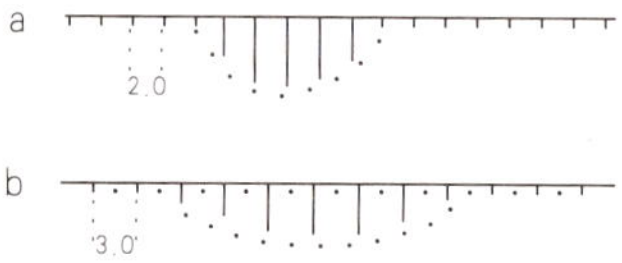				K100
4.7.17	露岩地、陡石山 a.露岩地 b.陡石山 1986.4——高程	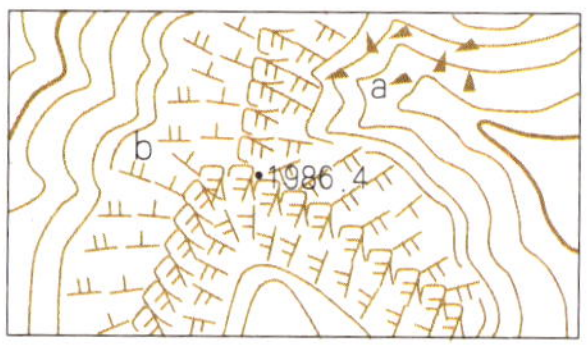			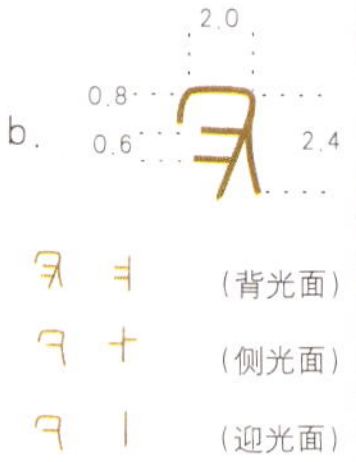	M40Y100K30
4.7.18	平沙地					M40Y100K30
4.7.19	崩崖 a.沙土崩崖 b.石崩崖	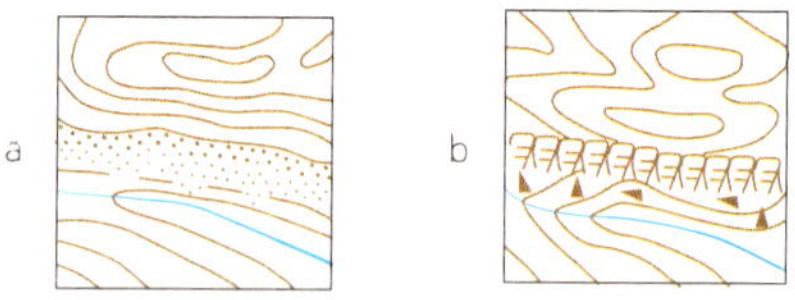			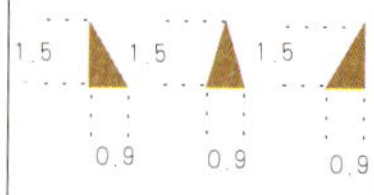	M40Y100K30
4.7.20	滑坡	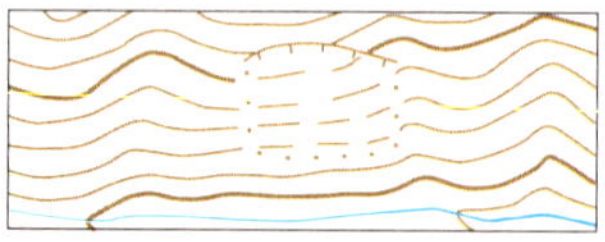				M40Y100K30
4.7.21	斜坡 a.未加固的 b.已加固的	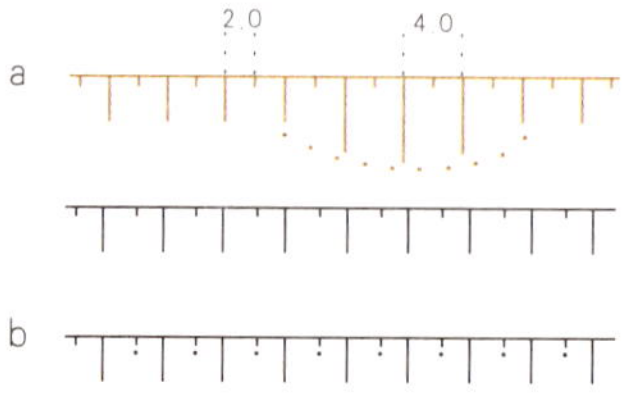				a. M40Y100K30、 K100 b. K100

简 要 说 明
4.7.13 地面长期被雨水急流冲蚀而形成的大小沟壑，沟壁较陡，攀登困难。 图上宽度在0.5 mm以内的用线粗为0.1 mm～0.5 mm单线渐变表示；宽度大于0.5 mm的用双线表示；宽度在3 mm以上的需表示陡崖符号。宽度大于5 mm时还应表示沟内等高线。冲沟应标注比高。 沟坡较缓的宽大冲沟可用等高线表示，或用符号与等高线配合表示。
4.7.14 由地壳运动引起的地裂或采掘矿物后的采空区塌陷造成的地表裂缝。 图上宽度大于1 mm时用双线表示，并标注宽度和深度；小于1 mm时其实际长度按两头以0.15 mm～0.5 mm渐变的单线表示，并加注"裂"字。
4.7.15 形态壁立、难于攀登的陡峭崖壁或各种天然形成的坎（坡度在70°以上），分为土质和石质两种。 符号的实线为崖壁上缘位置。土质陡崖图上水平投影宽度小于0.5 mm时，以0.5 mm短线表示；大于0.5 mm时，依比例尺用长线表示。石质陡崖图上水平投影宽度小于2.4 mm时，以2.4 mm表示，大于2.4 mm时依比例尺表示。陡崖应标注比高。
4.7.16 由人工修成的坡度在70°以上的陡峻地段。 符号的上沿实线表示陡坎的上棱线，齿线表示陡坎坡面，符号齿线一般表示到坎脚；陡坎图上水平投影宽度小于0.5 mm时，以0.5 mm短线表示；大于0.5 mm时，依比例尺用长线表示。当坡面有明显坎脚线时，可用地类界表示其坎脚线。 陡坎与其他要素的配合表示见附录B。
4.7.17 露岩地指岩石露出地面且分布较集中的地段。图上用等高线配合散列的石块符号表示，在其边缘处适当多配置些石块符号以示其概略范围。 陡石山指全部或大部分岩石裸露且坡度大于70°的陡峻山岭。当石山坡度小于70°时，用等高线配合露岩地符号表示。陡石山应适当标注高程。
4.7.18 平坦沙地或起伏不明显的沙地。 面积较大时加注注记。
4.7.19 沙土质或石质的山坡受风化作用，其碎屑向山坡下崩落的地段。 分别用相应符号表示。符号上缘实线表示崩崖上缘，若上缘是陡崖时应表示陡崖符号。面积较大时用等高线配合表示。
4.7.20 斜坡表层由于地下水和地表水的影响，在重力作用下向下滑动的地段。 符号上缘用陡崖符号表示，范围用地类界表示，其内部的等高线用长短不一的虚线表示。
4.7.21 各种天然形成和人工修筑的坡度在70°以下的坡面地段。 天然形成斜坡用棕色表示，人工修筑的用黑色表示。斜坡在图上投影宽度小于2 mm时，以陡坎符号表示。 符号的上沿实线表示斜坡的上棱线，长短线表示坡面，符号的长线一般表示到坡脚，当坡面有明显坡脚线时，可用地类界表示其坡脚线。

编号	符号名称	符号式样 1∶500	符号式样 1∶1 000	符号式样 1∶2 000	符号细部图	多色图色值
4.7.22	梯田坎 2.5——比高	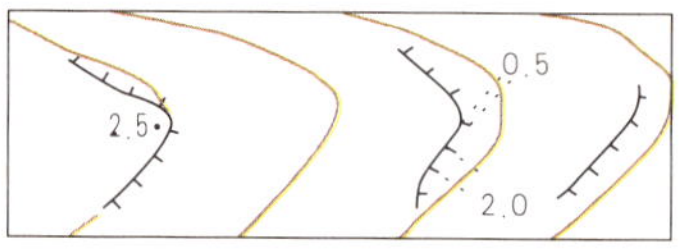				K100
4.7.23	石垄 a. 依比例尺的 b. 半依比例尺的	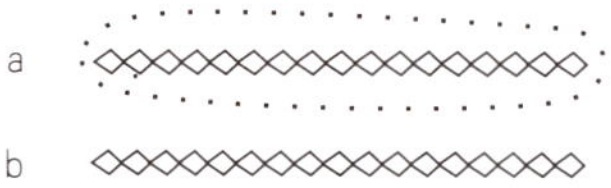			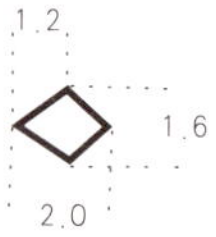	K100
4.8	**植被与土质**					
4.8.1	稻田 a. 田埂	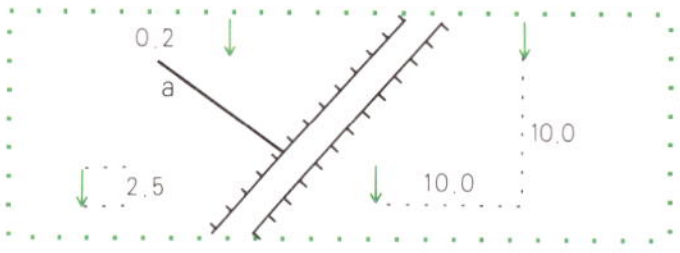				C100Y100
4.8.2	旱地					C100Y100
4.8.3	菜地				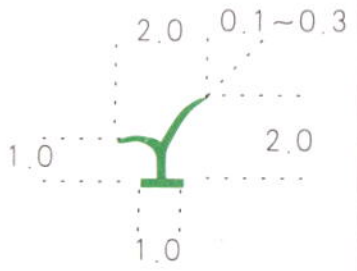	C100Y100
4.8.4	水生作物地 a. 非常年积水的 菱——品种名称	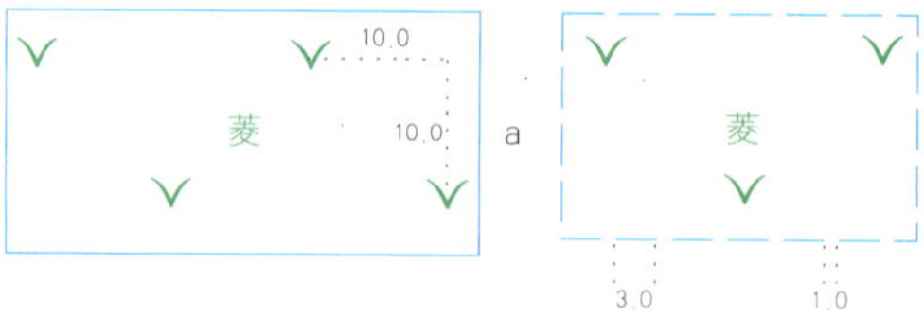			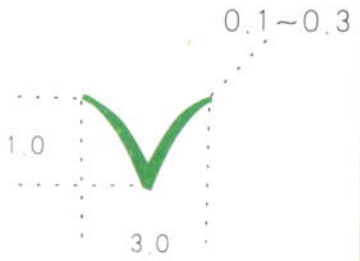	C100Y100
4.8.5	台田、条田					C100

简 要 说 明
4.7.22 依山坡或谷地由人工修筑的阶梯式农田陡坎。 梯田坎需适当标注比高或注出坎上坎下高程。
4.7.23 在山坡或河滩地上用大小不同的石块，由人工堆积而成的狭长石围。 图上面积较大时，用地类界表示其范围线，中间配置符号。
4.8 **植被与土质** 植被是地表各种植物的总称；土质是地表各种物质的总称。 同一地段生长有多种植物时，植被符号可配合表示，但不要超过三种（连同土质符号）。如果种类很多，可舍去经济价值不大或数量较少的。符号的配置应与实地植被的主次和稀密情况相适应。 表示植被时，除疏林、稀疏灌木林、迹地、高草地、草地、半荒草地、荒草地等外，一般均应表示地类界。 配置植被符号时，不要截断或压盖地类界和其他地物符号。植被范围被线状地物分割时，在各个隔开部分内，至少应配置一个符号。
4.8.1 种植水稻的耕地。 不分常年有水和季节性有水，均用此符号表示。水旱轮作地也按稻田符号表示。 符号按整列式配置；田埂图上宽度大于 1 mm 的以双线表示。
4.8.2 稻田以外的农作物耕种地，包括撂荒未满三年的轮歇地。 符号按整列式配置。大面积的旱地可不用符号表示，在其范围内加注“旱地”注记。
4.8.3 以种植蔬菜为主的耕地。 符号按整列式配置。有喷灌设备的菜地需加注“喷灌”二字。粮菜轮种的耕地按旱地表示。
4.8.4 比较固定的以种植水生作物为主的用地，如菱角、莲藕、茭白地等。 符号按整列式配置。图上面积大于 2 cm^2 的除表示符号外，还应加注品种名称。 非常年积水的水生作物地（如藕田），在图上用不固定水涯线加符号表示。
4.8.5 台田指土壤含盐、碱成分较重地区（非盐碱地），为改造土壤、挖有排盐、排碱沟渠的地面抬高的农田。其范围用地类界表示，地物用相应的地物符号表示，并加注“台田”注记。已长期种植作物的台田以相应作物符号表示。 平原地区由各级灌排渠道和道路合理布局形成便于机械化作业和灌溉排水的条状农田也用此符号表示，并加注“条田”注记。

编号	符号名称	符号式样			符号细部图	多色图色值
		1∶500	1∶1 000	1∶2 000		
4.8.6	园地					
4.8.6.1	经济林 a. 果园	a 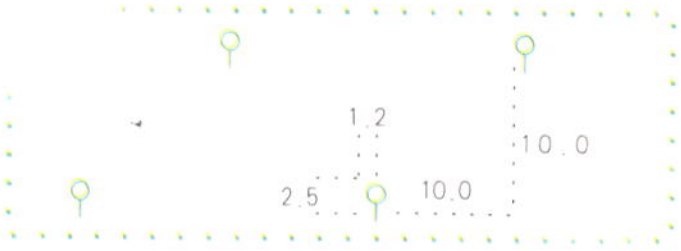				C100Y100
	b. 桑园	b 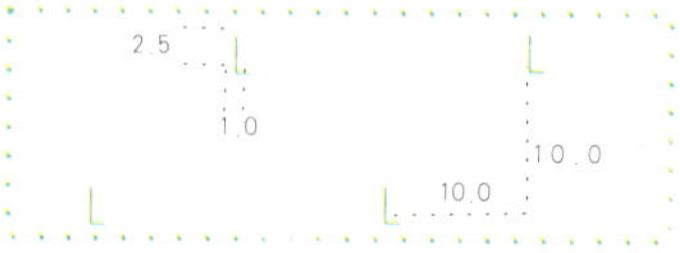				
	c. 茶园	c 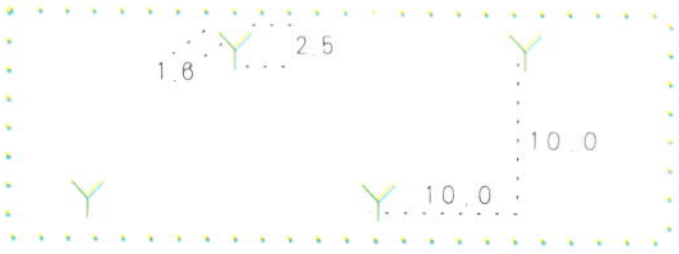				
	d. 橡胶园	d 				
	e. 其他经济林	e 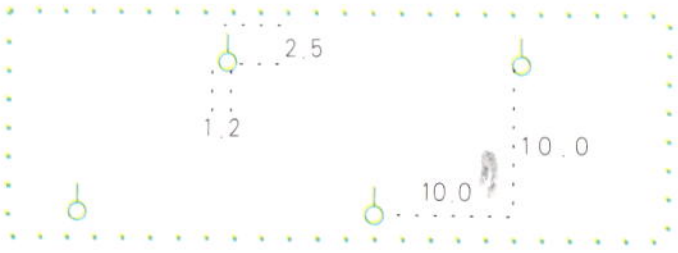				
4.8.6.2	经济作物地	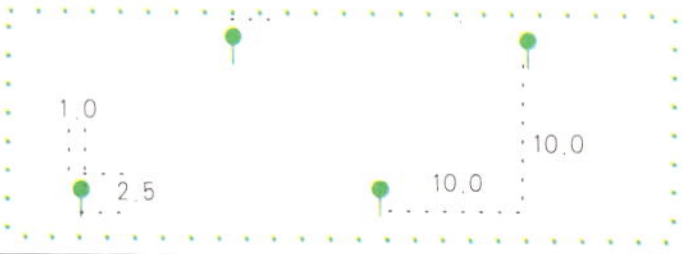				
4.8.7	成林	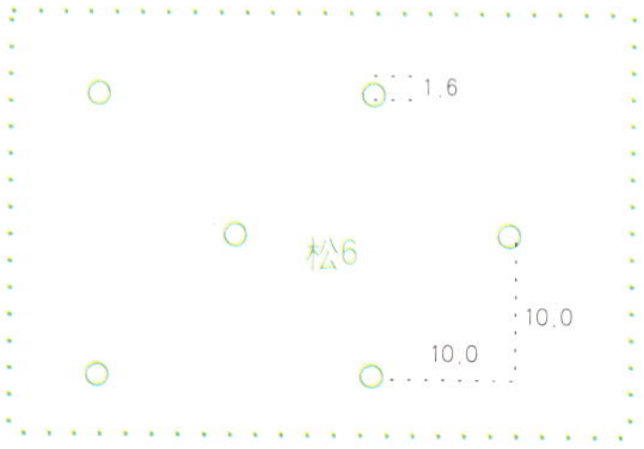				C100Y100
4.8.8	幼林、苗圃	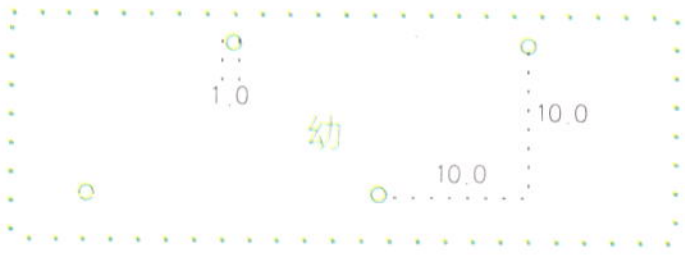				C100Y100
4.8.9	灌木林 a. 大面积的	a 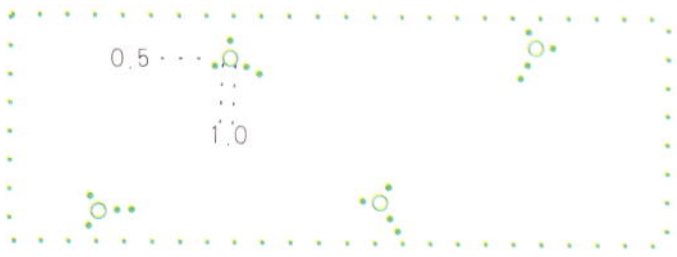				C100Y100

简 要 说 明
4.8.6 以种植果树为主，集约经营的多年生木本和草本作物，覆盖度大于50%或每亩株数大于合理株数70%的土地。 4.8.6.1 经济林指以生产果品、食用油料、饮料、调料、工业原料和药材为主要目的的树木。 a. 种植各种果树的园地。 在其范围内整列式配置符号，并加注果树树种名称，如"苹"、"梨"等字。 b. 以种植桑树为主的园地。 在其范围内整列式配置符号。 c. 以种植茶树为主的园地。 在其范围内整列式配置符号。 d. 以种植橡胶树为主的园地。 在其范围内整列式配置符号。 e. 除果园、茶园、桑园、橡胶园以外的木本作物。 在其范围内整列式配置符号，并加注树种名称，如"漆"等字。 4.8.6.2 经济作物地指由人工栽培、种植比较固定的多年生长植物，如甘蔗、麻类、香蕉、药材、香茅草、啤酒花、可可、咖啡、胡椒、油棕等。经济作物与其他作物轮种的，不按经济作物地表示。 在其范围内整列式配置符号，并加注相应作物名称，如"蔗"、"麻"、"药"等。
4.8.7 林木进入成熟期、郁闭度(树冠覆盖地面的程度)在0.3(不含0.3)以上、林龄在20年以上的、已构成稳定的林分(林木的内部结构特征)能影响周围环境的生物群落，包括各种针叶林、阔叶林。 在其范围内每隔10 mm～20 mm散列配置符号。 图上面积在25 mm^2以上的林地需注出树种简注，根据需要可注出平均树高(注至整米)。
4.8.8 林木处于生长发育阶段，通常树龄在20年以下，尚未达到成熟的林分。苗圃指固定的林木育苗地。 幼林、苗圃在其范围内整列式配置符号，并分别加注"幼"、"苗"字。
4.8.9 成片生长、无明显主干、枝叉丛生的木本植物地。 攀援崖边的藤类和矮小的竹类植物亦用灌木林符号表示。 a. 覆盖度在40%以上的灌木林地。在其范围内散列配置符号。 b. 覆盖度在40%以下的灌木林地和杂生在疏林、竹林、草地、盐碱地、沼泽地、沙地内的零星灌木，按实地位置用此符号表示。

编号	符号名称	符号式样 1:500	符号式样 1:1 000	符号式样 1:2 000	符号细部图	多色图色值
	b. 独立灌木丛 c. 狭长灌木林	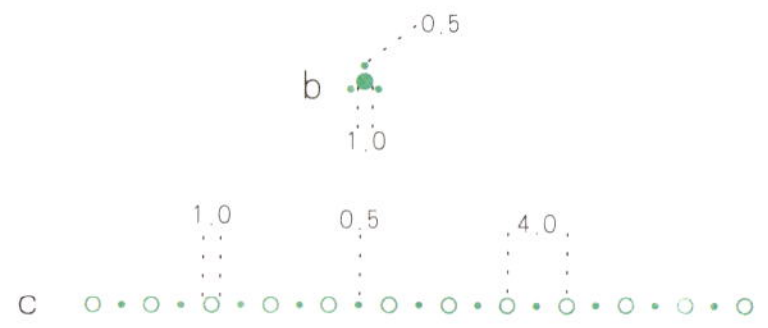				
4.8.10	竹林 a. 大面积竹林 b. 小面积竹林、竹丛 c. 狭长竹丛	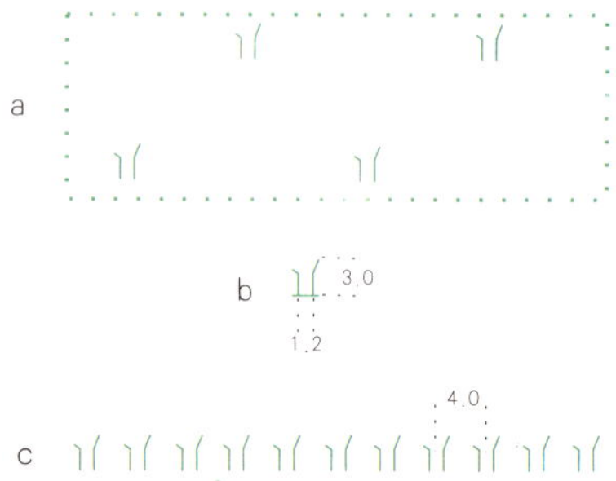			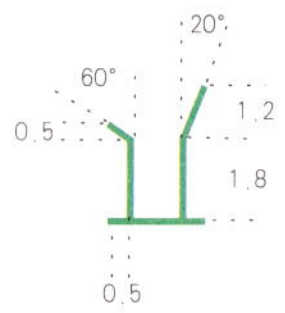	C100Y100
4.8.11	疏林	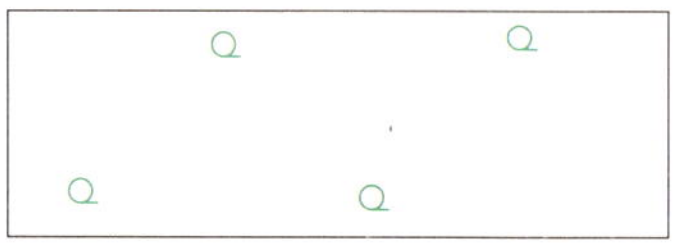				C100Y100
4.8.12	迹地	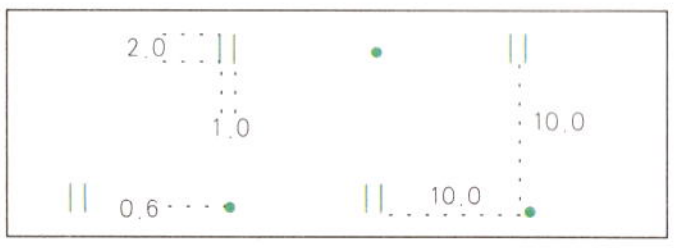				C100Y100
4.8.13	防火带					K100
4.8.14	零星树木					C100Y100
4.8.15	行树 a. 乔木行树 b. 灌木行树	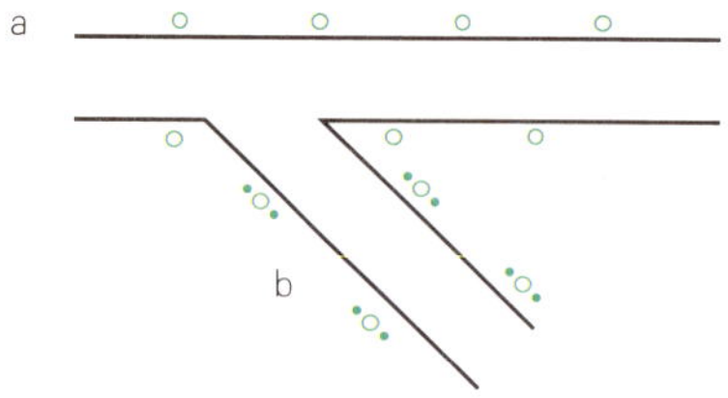				C100Y100
4.8.16	独立树 a. 阔叶 b. 针叶 c. 棕榈、椰子、槟榔	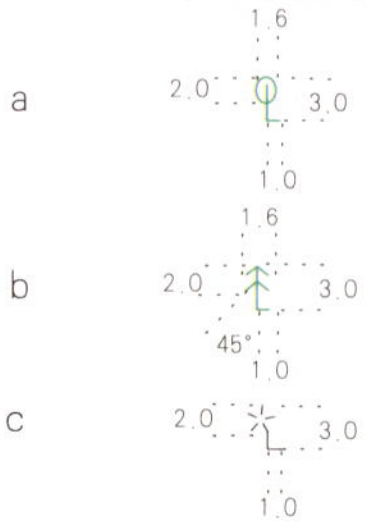			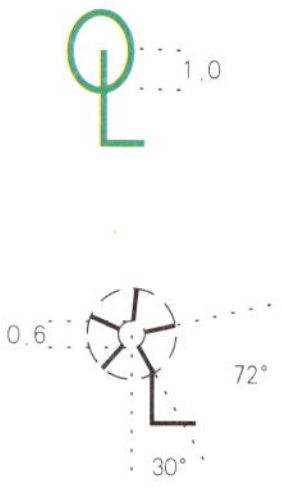	C100Y100

简　要　说　明
c. 沿道路、沟渠分布较长的狭长灌木林用此符号表示，图上长度小于 10 mm 的用灌木丛符号表示。
4.8.10　以生长竹子为主的林地。 a. 在其范围内散列配置符号。 b. 有方位意义的竹丛用此符号。 c. 图上宽度小于 4 mm 的狭长竹林用此符号表示，长度依比例尺表示。
4.8.11　树木郁闭度在 0.1～0.3 的林地。 在其范围内表示符号，表示符号时应注意显示其实地树木稀密分布特征。疏林可与其底层的土质、其他植被符号配合表示。
4.8.12　林地采伐后或火烧后 5 年内未变化的土地。 在其范围内整列式配置符号。
4.8.13　林区、草原中为防止火灾灾情蔓延而开辟的空道。 宽度依比例尺表示，加注“防火”。若防火带较长，每隔 5 cm～8 cm 注记一次。防火带在图上的宽度大于 5 mm 时，还应表示等高线。
4.8.14　杂生在灌木林、草地中或散生在田间、水边、村落附近等处的树木。 按实地位置表示。
4.8.15　沿道路、沟渠和其他线状地物一侧或两侧成行种植的树木或灌木。 行树两端的树木实测表示，中间配置符号，符号间距可视具体情况略为放大或缩小。凡线状地物两侧的行树，表示时应鳞错排列。
4.8.16　有良好方位意义的或著名的单棵树。 针叶、阔叶、棕榈、果树等用相应的符号表示。著名的应加注名称。由管理部门确定的有特殊保护意义的树木用特殊树符号表示。

编号	符号名称	符号式样 1∶500	符号式样 1∶1 000	符号式样 1∶2 000	符号细部图	多色图色值
	d. 果树 e. 特殊树				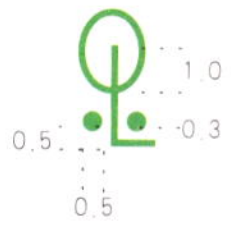	
4.8.17	高草地 芦苇——植物名称	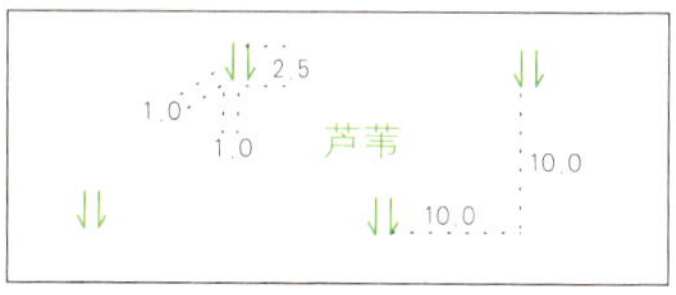				C100Y100
4.8.18	草地 a. 天然草地 b. 改良草地 c. 人工牧草地 d. 人工绿地	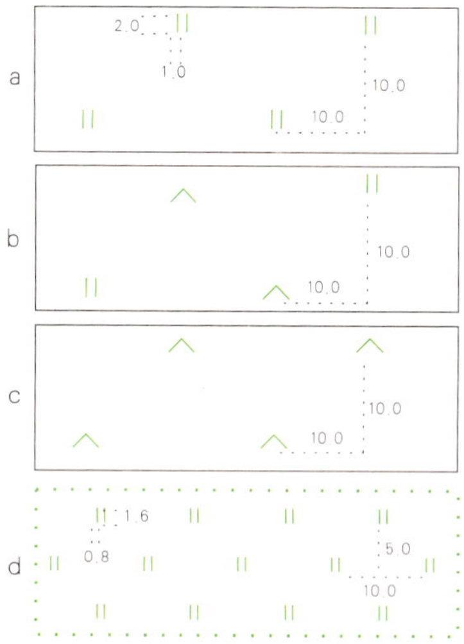				C100Y100
4.8.19	半荒草地					C100Y100
4.8.20	荒草地	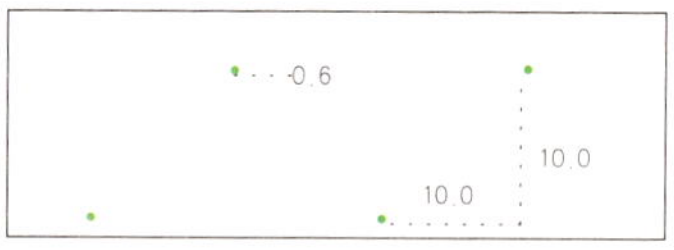				C100Y100
4.8.21	花圃、花坛					C100Y100
4.8.22	盐碱地	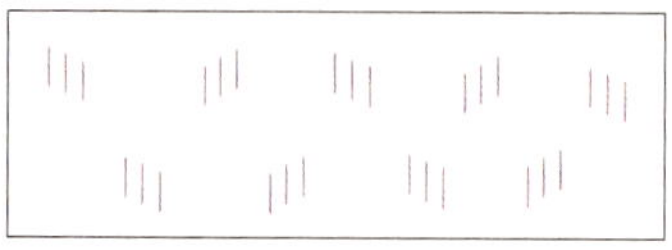			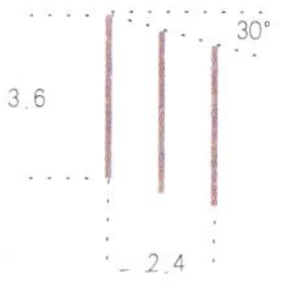	M40Y100K30

简 要 说 明
4.8.17 以生长芦苇、席草、芒草、芨芨草和其他高秆草本植物的草地。 在图上按其分布范围整列式配置符号，并分别加注植物名称，如“芦苇”、“席草”、“芒草”、“芨芨草”等。
4.8.18 以生长草本植物为主的、覆盖度在50%以上的地区。如干旱地区的草原、山地、丘陵地区的草地，沼泽、湖滨地区的草甸等。不分草的高矮(包括夹杂与草类同高的灌木、疏林)，均以草地符号表示。 a. 以天然草本植物为主，未经改良的草地，包括草甸草地、草丛草地、疏林草地、灌木草地和沼泽草地。在其范围内整列式配置符号。 b. 采用灌溉、排水、施肥、松耙、补植等措施进行改良的草地。 c. 人工种植的牧草地。 d. 城市中人工种植的绿地。
4.8.19 草类生长比较稀疏，覆盖度在20%～50%的草地。 符号按整列式配置。
4.8.20 植物特别稀少，其覆盖度在5%～20%的土地，不包括盐碱地、沼泽地和裸土地。 一般只表示位于气候特别干旱和土壤贫脊地区，符号按整列式配置。
4.8.21 用来美化庭院，种植花卉的土台、花园。 街道、道路旁规划的绿化岛、花坛及工厂、机关、学校内的正规花坛均用此符号表示。符号按整列式配置。有墩台或矮墙的，其轮廓用实线表示。
4.8.22 有盐碱聚积的地面。 图上只表示不能种植作物的盐碱地，在其范围内散列配置符号。盐碱地上长有其他植被时，用相应植被符号配合表示。

编号	符号名称	符号式样 1∶500	符号式样 1∶1 000	符号式样 1∶2 000	符号细部图	多色图色值
4.8.23	小草丘地 a. 独立的 b. 大面积的	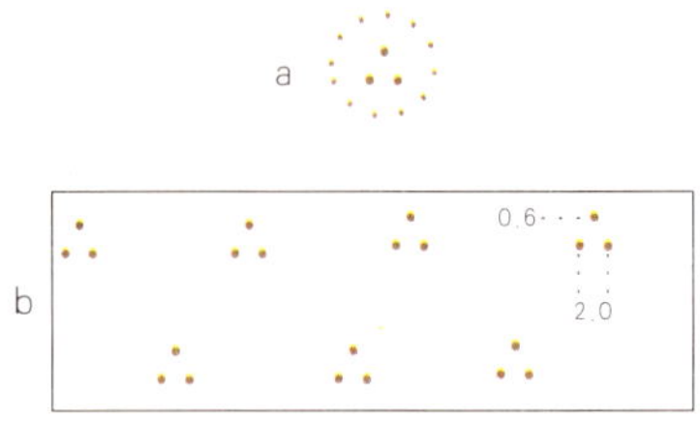				M40Y100K30
4.8.24	龟裂地					M40Y100K30
4.8.25	沙砾地、戈壁滩	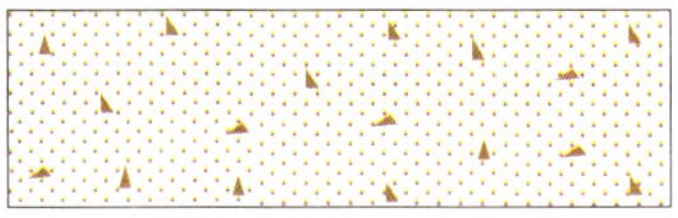			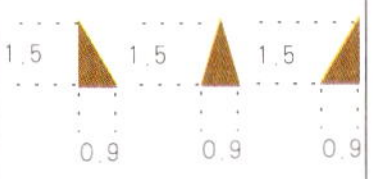	M40Y100K30
4.8.26	沙泥地	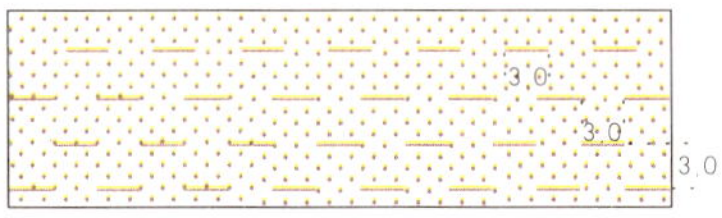				M40Y100K30
4.8.27	石块地	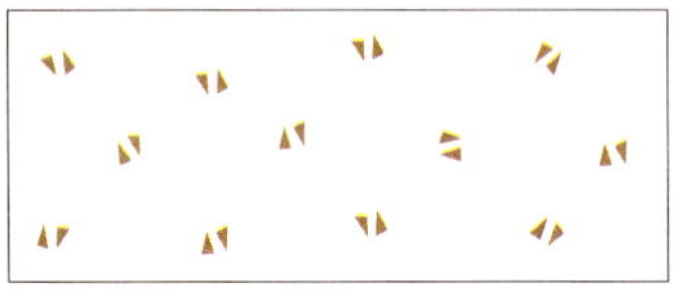			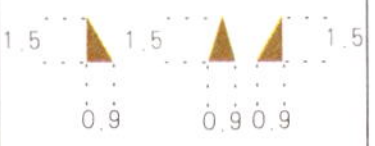	M40Y100K30
4.9	**注记**					

简 要 说 明

4.8.23 在沼泽、草原和荒漠地区长有草类或灌木的小丘成群分布的地面。

独立的可依比例尺表示时，需表示范围线；大面积的在其范围内散列配置符号。沼泽地上的草墩也用此符号表示。

4.8.24 粘土地表水分被强烈蒸发后而形成坚硬网状裂隙的地面。

在其范围内散列配置符号。

4.8.25 沙和砾石混合分布的沙砾地和地表几乎全为砾石覆盖的地段。

在其范围内散列配置符号。

4.8.26 沙和泥混合分布的地面。

在其范围内整列式配置符号。

4.8.27 岩石受风化作用而形成的石块堆积地。

在其范围内散列配置符号。

4.9 **注记**

● 注记包括地理名称注记、说明注记和各种数字注记等。地图中所使用的汉语文字应符合国家通用语言文字的规范和标准。图内使用的地方字应在附注内注明其汉语拼音和读音，如地方字“躲”音 lao(捞)。

● 注记字大以毫米(mm)为单位，字级级差为 0.25 mm；数字字大在 2.0 mm 以下者其级差为0.2 mm。

注记列有二级以上字大或字大区间的，按地物的重要性和该地物在图上范围的大小选择字大。

● 注记字列分水平字列、垂直字列、雁行字列和屈曲字列：

水平字列——由左至右，各字中心的连线成一直线，且平行于南图廓；

垂直字列——由上至下，各字中心的连线成一直线，且垂直于南图廓；

雁行字列——各字中心的连线斜交于南图廓，与被注地物走向平行，但字向垂直于南图廓，如山脉名称、河流名称等。当地物延伸方向与南图廓成 45°和 45°以下倾斜时，由左至右注记；成 45°以上倾斜时，由上至下注记，字序如图 1 所示。

屈曲字列——各字字边垂直或平行于线状地物，依线状的弯曲排成字列，如街道名称注记、说明注记等。

● 注记的字隔是一列注记各字间的间隔，分下列三种：

接近字隔——各字间间隔由 0 mm～0.5 mm。

普通字隔——各字间间隔由 1.0 mm～3.0 mm。

图 1

编号	符号名称	符号式样 1∶500	符号式样 1∶1 000	符号式样 1∶2 000	多色图色值
4.9.1	居民地名称注记				
4.9.1.1	地级以上政府驻地	唐山市 粗等线体(5.5)			K100
4.9.1.2	县级(市、区)政府驻地、(高新技术)开发区管委会	安吉县 粗等线体(4.5)			K100
4.9.1.3	乡镇级,国有农场、林场、牧场、盐场、养殖场	南坪镇 正等线体(3.5)			K100
4.9.1.4	村庄(外国村、镇) a. 行政村,主要集、场、街、圩、坝 b. 村庄	a 甘家寨 正等线体(3.0) b 李家村 张家庄 仿宋体(2.5 3.0)			K100
4.9.2 4.9.2.1	各种说明注记 居民地名称说明注记 a. 政府机关 b. 企业、事业、工矿、农场 c. 高层建筑、居住小区、公共设施	a 市民政局 宋体(3.5) b 日光岩幼儿园 兴隆农场 宋体(2.5 3.0) c 二七纪念塔 兴庆广场 宋体(2.5～3.5)			K100
4.9.2.2	性质注记	砼 松 咸 细等线体(2.5)			与相应地物符号颜色一致
4.9.2.3	其他说明注记 a. 控制点点名 b. 其他地物说明	a 张湾岭 细等线体(3.0) b 八号主井 自然保护区 细等线体(2.0～3.5)			与相应地物符号颜色一致

简 要 说 明

隔离字隔——各字间间隔为字大的2～5倍。

注记字隔的选择是按该注记所指地物的面积或长度大小而定。各种字隔在同一注记的各字中均应相等。为便于读图，一般最大字隔不超过字大的5倍。地物延伸较长时，在图上可重复注记名称。

- 注记字向一般为字头朝北图廓直立，但街道名称、公路等级其字向按图1所示。

4.9.1 居民地名称注记

居民地名称注记一般采用接近字隔、水平字列或垂直字列注出，必要时也可用雁行字列，其注记位置次序选择按图2所示。注记不能遮盖道路交叉处、居民地出入口及其他主要地物。散列式的居民地或居民地范围较大时，可用普通字隔或隔离字隔注出。

有总名的居民地，其总名、分名一般均应注出。总名的注记位置要适当、醒目。总名用比分名大两级的同体字注出。

居民地无名称时，生产建设兵团的番号等可作为居民地名称。

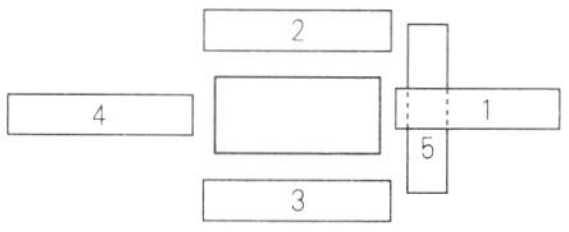

图2

4.9.1.1～4.9.1.3 乡、镇级以上居民地以行政名称作为正名注出，其名称应与各级政府核定的标准名称一致；如有群众公认的自然名称时，应作为副名用比正名小二级的同体字在正名下方或右方加括号注出。

当城镇居民地同时驻有两级以上政府机关时，名称相同的，按高一级的字体字大注出，名称不同的，分别用相应字体字大同时注出。乡、镇以上居民地的名称应以全名注出。

乡、镇以上居民地名称选作图名时，其注记不再加大。

4.9.1.4 村委会所在的村庄，用中等线体字注记，其他村庄按主次和面积大小选用字大。村庄居民地一般注记自然名称。

村庄名称作图名时，其注记字大应按原规定尺寸加大0.5 mm。

村庄居民地的副名一般不注，但比较著名的应注出。

4.9.2 各种说明注记

4.9.2.1 指政府机关、工厂、学校、矿区等企事业单位的名称以及突出的高层建筑物、居住小区、公共设施的名称。名称说明注记按地物等级和面积大小选用字大。

4.9.2.2 地物的属性注记，如砼、钢、混等建筑结构注记，油、煤、陶等工业产品种类注记，桃、油茶、香蕉等各种园地的品种注记，散热、微波等地物分类说明注记，瀑、砾石、油、水质等各种特殊情况说明注记，及各种大面积土质植被在采用注记形式表示时的说明注记，均用2.5 mm细等线体注出。注记颜色一般与相应地物符号颜色一致。

4.9.2.3 说明地物的注记，如控制点点名、界碑名以及用轮廓线表示而无记号性符号的地物，如自然保护区、滑梯等，根据地物大小选用字大。

编号	符号名称	符号式样			多色图色值
		1∶500	1∶1 000	1∶2 000	
4.9.3 4.9.3.1	地理名称 江、河、运河、渠、湖、水库等水系	延河　渭河 左斜宋体 (2.5　3.0　3.5　4.5　5.0　6.0)			C100
4.9.3.2 4.9.3.2.1	地貌 山名、山梁、山峁、高地等	九顶山　骊山 正等线体(3.5　4.0)			K100
4.9.3.2.2	其他地理名称(沙地、草地、干河床、沙滩等)	铜鼓角　太阳岛 宋体(2.5　3.0　3.5)			K100
4.9.3.3 4.9.3.3.1	交通 铁路、高速公路、国道、快速路名称	宝城铁路　西宝高速公路 正等线体(4.0)			K100
4.9.3.3.2	省、县、乡公路、主干道、轻轨线路名称	西铜公路 正等线体(3.0)			K100
4.9.3.3.3	次干道、步行街	太白路 细等线体(2.5)			K100
4.9.3.3.4	支道、内部路	邮电北巷 细等线体(2.0)			K100
4.9.3.3.5	桥梁名称	谢家桥　长江大桥 细等线体(2.0　2.5　3.0)			K100
4.9.4 4.9.4.1	各种数字注记 测量控制点点号及高程	$\frac{\text{I96}}{96.93}$　$\frac{25}{96.93}$ 正等线体(2.5) (罗马数用中宋体)			K100
4.9.4.2	公路技术等级及编号 a. 高速公路、国道 b. 省道 c. 专用、县、乡及其他公路	a　G322　⓪② 正等线体(3.5) b　S322　③ 正等线体(3.0) c　X322　⑨ 正等线体(2.0)			K100

简 要 说 明
4.9.3 地理名称 包括水系、地貌、交通和其他地理名称。地理名称一般注当地常用的自然名称。 4.9.3.1 水系名称 海、海湾、海港、江、河、湖、沟渠、水库等名称,按自然形状排列注出,依其面积大小和长度选择字大,但江、河名称的字大上游和支流不能大于下游和主流。名称一般注在河流、湖泊的内部,当内部不能容纳时,可注在外侧。较长的河流每隔 15 cm~20 cm 重复注记名称,河流水道被沙洲分成若干条,则名称应注在干流中(一般在水道最宽处,且避免将一列注记中的某一字注在沙洲上)。
4.9.3.2 地貌 4.9.3.2.1 山、山梁、峁、高地等名称。 按山体大小和著名情况选用字大,山名和峁名一般采用水平字列,接近字隔,注在山顶的右侧或上方,应避免遮盖山顶特征地形。当山顶有高程点时,高程注在山顶左侧。当一个山名包括几个山顶时,则可用隔离字隔注在相应位置上。
4.9.3.2.2 沙地谷地、干河床、干湖、沙滩等其他地理名称。 注记一般注在物体的内部或适当位置上,其字大等级按面积大小选择注出。
4.9.3.3 交通 铁路、公路、桥梁、街道注记的字向、字序按图 1 所示。注记间隔为隔离字隔,字隔应均匀相等,一般应根据道路的长度妥善配置。较长的道路每隔 15 cm~20 cm 重复注记。
4.9.4 各种数字注记 4.9.4.1 控制点点名(点号)、高程注记及界碑的数字编号用正等线体注记。
4.9.4.2 公路技术等级和编号用正等线体字注出,圈一般应大于字大 0.8 mm。

编号	符号名称	符号式样			多色图色值
		1∶500	1∶1 000	1∶2 000	
4.9.4.3	高程、月份、流速、水库库容量、水深注记、房屋层数及其他注记	283.2 正等线体(2.0) $\frac{\text{洪113.5}}{1986.6}$ 正等线体(2.2)	15° 右斜等线体(2.0) 水深小数位(1.4)	2 正等线体(2.0)	与相应地物符号颜色一致
4.9.4.4	比高、深度	15 长等线体(1.8×1.4)			与相应地物符号颜色一致

简 要 说 明
4.9.4.3 高程点高程、特殊高程点高程及年月、时令月份、流速、水下高程、水深、房屋层数及其他注记用正等线体，转绘海图的水深用右斜等线体字注记。
4.9.4.4 比高、坑穴深度用长等线体字注记。

附 录 A
（规范性附录）
说明注记简注表

类别	全名	简注
水系	咸水	咸
	苦水	苦
	养鱼池塘	鱼
	池塘	塘
	盐湖	盐
	排碱渠、排水渠	排
	瀑布	瀑
	跌水	跌
	机井	机
	枯井	枯
	干井	干
	自流井	流
	温泉井、温泉	温
	间流泉	间
	矿泉	矿
	硫矿泉	硫
	毒泉	毒
居民地及设施	钢结构，钢、钢筋混凝土结构，钢筋混凝土结构房屋	砼
	混合结构房屋	混
	砖（石）木结构房屋	砖
	木、竹结构房屋	木、竹
	土坯、秫结构房屋	土、秫
	经房	经
	晾房	晾
	建筑中房屋	建
	破坏房屋	破
	岩石窑洞	石
	雨罩	雨
	水文站	水文
	水位站	位
	流量站	量
	验潮站	验
	噪声监测站	噪声
	酸雨监测站	酸雨

类别	全名	简注
水系	喷泉	喷
	贮水池、水窖	水
	污水池	污
	净化池	净
	洗煤池	洗煤
	废液池	废液
	地热井、地热池、地热泉	地热
	盐碱沼泽	碱
	泥炭沼泽	泥炭
	抽水站	抽
	扬水站	扬
	水泥坝	水泥
	砾石滩	砾石
	暗礁	暗
	干出礁	干
	适淹礁	适
居民地及设施	沼气池	沼
	采石场	石
	天葬场	天葬
	散热塔	散热
	跳伞塔	伞
	蒸馏塔	蒸馏
	瞭望塔	瞭
	微波传送塔	微波
	移动通信塔	通信
	电视差转台	差转
	雷达站	雷达
	北回归线标志塔	北
	射电望远镜	射电
	露天货栈	货栈
	石油库、石油罐	油
	煤气库	煤气
	氨水库	氨
	贮氧器	氧

类别	全名	简注	类别	全名	简注
居民地及设施	大气监测站	大气	居民地及设施	砖瓦	砖
	地表水监测站	地表水		陶器	陶
	土壤监测站	土壤		瓷器	瓷
	放射性监测站	放射		木炭	炭
	石油井	油		石灰	灰
	天然气井	气		游泳池、游泳场	泳
	铁矿、采铁场	铁		体育馆	体
	铜矿	铜		科技馆	科
	煤矿、采煤场	煤		博物馆	博
	硫磺矿	硫		展览馆	展
	云母矿	云母		水泥预制场	砼预
	石棉矿	石棉		牲口家禽饲养场	牲
	磷矿	磷		打谷场	谷
	探槽	探		球场	球
	汽车检修槽	车		贮草场	草
	涌水孔	涌		贮煤场	煤
	进水井	水		观礼台、检阅台、平台	台
	出水井	出水		通电铁丝网、有电网围墙	电
	注水井	水		风力发电塔(杆)	电
	通风井	风		蔬菜大棚	菜
	采沙场	沙		花房	花
	粘土采掘地	土		瓜棚	瓜
	氨气池	氨		厕所	厕
交通	磁浮铁轨	磁浮	交通	木桥	木
	油鹤	油		溜索桥	溜索
	绳桥	绳		铁索桥	铁索
	缆桥	缆		人行栈道	栈道
	漫水桥	漫		火车渡口	火车
	浮桥	浮		加油站	油
	藤桥	藤		加气站	气
	钢桁架桥	钢		加油站、加气站	油气
	钢筋混凝土桥	砼		收费站	费
	石桥	石			
管线	给水管道	水	管线	电信管道	电信
	污水管道	污		氢气管道	氢
	雨水管道	雨		氧气管道	氧
	污水、雨水管道	合		乙炔管道	乙炔
	煤气管道	煤气		液化气管道	液化
	天然气管道	气		石油管道	油
	热力管道	热		排渣管道	渣
	电力管道	电		陆地光缆	光

类别	全名	简注	类别	全名	简注
地貌	冰陡崖	冰	地貌	地裂缝	裂
	黄土柱、黄土漏斗	土		矿渣堆	渣
	防空洞	防		贝壳堆	贝壳
	探洞	探			
植被与土质	幼林	幼	植被与土质	荔枝树	荔
	苗圃	苗		啤酒花	啤
	防火带	防火		葡萄园	葡
	棕榈树	棕		香蕉园	蕉
	椰子树	椰		茶树地	茶
	槟榔树	槟		甘蔗地	蔗
	油桐树	油桐		香茅草	香茅
	漆树	漆		莲藕	藕
	柞树	柞		茭白	茭
	橘子树	橘		菱角	菱
	苹果树	苹		药材	药
	石榴树	榴		麻类	麻
	咖啡树	咖		胡椒地	椒
	栗树	栗		芦苇地	芦苇
	樟树	樟		芒草地	芒草
	梨树	梨		芨芨草地	芨芨草
	桃树	桃		蒲草地	蒲草
	杏树	杏		茴草地	茴草
	油茶树	油茶		席草地	席草
	芒果	芒		有喷灌设备的菜地	喷灌
	茨菰	茨			

注 1：凡须注全名的，表中未列，如：台田、盐田、垃圾场等。

注 2：表中未列的简注，可在全名中取出主要的一字或二字注在图上，所注的一、二字应以最容易联想到的全名为主，并不与其他简注混淆，不能简注的则应注出全名。

附 录 B
（资料性附录）
示 例

符号的配合示例见表 B.1、表 B.2，样图见图 B.1～图 B.5。

表 B.1 拦水坝、堤及河（湖、水库）岸与水域的配合

种类			坡面（坝、堤、岸）类型	
			陡坡及陡岸	斜坡
拦水坝坡面投影在图上小于 0.5 mm 的			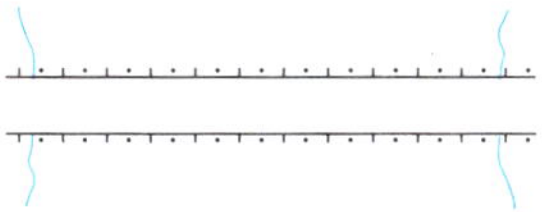	
拦水坝、堤的坡面投影在图上大于 0.5 mm 的			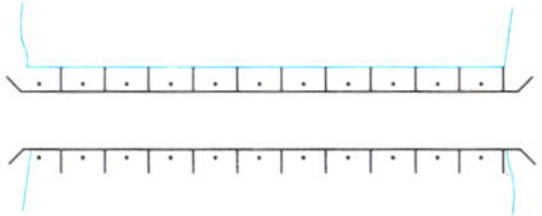	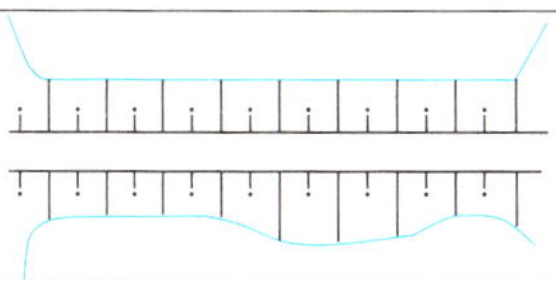
岸体	无滩的	土质的		
岸体	无滩的	石质的		
岸体	无滩的	加固的		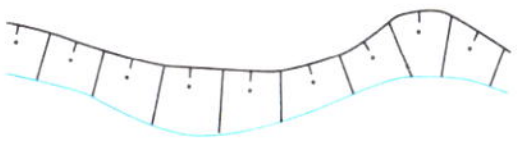
岸体	有滩的（岸滩宽度在图上小于 3 mm 的）	土质的	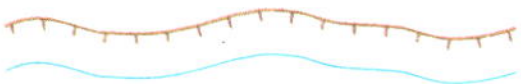	
岸体	有滩的（岸滩宽度在图上小于 3 mm 的）	石质的	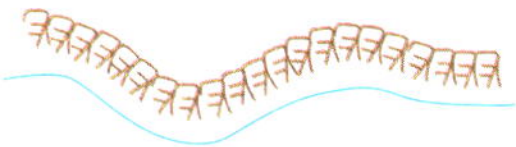	
岸体	有滩的（岸滩宽度在图上小于 3 mm 的）	加固的	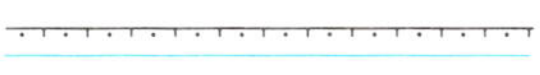	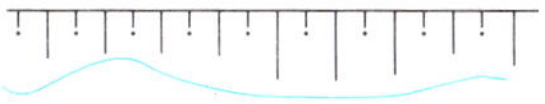
岸体	有滩的（岸滩宽度在图上大于 3 mm 的）	土质的	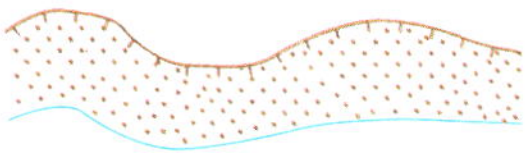	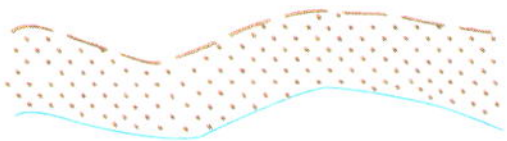
岸体	有滩的（岸滩宽度在图上大于 3 mm 的）	石质的	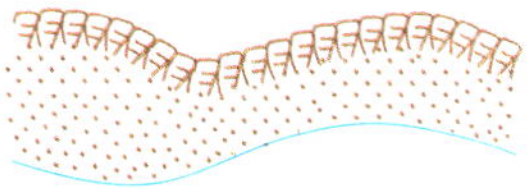	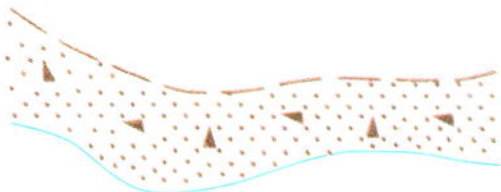
岸体	有滩的（岸滩宽度在图上大于 3 mm 的）	有防洪墙体的	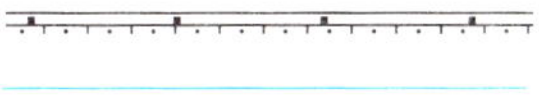	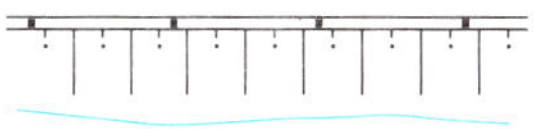

表 B.2　沟渠与堤、沟堑的配合

分　　项	堤的内侧未成两层的表示方法	堤的内侧成两层的表示方法
堤坡的投影宽度在图上大于 1 mm 的沟渠	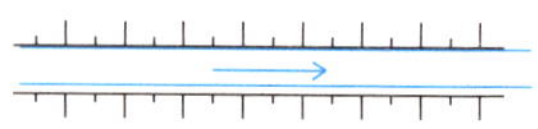	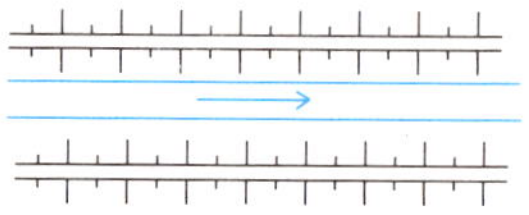
堤坡的投影宽度在图上小于 1 mm 的沟渠	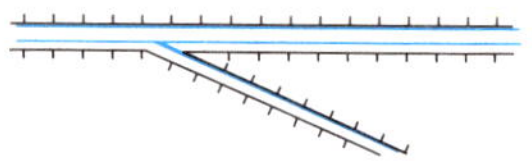	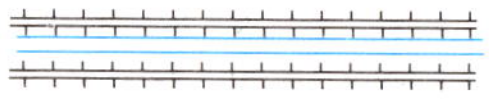
堤坡加固的沟渠	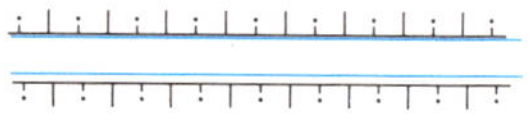	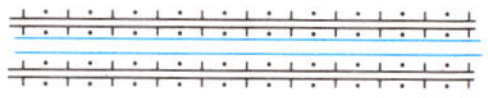
堤顶宽度在图上小于 0.5 mm 或堤基底宽度在图上小于 2 mm 的沟渠		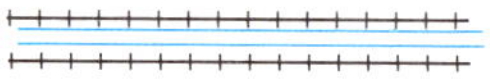
有沟堑的沟渠		

1∶2000

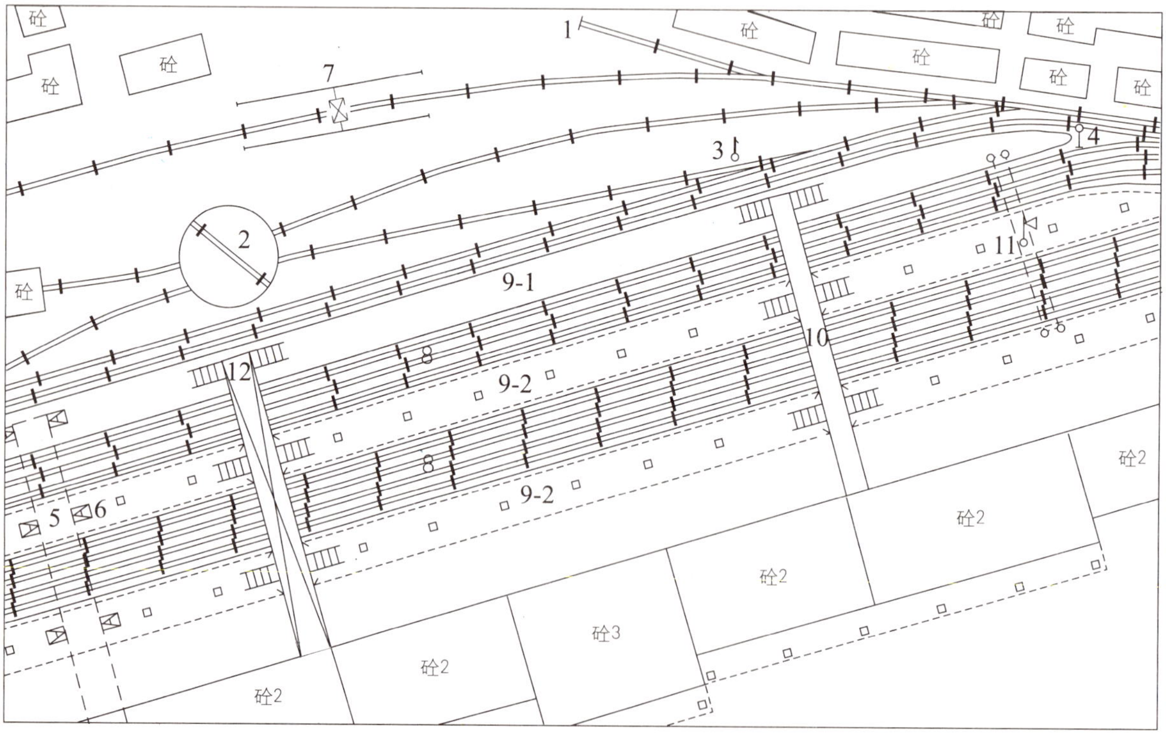

1. 车挡　2. 机车转盘　3. 水鹤　4. 色灯信号机　5. 地下通道　6. 地下通道出入口　7. 龙门吊
8. 站线　9-1. 露天的站台　9-2. 有棚的站台　10. 天桥　11. 天桥式照射灯　12. 封闭式天桥

图 B.1　铁路及其附属设施

1：500

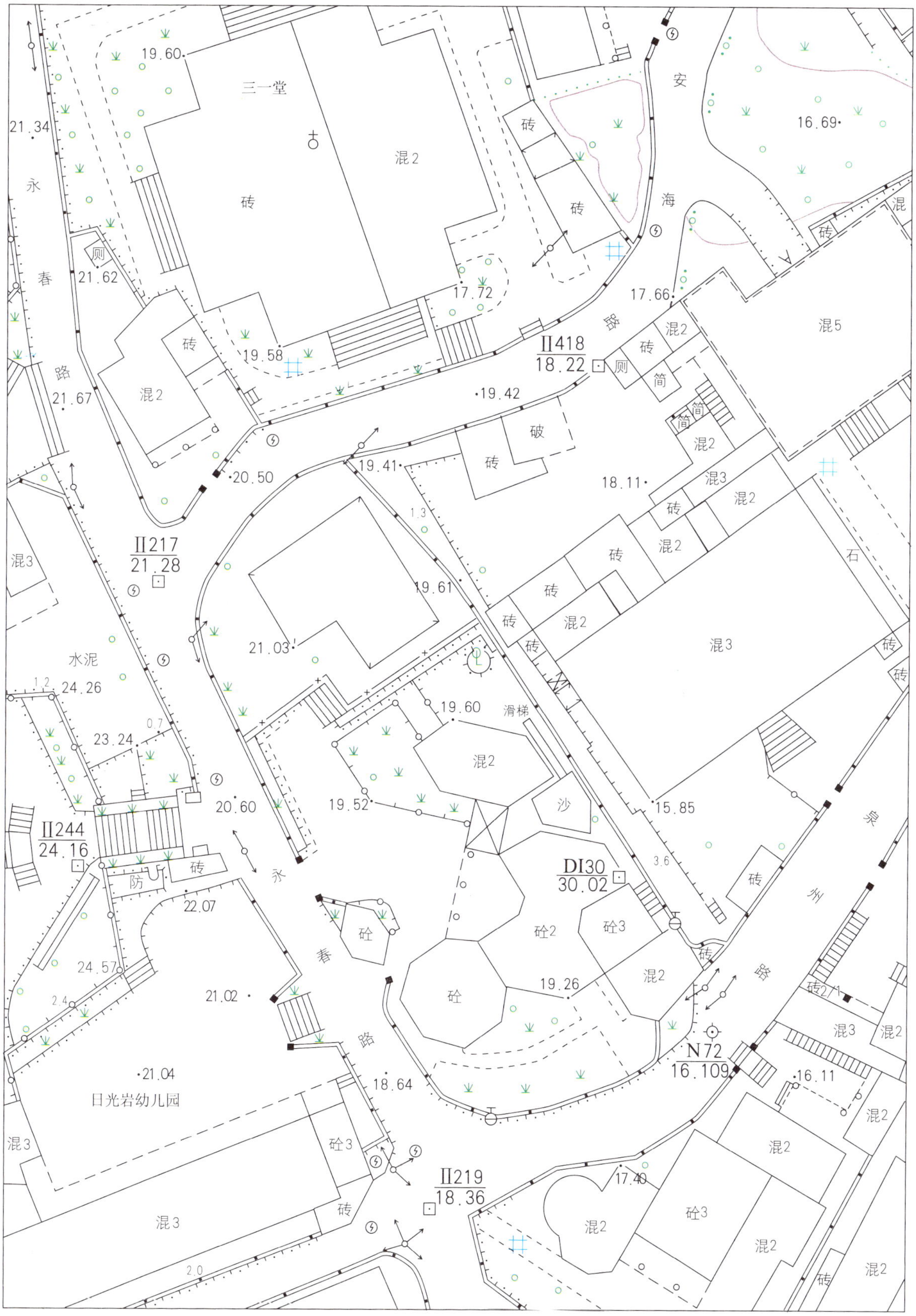

图 B.2 城区居民地

1∶1000

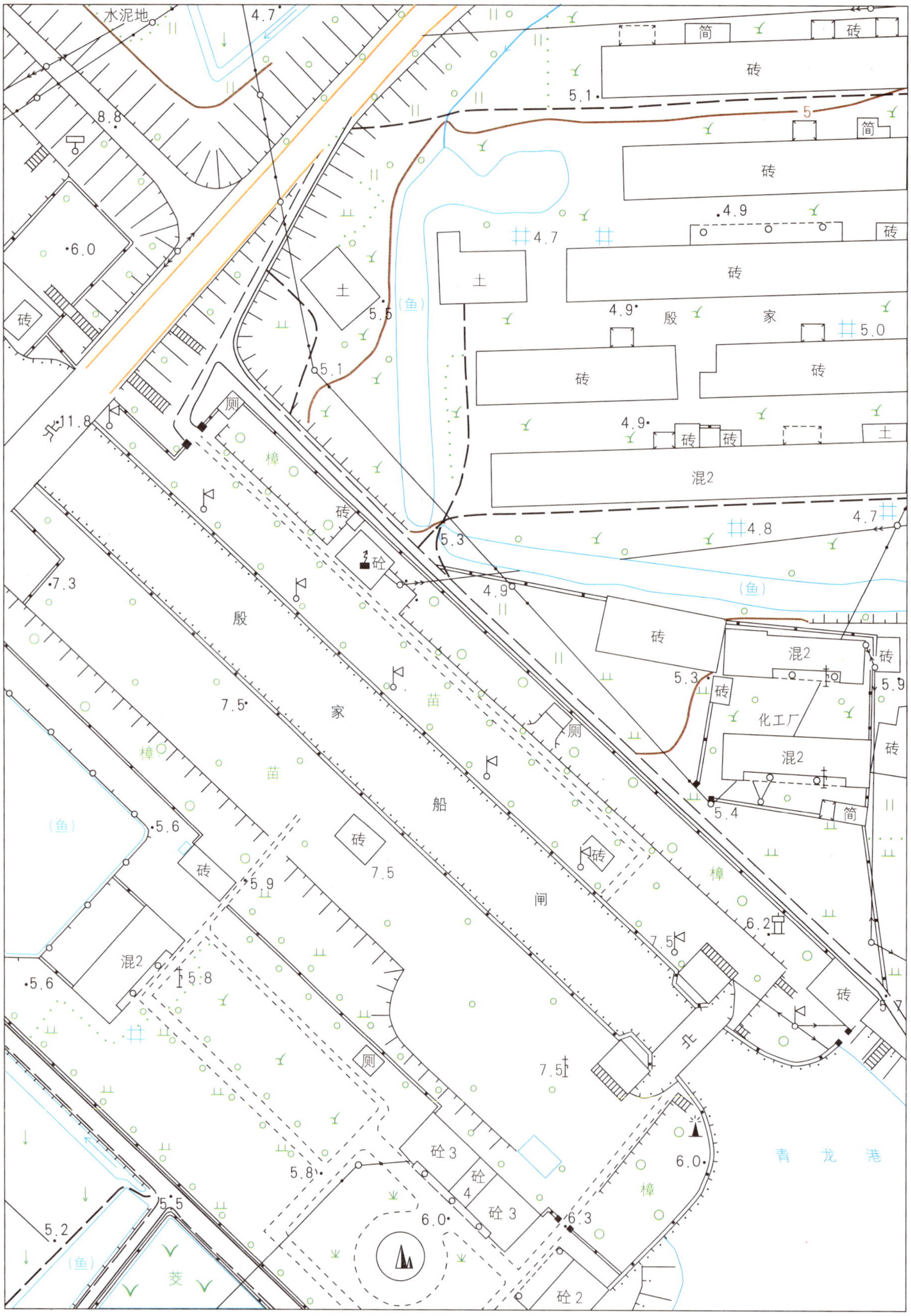

图 B.3 农村居民地

1：1000

九号主井
903.7
煤
砖
902.4
八号副井
煤
906.9
920
894.8
899.4
八号主井
886.9
890.9
910.2
902.4
903.5
899.2
908.6
886.7
八煤绞
砼2
915
911.9
903.3
899.4
910
混2
895.1
889.1
903.1
12
914.18
砼4
902.3
厕
11
889.51
混3
904.6
煤
884.8
899.4
884.7
混2
812.3
水
混3
901.8
厕
884.8
885.9
887.9
889.6
厕
901.8
砼3
886.1
砼2
混2

图 B.4 矿区

1：2000

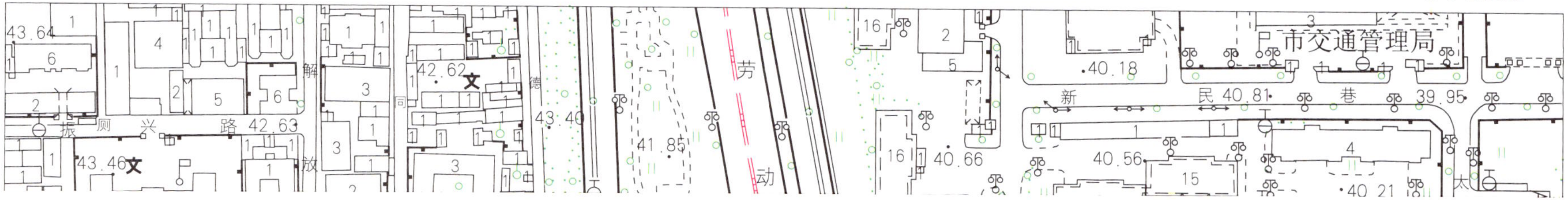

市交通管理局
新
民
巷
劳
动
振
兴
路
解
放
43.64
43.46
42.63
42.62
43.40
41.85
40.66
40.56
40.18
40.81
39.95
40.21

附　录　C
（规范性附录）
地形图分幅和编号

C.1　1∶500、1∶1 000、1∶2 000 地形图一般采用 50 cm×50 cm 正方形分幅和 40 cm×50 cm 矩形分幅，根据需要也可采用其他规格分幅。

C.2　正方形或矩形分幅的地形图的图幅编号，一般采用图廓西南角坐标公里数编号法，也可选用流水编号法和行列编号法。

C.2.1　采用图廓西南角坐标公里数编号时，x 坐标公里数在前，y 坐标公里数在后；1∶500 地形图取至 0.01 km(如 10.40-27.75)，1∶1 000、1∶2 000 地形图取至 0.1 km(如 10.0-21.0)。

C.2.2　带状测区或小面积测区可按测区统一顺序编号，一般从左到右，从上到下用阿拉伯数字 1、2、3、4 …… 编定，如图 C.1 中的××-8(××为测区代号)。

C.2.3　行列编号法一般以字母(如 A、B、C、D ……)为代号的横行由上到下排列，以阿拉伯数字为代号的纵列从左到右排列来编定的。先行后列如图 C.2 中的 A-4。

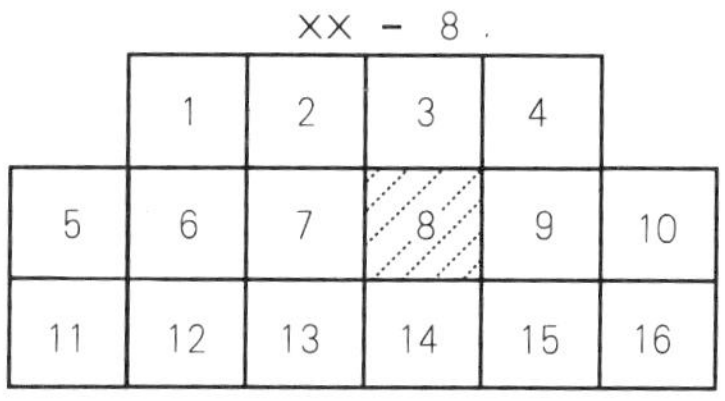

图 C.1　顺序编号法

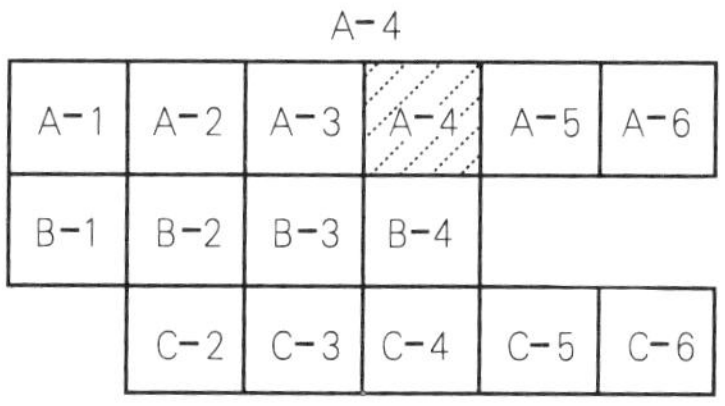

图 C.2　行列编号法

C.3　1∶2 000 地形图可以 1∶5 000 地形图为基础，按经差 37.5″、纬差 25″进行分幅(如图 C.3)，其图幅编号以 1∶5 000 地形图图幅编号分别加短线，再加顺序号 1、2、3、4、5、6、7、8、9 表示。

如 H49 H 192097-5。

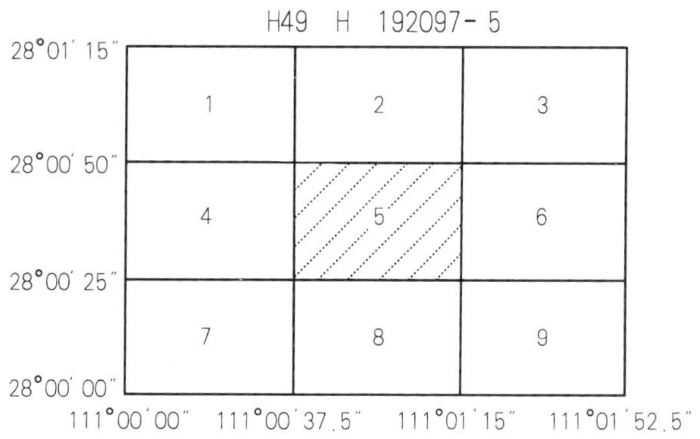

图 C.3　按经差纬差分幅

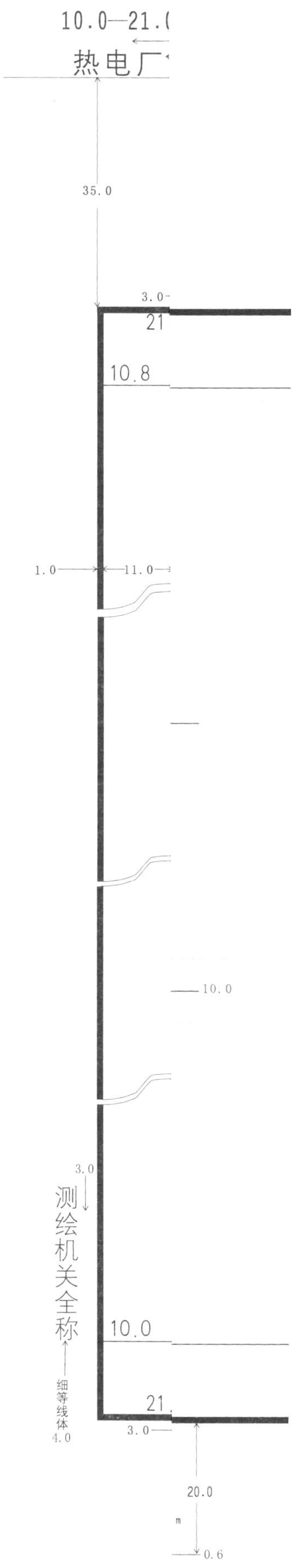

10.0—21.
热电厂
35.0
3.0
21
10.8
1.0
11.0
10.0
3.0
测绘机关全称
10.0
细等线体
4.0
21
3.0
20.0
m
0.6

H49 H

热

1.0—

测绘机关全称

细等线体 4.0

热

H49 H

符 号 索 引

A

岸标 …… 4.4.50
岸滩 …… 4.2.26
暗礁 …… 4.2.23.2
暗渠 …… 4.2.9
敖包 …… 4.3.76

B

半荒草地 …… 4.8.19
宝塔 …… 4.3.75
碑、柱、墩 …… 4.3.64
保税区界线 …… 4.6.9
北回归线标志塔 …… 4.3.65
贝壳堆 …… 4.7.8
崩崖 …… 4.7.19
比高点及其注记 …… 4.7.4
避雷针 …… 4.3.112
变电室(所) …… 4.5.4
变压器 …… 4.5.5
标准轨铁路 …… 4.4.1
宾馆 …… 4.3.44
博物馆 …… 4.3.43
不埋石图根点 …… 4.1.5

C

彩门 …… 4.3.66
菜地 …… 4.8.3
草地 …… 4.8.18
厕所 …… 4.3.56
测量控制点 …… 4.1
长城 …… 4.3.85
长途汽车站(场) …… 4.4.20
超市 …… 4.3.45
潮汐流向 …… 4.2.36
车行桥 …… 4.4.26
沉船 …… 4.4.54
成林 …… 4.8.7
城楼 …… 4.3.67
池塘 …… 4.2.16

冲沟 …………………………………………………………………………………………… 4.7.13
抽水站 ………………………………………………………………………………………… 4.2.40
传送带 ………………………………………………………………………………………… 4.3.26
船闸 …………………………………………………………………………………………… 4.2.39
磁浮铁轨 ……………………………………………………………………………………… 4.4.10
村界……………………………………………………………………………………………… 4.6.7

D

打谷场 ………………………………………………………………………………………… 4.3.33
大棚 …………………………………………………………………………………………… 4.3.35
单幢房屋………………………………………………………………………………………… 4.3.1
导线点…………………………………………………………………………………………… 4.1.3
倒虹吸 ………………………………………………………………………………………… 4.2.12
稻田……………………………………………………………………………………………… 4.8.1
灯船 …………………………………………………………………………………………… 4.4.48
灯浮标 ………………………………………………………………………………………… 4.4.49
灯塔 …………………………………………………………………………………………… 4.4.46
灯桩 …………………………………………………………………………………………… 4.4.47
等高线及其注记………………………………………………………………………………… 4.7.1
堤 ……………………………………………………………………………………………… 4.2.37
地磅 …………………………………………………………………………………………… 4.3.31
地级行政区界线………………………………………………………………………………… 4.6.4
地类界 ………………………………………………………………………………………… 4.3.92
地裂缝 ………………………………………………………………………………………… 4.7.14
地貌……………………………………………………………………………………………… 4.7
地面河流………………………………………………………………………………………… 4.2.1
地热池 ………………………………………………………………………………………… 4.2.31
地热井 ………………………………………………………………………………………… 4.2.30
地铁……………………………………………………………………………………………… 4.4.9
地下河段及出入口……………………………………………………………………………… 4.2.2
地下建筑物出入口 …………………………………………………………………………… 4.3.93
地下建筑物通风口 …………………………………………………………………………… 4.3.94
地下渠道………………………………………………………………………………………… 4.2.9
地下通道 ……………………………………………………………………………………… 4.4.29
地震台 ………………………………………………………………………………………… 4.3.80
电车轨道 ……………………………………………………………………………………… 4.4.11
电杆……………………………………………………………………………………………… 4.5.3.1
电话亭 ………………………………………………………………………………………… 4.3.55
电缆标…………………………………………………………………………………………… 4.5.3.4
电缆交接箱……………………………………………………………………………………… 4.5.3.5
电力检修井孔…………………………………………………………………………………… 4.5.3.6
电力线附属设施………………………………………………………………………………… 4.5.3
电视发射塔 …………………………………………………………………………………… 4.3.53

电视台 …… 4.3.50
电网 …… 4.3.91
电线架 …… 4.5.3.2
电线塔(铁塔) …… 4.5.3.3
电信检修井孔 …… 4.5.6.5
电信交接箱 …… 4.5.6.4
电信局 …… 4.3.51
电影院 …… 4.3.46
雕塑 …… 4.3.71
吊车 …… 4.3.27
跌水 …… 4.2.32
陡岸 …… 4.2.44
陡坎 …… 4.7.15
陡石山 …… 4.7.17
陡崖 …… 4.7.15
独立大坟 …… 4.3.60
独立石 …… 4.7.7
独立树 …… 4.8.16
独立天文点 …… 4.1.8
渡口 …… 4.4.61

F

饭店 …… 4.3.44
防波堤 …… 4.2.45
防火带 …… 4.8.13
放空火炬 …… 4.3.22
放牧点 …… 4.3.8
坟地 …… 4.3.59
风车 …… 4.3.38
风磨房 …… 4.3.38
烽火台 …… 4.3.62
服务区 …… 4.4.25
浮标 …… 4.4.49
浮桥 …… 4.4.27

G

干出礁 …… 4.2.23.3
干出滩(滩涂) …… 4.2.21
干出线 …… 4.2.20
干沟 …… 4.2.14
干河床(干涸河) …… 4.2.5
干涸湖 …… 4.2.18
岗楼 …… 4.3.108

岗亭…………………………………………………………………………………………………… 4.3.108
高草地 ………………………………………………………………………………………………… 4.8.17
高程点及其注记…………………………………………………………………………………… 4.7.3
高架路 ………………………………………………………………………………………………… 4.4.13
高速公路……………………………………………………………………………………………… 4.4.4
高压输电线…………………………………………………………………………………………… 4.5.1
戈壁滩 ………………………………………………………………………………………………… 4.8.25
公路零公里标志 …………………………………………………………………………………… 4.4.40
公墓 …………………………………………………………………………………………………… 4.3.59
沟堑……………………………………………………………………………………………………… 4.2.7
沟渠……………………………………………………………………………………………………… 4.2.6
沟渠流向 ……………………………………………………………………………………………… 4.2.35
古关塞 ………………………………………………………………………………………………… 4.3.67
古迹 …………………………………………………………………………………………………… 4.3.61
鼓楼 …………………………………………………………………………………………………… 4.3.67
观礼台 ………………………………………………………………………………………………… 4.3.48
管道……………………………………………………………………………………………………… 4.5.7
管道检修井孔……………………………………………………………………………………… 4.5.8
管道井(油、气井)………………………………………………………………………………… 4.3.11
管道其他附属设施………………………………………………………………………………… 4.5.9
管线……………………………………………………………………………………………………… 4.5
灌木林…………………………………………………………………………………………………… 4.8.9
广告牌………………………………………………………………………………………………… 4.3.109
滚水坝 ………………………………………………………………………………………………… 4.2.41
国道……………………………………………………………………………………………………… 4.4.5
国界……………………………………………………………………………………………………… 4.6.1
过河缆 ………………………………………………………………………………………………… 4.4.65
过江管线标 ………………………………………………………………………………………… 4.4.53
过街天桥 …………………………………………………………………………………………… 4.4.29

H

海岸线 ………………………………………………………………………………………………… 4.2.20
海岛 …………………………………………………………………………………………………… 4.2.24
海上平台 ……………………………………………………………………………………………… 4.3.13
涵洞 …………………………………………………………………………………………………… 4.2.13
旱地……………………………………………………………………………………………………… 4.8.2
河流流向及流速 …………………………………………………………………………………… 4.2.34
湖泊 …………………………………………………………………………………………………… 4.2.15
花圃 …………………………………………………………………………………………………… 4.8.21
花坛 …………………………………………………………………………………………………… 4.8.21
滑槽(滑道) ………………………………………………………………………………………… 4.3.30
滑坡 …………………………………………………………………………………………………… 4.7.20
环保监测站 ………………………………………………………………………………………… 4.3.82

荒草地 …… 4.8.20
黄土漏斗 …… 4.7.10
行树 …… 4.8.15
活树篱笆 …… 4.3.90
火车站及附属设施 …… 4.4.3

J

机耕路(大路) …… 4.4.17
机井 …… 4.2.29
迹地 …… 4.8.12
积肥池 …… 4.3.40
级面桥 …… 4.4.33
急流区域 …… 4.4.55
纪念碑 …… 4.3.65
纪念塔 …… 4.3.75
加固岸 …… 4.2.43
加气站 …… 4.4.22
加油站 …… 4.4.22
架空房 …… 4.3.5
架空索道 …… 4.4.60
假石山 …… 4.3.111
简易轨道 …… 4.4.59
建筑中房屋 …… 4.3.2
交通 …… 4.4
礁石 …… 4.2.23
教堂 …… 4.3.74
阶梯路 …… 4.4.16
街道 …… 4.4.14
街道信号灯 …… 4.4.24
经堆 …… 4.3.76
经济林 …… 4.8.6.1
经济作物地 …… 4.8.6.2
经塔 …… 4.3.75
境界 …… 4.6
旧地堡 …… 4.3.63
旧碉堡 …… 4.3.63
居民地及设施 …… 4.3
剧院 …… 4.3.46
龟裂地 …… 4.8.24

K

开发区界线 …… 4.6.9
坎儿井 …… 4.2.8

科技馆 …… 4.3.43
科学试验站 …… 4.3.84
坑穴 …… 4.7.11
快速路 …… 4.4.12
矿井井口 …… 4.3.9
矿渣堆 …… 4.7.8

L

垃圾场 …… 4.3.57
垃圾台 …… 4.3.58
拦水坝 …… 4.2.42
栏杆 …… 4.3.88
缆车道 …… 4.4.58
缆桥 …… 4.4.32
廊房 …… 4.3.6
廊桥 …… 4.4.31
篱笆 …… 4.3.89
里程碑 …… 4.4.42
立标 …… 4.4.50
立交桥 …… 4.4.28
粮仓(库) …… 4.3.36
瞭望塔 …… 4.3.18
零星树木 …… 4.8.14
溜索桥 …… 4.4.32
露天采掘场 …… 4.3.10
露天货栈 …… 4.3.32
露天设备 …… 4.3.25
露天体育场 …… 4.3.47
露天舞台 …… 4.3.48
露岩地 …… 4.7.17
陆地通信线 …… 4.5.6
路标 …… 4.4.41
路灯 …… 4.3.106
路堤 …… 4.4.39
路堑 …… 4.4.38
乱掘地 …… 4.3.10

M

麻尼堆 …… 4.3.76
码头 …… 4.4.44
埋石图根点 …… 4.1.4
漫水路面 …… 4.4.64
漫水桥 …… 4.4.27

门顶 …… 4.3.96
门洞 …… 4.3.100
门墩 …… 4.3.104
蒙古包 …… 4.3.8
苗圃 …… 4.8.8
庙宇 …… 4.3.72
明峒 …… 4.4.36
明礁 …… 4.2.23.1

N

内部道路 …… 4.4.15

P

牌坊 …… 4.3.66
牌楼 …… 4.3.66
配电线 …… 4.5.2
喷水池 …… 4.3.110
棚房 …… 4.3.3
平沙地 …… 4.7.18
坡度标 …… 4.4.42
破坏房屋 …… 4.3.4
瀑布 …… 4.2.32

Q

其他公路 …… 4.4.8
旗杆 …… 4.3.70
起重机 …… 4.3.29
气象台(站) …… 4.3.78
汽车停车站 …… 4.4.21
轻轨线路 …… 4.4.10
清真寺 …… 4.3.73
球场 …… 4.3.47
泉 …… 4.2.28

R

人工陡坎 …… 4.7.16
人行拱桥 …… 4.4.33
人行桥 …… 4.4.30
溶洞 …… 4.7.12

S

三角点 …… 4.1.1
散热塔 …… 4.3.18

沙砾地 …… 4.8.25
沙泥地 …… 4.8.26
沙洲 …… 4.2.27
山洞 …… 4.7.12
珊瑚礁 …… 4.2.23.5
商场 …… 4.3.45
绳桥 …… 4.4.32
省道 …… 4.4.6
省级行政区界线和界标 …… 4.6.2
石块地 …… 4.8.27
石垄 …… 4.7.23
时令河 …… 4.2.4
时令湖 …… 4.2.17
时令桥 …… 4.4.30
示坡线 …… 4.7.2
室外楼梯 …… 4.3.102
适淹礁 …… 4.2.23.4
收费站 …… 4.4.25
疏林 …… 4.8.11
输水渡槽(高架渠) …… 4.2.10
输水隧道 …… 4.2.11
水产养殖场 …… 4.3.34
水车 …… 4.3.37
水窖 …… 4.2.31
水井 …… 4.2.29
水库 …… 4.2.19
水轮泵 …… 4.2.40
水磨房 …… 4.3.37
水泥预制场 …… 4.3.33
水生作物地 …… 4.8.4
水塔 …… 4.3.19
水塔烟囱 …… 4.3.20
水文站 …… 4.3.79
水系 …… 4.2
水下高程注记及等高线 …… 4.7.6
水运港客运站 …… 4.4.43
水闸 …… 4.2.38
水中岛 …… 4.2.24
水中滩 …… 4.2.25
水准点 …… 4.1.6
饲养场 …… 4.3.33
塑像 …… 4.3.71
隧道 …… 4.4.35

T

台阶 …… 4.3.101
台田 …… 4.8.5
探槽 …… 4.3.15
探井(试坑) …… 4.3.14
特别行政区界线 …… 4.6.3
特殊地区界线 …… 4.6.8
特殊高程点及其注记 …… 4.7.5
藤桥 …… 4.4.32
梯田坎 …… 4.7.22
体育馆 …… 4.3.43
天文台 …… 4.3.81
挑廊 …… 4.3.98
条田 …… 4.8.5
跳墩 …… 4.4.63
跳伞塔 …… 4.3.18
铁路平交道口 …… 4.4.37
铁丝网 …… 4.3.91
铁索桥 …… 4.4.32
亭 …… 4.3.68
亭桥 …… 4.4.31
停泊场(锚地) …… 4.4.45
停车场 …… 4.4.23
通航河段起止点 …… 4.4.57
徒涉场 …… 4.4.62
土城墙 …… 4.3.86
土地庙 …… 4.3.77
土堆 …… 4.7.8

W

网球场 …… 4.3.47
危险岸区 …… 4.2.22
危险海区 …… 4.2.23.6
微波传送塔 …… 4.3.54
围墙 …… 4.3.87
卫星地面站 …… 4.3.83
卫星定位等级点 …… 4.1.7
温室 …… 4.3.35
文化遗产保护区界 …… 4.6.10
文物碑石 …… 4.3.69
无线电杆 …… 4.3.54

X

系船浮筒 …… 4.4.52
下跨道 …… 4.3.100
县道 …… 4.4.8
县级行政区界线 …… 4.6.5
乡、镇级界线 …… 4.6.6
乡村路 …… 4.4.18
乡道 …… 4.4.8
消失河段 …… 4.2.3
小草丘地 …… 4.8.23
小路 …… 4.4.19
小三角点 …… 4.1.2
斜坡 …… 4.7.21
信号杆 …… 4.4.51
宣传橱窗 …… 4.3.109
悬空通廊 …… 4.3.99
旋涡区域 …… 4.4.56
学校 …… 4.3.41

Y

烟囱及烟道 …… 4.3.21
岩溶漏斗 …… 4.7.10
盐碱地 …… 4.8.22
盐井 …… 4.3.12
盐田(盐场) …… 4.3.23
檐廊 …… 4.3.98
扬水站 …… 4.2.40
阳台 …… 4.3.97
窑 …… 4.3.24
窑洞 …… 4.3.7
药浴池 …… 4.3.39
液、气贮存设备 …… 4.3.17
医疗点 …… 4.3.42
移动通信塔 …… 4.3.54
遗址 …… 4.3.61
邮局 …… 4.3.52
游泳场(池) …… 4.3.49
幼林 …… 4.8.8
雨罩 …… 4.3.96
园地 …… 4.8.6
院门 …… 4.3.103
运动场 …… 4.3.47

运河 …… 4.2.6
匝道 …… 4.4.28
栅栏 …… 4.3.88

Z

窄轨铁路 …… 4.4.2
展览馆 …… 4.3.43
栈道 …… 4.4.19
栈桥 …… 4.4.34
沼泽 …… 4.2.33
照射灯 …… 4.3.107
蒸馏塔 …… 4.3.18
支柱(架)、墩 …… 4.3.105
植被与土质 …… 4.8
制水坝 …… 4.2.45
钟楼 …… 4.3.67
竹林 …… 4.8.10
贮草场 …… 4.3.33
贮煤场 …… 4.3.33
贮水池 …… 4.2.31
柱廊 …… 4.3.95
专用公路 …… 4.4.7
砖石城墙 …… 4.3.85
装卸漏斗 …… 4.3.28
自然保护区界线 …… 4.6.10
钻孔 …… 4.3.16

后　　记

2007年制修订国家标准1 410项，共分39册出版。

1. 2007年度发布的顺延上年度标准编号的国家标准589项（从GB/T 20818.1—2007开始，至GB/T 27021—2007结束）全部收入在《中国国家标准汇编》第352～367分册中，共16册。

2. 2007年度发布的标准编号非顺延上年度标准编号的新制定国家标准和全部修订的国家标准共821项，收入在2007年修订-1～修订-23分册中。

3. 由于《中国国家标准汇编》各分册要求字数大致均匀，故将“2007年修订-22”分册中的标准GB/T 20257.1—2007《国家基本比例尺地图图式　第1部分：1∶500　1∶1 000　1∶2 000地形图图式》移入“2007年修订-23”分册中。

中国标准出版社　总编室

2008年6月